绿色环保新兴领域
"十四五"高等教育教材

# 环境影响评价

## （第二版）

汪诚文　主编

中国教育出版传媒集团

高等教育出版社·北京

内容提要

本书是绿色环保新兴领域"十四五"高等教育教材。

本书以环境影响评价的基本理论、技术和方法为基础,系统介绍了我国环境影响评价的基本概念和体系,阐述了环境影响评价应包含的重点内容及其相关的技术方法,包括:生态环境现状调查与评价、工程分析、环境影响评价技术与方法、环境风险评价、环境管理与减缓措施。在重点阐述建设项目环境影响评价的基础上,对规划环境影响评价也进行了相关介绍并补充了生态环境分区管控和"三线一单"内容。本书同时在高等教育出版社相关网站配套了案例素材、延伸阅读和拓展案例等辅助内容,以帮助读者更好地利用本书。

本书为高等学校环境科学与工程类专业教材,也可供从事环境影响评价的技术人员和环境保护管理机构人员使用。

图书在版编目(CIP)数据

环境影响评价/汪诚文主编. -- 2版. --北京:

高等教育出版社,2025.6. -- ISBN 978-7-04-064401-2

Ⅰ. X820.3

中国国家版本馆 CIP 数据核字第 2025670RS9 号

Huanjing Yingxiang Pingjia

| 策划编辑 | 张梅杰 | 责任编辑 | 张梅杰 | 封面设计 | 李树龙 | 版式设计 | 马 云 |
| 责任绘图 | 裴一丹 | 责任校对 | 张 薇 | 责任印制 | 张益豪 | | |

| | | | | |
|---|---|---|---|---|
| 出版发行 | 高等教育出版社 | | 网 址 | http://www.hep.edu.cn |
| 社 址 | 北京市西城区德外大街 4 号 | | | http://www.hep.com.cn |
| 邮政编码 | 100120 | | 网上订购 | http://www.hepmall.com.cn |
| 印 刷 | 北京鑫海金澳胶印有限公司 | | | http://www.hepmall.com |
| 开 本 | 787mm×1092mm 1/16 | | | http://www.hepmall.cn |
| 印 张 | 23 | | 版 次 | 2017 年 6 月第 1 版 |
| 字 数 | 550 千字 | | | 2025 年 6 月第 2 版 |
| 购书热线 | 010-58581118 | | 印 次 | 2025 年 6 月第 1 次印刷 |
| 咨询电话 | 400-810-0598 | | 定 价 | 47.80 元 |

本书如有缺页、倒页、脱页等质量问题,请到所购图书销售部门联系调换

物 料 号 64401-00

# 第二版前言

本书是在 2017 年 6 月出版的《环境影响评价》基础上进行的修订。本次修订既考虑到我国环境影响评价制度近几年的新发展和新要求,又总结了多年来在教学实践中的经验,同时吸纳了国家级规划教材的新要求,力求使教材的修订能够更好地适应教学的需要,更好地适应我国环评制度的要求。

在修订过程中,根据最新环评导则及政策要求,对原版各章内容进行了全面的修订和补充,主要包括:更新了各要素生态环境现状调查与评价相关要求;修订了各要素环境影响评价技术方法;更新了环境风险评价技术方法;取消了上版第六章循环经济和清洁生产评价,将其相关环评中要求的内容补充到有关章节中;补充了地下水环境影响评价技术方法、土壤环境影响评价技术方法、规划环评与生态环境分区管控("三线一单")衔接的内容。

本书在修订过程中参考了大量最新的有关教材和我国的环境影响评价技术导则,并力求在环境影响评价的理论阐述与实践要求之间取得平衡,全面而不包罗万象,翔实而不毛举缕析。本书内容力求全面,涵盖了环境影响评价的基本概念和体系、生态环境现状调查与评价、工程分析、环境影响评价技术与方法、环境风险评价、环境管理与减缓措施、公众参与和规划环境影响评价等内容,并通过数字化内容引入了一些案例、技术导则及法律法规政策作为延伸阅读材料,使学生既掌握环境影响评价的基本方法,又能对我国环境影响评价的最新实践要求有所理解。

本书在尊重原有作者的基础上,由汪诚文、朱帅、葛春风和籍伟对全书进行了系统再版修订,在规划环评内容修订过程中得到了刘毅老师及团队的大力支持,深表感谢!

感谢北京大学栾胜基教授在书稿审阅过程中提出的宝贵意见。高等教育出版社张梅杰担任本书编辑,在此表示诚挚的感谢!

由于环境影响评价涉及领域广泛,加之编者水平有限,本教材可能存在许多疏漏,不足之处在所难免,敬请读者及有关人士批评指正。

编　者

2025 年 1 月于清华园

# 第一版前言

环境影响评价(简称"环评")是我国环境保护的一项重要法律制度。从20世纪60年代"环境影响评价"概念的提出,到21世纪初的50多年中,环境影响评价既成为环境科学体系中一门基础性学科,也发展为环境管理过程中的一项具体制度,同时还是公众参与环境保护与管理的一种有效途径。它的理论意义和实践意义,在全世界范围内越来越受到科学家、政府管理人员和公众的重视和支持。20世纪70年代初,我国环境科学界开始引进和研究环境影响评价技术。进入80年代,我国逐步将环境影响评价以法律、法规和行政规章制度的形式确定下来,基本形成了一套完整的适合中国的环境影响评价制度。它在我国经济社会发展过程中,为确保经济社会与环境协调发展起到了重要作用。

在我国环境影响评价制度的实施过程中,高等院校的有关学者、机构对我国环评制度的建立、推广和示范以及人才培养都起到了非常重要的作用,并在环境影响评价教材的编写方面,对我国环境影响评价基础理论、技术及方法的进步起到了积极的作用。国家环境保护行政主管部门则以对环境影响评价从业人员开展培训的方式,对我国环境影响评价的实践发展起到了积极的推动作用。高等院校主导的环境影响评价教材着重以理论、技术及方法为主线,对大气、地表水、土壤、噪声及生态等环境要素的评价进行详细论述。环境保护管理部门推行的环境影响评价从业人员培训材料突出实践导向,充分体现了各环境要素影响评价技术导则的相关要求。

本书在编写过程中参考了大量最新的有关教材和我国的环境影响评价技术导则,并力求在环境影响评价的理论阐述与实践要求之间取得平衡,全面而不包罗万象,翔实而不毛举缕析。本书内容涵盖环境现状调查与分析、工程分析、环境影响预测与评价、环境风险、循环经济与清洁生产、公众参与、环境管理与减缓措施等内容,使学生既掌握环境影响评价的基本方法,又能对我国环境影响评价的最新实践要求有所理解。

本书内容可分为四个部分,第一章主要介绍环境影响评价的基本概念及其在中国的发展与应用,使学生对中国的环境影响评价制度有基本了解;第二章到第八章,系统介绍建设项目环境影响评价中的各项重点内容,其中第四章又从地表水、大气、声环境、固体废物及生态影响5个要素对具体的技术方法进行了详细论述;第九章扼要介绍规划环境影响评价的内容及相关技术方法,以拓宽学生对环境影响评价的理解;第十章简要介绍目前环境影响评价的最新研究进展。

本书是集体智慧的结晶。教材编写的分工为:第一章(郑洪波、汪诚文),第二章(籍伟),第三章(贾生元、王哨兵),第四章(葛春风、朱帅、张建江、杨卫国),第五章(籍伟),第六章(杨卫国),第七章(朱帅),第八章(侯正伟),第九章(杨卫国、汪诚文),第十章(汪诚文）。全书由汪诚文主编，汪诚文、葛春风、孔令辉、刘振起统稿。在初稿形成过程中，还得到了 詹存卫 、 梁学功 两位先生的大力支持，深表感谢！

高等教育出版社陈正雄和张梅杰等担任本书编辑，在此表示诚挚的感谢！

由于环境影响评价涉及领域广泛，加之编者水平有限，本教材可能存在许多疏漏，不足之处在所难免，敬请读者及有关人士批评指正。

编　者

2016 年 9 月

# 目　　录

# 第一章　环境影响评价的基本概念和体系

环境影响评价概念已有 60 多年的历史,与之相关的概念和技术体系仍处于不断地发展和完善之中。本章主要介绍环境、环境影响、环境影响评价等基本概念,环境标准体系,以及环境影响评价体系、程序与内容。

## 第一节　环境影响评价的基本概念

### 一、环境影响

#### (一)环境影响的概念

环境是指某一生物体或生物群体以外的空间,以及直接或者间接影响该生物体或生物群体生存的一切事物的总和。在环境科学中,环境是指以人类为主体的外部世界,主要是地球表面与人类发生互相作用的自然要素及其总体。它是人类生存发展的基础,也是人类开发利用的对象。环境影响评价中所指的环境,是以人为主体的环境,即围绕着人群的空间及其中可以直接、间接影响人类生存和发展的各种自然因素和社会因素的总体,包括自然因素的各种物质、现象和过程及在人类历史中的社会、经济成分。

环境影响(environmental impact)是指人类活动对环境产生的作用和所引起的环境变化,以及由此而导致的对人类或人类社会的效应。可见,环境影响的概念包括了人类活动对环境的作用和环境对人类的反作用两个层次。

环境影响的程度与人的开发行为密切相关。开发行为的性质、范围和地点不同,受影响的环境要素变化的范围和程度也不同。在研究一项开发行为对环境的影响时,首先应该注意那些受到重大影响的环境要素的质量参数(或称环境因子)的变化。例如,建设一个大型的燃煤火力发电厂,会使周围大气中 $SO_2$ 浓度显著增加;城市污水经过一级处理后排入海湾,会使排放口附近的海水中有机物浓度显著提高,影响原有水生生态的平衡。而环境影响的重大性是相对的,如高强度噪声对居民住宅区的影响比对工业区的影响重大。可见,"环境影响"是由造成环境影响的源和受影响的环境(受体)两方面构成的。对人类开发行为进行系统的分析,辨识出该项行动中那些能对环境产生显著和潜在影响的活动,就是"开发行为分析"。其中:对区域开发和建设项目而言即为"工程分析",对规划而言则为"规划分析"。而辨识开发行动或建设项目对环境要素各种参数的各类影响,就是环境影响识别,是环境影响评价最重要的任务之一。

#### (二)环境影响的分类

按照评价的需要可以将环境影响分成不同的类别,以便于确定环境影响评价的重点和环境保护工作的重点。环境影响按建设项目阶段、影响的来源、效果和程度等可分为不同的类别。

**1. 按建设项目阶段分类:建设期、运营期和服务期满后三个阶段**

建设项目每个阶段所造成的环境影响是不同的,而不同的项目同一阶段对环境的影响也是不同的,这是由项目本身的特点及环境的特点所决定的。大部分的项目均是运营期的影响最大、最为持久,因此运营期的环境影响评价始终是环境保护工作的重心。相对于运营期来说,一般项目的建设期时间较短,相应的影响持续时间较短,但有些项目如水利建设的施工期可能会较长,其影响则往往是不容忽视的。

在建设项目环境影响评价中,一般要求对不同时期的环境影响进行分析、评价,并提出相应的环保措施。

**2. 按影响的来源分类:直接影响、间接影响和累积影响**

人类活动对环境的直接作用,称为直接影响。直接影响诱发的其他后续影响,称为间接影响。如水库建设由于淹没库区会产生大量的移民,而这些移民的异地安置将对安置地的自然环境、社会经济环境产生一定的影响,前者为水电开发的直接影响,后者为间接影响。

累积影响是指一项活动与过去、现在及可以合理预见的将来的活动结合在一起时,因影响的增加而产生的环境影响。累积影响有时间上的累积也有空间上的累积,可以是一个单独活动的持续加和(如煤炭分多层开采时造成的地表深陷),也可以是多个活动的加和(如矿区开发中,采矿、煤炭加工、发电等多个项目所排 $SO_2$ 可能会使区域 $SO_2$ 严重超负荷)或协同(如光化学烟雾的产生,其主要的大气污染物来源于氮氧化物、烃类和紫外线之间复杂的光化学反应)。在区域开发时,多个活动的影响叠加是不容忽视的。累积影响有时会是突变性的、更为严重和难以恢复的,对累积影响的识别与评价称为累积影响评价,目前我国对于累积影响的评价还处于探索阶段。累积影响评价在建设项目环境影响评价中涉及的较少,但它是战略环境影响评价的主要内容之一。

**3. 按影响的效果分类:有利影响和不利影响**

有利影响(也称为正影响)是指对人群健康、社会经济或其他环境的状况有积极的促进作用的影响,反之称为不利影响(或负影响)。项目的建设并不完全是负面的环境影响,如污水处理工程、集中供热工程等基础设施的建设,虽然工程本身会对环境造成一定的不利影响,但其对本地区污染物集中处理所取得的环境效益远远大于未建前的分散处理,其对环境的正面影响大于其负面影响。项目的建设是有利影响还是不利影响都是相对的,对环境要素影响的性质因项目的不同而不同,不可一概而论。在环境影响识别时,要正确评价开发活动对环境的影响效果。

**4. 按影响的程度分类:可恢复影响和不可恢复影响**

可恢复影响是指人类活动造成环境某种特性的改变或某种价值的丧失后,可逐渐恢复到以前状态的影响,反之为不可恢复影响。一般认为,在环境承载力范围内对环境造成的影响是可恢复的,超出了环境承载力范围,则为不可恢复影响。例如,对于土地使用性质的改变是很难恢复的,而对于植被的破坏、造成的水土流失等则是可恢复的。当然,如果造成某种物种的消失也是难以恢复的。对于"三废"排放造成环境质量的下降在一定时间内通过对污染的治理是可以恢复的,而对于人体健康的损害有些是难以恢复的。在决策时要特别关注不可恢复的影响,例如对于不可再生资源和物种多样性的影响。

此外,按影响的时效分类,还可以将环境影响分为长期影响和短期影响。项目在建设期的影响一般都是短期的,而在项目运营期的一些影响则是长期的。当然,短期与长期只是一个相对的概念。

不论是何种形式的分类,都是为了帮助我们更准确地分析环境影响的程度,更好地制定减缓措施和替代方案。环境影响的类别划分见表1-1。

表 1-1 环境影响的类别划分

| 划分依据 | 划分类别 | 含 义 |
|---|---|---|
| 影响来源 | 直接影响、间接影响 | 直接影响是指人类活动的结果对环境及由此而导致的对人类社会的直接作用,而间接影响则是指由这种直接作用所诱发的其他后续作用 |
| 影响效果 | 有利影响、不利影响 | 有利影响是指对人群健康、社会经济发展或其他环境的状况和功能有积极的促进作用的影响,不利影响则是对人群健康有害、对社会经济发展或对其他环境状况和功能有消极阻碍或破坏作用的影响 |
| 污染情况 | 污染影响、非污染影响 | 污染影响是指人类活动以排放的残留污染物为主要因素所造成的环境影响,而非污染影响则指不是以排放或残留污染物为主要因素所造成的环境影响 |
| 污染范围 | 局地环境影响、区域环境影响、全球环境影响 | 是以环境影响所涉及的空间范围而划分的环境影响类型。空间范围不同,环境影响的复杂程度亦不同 |
| 建设项目阶段 | 项目建设阶段环境影响、建设项目运行阶段环境影响、建设项目服务期满后环境影响 | 根据项目开工建设、运行、服务期满等不同阶段划分的环境影响类型。通常所说的建设项目环境影响评价,是指在项目开工建设前,对项目实施后可能产生的环境影响所做的预先评价。而在项目开工建设后,包括项目运行及服务期满后可能产生的环境影响,可以统称为建设项目环境影响后评价 |
| 建设项目数量 | 单一项目环境影响、多项目综合环境影响 | 由建设项目数量不同所产生的环境影响,其影响的复杂程度和所涉及的环境要素不同。多项目综合环境影响评价多和区域开发、规划环境影响评价联系在一起 |
| 影响程度 | 可恢复影响、不可恢复影响 | 可恢复影响是指人类活动造成环境某些特性改变或某些价值丧失后可能逐渐回复到以前状态的影响,而不可恢复影响是指造成环境的某些特性改变或某些价值丧失后不能回复到以前状态的影响 |
| 累积效应 | 累积影响、非累积影响 | 累积影响是指具有累积效应的环境影响,累积效应(cumulative effects)定义为一项活动与其他过去、现在及可以合理预见的未来活动的相互作用、相互叠加所导致环境改变的效应 |
| 环境要素 | 大气环境影响、水环境影响、土壤环境影响、声环境影响、生态环境影响等 | 根据自然环境要素的不同所划分的环境影响,其环境影响涉及的空间范围、时间变化特征、污染物迁移机理、累积影响程度、污染治理难度及可恢复程度等均有其各自的特征 |

## 二、环境影响评价

### (一) 环境影响评价的概念

环境影响评价(environmental impact assessment,EIA)的概念始于 1964 年在加拿大召开的"国际环境质量评价会议",一般是指人们在采取对环境有重大影响的行动(政策、规划、计划和建设项目)之前,在充分调查研究的基础上,识别、预测和评价该行动可能带来的影响,按照社会经济发展与环境保护相协调的原则进行决策,并在行动之前制定出消除或减轻负面影响的措施。

各国对环境影响评价的实践主要依据环境影响评价制度执行,即按照一定的程序、一定的要求,在一定范围内开展环境影响评价工作。因此,各国对环境影响评价概念的理解也并不完全一致,不同国家会根据自己的国情赋予其各自特定的定义和内涵。我国在 2002 年通过、2016 年和 2018 年两次修订的《中华人民共和国环境影响评价法》中提出:"本法所称环境影响评价,是指对规划和建设项目实施后可能造成的环境影响进行分析、预测和评估,提出预防或者减轻不良环境影响的对策和措施,进行跟踪监测的方法与制度。"这个定义对我国目前的环境影响评价的目的、对象、内容及程序给出一个很好的说明。我国的环境影响评价具有以下的内涵:

① 环境影响评价既是一门技术方法,也是一项环境管理制度。

② 环境影响评价的对象包括宏观的规划和微观的建设项目。规划和建设项目处于不同的决策层,因此针对两者所做的环境影响评价的基本任务也有所不同。

③ 环境影响评价的主要内容和过程是:影响的分析、预测和评估→环保对策和措施的提出→日常的监测和监督管理。

环境影响评价的重要性体现在以下几个方面:

**1. 为开发建设活动的决策提供科学依据**

开发建设活动的决策是综合性极强的工作,只有在全面、充分、客观、科学地考虑经济、技术、社会和环境诸方面条件之间相互关系的基础上,才能做出比较正确的开发决策。而通过环境影响评价,就可以把环境保护工作与国民经济和社会发展规划、计划及其行动直接联系起来,为协调经济发展和环境保护提供科学依据。

**2. 为经济建设的合理布局提供科学依据**

环境影响评价是对开发建设活动的传统选址或规划布局决策方式的重大改革。传统方式更多地考虑资源、能源、交通、技术、经济、消费等因素。环境影响评价工作的开展,使得开发建设活动的选址或布局不仅考虑自然资源的支持能力,同时关注环境资源和环境质量的承载能力。从开发建设地区的整体性角度出发,通过比较不同选址和布局方案对环境承载能力的消耗程度,优选出对环境保护最有利的方案,确保选址和布局的合理性。

**3. 为制定区域经济发展规划及相应的环境保护规划提供科学依据**

我国经济发展目前已进入高水平保护促进高质量发展的时期,各地区都将制定以强调质量为中心的社会经济发展规划,走可持续发展的道路。通过环境影响评价,特别是规划环境影响评价,对区域自然条件、资源条件、环境条件和社会经济技术条件进行综合分析研究,并根据区域资源优势及供给能力、环境承载能力、社会承受能力,为制定区域发展总体规划,确定适宜的经济发展目标、建设规模、产业结构、产业布局等提供科学的依据,同时为制定区域环境保护目标、计划和措施提供科学依据,切实做到把经济效益、社会效益和环境效益有效地统一,达到宏观调控和全过程防治与控制污染和生态破坏的目的。

**4. 为制定环境保护对策和进行科学的环境管理提供依据**

环境管理的实质就是协调经济发展和环境保护这两个目标的过程。通过环境管理,解决人类面临的最大挑战——经济发展和环境保护问题。发展经济和保护环境是辩证统一的关系,环境管理应该是在保证环境质量的前提下发展经济、提高经济效益,反过来环境管理必须考虑经济效益,要把经济发展和环境效益两者统一起来,寻找以最小的环境代价取得最大经济效益的最佳"结合点"。环境影响评价就是找出这个最佳"结合点"的环境管理手段。

通过建设项目环境影响评价,可以得知对一个建设项目的环境污染或破坏限制在一个什么程度范围内才符合环境标准的要求。在此基础上,要充分考虑区域环境功能、环境容量及当时、近期、远期技术经济状况等条件,提出既能满足生产建设、经济发展,又能有效地控制污染、改善环境的污染防治对策和措施,获得最佳的环境效益和社会效益。因此,环境影响评价能指导工程的设计,使建设项目的环保措施建立在科学、可靠的基础上,从而保证环保设计方案得到优化,同时还能为项目建成后实现科学管理提供必要的数据和重点监督对象。这样环境影响评价就达到了为环境管理提供科学依据的目的。

**（二）环境影响评价的分类**

**1. 按照评价对象分类**

环境影响评价可分为建设项目环境影响评价和战略环境影响评价。

建设项目环境影响评价是指对一个或多个拟建的工程项目实施可能造成的环境影响进行识别、分析、预测和评价,提出减缓不利影响的对策和措施的过程。建设项目环评是我国开展最早的、最为广泛的环评,其评价程序和方法也最为成熟。由于项目的组成及建设地点比较明确,因此,对环境可能造成的影响范围及影响程度比较容易确定,建设项目的环评大多可以进行定量评价,所提出的环保措施也更加具体,操作性较强。

战略环境影响评价（strategic environmental assessment,SEA）一般是指"环境影响评价（EIA）的原则和方法在战略层次的应用,是对一项政策、计划或规划及其替代方案的环境影响进行正式地、系统地、综合地评价过程,包括完成 SEA 研究报告,并将结论应用于决策"。SEA 包括政策环境影响评价和规划环境影响评价。

政策环境影响评价是指对已有或计划实施的政策及其替代方案可能产生的环境影响进行系统的、综合的评价过程。政策的评价包括政策颁布、实施直到废止的整个生命周期可能的环境影响。其主要目的是提供给决策者关于环境方面的基础信息,以及不同替代方案可能带来的环境影响,保证环境因素在决策过程得到考虑。由于政策的综合性、内容多样性、较大的不确定性及社会经济和环境影响的滞后性等特点,使得政策层面的战略环境影响评价工作在理论、方法学研究及实际应用中都落后于规划和计划,至今还没有形成完善的工作程序及方法体系。目前,政策层面的战略环境影响评价仍局限于少数一些国家和国际组织,我国的立法并没有包括政策环境影响评价。

规划环境影响评价是指在规划编制阶段,对规划方案实施后可能造成的环境影响进行分析、预测和评价,并提出预防或者减轻不良环境影响的对策和措施的过程。规划环评的目的是实施可持续发展战略,在规划编制和决策过程中,充分考虑所拟议的规划可能涉及的环境问题,预防规划实施后可能造成的不良环境影响,协调经济增长、社会进步与环境保护的关系。

**2. 按照时间顺序分类**

环境影响评价可分为环境质量现状评价、环境影响预测评价、规划环境影响跟踪评价和建设项目环境影响后评价。

环境质量现状评价是以国家和地方的环境质量标准作为评价标准,采用调查和分析的方法,对项目所在区域的环境质量状况进行分析评价,了解污染物的时空分布规律,可能的发展变化趋势,并说明其与人体健康、生态系统的相互关系。

环境影响预测评价是在现状评价的基础上,采取一定的预测方法,对拟议的人类活动所产生的环境影响进行定性或定量的预测分析和评价,通过与现状及标准的对比来说明采取环保措施前后,环境质量可能的变化方向和程度,这种变化是否在环境及人类可接受的范围之内。

规划环境影响跟踪评价是指规划实施后及时组织力量,对该规划实施后的环境影响及预防或者减轻不良环境影响对策和措施的有效性进行调查、分析、评估,发现有明显的环境不良影响的,及时提出并采取新的相应改进措施。

建设项目环境影响后评价是指编制环境影响报告书(environmental impact statement, EIS)的建设项目在通过环境保护设施竣工验收且稳定运行一定时期后,对其实际产生的环境影响及污染防治、生态保护和风险防范措施的有效性进行跟踪监测和验证评价,并提出补救方案或者改进措施,提高环境影响评价有效性的方法与制度。

**3. 按照环境要素分类**

环境影响评价包括地表水环境影响评价、地下水环境影响评价、大气环境影响评价、声环境影响评价、土壤环境影响评价及生态环境影响评价等环境要素评价内容,另外还包括环境风险评价、人群健康风险评价、固体废物影响分析、环境影响经济损益分析等专题评价内容。

**(三)环境影响评价的基本功能**

环境影响评价是一项技术,也是正确认识经济发展、社会发展和环境演变之间相互关系的科学方法,是正确处理经济发展使之符合国家利益和长远利益、强化环境管理的有效手段,对确定经济发展方向和保护环境等一系列重大决策都有重要的指导作用。

环境影响评价的基本功能体现在以下几个方面。

① 判断功能:以人的需求为尺度,对已有的客体做出价值判断。通过这一判断,可以了解客体的当前状态,并揭示客体与主体之间的满足关系是否存在及在多大程度上存在。如,环境影响评价中的环境现状调查与评价、工程分析,就是分别对已有客体——环境特征和工程特征的价值判断。

② 预测功能:以人的需求为尺度,对即将形成的客体做出价值判断。即在思维中构建未来的客体,并对这一客体与人的需要的关系做出判断,从而预测未来客体的价值。人类通过这种预测而确定自己的实践目标,哪些是应当争取的,哪些是应当避免的。

③ 选择功能:将同样都具有价值的客体进行比较,从而确定其中哪一个更具有价值,更值得争取,这是对价值序列(价值程度)的判断。

④ 导向功能:人类活动的理想是目的性与规律性的统一。其中目的的确立要以评价所判定的价值为基础和前提,而对价值的判断是通过对价值的认识、预测和选择这些评价形式才得以实现的。所以说人类活动目的的确立应基于评价,只有通过评价,才能确立合理的、合乎规律的目的,才能对实践活动进行导向和调控。

## 三、环境影响评价制度

### （一）概念

环境影响评价制度是指把环境影响评价工作以法律、法规或行政规章的形式确定下来从而必须遵守的制度。环境影响评价制度要求在工程、项目、计划、规划和政策等活动的拟定和实施中,除了传统的经济和技术因素外,还要考虑环境影响,并把这种考虑体现到决策中去。对于可能显著影响人类环境的重要的开发建设行为,必须编写环境影响报告书。

环境影响评价制度的建立,从一个方面体现了人类环境保护意识的提高,是正确处理人类与环境关系,保证社会经济与环境协调发展的一项进步行为。

### （二）环境影响评价制度的形成与发展

**1. 国外环境影响评价制度的形成与发展**

美国是世界上第一个把环境影响评价用法律要求固定下来并建立环境影响评价制度的国家。1969 年,美国国会通过了《国家环境政策法》,自 1970 年 1 月 1 日起正式实施。该法第二节第二条第三款规定:在对人类环境质量具有重大影响的每项生态建议或立法建议报告和其他重大联邦行动中,均应由提出建议的机构协商相关主管部门后,提供一份详细报告,说明拟议中的行动将会对环境和自然资源产生的影响、采取的减缓措施,以及替代方案等。该报告应同相应的建议报告一并提交总统和联邦环境质量委员会,依照相关规定向社会公布,并按法定程序进行审查。

继美国建立环境影响评价制度后,瑞典(1970 年)、新西兰(1973 年)、加拿大(1973 年)、澳大利亚(1974 年)、马来西亚(1974 年)、德国(1976 年)、印度(1978 年)、菲律宾(1979 年)、泰国(1979 年)、中国(1979 年)、印度尼西亚(1979 年)、斯里兰卡(1979 年)等国家也相继建立了环境影响评价制度。与此同时,国际上还成立了许多环境影响评价的相关机构,召开了一系列有关环境影响评价的会议,开展了环境影响评价的研究和交流,进一步促进了各国环境影响评价的应用与发展。

1970 年,世界银行设立环境与健康事务办公室,对其每一项投资项目的环境影响做出评价和审查。1974 年,联合国环境规划署与加拿大联合召开了第一次环境影响评价会议。1984 年 5 月,联合国环境规划理事会第 12 届会议建议组织各国环境影响评价专家进行环境影响评价研究,为各国开展环境影响评价提供方法和理论基础。1992 年,联合国环境与发展大会在巴西里约热内卢召开,在所通过的《里约环境与发展宣言》和《21 世纪议程》中,都写入了有关环境影响评价的内容。《里约环境与发展宣言》原则 17 宣告:对于拟议中可能对环境产生重大不利影响的活动,应进行环境影响评价,并由国家相关主管部门做出决策。1994 年,由加拿大和国际影响评价协会(International Association of Impact Accessment, IAIA)在魁北克市联合召开的第一届国家环境影响评价部长级会议,有 52 个国家和组织机构参加,会议作出了进行环境影响评价有效性研究的决议。

经过 40 多年的发展,已有 100 多个国家建立了环境影响评价制度。同时,环境影响评价的内涵也不断得到丰富:已从对自然环境的影响评价发展到社会环境的影响评价;自然环境的影响不仅考虑环境污染,还注重了生态影响;开展了环境风险评价;关注累积性影响并开始对环境影响进行后评价。环境影响评价的应用对象也从最初单纯的工程项目,发展到区域开发环境影响评价和战略环境影响评价。环境影响评价的技术方法和程序也在发展过程中不断得以完善。

**2. 我国环境影响评价制度的建立与发展**

我国环境影响评价制度的建立,经过了如下几个阶段:

(1) 引入和确立阶段(1973—1979 年)

1973 年,第一次全国环境保护会议召开后,环境影响评价的概念开始引入我国。高等院校和科研单位的一些专家、学者,在报刊和学术会议上,宣传和倡导环境影响评价,并参与了环境质量评价及其方法的研究。同年,"北京西郊环境质量评价研究"协作组成立,随后,北京官厅水库流域、江苏省南京市、广东省茂名市开展了环境质量评价。

1977 年,中国科学院召开"区域环境学"研讨会,推动了大中城市环境质量现状评价。1978 年 12 月 31 日,中发〔1978〕79 号文件批转的国务院环境保护领导小组《环境保护工作汇报要点》中,首次提出了环境影响评价的意向。1979 年 4 月,国务院环境保护领导小组的《关于全国环境保护工作会议情况的报告》中,把环境影响评价作为一项方针政策再次提出。在国家支持下,北京师范大学等单位率先在江西永平铜矿开展了我国第一个建设项目的环境影响评价工作。

1979 年 9 月,《中华人民共和国环境保护法(试行)》颁布,规定:"一切企业、事业单位的选址、设计、建设和生产,都必须充分注意防止对环境的污染和破坏。在进行新建、改建和扩建工程时,必须提出对环境影响的报告书,经环境保护部门和其他有关部门审查批准后才能进行设计。"我国的环境影响评价制度正式确立。

(2) 规范和建设阶段(1980—1989 年)

环境影响评价制度确立后,相继颁布的各项环境保护法律、法规不断对环境影响评价进行规范,并通过部门行政规章,逐步明确了环境影响评价的内容、范围和程序,环境影响评价的技术方法也不断完善。

1989 年颁布的《中华人民共和国环境保护法》第十三条规定:"建设污染环境的项目,必须遵守国家有关建设项目环境保护管理的规定。""建设项目的环境影响报告书,必须对建设项目产生的污染和对环境的影响作出评价,规定防治措施,经项目主管部门预审并依照规定的程序报环境保护行政主管部门批准。环境影响报告书经批准后,计划部门方可批准建设项目设计任务书。"这一条款对环境影响评价制度的执行对象和任务、工作原则和审批程序、执行时段和与基本建设程序之间的关系作了原则规定,是行政法规中具体规范环境影响评价制度的法律依据和基础。

1982 年颁布的《中华人民共和国海洋环境保护法》第六条、第九条和第十条,1984 年颁布的《中华人民共和国水污染防治法》第十三条,1987 年颁布的《中华人民共和国大气污染防治法》第九条,1988 年颁布的《中华人民共和国野生动物保护法》第十二条,以及 1989 年颁布的《中华人民共和国环境噪声污染防治条例》第十五条等,都有类似规定。

(3) 强化和完善阶段(1990—2002 年)

从 1989 年 12 月 26 日通过《中华人民共和国环境保护法》到 1998 年国务院颁布《建设项目环境保护管理条例》,是建设项目环境影响评价强化和完善的阶段。

《中华人民共和国环境保护法》第十三条重新规定了环境影响评价制度,并且随着我国改革开放的深入发展和社会主义计划经济向市场经济转轨,建设项目的环境保护管理也不断地得到改革和强化。这期间行政部门和学术界加强了国际合作与交流,进一步完善了中国的环境影响评价制度。

针对建设项目的多渠道立项和开发区的兴起,1993年,国家环境保护总局及时下发了《关于进一步做好建设项目环境保护管理工作的几点意见》,提出了先评价、后建设,环境影响评价分类指导和开发区进行区域环境影响评价的规定。

环境影响评价技术规范的制订工作得到加强。1993—1997年,国家环境保护总局陆续发布了《环境影响评价技术导则》(总纲、大气环境、地表水环境、声环境)、《辐射环境保护管理导则》《电磁辐射环境影响评价方法与标准》《火电厂建设项目环境影响报告书编制规范》,以及《环境影响评价技术导则——非污染生态影响》等。

1996年召开了第四次全国环境保护工作会议,各级环境保护主管部门认真落实《国务院关于环境保护若干问题的决定》,坚决控制新污染,对不符合环境保护要求的项目实施"一票否决"制度。各地加强了对建设项目的审批和检查,并实施污染物总量控制,环境影响评价中提出了"清洁生产"和"公众参与"的要求,强化了生态影响评价,环境影响评价的深度和广度得到进一步扩展。国家环境保护总局开展了环境影响后评价试点,对海口电厂、齐鲁石化等项目做了认真的后评价研究,积累了宝贵经验。

1998年11月29日,国务院253号令颁布实施《建设项目环境保护管理条例》,这是建设项目环境管理的第一个行政法规,将环境影响评价作为其中的一章做了详细明确的规定。

1999年3月,国家环境保护总局2号令公布了《建设项目环境影响评价资格证书管理办法》,对评价单位的资质进行了规定。1999年4月,国家环境保护总局发布了《关于公布〈建设项目环境保护分类管理名录(试行)〉的通知》,公布了分类管理名录。

(4)提高和拓展阶段(2003年至2015年)

2002年10月28日,第九届全国人民代表大会常务委员会通过了《中华人民共和国环境影响评价法》并于2003年9月1日起正式实施。环境影响评价从项目环境影响评价进入到规划环境影响评价,是环境影响评价制度的最新发展。

国家环境保护总局依照法律的规定,初步建立了环境影响评价基础数据库;颁布了《规划环境影响评价技术导则(试行)》,明确了规划环境影响评价的基本内容、工作程序、指标体系以及评价方法等;还会同有关部门制定了《编制环境影响报告书的规划的具体范围(试行)》和《编制环境影响篇章或说明的规划的具体范围(试行)》,并经国务院批准,予以发布;制定了《专项规划环境影响报告书审查办法》(国家环境保护总局令第18号)、《环境影响评价审查专家库管理办法》(国家环境保护总局令第16号);设立了国家环境影响评价审查专家库。

为了加强环境影响评价管理,提高环境影响评价专业技术人员素质,确保环境影响评价质量,2004年2月,人事部、国家环境保护总局决定在全国环境影响评价行业建立环境影响评价工程师职业资格制度,对从事环境影响评价的专业技术人员提出了更高要求。

为了加强对规划的环境影响评价工作,提高规划的科学性,从源头预防环境污染和生态破坏,促进经济、社会和环境的可持续发展,根据《中华人民共和国环境影响评价法》,我国于2009年10月1日正式施行了《规划环境影响评价条例》。该条例的出台不仅为规划环境影响评价提供了具有可操作性的法律依据,更重要的是重塑了政府宏观决策的程序规则,标志着环境保护参与综合决策进入了新阶段。与《中华人民共和国环境影响评价法》相比,

《规划环境影响评价条例》细化了很多条款，明确了审查部门、程序、内容等，在跟踪评价和责任追究等方面也增加了内容。

（5）"放管服"改革阶段（2016年至今）

十八大以来，党中央、国务院高度重视深化"放管服"改革。习近平总书记在党的十九届三中全会上强调，要清理和规范各类行政许可、资质资格、中介服务等管理事项，并多次就深化简政放权、转变政府职能及深化生态环境监管体制改革作出重要指示批示，为深入推进生态环境领域"放管服"改革指明了前进方向，提供了根本遵循。

生态环境系统在简政放权，尤其是大力清理行政审批事项方面力度很大，包括取消"环评机构资质""环保竣工验收"2项行政审批事项，下放火电、油气田开发、钢铁、有色、船舶等大量建设项目环评审批权限，将十几类项目由编制环境影响报告书降为编制报告表或填报登记表，对环境影响很小、依法只需填报登记表类项目，由审批改为告知性备案。全国358家环保系统环评机构全部完成脱钩。环境影响评价工作进入改革期。

2016年，生态环境部发布《"十三五"环境影响评价改革实施方案》，基于"放管服"三统一，明确环评改革的总体方向。

在放上，体现"简"与"减"两方面。"简"就是要大力简化程序、简便手续，主要包括下放审批权限，便于企业就近办理；优化审批流程，公开办事进展，提升服务水平。"减"就是要做减法，减少审批事项，减少与其他部门的职能交叉，厘清项目环评的管理边界。

在管上，把更多力量放在提高环评管理的质量上。事前，要管住决策的源头，主要指通过"划框子"，把空间管制、排污总量及开发强度上的管控、准入管理要求做实做细，强化战略、规划环评的"落地"。事中，要管住程序，防止人为简化程序，杜绝"人情审批"；要管住审批的尺度，提高环保措施的针对性和可操作性，严防审批的随意性。事后，要利用大数据创新"三同时"管理，落实属地管理责任，明确建设单位的主体责任，严查项目环评违法，也包括对环评机构的进一步严格管理。要综合使用约谈、限批、上收审批权等措施，提升过程监管的效果和权威性。

在服上，要重点服务政府和相关部门决策、服务企业合法经营。要充分利用全国环评审批信息联网、环评基础数据库、智慧环评监管平台这"一网一库一平台"提升环评服务管理水平。要改变工作方式，超前服务，提高环评审批效率；通过强化项目环评与规划环评联动管理、营造公平公开的环评技术市场等举措，减少建设单位办理相关事项的时间和成本，服务诚信企业做大做强。

（三）我国环境影响评价的法律体系

我国的环境影响评价制度融汇于环境保护的法律法规体系之中，该体系以《中华人民共和国宪法》中关于环境保护的规定为基础，以综合性环境保护基本法为核心，以相关法律关于环境保护的规定为补充，是由若干相互联系协调的环境保护法律、法规、规章、标准及国际条约所组成的一个完整而又相对独立的法律法规体系。

**1. 法律**

（1）宪法中关于环境保护的规定

1982年通过、2018年第五次修正的《中华人民共和国宪法》是我国现行宪法，其中第二十六条规定："国家保护和改善生活环境和生态环境，防治污染和其他公害。"第九条规定："国家保障自然资源的合理利用，保护珍贵的动物和植物。禁止任何组织或者个人用任何手段侵占或破坏自然资源。"第十条、第二十二条也有关于环境保护的规定。宪法的这些规定是环境保护立法的依据和指导原则。

（2）环境保护基本法

1979年9月13日,《中华人民共和国环境保护法（试行）》颁布,标志着我国的环境保护工作进入法治轨道,带动了我国环境保护立法的全面开展。1989年颁布实施并于2014年修订的《中华人民共和国环境保护法》是我国环境保护的综合性法,在环境保护法律体系中占有核心地位。该法共70条,分为"总则""监督管理""保护和改善环境""防治环境污染和其他公害""信息公开和公众参与""法律责任"及"附则"七章。其中第十九条明确规定了环境影响评价制度的相关要求。

第十九条规定:"编制有关开发利用规划,建设对环境有影响的项目,应当依法进行环境影响评价。""未依法进行环境影响评价的开发利用规划,不得组织实施;未依法进行环境影响评价的建设项目,不得开工建设。"

（3）环境保护单项法

环境保护单项法包括污染防治法和生态保护法。这些法律对环境影响评价制度的对象、内容和程序也做了规定。环境保护单项法主要有:《中华人民共和国环境影响评价法》《中华人民共和国水污染防治法》《中华人民共和国大气污染防治法》《中华人民共和国固体废物污染环境防治法》《中华人民共和国环境噪声污染防治法》等。

2002年10月28日通过的《中华人民共和国环境影响评价法》,作为一部独特的环境保护单行法,规定了规划和建设项目环境影响评价的相关法律要求,是我国环境立法的重大进展。《中华人民共和国环境影响评价法》将环境影响评价的范畴从建设项目扩展到规划即战略层次,力求从决策的源头防止环境污染和生态破坏,标志着我国环境与资源立法进入了一个新的阶段。该法于2016年7月2日第一次修正,2018年12月29日第二次修正。

（4）环境保护相关法

环境保护相关法是指一些自然资源保护和其他有关部门法律,都涉及环境保护的有关要求,也是环境保护法律法规体系的一部分。如《中华人民共和国循环经济促进法》《中华人民共和国节约能源法》《中华人民共和国清洁生产促进法》,以及《中华人民共和国森林法》《中华人民共和国草原法》《中华人民共和国渔业法》《中华人民共和国矿产资源法》《中华人民共和国文物保护法》《中华人民共和国城乡规划法》等。

**2. 环境保护行政法规**

环境保护行政法规是由国务院制定并公布实施的环境保护规范性文件。它分为两类,一类是为执行某些环境保护单项法而制定的实施细则或条例,另一类是针对环境保护工作中某些尚无相应单行法律的重要领域而制定的条例、规定或办法。前者如《中华人民共和国大气污染防治法实施细则》《规划环境影响评价条例》,后者如《建设项目环境保护管理条例》等。

**3. 环境保护部门规章**

环境保护部门规章是由国务院环境保护行政主管部门单独发布或者与国务院有关部门联合发布的环境保护规范性文件。它以有关的环境保护法律法规为依据制定,或针对某些尚无法律法规调整的领域作出相应规定。如《建设项目环境影响评价分类管理名录》《国家危险废物名录》《建设项目环境影响评价资质管理办法》《环境影响评价公众参与办法》等。

### 4. 环境保护地方性法规和地方政府规章

环境保护地方性法规和地方政府规章是依照宪法和法律享有立法权的地方权力机关和地方行政机关（包括省、自治区、直辖市、省会城市、国务院批准的较大的市及计划单列市的人民代表大会及其常务委员会、人民政府），制定的环境保护规范性文件。这些规范性文件是根据本地的实际情况和特殊的环境问题，为实施环境保护法律法规而制定，具有较强的可操作性。

### 5. 环境影响评价标准

环境标准是环境保护法律法规体系的一个组成部分，是环境执法和环境管理工作的技术依据。我国的环境标准分为强制性标准和推荐性标准两类。

现行的环境影响评价技术导则属于强制性标准。建设单位、环评机构和各相关部门依据导则开展环评文件编制和管理工作。

建设项目环境影响评价技术导则体系由总纲、污染源源强核算技术指南、环境要素环境影响评价技术导则、专题环境影响评价技术导则和行业建设项目环境影响评价技术导则等构成。污染源源强核算技术指南和其他环境影响评价技术导则遵循总纲确定的原则和相关要求。

污染源源强核算技术指南包括污染源源强核算准则和火电、造纸、水泥、钢铁等行业污染源源强核算技术指南；环境要素环境影响评价技术导则指大气、地表水、地下水、声环境、生态、土壤等环境影响评价技术导则；专题环境影响评价技术导则指环境风险评价、人群健康风险评价、环境影响经济损益分析、固体废物等环境影响评价技术导则；行业建设项目环境影响评价技术导则指水利水电、采掘、交通、海洋工程等建设项目环境影响评价技术导则。

### 6. 环境保护国际公约

环境保护国际公约是指我国缔结和参加的环境保护国际公约、条约和议定书。当国际公约与我国环境法有不同规定时，优先适用国际公约的规定，但我国声明保留的条款除外。

由此可见，我国目前建立了由法律、国务院行政法规、政府部门规章、地方性法规和地方政府规章、环境标准、缔结的环境保护国际条约组成的完整的环境保护法律法规体系。上述各类法律法规因立法单位的不同而具有不同的法律效力。

#### （四）我国环境影响评价制度的特点

我国的环境影响评价制度是在学习和借鉴国外经验，并结合了我国实际情况的基础上形成发展起来的，主要有以下几个特征。

### 1. 具有法律强制性和规范性

中国的环境影响评价制度是国家环境保护法明令规定的一项法律制度，它以法律形式约束人们必须遵照执行，是为了防止造成环境污染与破坏而约束人们在从事开发建设活动时必须遵照执行的工作准则，具有严肃的法制性和严格的规范性。

《建设项目环境保护管理条例》规定，对未经批准环境影响报告书或环境影响报告表的建设项目，计划部门不办理设计任务书的审批手续，土地管理部门不办理征地手续，银行不予贷款。《中华人民共和国环境影响评价法》增加了环评文件的法律效力，体现了我国环评制度所确定的"先评价，后建设"的原则，从根本上保证了建设项目的环境保护措施同主体工程同时设计、同时施工、同时竣工验收的"三同时"制度的实施。同时《中华人民共和国环境影响评价法》对规划的审批也提出了相同的要求。对于规划，环评必须与规划草案同步报批，无环评的规划草案不予审批。

**2. 分类管理**

《建设项目环境保护管理条例》规定,对建设项目的环境影响评价实行分类管理。自1999年以来,国家环境保护总局首次颁布实施了《建设项目环境保护分类管理名录(试行)》(环发〔1999〕99号)后,先后对名录进行了五次修订,现行的《建设项目环境影响评价分类管理名录》(生态环境部令第16号)由环境保护部于2020年11月5日颁布,2021年1月1日起施行。根据建设项目特征和所在区域的环境敏感程度,综合考虑建设项目可能对环境产生的影响,对建设项目的环境影响评价实行分类管理。建设单位应当按照分类管理名录的规定,分别组织编制建设项目环境影响报告书、环境影响报告表或者填报环境影响登记表。评价工作的重点也因类而异,对新建项目,评价重点主要是解决合理布局、优化选址和总量控制;对扩建和技术改造项目,评价的重点在于搞清楚工程实施前后可能对环境造成的影响及"以新带老",加强原有污染治理、改善环境质量。

《规划环境影响评价条例》对于规划也作出了类似的管理。根据《中华人民共和国环境影响评价法》,"一地三域"的综合规划及"十个专项"的指导性规划只做篇章和说明书,作为规划草案的一个章节报送规划审批部门;对于"十个专项"规划的非指导性规划要求编制规划草案的环境影响报告书;对于其他未列出的规划不进行评价。具体见国家环境保护总局《关于印发〈编制环境影响报告书的规划的具体范围(试行)〉和〈编制环境影响篇章或说明的规划的具体范围(试行)〉的通知》(环发〔2004〕98号)。

**3. 评价资格实行审核认证制**

为确保环境影响评价工作的质量,自1986年起,我国建立了评价单位的资格审查制度。1999年国家环境保护总局颁布的《建设项目环境影响评价资格证书管理办法》(2005年、2015年修订)对此进一步明确,为建设项目环境影响评价提供技术服务的机构,应当按照本办法的规定,向环境保护部申请建设项目环境影响评价资质(以下简称"资质"),经审查合格,取得《建设项目环境影响评价资质证书》(以下简称"资质证书")后,方可在资质证书规定的资质等级和评价范围内接受建设单位委托,编制建设项目环境影响报告书或者环境影响报告表(以下简称环境影响报告书(表))。资质等级分为甲级和乙级。评价范围包括环境影响报告书的十一个类别和环境影响报告表的两个类别,其中环境影响报告书类别分设甲、乙两个等级,资质证书有效期为4年。2018年12月29日,全国人大常委会通过对《中华人民共和国环境影响评价法》的修改,从法律层面取消了建设项目环评资质行政许可,评价单位不再做资格要求。

为了提高环评队伍的素质,以适应环境影响评价这项高度综合性的工作,我国从1996年对环评从业人员开始了有计划的专业知识和技能培训,实行评价人员持证上岗,并从2004年4月1日起在全国实施环境影响评价工程师职业资格制度。

目前环境影响评价资格仅保留了人员职业资格,评价机构资格不再做要求。

**4. 公众参与制度**

公众参与是指有关单位、专家和公众通过一定的途径和方式,按照一定的程序,参与与其环境权益相关的环境影响评价活动,使制定规划或者审批项目的决策活动符合广大公众的利益。在环境影响评价过程中,多听取有关单位和公众的意见,可以使有关部门更全面地了解和认识评价对象的环境状况,关注许多潜在的环境问题,提高环评的科学性和针对性,进一步提高决策的科学化水平。事先了解各方面的利益和要求有利于化解不良环境带来的社会矛盾。因此,公众参与也是各国环评必不可少的一环。

根据《中华人民共和国环境影响评价法》的规定,除国家规定需要保密的情形外,建设单位或专项规划编制机关应当在建设项目环境影响报告书或规划草案报送审批前,举行论证会、听证会,或者采取其他形式,征求有关单位、专家和公众对环境影响报告书的意见。编制机关应当认真考虑有关单位、专家和公众对环境影响报告书的意见,并应当在报送审查的环境影响报告书中附具对意见采纳或者不采纳的说明。

可见,只有需要编制报告书的建设项目和专项规划才按照法律规定必须进行公众参与。公众参与具体的实施办法见《环境影响评价公众参与办法》的规定。根据《环境影响评价公众参与办法》,2016年《建设项目环境影响评价技术导则 总纲》(HJ 2.1—2016)将公众参与和环境影响评价文件编制工作分离,明确了建设单位的公众参与主体责任,其呈现形式为:公众参与的开展情况单独编制成册,存档备查,建设单位报送的环境影响报告书应附具公众参与说明书,供环评审批决策参考。

**5. 跟踪评价或后评价制度**

《中华人民共和国环境影响评价法》第二十七条规定:在项目建设、运行过程中产生不符合经审批的环境影响评价文件的情形的,建设单位应当组织环境影响的后评价,采取改进措施,并报原环境影响评价文件审批部门和建设项目审批部门备案;原环境影响评价文件审批部门也可以责成建设单位进行环境影响的后评价,采取改进措施。

《中华人民共和国环境影响评价法》第十五条规定:对环境有重大影响的规划实施后,编制机关应当及时组织环境影响的跟踪评价,并将评价结果报告审批机关;发现有明显不良环境影响的,应当及时提出改进措施。

从1979年我国建立环境影响评价制度以来,在最近45年的实践中,环境保护的法规从无到有,不断地完善,已经形成了我国的环境保护法规体系和环境影响评价制度体系,使得环境影响评价不论是从评价的对象、内容、程序,还是对于评价单位、报告书的技术审核单位及评价人员的资质管理都有章可循,为提高环境影响评价的有效性和环境影响评价的健康发展提供了保障。

**6. 规划环境影响评价与项目环境影响评价联动机制**

规划环境影响评价与项目环境影响评价联动,是指进一步强化规划环评对项目的指导和约束作用,并在建设项目环境保护管理中落实规划环评的成果,切实发挥规划和项目环评预防环境污染和生态破坏的作用。规划环评与项目环评联动以提高规划环评工作的质量为前提。环境保护主管部门在对规划环境影响报告书进行审查时,将规划环评工作任务完成情况及规划环评结论的科学性作为审查的重点,充分关注规划环评结论对于建设项目环评的指导和约束作用。

# 第二节    环境标准体系

## 一、环境标准的概念

环境标准是为了防治环境污染、维护生态平衡、保护人群健康,国务院环境保护行政主管部门和省、自治区、直辖市人民政府依据国家有关法律规定,对环境保护工作中需要统一的各项技术规范和技术要求而制定的标准。具体来讲,环境标准是国家为了保护人民健康,促进生态良性循环,实现社会经济发展目标,根据国家的环境政策和法规,在综合考虑本国自然环境特征、社会经济条件和科学技术水平的基础上规定环境中污染物的允许含量和污染源排放污染物的数量、浓度、时间和速率,以及其他有关技术规范。

环境标准是国家环境政策在技术方面的具体体现,是行使环境监督管理和进行环境规划的主要依据,是推动环境科技进步的动力。由此可以看出,环境标准随环境问题的产生而出现,随科技进步和环境科学的发展而发展,体现在种类和数量上也越来越多。环境标准为社会生产力的发展创造良好的条件,又受到社会生产力发展水平的制约。

环境标准一般说明两个方面的问题:

① 人群健康及与其利益有密切关系的生态系统和社会财富不受损害的环境适宜条件是什么?

② 为了既实现这些环境条件,又促进生产的发展,人类的生产、生活活动对环境的影响和干扰应控制的限度和数量是什么?

前者是环境质量标准的任务,后者是排放标准的任务。

## 二、我国的环境标准体系

### (一) 标准体系的组成

我国的环境标准分为国家环境标准、地方环境标准两级。国家环境标准又分为环境质量标准、污染物排放标准、环境监测方法标准、环境标准样品标准、环境基础标准及国家环境保护行业标准,具体见图 1-1。

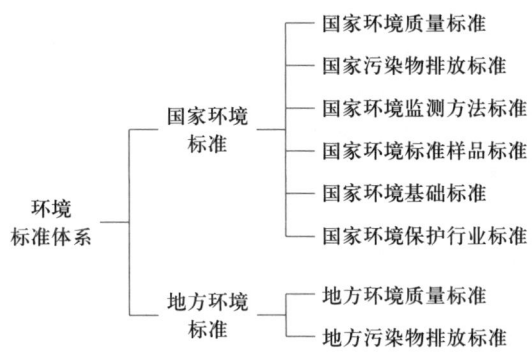

图 1-1　环境保护标准分类

地方环境标准由省、自治区、直辖市人民政府制定,分为地方环境质量标准和地方污染物排放标准两类。对国家环境质量标准中未做规定的项目,可以制定地方环境质量标准;地方污染物排放(控制)标准制定国家污染物排放标准中未做规定的项目和严于国家污染物排放标准的项目。

环境标准分为强制性标准和推荐性标准。环境质量标准和污染物排放标准及法律、法规规定必须执行的其他标准属于强制性标准。强制性标准以外的环境标准属于推荐性标准。国家鼓励采用推荐性环境标准,推荐性环境标准被强制性标准引用,也必须强制执行。

**（二）国家环境标准**

**1. 国家环境质量标准**

国家环境质量标准是为保障人群健康、维护生态和保障社会物质财富，并考虑技术、经济条件，对环境中有害物质和因素所作的限制性规定。国家环境质量标准是一定时期内衡量环境优劣程度的标准，从某种意义上讲是环境质量的目标标准。如空气质量标准、水环境质量标准、环境噪声质量标准和土壤环境质量标准等。

**2. 国家污染物排放标准（或控制标准）**

国家污染物排放标准（或控制标准）是根据国家环境质量标准，以及适用的污染控制技术，并考虑经济承受能力，对排入环境的有害物质和产生污染的各种因素所做的限制性规定，是对污染源控制的标准，如大气污染物排放标准、水污染物排放标准、噪声排放标准和固体废物污染控制标准等。

**3. 国家环境监测方法标准**

国家环境监测方法标准是为监测环境质量和污染物排放，规范采样、分析测试和数据处理等所作的统一规定。如水质分析方法标准、城市环境噪声测量方法、水质采样法等。环境监测方法中最常见的是采样方法、分析方法和测定方法。

**4. 国家环境标准样品标准**

国家环境标准样品标准是为保证环境监测数据的准确、可靠，对用于量值传递或质量控制的材料、实物样品而制定的标准。如土壤 ESS-1 标准样品、水质 COD 标准样品等。标准样品在环境管理中起着甄别的作用，可用来评价分析仪器，鉴别其灵敏度；评价分析者的技术，使操作技术规范化。

**5. 国家环境基础标准**

国家环境基础标准是对环境标准工作中，需要统一的技术术语、符号、代号（代码）、图形、指南、导则、量纲单位及信息编码等所做的统一规定。如地方大气污染物排放标准的技术方法，地方水污染物排放标准的技术原则和方法，环境保护标准的编制和出版、印刷标准等都要符合国家环境基础标准。

**6. 环境保护行业标准**

环境保护行业标准是指在环境保护工作中对还需要统一的技术要求所制定的标准（包括执行各项环境管理制度、检测技术、环境区划、规划的技术要求、规范、导则等）。

**（三）地方环境标准**

地方环境标准是对国家环境标准的补充和完善。由省、自治区、直辖市人民政府制定。近年来为控制环境质量的恶化趋势，一些地方已将总量控制指标纳入地方环境标准。

**1. 地方环境质量标准**

国家环境质量标准中未作规定的项目，可以制定地方环境质量标准。

**2. 污染物排放（控制）标准**

（1）国家污染物排放标准中未作规定的项目可以制定地方污染物排放标准。

（2）国家污染物排放标准已规定的项目，可以制定严于国家污染物排放标准的地方污染物排放标准。

（3）省、自治区、直辖市人民政府制定机动车、船大气污染物地方排放标准严于国家排放标准的，须报经国务院批准。

### （四）标准之间的关系

环境质量标准是环境保护的目标值,污染物排放标准适用于控制污染源排放。前者用于评价环境质量,而后者用于评价污染物是否达标。评价技术导则用于指导整个评价工作和评价技术文件的编制。在执行上遵循以下原则。

（1）国家标准与地方标准:地方标准优先于国家标准。

（2）国家排放标准间的关系:国家污染物排放标准分为跨行业综合性标准和行业性排放标准。综合与行业标准不交叉执行,即有行业标准的执行行业标准,无行业标准的执行综合排放标准。

### （五）环境标准与环境影响评价的关系

环境标准是环境影响评价的准绳。无论进行环境质量现状评价,编制环境质量报告书,还是进行环境影响评价,编制环境影响评价文件,都需要环境标准。只有依靠环境标准,才能做出定量化的比较和评价,正确判断环境质量的好坏,从而为控制环境质量,进行环境污染综合整治,以及设计切实可行的治理方案提供科学的依据。

# 第三节　环境影响评价体系

## 一、环境影响评价体系的层次划分

《中华人民共和国环境影响评价法》提出了对规划和建设项目开展环境影响评价的要求,因此环境影响评价从层次划分,可划分为规划环境影响评价和建设项目环境影响评价。不同决策层次(如国家级、省级、地市级)的有关规划涉及不同区域或行业,所需要评价的规划可能是区域发展性质的规划,也可能是相应区域内行业部门的发展规划,有些规划本身可能就涉及一系列具体开发建设项目。

有些开发建设活动,不同程度地与国家或地方的政策、规划和计划联系在一起。在国际上,政策、规划和计划层次上的环境影响评价统称为战略环境影响评价;具体建设项目层次上的环境影响评价,称为项目环境影响评价;对于在规划和计划层次上的环境影响评价,也有区域环境影响评价和部门环境影响评价的划分。

## 二、建设项目环境影响评价

### （一）建设项目环境影响评价的基本概念

建设项目是指"按固定资产投资方式进行的一切开发建设活动包括国有经济、城乡集体经济、联营、股份制、外资、港澳台投资、个体经济和其他各种不同经济类型的开发活动"。一般可分为基本建设、技术改造、房地产开发(包括开发区建设、新区建设、老区改造)和其他共四个部分的工程和设施建设。建设项目环境影响评价就是针对上述四种工程和设施建设的环境影响进行评价的过程。

### （二）建设项目环境影响评价的法律依据

#### 1. 环境保护基本法中的规定

《中华人民共和国环境保护法》第十九条规定:编制有关开发利用规划,建设对环境有影响的项目,应当依法进行环境影响评价。这一条款要求,未依法进行环境影响评价的开发利用规划,不得组织实施;未依法进行环境影响评价的建设项目,不得开工建设。

**2. 单项法和条例中的规定**

一些单项法和条例对具体领域中执行建设项目环境影响评价制度的对象、内容和程序等也做出了明文规定。如《中华人民共和国海洋环境保护法》《中华人民共和国水污染防治法》等。

由于建设项目的种类繁多,其对环境的影响也千差万别。行业不同、产品不同、工艺不同、采用的原辅材料不同,最终向环境中排放的污染物种类和数量均不同,对环境造成的影响程度也会不同。为了便于环境管理,《中华人民共和国环境影响评价法》第十六条、《建设项目环境保护管理条例》第七条,分别规定了国家根据建设项目对环境的影响程度,对建设项目的环境影响评价和环境保护实行分类管理。

## 三、规划环境影响评价

**(一)规划环境影响评价的基本概念**

规划环境影响评价,是指对规划实施后可能造成的环境影响进行分析、预测和评价,提出预防或者减轻不良环境影响的对策和措施,综合考虑所拟议的规划可能涉及的环境问题,预防规划实施后对各种环境要素及其所构成的生态系统可能造成的影响,协调经济增长、社会进步与环境保护的关系,为科学决策提供依据。《中华人民共和国环境影响评价法》第二章对规划环境影响评价做了明确的规定。

**(二)规划环境影响评价的法律依据和目的**

为了防止在经济发展中造成重大生态损失和破坏,对有关政策和规划进行环境影响评价,实行"先评价后实施"原则是十分重要的。《中华人民共和国环境影响评价法》力求从决策的源头防止环境污染和生态破坏,从项目环境影响评价进入到战略环境影响评价层次,是中国环境立法中最为重大的进展。该法明确了立法是为了实施可持续发展战略,预防因规划和建设项目实施后对环境造成不良影响,促进经济、社会和环境的协调发展,确定了环境影响评价的含义、范围及应遵循的基本原则,要求规划和建设项目必须进行环境影响评价。

**(三)规划环境影响评价的范围及编制要求**

规划环境影响评价分为综合规划和专项规划两类。对于一些宏观的、长远的综合规划及主要是提出预测性、参考性指标的专项规划,可将其归类为指导性规划;而对一些指标、要求比较具体的专项规划,可将其归类为非指导性规划。

**1. 综合规划及其环境影响评价的规定**

《中华人民共和国环境影响评价法》第七条规定:国务院有关部门、设区的市级以上地方人民政府及其有关部门,对其组织编制的土地利用的有关规划,区域、流域、海域的建设、开发利用规划,应当在规划编制过程中组织进行环境影响评价,编写该规划有关环境影响的篇章或者说明。

由此可见,并不是所有的综合规划都必须进行环境影响评价,而是综合规划中的一部分,即土地利用的有关规划,区域、流域、海域的建设、开发利用规划要求编写规划实施后有关环境影响的篇章或者说明。对于一些比较重要、实施后对环境影响比较大的规划,用"篇章"的形式;对于一些重要性较弱、实施后对环境影响相对较小的规划,可以用"说明"或者"专项说明"的形式。

**2. 专项规划及其环境影响评价的规定**

《中华人民共和国环境影响评价法》第八条规定:国务院有关部门、设区的市级以上地方人民政府及其有关部门,对其组织编制的工业、农业、畜牧业、林业、能源、水利、交通、城市建设、旅游、自然资源开发的有关专项规划(以下简称专项规划),应当在该专项规划草案上报审批前,组织进行环境影响评价,并向审批该专项规划的机关提出环境影响报告书。前款所列专项规划中的指导性规划,按照《中华人民共和国环境影响评价法》第七条的规定进行环境影响评价。

因此,专项规划是与综合规划相对应的,一般是指规划的范围或者领域相对较窄,内容比较专门的规划,包括工业、农业、畜牧业、林业、能源、水利、交通、城市建设、旅游、自然资源开发的有关专项规划。不是所有的专项规划都需要做环评,而是其中所包括的十个行业的规划。而且还特别指出,对于专项规划中的指导性规划,应当在规划编制过程中组织进行环境影响评价,编写该专项规划有关环境影响的篇章或者说明。指导性专项规划以外的其他专项规划,则应当在该专项规划草案上报审批前,组织进行环境影响评价,并向审批该专项规划的机关提出环境影响报告书。

《中华人民共和国环境影响评价法》第九条规定:依照《中华人民共和国环境影响评价法》第七条、第八条的规定进行环境影响评价的规划的具体范围,由国务院生态环境主管部门会同国务院有关部门规定,报国务院批准。"国家环境保护总局 2004 年 7 月 6 日以环发〔2004〕98 号《关于印发〈编制环境影响报告书的规划的具体范围(试行)〉和〈编制环境影响篇章或说明的规划的具体范围(试行)〉的通知》,明确了应当进行环境影响评价,编制不同类型环境影响评价文件的规划类范围。在实际工作中可根据该通知规定,分别编制环境影响报告书或者有关环境影响篇章或者说明。

## 四、规划环境影响评价与建设项目环境影响评价的比较

规划环境影响评价和建设项目环境影响评价的评价目的、技术原则是基本相同的,但在介入时机、评价方法、技术要求等具体细节上存在较大差异。表 1-2 为建设项目环境影响评价与规划环境影响评价的比较。

表 1-2　建设项目环境影响评价与规划环境影响评价的比较

| 建设项目环境影响评价 | 规划环境影响评价 |
| --- | --- |
| 决策的末端 | 在决策的早期阶段 |
| 与具体的建设项目立项同步进行 | 与规划编制同步 |
| 识别具体环境影响,短期、微观尺度 | 识别宏观环境影响,长期、宏观尺度 |
| 在有限的范围考虑替代方案 | 更大的范围内考虑替代方案 |
| 考虑叠加影响 | 对累积影响早期预警 |
| 强调减缓措施 | 强调满足环境目标和维护生态系统,强调预防 |
| 以标准为依据,处理具体生态环境影响问题 | 关注可持续议题,在环境影响的源头解决环境问题 |

对一项政策、规划或计划的决策,可能引发或带动一系列的经济活动和具体项目的开发建设,或者规划、计划本身就包括了一系列拟议的具体建设项目,从而可能导致不利的环境

影响,而且这些影响可能是大范围的、长期的、具有累积效应的。

将环境影响评价纳入政策、规划和计划的制定与决策过程中,实际上是在决策的源头消除、减少、控制不利的环境影响。宏观上,规划环境影响评价重点解决与战略决策议题有关的环境保护问题,如规划发展目标的环境可行性、规划总体布局的环境合理性、实现规划发展目标的途径和方案的环境合理性和可行性。

在建设项目环境影响评价的层次上,主要回答项目实施过程中的环境影响防治问题。主要讨论建设项目选址、选线、规模、布局和工艺流程的环境合理性;污染物排放的环境可行性与不利环境影响的最小化;减缓措施的技术、经济可行性及不利环境影响的公众接受程度。

# 第四节　环境影响评价的程序与工作内容

环境影响评价工作参与方包括建设单位、环评技术单位、技术评估机构、审批部门、专家和公众等。

建设单位是环境影响评价工作的主体单位,可以委托技术单位对其建设项目开展环境影响评价,编制建设项目环境影响报告书、环境影响报告表;建设单位具备环境影响评价技术能力的,可以自行对其建设项目开展环境影响评价,编制建设项目环境影响报告书、环境影响报告表。技术单位受建设单位委托依据导则开展环评文件编制工作。建设单位应当对建设项目环境影响报告书、环境影响报告表的内容和结论负责,接受委托编制建设项目环境影响报告书、环境影响报告表的技术单位对其编制的建设项目环境影响报告书、环境影响报告表承担相应责任。

建设项目的环境影响报告书、报告表,由建设单位按照国务院的规定报有审批权的生态环境主管部门审批。生态环境主管部门可以组织技术评估机构对建设项目环境影响报告书、环境影响报告表进行技术评估,技术评估机构应当对其提出的技术评估意见负责。技术评估机构可聘请专家对建设项目环境影响报告书、环境影响报告表进行技术审查。

国家鼓励有关单位、专家和公众以适当方式参与环境影响评价,提出意见和建议。

后续主要介绍技术单位编制建设项目环境影响报告书、环境影响报告表的工作程序和内容。

## 一、建设项目环境影响评价文件编制的工作程序与内容

### (一)建设项目环境影响评价文件编制的工作程序

建设项目环境影响评价文件编制工作大体分为三个阶段,如图1-2所示。

第一阶段为准备阶段,主要工作为研究有关文件,进行初步的工程分析和环境现状调查,筛选重点评价项目,确定各单项环境影响评价的工作等级,编制评价工作大纲;

第二阶段为正式工作阶段,其主要工作为进一步做工程分析和环境现状调查,并进行环境影响预测和环境影响评价;

第三阶段为报告书编制阶段,其主要工作为汇总、分析第二阶段工作所得到的各种资料、数据,下结论,完成环境影响报告书(表)的编制。

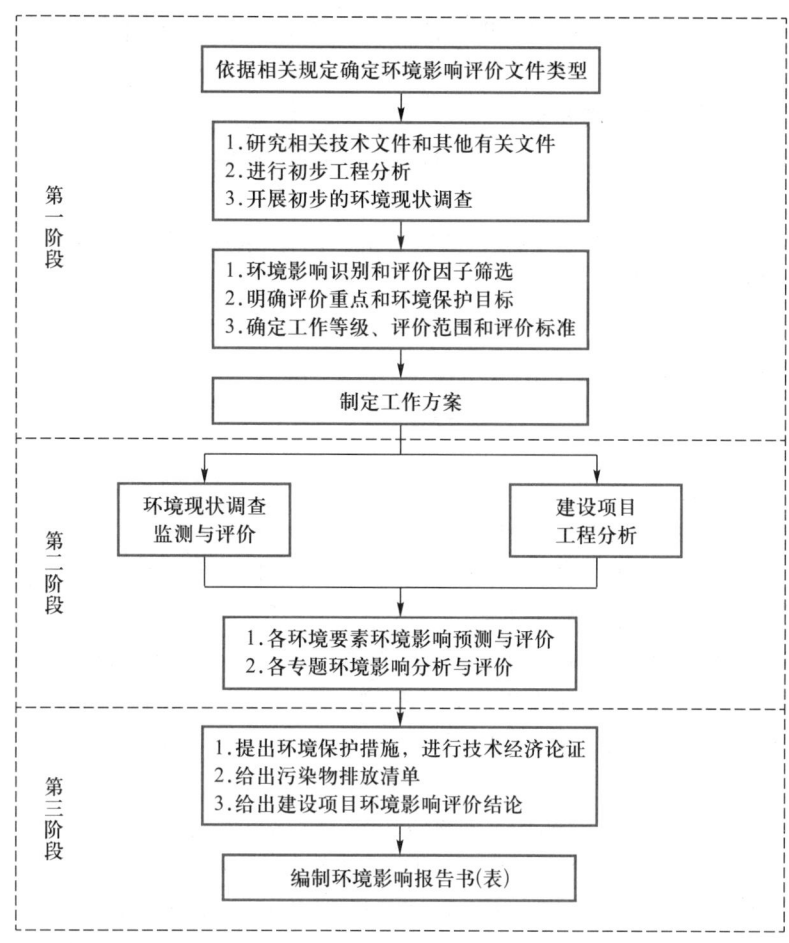

图 1-2　建设项目环境影响评价的工作程序

如通过环境影响评价对原选厂址给出否定结论时,对新选厂址的评价应重新进行;如需进行多个厂址的选择,则应对各个厂址分别进行预测和评价。

（二）环境影响报告书（表）编制要求

（1）环境影响报告书编制要求

① 一般包括概述、总则、建设项目工程分析、环境现状调查与评价、环境影响预测与评价、环境保护措施及其可行性论证、环境影响经济损益分析、环境管理与监测计划、环境影响评价结论和附录附件等内容。

概述可简要说明建设项目的特点、环境影响评价的工作过程、分析判定相关情况、关注的主要环境问题及环境影响、环境影响评价的主要结论等。总则应包括编制依据、评价因子与评价标准、评价工作等级和评价范围、相关规划及环境功能区划、主要环境保护目标等。附录和附件应包括项目依据文件、相关技术资料、引用文献等。

② 应概括地反映环境影响评价的全部工作成果,突出重点。工程分析应体现工程特点,环境现状调查应反映环境特征,主要环境问题应阐述清楚,影响预测方法应科学,预测结果应可信,环境保护措施应可行、有效,评价结论应明确。

③ 文字应简洁、准确,文本应规范,计量单位应符合国家标准,数据应真实、可信,资料

应翔实,应强化先进信息技术的应用,图表信息应满足环境质量现状评价和环境影响预测评价的要求。

（2）环境影响报告表编制要求

环境影响报告表应采用规定格式。可根据工程特点、环境特征,有针对性突出环境要素或设置专题开展评价。

（3）环境影响报告书（表）内容涉及国家秘密的,应按国家涉密管理有关规定处理。

（三）建设项目环境影响评价的工作内容

**1. 环境影响识别与评价因子筛选**

（1）环境影响识别

环境影响是由造成环境影响的源和受影响的环境两方面构成的,而辨识开发行动或建设项目的实施对环境要素的各种参数或环境因子的各种影响,以及各项环境要素对项目实施的制约性,就是环境影响识别。环境影响识别是开展环境影响评价工作的基础,应在了解和分析建设项目所在地区域发展规划、环境保护规划、环境功能区划、环境现状等环境特征和拟建项目工程特征的基础上,分析和列出建设项目对环境可能产生影响的行为,以及可能受上述行为影响的环境要素及相关参数。

影响识别应明确建设项目在施工过程、生产运行、服务期满后等不同阶段的各种行为与可能受影响的环境要素间的相互作用效应关系、影响性质、影响范围、影响程度等,定性分析建设项目对各环境要素可能产生的污染影响与生态破坏,包括有利与不利影响、长期与短期影响、可逆与不可逆影响、直接与间接影响、累积与非累积影响等。对制约项目实施的关键环境因素或条件,应作为环境影响评价的重点内容。

在进行环境影响识别时,可按项目建设期、运营期和服务期满后三个阶段和自然环境、社会环境、环境质量划分。环境影响因素识别方法可采用清单法、矩阵法、网络法、GIS 支持下的叠置分析法等。

（2）评价因子筛选

评价因子筛选就是在环境影响识别的基础上,按环境对开发建设活动的制约因素和开发建设活动对环境资源的影响因子作用关系,识别和筛选出主要行为影响因子和环境制约因子。依据环境影响识别结果,并结合区域环境功能要求、规划确定的环境保护目标（环境质量标准、生态保护需要和污染物排放总量控制要求）,综合分析开发建设活动产生的环境污染和生态影响因子、环境现状污染及超标因子、环境功能目标因子,从中分别筛选确定出需要进行环境现状调查、监测、现状评价和影响预测、评价的主要因子。筛选确定评价因子,应重点关注重要的环境制约因子。评价因子必须能够反映环境影响的主要特征和区域环境的基本状况。评价因子应分别列出现状评价因子和预测评价因子。

**2. 确定评价工作等级和评价范围**

（1）评价工作等级

评价工作等级的划分系指对大气、地表水、地下水、噪声、土壤和生态等单个环境要素的专项评价而言。建设项目各环境要素专项评价原则上应划分工作等级,一般可划分为三级。一级评价对环境影响进行全面、详细、深入评价,二级评价对环境影响进行较为详细、深入评价,三级评价可只进行环境影响分析。建设项目其他专项评价可根据评价工作需要划分评价等级。

各环境要素专项评价工作等级以下列因素为依据进行划分。

① 建设项目的工程特点：包括工程性质、工程规模、工程选址选线、总体布局、工艺流程、原料的使用、能源与水资源的使用、对环境产生影响的方式或途径，主要污染物种类、源强与排放方式、去向及污染物在自然环境中进行降解转化的难易程度、对生物的毒理作用等。对于自然资源开发和区域开发等工程项目，工程特征主要指开发方式、开发规模、开发范围、开发强度及影响环境的有关工程技术参数等。

② 建设项目所在地区域环境特征：包括自然地理环境（如地形，地貌，水文，水质，气候，气象，环境地质，自然灾害，矿产资源等），自然生态环境（如动植物类型、分布，生态系统结构特点，濒危或珍稀物种，生物多样性，自然保护区类型，区域生态功能区划等），社会经济环境状况（如社会经济发展水平，工业、农牧业、服务业等产业结构特征，工矿企业分布、数量、特点，城镇、村落及居民分布，人口数量、素质和生活水准，土地质量、功能、利用，土地利用规划），基础及公共设施状况（如供电、供热、供气、给排水，住房、商业、卫生、学校、交通等，污水处理，垃圾处理）等。

③ 国家或地方的有关法律法规、政策和规划要求：包括环境和资源保护法律法规及其法定的保护对象、环境质量标准和污染物排放（控制）标准、社会经济发展规划、环境功能区划、环境保护规划等。

其他专项评价工作等级划分可参照各环境要素评价工作等级划分依据。

对于某一具体建设项目，各专项评价的工作等级可根据项目所处区域环境敏感程度、工程污染或生态影响特征及其他特殊要求等情况进行适当调整，但调整的幅度不超过一级，并应说明调整的具体理由。

对于各环境要素已有环境影响评价技术导则的，应按《导则》的有关规定确定该环境要素的环境影响评价等级。

（2）评价范围

根据建设项目可能影响范围（包括直接影响、间接影响、潜在影响等）确定环境影响评价范围，其中项目实施可能影响范围内的环境敏感区等应重点关注。

根据环境功能区划和保护目标要求，按照确定的各环境要素的评价等级和《环境影响评价导则》相关规定，结合拟建项目污染和破坏特点及当地环境特征，分别确定各环境要素具体的现状调查范围和预测评价范围，并在地形地貌图上标出范围，特别应注明关心点位置。

**3. 建设项目概况与工程分析**

（1）建设项目概况

建设项目概况包括主体工程、辅助工程、公用工程、环保工程、储运工程及依托工程等。

以污染影响为主的建设项目应明确项目组成、建设地点、原辅料、生产工艺、主要生产设备、产品（包括主产品和副产品）方案、平面布置、建设周期、总投资及环境保护投资等。

以生态影响为主的建设项目应明确项目组成、建设地点、占地规模、总平面及现场布置、施工方式、施工时序、建设周期和运行方式、总投资及环境保护投资等。

改扩建及异地搬迁建设项目还应包括现有工程的基本情况、污染物排放及达标情况、存在的环境保护问题及拟采取的整改方案等内容。

（2）工程分析

工程分析是环境影响评价基础工作之一，目的是要通过工程分析，确定污染物源强、污染方式及途径或不同工程开发建设方式和强度对生态环境的扰动、改变和破坏程度。工程分析的方法主要有类比分析法、物料平衡计算法、查阅参考资料分析法等。

① 污染影响因素分析

遵循清洁生产的理念,从工艺的环境友好性、工艺过程的主要产污节点及末端治理措施的协同性等方面,选择可能对环境产生较大影响的主要因素进行深入分析。

绘制包含产污环节的生产工艺流程图;按照生产、装卸、储存、运输等环节分析包括常规污染物、特征污染物在内的污染物产生、排放情况(包括正常工况和开停工及维修等非正常工况),存在具有致癌、致畸、致突变的物质、持久性有机污染物或重金属的,应明确其来源、转移途径和流向;给出噪声、振动、放射性及电磁辐射等污染的来源、特性及强度等;说明各种源头防控、过程控制、末端治理、回收利用等环境影响减缓措施状况。

明确项目消耗的原料、辅料、燃料、水资源等种类、构成和数量,给出主要原辅材料及其他物料的理化性质、毒理特征,产品及中间体的性质、数量等。

对建设阶段和生产运行期间,可能发生突发性事件或事故,引起有毒有害、易燃易爆等物质泄漏,对环境及人身造成影响和损害的建设项目,应开展建设和生产运行过程的风险因素识别。存在较大潜在人群健康风险的建设项目,应开展影响人群健康的潜在环境风险因素识别。

② 生态影响因素分析

结合建设项目特点和区域环境特征,分析建设项目建设和运行过程(包括施工方式、施工时序、运行方式、调度调节方式等)对生态环境的作用因素与影响源、影响方式、影响范围和影响程度。重点为影响程度大、范围广、历时长或涉及环境敏感区的作用因素和影响源,关注间接性影响、区域性影响、长期性影响及累积性影响等特有生态影响因素的分析。

③ 污染源源强核算

根据污染物产生环节(包括生产、装卸、储存、运输)、产生方式和治理措施,核算建设项目有组织与无组织、正常工况与非正常工况下的污染物产生和排放强度,给出污染因子及其产生和排放的方式、浓度、数量等。

对改扩建项目的污染物排放量(包括有组织与无组织、正常工况与非正常工况)的统计,应分别按现有、在建、改扩建项目实施后等几种情形汇总污染物产生量、排放量及其变化量,核算改扩建项目建成后最终的污染物排放量。

污染源源强核算方法由污染源源强核算技术指南具体规定。

④ 清洁生产

国家已发布行业清洁生产标准和相关技术指南的建设项目,应按所发布的规定内容和指标进行清洁生产水平分析,必要时提出进一步改进措施与建议。

国家未发布行业清洁生产标准和相关技术指南的建设项目,结合行业及工程特点,从资源能源利用、生产工艺与设备、生产过程、污染物产生、废物处理与综合利用、环境管理要求等方面确定清洁生产指标和开展评价。

**4. 环境现状调查与评价**

(1) 基本要求

对与建设项目有密切关系的环境要素应全面、详细调查,给出定量的数据并作出分析或评价。对于自然环境的现状调查,可根据建设项目情况进行必要说明。

充分收集和利用评价范围内各例行监测点、断面或点位的近三年环境监测资料或背景值调查资料,当现有资料不能满足要求时,应进行现场调查和测试,现状监测和观测网点应根据各环境要素环境影响评价技术导则要求布设,兼顾均布性和代表性原则。符合相关规划环境影响评价结论及审查意见的建设项目,可直接引用符合时效的相关规划环境影响评价的环境调查资料及有关结论。

（2）环境现状调查与评价内容

根据环境影响因素识别结果,开展相应的现状调查与评价。

① 自然环境现状调查与评价

自然环境现状调查包括地形地貌、气候与气象、地质、水文、大气、地表水、地下水、声、生态、土壤、海洋、放射性及辐射(如必要)等调查内容。根据环境要素和专题设置情况选择相应内容进行详细调查。

② 环境保护目标调查

调查评价范围内的环境功能区划和主要的环境敏感区,详细了解环境保护目标的地理位置、服务功能、四至范围、保护对象和保护要求等。

③ 环境质量现状调查与评价

根据建设项目特点、可能产生的环境影响和当地环境特征选择环境要素进行调查与评价;评价区域环境质量现状。说明环境质量的变化趋势,分析区域存在的环境问题及产生的原因。

④ 区域污染源调查

选择建设项目常规污染因子和特征污染因子、影响评价区环境质量的主要污染因子和特殊污染因子作为主要调查对象,注意不同污染源的分类调查。环境现状调查的方法主要有收集资料法、现场调查法、遥感和地理信息系统分析方法等。污染源调查的方法主要有物料衡算法、经验计算法、实测法等。在一般情况下,采用单因子污染指数法对选定的评价因子及各环境要素的质量现状进行评价,并说明环境质量的变化趋势。

**5. 环境影响预测与评价**

对建设项目的环境影响进行预测,是指对能代表评价区各种环境质量参数变化的预测,分析、预测和评价的范围、时段、内容及方法均应根据其评价工作等级、工程与环境特性、当地的环境保护要求而定。

（1）环境影响预测的范围

环境影响预测范围的确定与建设项目和环境的特性及敏感保护目标分布等情况有关,其具体范围按各环境要素的评价等级和环境影响评价技术导则的要求确定。

（2）环境影响预测的时段

按照项目实施过程的不同阶段,可以划分为建设阶段、运营阶段和服务期满后的环境影响预测。

当建设阶段的噪声、振动、地表水、地下水、大气、土壤等的影响程度较重、影响时间较长时,应进行建设阶段的影响预测。对于在运营阶段有污染物排放的建设项目,应预测建设项目生产运行阶段正常排放、非正常排放和事故排放等情况的环境影响。对可能产生累积环境影响的项目,在服务期满后,应进行服务期满后的影响预测。

在进行环境影响预测时,应考虑环境对建设项目影响的承载能力。在一般情况下,应该考虑污染影响的衰减,对环境净化能力最差的时段和环境净化能力一般的时段进行环境影响预测。如十年一遇连续 7 天河流枯水流量、冰封期枯水月平均流量,冬季采暖期静小风、熏烟条件、典型日气象条件等。

（3）环境影响预测和评价内容

预测和评价的环境参数应包括反映评价区一般质量状况的常规参数和反映建设项目特征的特性参数两类。前者反映该评价区的一般质量状况,后者反映该评价区与建设项目有联系的环境质量状况。各建设项目应预测的环境质量参数的类别和数目,与评价工作等级、工程和环境特性及当地的环保要求有关,在各专项环境影响评价技术导则中有明确规定。评价中须考虑环境质量背景,即已实施和正在实施的建设项目的同类污染物环境叠加影响。如建设项目所造成的环境影响不能满足环境质量要求,应给出对建设项目进行环境影响控制即实施环保措施后的预测结果。

在对环境影响进行预测的基础上,对预测结果进行科学、客观地分析;明确建设项目环境影响的特征;评价建设项目环境影响的范围、程度和性质;对各环境要素和环境保护目标逐一进行分析和评价,提出明确的结论。重点预测建设项目生产运行阶段正常工况和非正常工况等情况的环境影响。

生态影响型建设项目的环境影响预测内容一般包括生态系统整体性影响预测,野生生物物种及其生态影响预测,敏感保护目标影响预测,以及自然资源、农业生态、城市生态、海洋生态影响预测,区域生态问题预测及其他特别影响预测。预测生态系统组成和服务功能的变化趋势,重点分析项目建设和生产运行对环境保护目标的影响。

生态影响评价内容一般包括生态系统整体性及其功能、生物及其生境、敏感生态问题(敏感生态保护目标)、自然资源、区域生态问题等。生态影响评价应绘制必要的评价图,如土地利用及变化图、土壤侵蚀图,以及生态质量变化或敏感目标受影响状况图等。

对选址、选线敏感的建设项目应分析不同选址、选线方案的环境影响。建设项目选址、选线,应从是否符合法规要求、是否与规划相协调、是否满足环境功能区要求、是否影响敏感的环境保护目标等方面进行论证。

（4）环境影响预测的方法

预测环境影响时应尽量选用通用、成熟、简便并能满足准确度要求的方法。目前使用较多的预测方法有数学模式法、物理模型法、类比调查法和专业判断法等。

**6. 环境风险评价**

涉及有毒有害、易燃、易爆物资生产、使用、储运,以及可能导致物理损伤与危害的机械事故或其他事故(如外来生物入侵的生态风险)的建设项目,需进行环境风险评价。

根据建设项目风险特征及周围环境特点,从危险物、事故源及特殊环境条件等方面对建设项目的具体环境风险因素进行识别。

环境风险评价应重点关心化学风险(来自产品加工过程中产生的有毒、易燃、易爆物的风险)和物理风险(潜在的运输事故、水坝塌坝造成的洪水,会导致物理损伤与危害的机械事故或其他事故等)可能带来的对环境质量、环境资源、人群健康等的影响。

事故防范措施主要从组织制度、设计规范、防护措施及可行性、监督检查、岗位培训和演习、操作规程、警示标志、记录备案等方面提出要求;事故处理应急方案则从事故预想、组织程序、应急措施、应急设施、区域应急援助网络等方面提出要求和建议。

**7. 环境保护措施及其技术、经济论证**

明确提出建设项目建设阶段、生产运行阶段和服务期满后(可根据项目情况选择)拟采取的具体污染防治、生态保护、环境风险防范等环境保护措施;分析论证拟采取措施的技术可行性、经济合理性、长期稳定运行和达标排放的可靠性、满足环境质量改善和排污许可要求的可行性、生态保护和恢复效果的可达性。各类措施的有效性判定应以同类或相同措施的实际运行效果为依据,没有实际运行经验的,可提供工程化实验数据。

对环境质量不达标的区域,应采取国内外先进可行的环境保护措施,结合区域限期达标规划及实施情况,分析建设项目实施对区域环境质量改善目标的贡献和影响。

给出各项污染防治、生态保护等环境保护措施和环境风险防范措施的具体内容、责任主体、实施时段,估算环境保护投入,明确资金来源。

环境保护投入应包括为预防和减缓建设项目不利环境影响而采取的各项环境保护措施和设施的建设费用、运行维护费用,直接为建设项目服务的环境管理与监测费用及相关科研费用。

**8. 环境影响经济损益分析**

环境影响经济损益分析的主要任务是衡量建设项目需要投入的环境保护投资所能收到的环境保护效果。通过分析、计算建设项目的环境代价(污染和破坏造成的环境资源损失价值)、环境成本(环保工程投资、运行费用、管理费用等)、环境经济收益(采取环保治理、综合利用、生态建设和保护等措施获取的直接或间接经济效益),对环境工程措施的经济效益、环境效益进行分析、评述。

环境影响经济损益的分析应从建设项目产生的正负两方面环境影响,以定性与定量相结合的方式,估算建设项目所引起环境影响的经济价值,并将其纳入项目的费用效益分析中,以判断建设项目环境影响对其可行性的影响。

以建设项目实施后的影响预测与环境现状进行比较,从环境要素、资源类别、社会文化等方面筛选出需要或者可能进行经济评价的环境影响因子,对量化的环境影响进行货币化,并将货币化的环境影响价值纳入项目的经济分析。

**9. 环境管理和环境监测计划**

根据国家和地方的环境管理要求,结合建设项目具体情况,针对建设项目不同阶段提出具有可操作性的环境管理措施与监测计划。

在建设项目正常运行、满足环境质量要求、污染物达标排放及清洁生产的前提下,按照节能减排的原则给出主要污染物排放量,提出污染物排放总量控制指标的建议,主要污染物排放总量必须纳入所在地区的污染物排放总量控制计划。

在区域环境质量达标的前提下,根据国家实施主要污染物排放总量控制的有关要求和地方环境保护行政主管部门对污染物排放总量控制的具体指标,分析建设项目能否满足国家和地方的污染物排放总量控制计划,论证建设项目污染物排放总量控制措施的可行性与可靠性。

在环境质量现状已超出环境功能区划相应环境质量标准的地区,原则上应提出具体可行的区域平衡方案或削减措施,在区域污染物排放总量有所减少、环境质量改善的前提下,方可进行项目建设,确保区域环境质量满足功能区和目标管理要求。

技术改造类建设项目必须采取"以新带老"、区域削减及其他削减污染物排放总量措施,做到增产不增污或增产减污。

对建设单位提出关于本建设项目所需的环境管理机构设置、人员配备、职责要求;明确设计、施工建设、试生产、竣工验收和生产运行阶段的主要环境管理工作内容及安排;必要时对各环保设施岗位提出制定操作制度、规程及其岗位责任制等要求;对各污染源排污装置(如排气筒、排污管道)、排污口,提出规范化建设、监测、监控和管理的要求。

结合建设项目的环境影响特征,依照相关监测技术规范,提出制定相应的环境质量跟踪监测、污染源监测及生态监测等方面的监测计划要求。

对于非正常工况特别是事故情况和可能出现的环境风险问题应提出制定预防与应急处理预案要求;施工周期长、影响范围广的建设项目还应提出施工期环境监理的具体要求,公路、铁路、水利、水电、输运管线等项目,应强调建设全过程的环境管理(含监理)措施与监测计划;对于涉及重要的生态保护区和可能具有较大生态风险的建设项目和区域、流域开发项目,应提出长期的生态监测计划。

**10. 环境影响评价的结论**

环境影响评价的结论一般应包括建设项目的建设概况、环境现状与主要环境问题、环境影响预测与评价结论、项目建设的环境可行性、结论与建议等内容,可有针对性地选择其中的全部或部分内容进行编写。

(1)建设项目的建设概况

(2)环境现状与主要环境问题

利用代表性数据,简述建设项目评价范围环境质量现状与存在的主要环境问题,项目建设的主要环境保护目标及对建设项目实施的约束条件。

(3)环境影响预测与评价结论

利用代表性环境影响预测数据和评价结果,简要说明建设项目实施可能带来的主要不利环境影响和拟采取的主要环境保护措施及预期效果。

(4)项目建设的环境可行性

① 阐明建设项目在规模、产品方案、工艺路线、技术设备等方面是否符合国家产业政策的要求及相关法律法规的规定。

② 利用代表性数据,简述建设项目的清洁生产和污染物排放水平。

③ 明确建设项目污染物排放总量控制因子,地方政府对建设项目的污染物排放总量控制要求或指标。明确建设项目污染物排放总量能否满足所在环境功能区质量标准要求与地方政府的污染物排放总量控制要求,以及建设项目采取的污染物排放总量控制措施。

④ 明确达标排放稳定性,说明项目建设选址选线是否符合当地的总体发展规划、环境保护规划和环境功能区划要求,阐明上述规划对建设项目的制约因素,对建设项目选址选线及总图布置的环境合理性提出明确结论。当建设项目涉及环境敏感区时应进行特别说明。

⑤ 明确环境保护措施可靠性和合理性,拟采取的主要环境保护措施(包括环境监测计划)与投资。

⑥ 明确公众参与接受性,说明公众意见调查方式,受影响公众对项目建设的态度与意见;对有关单位、专家和公众的意见采纳或者不采纳的说明。

（5）总体结论与建议

从环境保护角度,对项目建设的环境可行性、项目实施必须满足的要求,给出结论性意见与建议。对存在重大环境制约因素、环境影响不可接受或环境风险不可控、环境保护措施经济技术不满足长期稳定达标和生态保护要求、区域环境问题突出且整治计划不落实或不能满足环境质量改善目标的建设项目,应提出环境影响不可行的结论。

## 二、规划环境影响评价的工作流程与内容

### （一）规划环境影响评价的工作流程

规划环境影响评价应在规划编制的早期阶段介入,并与规划编制、论证及审定等关键环节和过程充分互动,互动内容一般包括以下几个方面。

（1）在规划前期阶段,同步开展规划环评工作。通过对规划内容的分析,收集与规划相关的法律法规、环境政策等,收集上层位规划和规划所在区域战略环评及“三线一单”成果,对规划区域及可能受影响的区域进行现场踏勘,收集相关基础数据资料,初步调查环境敏感区情况,识别规划实施的主要环境影响,分析提出规划实施的资源、生态、环境制约因素,反馈给规划编制机关。

（2）在规划方案编制阶段,完成现状调查与评价,提出环境影响评价指标体系,分析、预测和评价拟定规划方案实施的资源、生态、环境影响,并将评价结果和结论反馈给规划编制机关,作为方案比选和优化的参考和依据。

（3）在规划的审定阶段:

① 进一步论证拟推荐的规划方案的环境合理性,形成必要的优化调整建议,反馈给规划编制机关。针对推荐的规划方案提出不良环境影响减缓措施和环境影响跟踪评价计划,编制环境影响报告书。

② 如果拟选定的规划方案在资源、生态、环境方面难以承载,或者可能造成重大不良生态环境影响且无法提出切实可行的预防或减缓对策和措施,或者根据现有的数据资料和专家知识对可能产生的不良生态环境影响的程度、范围等无法做出科学判断,应向规划编制机关提出对规划方案做出重大修改的建议并说明理由。

（4）规划环境影响报告书审查会后,应根据审查小组提出的修改意见和审查意见对报告书进行修改完善。

（5）在规划报送审批前,应将环境影响评价文件及其审查意见正式提交给规划编制机关。

### （二）规划环境影响评价的基本内容

（1）规划分析,包括规划概述和规划协调性分析。规划概述应明确可能对生态环境造成影响的规划内容;规划协调性分析应明确规划与相关法律、法规、政策的相符性,以及规划在空间布局、资源保护与利用、生态环境保护等方面的冲突和矛盾。

（2）现状调查与评价,开展资源利用和生态环境现状调查、环境影响回顾性分析,明确评价区域资源利用水平和生态功能、环境质量现状、污染物排放状况,分析主要生态环境问题及成因,梳理规划实施的资源、生态、环境制约因素。

（3）环境影响识别与评价指标体系构建,识别规划实施可能产生的资源、生态、环境影响,初步判断影响的性质、范围和程度,确定评价重点,明确环境目标,建立评价的指标体系。

（4）环境影响预测与评价,主要针对环境影响识别出的资源、生态、环境要素,开展多情

景的影响预测与评价,一般包括预测情景设置、规划实施生态环境压力分析,环境质量、生态功能的影响预测与评价,对环境敏感区和重点生态功能区的影响预测与评价,环境风险预测与评价,资源与环境承载力评估等内容。

(5)规划方案综合论证和优化调整建议,以改善环境质量和保障生态安全为核心,综合环境影响预测与评价结果,论证规划目标、规模、布局、结构等规划内容的环境合理性及评价设定的环境目标的可达性,分析判定规划实施的重大资源、生态、环境制约的程度、范围、方式等,提出规划方案的优化调整建议并推荐环境可行的规划方案。如果规划方案优化调整后资源、生态、环境仍难以承载,不能满足资源利用上线和环境质量底线要求,应提出规划方案的重大调整建议。

(6)环境影响减缓对策和措施,针对评价推荐的规划方案实施后可能产生的不良环境影响,在充分评估规划方案中已明确的环境污染防治、生态保护、资源能源增效等相关措施的基础上,提出的环境保护方案和管控要求。

(7)规划所包含建设项目环评要求。

(8)环境影响跟踪评价计划。

(9)公众参与和会商意见处理,收集整理公众意见和会商意见,对于已采纳的,应在环境影响评价文件中明确说明修改的具体内容;对于未采纳的,应说明理由。

(10)评价结论,是对全部评价工作内容和成果的归纳总结,应文字简洁、观点鲜明、逻辑清晰、结论明确。

1. 简述环境、环境影响、环境影响评价的概念,说明环境影响和环境影响评价的分类。

2. 试论述环境影响评价基本功能及其重要性的体现。

3. 简述我国环境影响评价体系及其特点。

4. 简述我国环境标准体系的构成,论述各级各类标准之间的关系,说明环境标准在环境保护工作中的作用。

5. 分析环境功能区与环境标准间的关系。

6. 试述我国环境影响评价法的立法目的。

7. 简述建设项目环境影响评价的工作程序,说明各阶段的主要工作内容。

8. 简述我国环境影响评价分类管理的具体情况。

9. 试论述建设项目环境影响评价与规划环境影响评价的异同点。

10. 试分析如何识别环境影响的重大性。

11. 假设欲在某地建设一个化工厂,试分析该项目环境影响评价的主要工作内容,给出环境影响报告书目录。

12. 某设区的市级人民政府分别要制定土地利用总体规划和土地开发整理规划,试分析两种规划需要做什么类型的规划环境影响评价。

13. 环境影响因素是指什么?

14. 环境影响因素识别的常用方法有哪些?

15. 什么是常规评价因子?

16. 什么是特征评价因子?

# 第二章　生态环境现状调查与评价

生态环境现状调查与评价是环境影响评价重要的基础工作之一,目的是通过对评价区域内环境现状的调查,了解项目规划区或建设项目所在区域的环境基础信息和环境质量现状(背景),反映区域的环境特征,发现和了解主要制约因素,为开展相关专题分析和要素环境影响预测评价提供基础。

环境现状调查包括环境质量现状,涉及现状监测和评价内容,根据评价工作等级和技术导则有专门的要求,进行环境质量现状的基线评价。

生态环境现状调查也是进一步识别和筛选环境保护目标、界定评价范围内可能受影响要素的基础。通过生态环境现状调查,了解建设项目所在区域自然环境特征、生态特征和社会环境与经济特征等。

生态环境现状的调查方法主要包括现场调查,走访相关单位、团体或个人,资料收集,环境质量现状现场监测等方式、方法,环境影响评价中的生态环境现状成果就是对评价区域内收集的资料、调查、测试和监测分析的结果进行归纳、分析和总结的过程,掌握评价区域生态环境质量情况。

基本内容包括自然环境(地理环境与生态环境)概况、社会环境状况、各环境要素的环境质量状况的调查,外延的调查内容包括评价范围内城乡规划、生态环境保护红线、生态产业发展规划、环境敏感区(点)分布情况和区域污染源现状等。

根据建设项目污染源及所在地区的生态环境特点,结合各专项评价的工作等级,确定各生态环境要素的现状调查范围,生态环境现状调查范围一般大于各专项评价的评价范围,具有区域性特点,还要筛选出应调查的有关参数。调查应充分收集和利用现有的有效资料,当现有资料不能满足要求时,需进行补充现场调查和测试,并分析现状监测数据的可靠性和代表性。对与评价的建设项目有密切关系的环境情况应全面、详细调查,给出定量的数据并做出分析或评价;对一般的环境调查,应根据评价地区的实际情况,适当增减。

## 第一节　自然环境现状调查

### 一、自然环境调查

#### (一)地理位置与周边环境、设施关系

规划区或建设项目所处的地理位置,包括经度、纬度、海拔,所处行政区,周边交通状况等反映了项目所在的区位特征。我国幅员辽阔,南北方、东西方自然条件差异很大,即使同处于一个纬度区,对不同规划区或建设项目所提供的支持情况或接纳条件也不同。因此,收集完整的定位信息,对判断项目所处区位条件是重要的,能够很清楚地反映项目与周

边环境条件的相容关系或制约关系。例如,处于不同地理位置,不同的交通状况将反映对建设项目建设期和运营期物流影响情况,涉及原料、辅助原料和产品的运入、运出通道是否满足要求,是否对现有交通设施产生影响,反映了项目所处区域的行政区和环境特点。此外,作为大气影响预测评价中影响源高度的修正和地形修正的输入条件,海拔也是重要参数之一。

当建设活动可能改变地形地貌时,应详细说明可能直接对建设项目有危害或将被项目建设诱发的地貌现象的现状及发展趋势。

为了清楚地反映规划区或建设项目区域位置关系,通常需要附一张区域位置图,一般采用行政地图。这个图件应包含两方面信息:在国家行政区或国家地理环境范围内所处的位置,在某个行政区(省或市)范围内局部放大的与周边关系的图件。

### (二) 地形地貌特征

地貌也称地形,主要揭示地球表面的形态及其成因、形成年代、分布和演变过程。不同地形分类系统划分基于对地形特征的描述与分类,主要是根据形成与改变这些地形特征的作用过程。另外一些分类系统还考虑了附加的因素(例如地表岩石特征和气候变化),并且包括了作为这些地形因素在地质历史时期演化的一个方面的地形发育阶段。

各种成因的地形地貌通常划分几个主要的地貌单元,例如平原、河谷草滩、山间谷地、丘陵、山地等。

地貌学与很多关于自然作用过程的学科密切相关。河流地貌与海岸地貌学着重依赖流体力学与沉积学;块体运动、风化作用、风力作用和土壤的研究要凭借大气科学、土壤物理学、土壤化学和土力学;某些地形类型的研究需要用地球物理学与火山学的原理和方法;而人类活动对地貌的影响依赖地理学和人类生态学的研究过程。

建设项目或规划所在区域地形地貌特征不仅制约项目的设立,项目建设也对地形地貌产生影响。根据收集到的区域资料,应该尽量描述工程所在的地貌单元特征,对于局地性建设的项目或规划项目,如生产设施布置在某个集中厂区内的项目或各类园区类规划项目,所处的或影响的或依赖的地貌单元相对单一;对于线性工程如公路、铁路、输油输气管道、输变电工程或生产设施分布区域很大的工程如油气田开采工程、煤炭等矿山开采工程,可能会涉及两个以上的地貌单元,如某个生产设施集中布局的工程可能在平原地区建设,也可能在丘陵地区建设,但基本涉及一个地貌单元,而某个数千米长的公路项目,沿路可能涉及平原、山间谷地、丘陵、山地等不同地貌单元。

针对拟评价的项目所属行业类型和布局情况,需要对涉及的地形地貌单元的主要特征分别进行调查和描述。

### (三) 地质特征

地质学是关于地球的物质组成、内部构造、外部特征、各层圈之间的相互作用和演变历史的知识体系。随着社会生产力的发展,人类活动对地球的影响越来越大,地质环境对人类的制约作用也越来越明显。如何合理有效地利用地球资源、维护人类生存的环境,已成为当今世界所共同关注的问题。因此,地质学研究领域进一步拓展到人地相互作用。

地貌和地质的概念容易混淆,经常在一些环境影响评价技术报告中将二者混为一谈,甚至以地质特征代替地貌特征,或反之。二者的区别主要在于地质特征包含地球内部构造的整体,地貌特征侧重揭示地球表面的形态及其成因和演变过程。

根据项目所在区域的地质构造条件、地貌和岩土体工程特征,特别是有工程钻孔钻探获得的资料,可判定所处的工程地质区特征,揭露岩土层成因类型和风化程度分层情况;从满足设计规范要求的地基承载力水平考虑,通常需要工程地质勘探才能确定场地地质条件;此外,还要考虑可能发生的地质灾害,有活动断裂带、地震、滑坡、崩塌、泥石流、黄土湿陷和黄土地区的水土流失冲沟发育等。

环境影响评价过程中应用地质特征和地质灾害评估资料,更多体现在分析工程安全防护措施的水平和评估诱发环境风险的可能性。因此,除实际调查外,收集的地质资料来源,更多地依赖项目的可行性研究报告、工程地质勘查报告和地质灾害评估报告提供的项目区的地质特征信息。

地质特征描述应该反映项目所在区域不同地貌单元下的工程地质区情况,项目场地区覆盖岩土层的自上而下分布情况。

地质特征调查还应包括活动断裂带、滑坡、崩塌、泥石流、地面沉降、地裂缝等地质灾害区分布情况。

在编制环境影响评价技术文件中,根据收集整理的资料,要概要说明当地各时代沉积地层、地质构造特征及相应的地貌表现,物理与化学风化情况,当地已探明或已开采的矿产资源情况。对于可能存在的不良地质现象和地质条件,要进行较为详细的叙述。

（四）地震

地震学是研究固体地球介质中地震的发生规律、地震波的传播规律及地震的宏观后果等的综合性科学,也研究其他由地震引起的现象,如海啸,以及会引起地震的现象,如板块运动、火山运动等,是地质学和物理学的边缘科学。

地震成为环境影响评价中关注的现状调查指标,是与地质灾害几乎并列考虑的,目的是评估可能引发涉及生产、储存或运输有毒有害和易燃易爆物质的设施泄漏危险性。通常需要收集、调查统计项目区域历史上发生的不同等级的地震次数、了解地震动峰值加速度所在区划、区域地震烈度区和断裂带分布特征。几乎所有的工程设施或建筑内容都要考虑抗震设计,并采取高于评估的地震等级的抗震措施。比较重大的项目均需完成专门的地震危险性评估报告,可作为环境影响评价现状调查中主要资料源,不足部分需要到地震研究或管理部门收集。

环境影响评价中,在评估建设项目的环境风险部分,需要结合地震资料分析项目选址或选线所经地区的地震情况,根据工程提出的抗震措施评估事故发生的可能性和产生的不利后果,提出需要完善的环境风险防范措施。

（五）江、河、湖、水库分布及水文现状调查

调查评价区域内江、河、湖、水库等地表水体分布情况,包含两方面用途:一是了解地表水的功能和水资源分布,分析是否满足项目用水需求;二是对项目排放污水去向及受纳水体的净化能力进行评估。在可能发生泄漏有毒有害物质的项目评价中,还将作为水环境风险评价的基础。

一个评价区域内,很少有孤立的水体存在,在水网密布的地区,交错分布的干流、支流或汇水区,构成了区域的不同流域和水系,地表水的水文特征也有很大差别,对建设项目取水、用水和污水排放的限制因素也较多。在现状调查阶段,需要通过现场调查、勘察、收集现有资料和水文站测试资料,了解评价区域内可能涉及的江、河、湖、水库的分布情况及干流、支

流的分布情况,了解水文特征、水文情势等信息,包括流域面积、河道长度、坡降、河宽、最大洪峰量、径流量及在江、河、湖和水库评价段的流入流出情况。

调查应重点说明水系之间的水力联系,给出水系图。为水环境现状质量、现状监测和影响预测评价,特别是对涉及有毒有害物质事故影响的水环境风险评价提供基础。

调查需要说明地表水资源的分布及利用情况,主要取水口分布,地表水与地下水的联系,水质现状及地表水的污染来源。还需要了解地下水的补给、径流、排泄条件,包气带的岩性,地下水水质现状,污染地下水的主要途径,地下水开发利用现状与采补平衡问题,水源地及其保护区的划分,地下水开发利用规划等。

### (六)海域水文特征

涉及近海水域或河口海湾时,需要说明其地理概况、水文特征及水质现状,潮型、海岸带资源与海洋资源的开发利用情况,水体污染来源等。

位于港口码头或近岸海域的建设项目,在环境影响评价阶段要进行海洋动力学影响评价、海洋水质和沉积物现状监测、建设阶段的泥沙冲淤影响预测评价和运营阶段的港池疏浚影响评价、污水排海影响评价,有些项目还需要开展石油及其产品溢油风险预测评价,调查资料的深度需要满足这些专题工作所需的潮流场验证,以及影响预测。除单独安排的海洋观测资料外,需要收集、调查评价海域现有的海洋水文特征,大小潮或高低潮潮型特征、波浪情况等,还要说明海岸带资源分布情况。主要描述的海洋水文特征应该包括以下几个方面。

① 潮汐:说明潮汐类型、涨潮历时和落潮历时、最高潮位、最低潮位和平均潮位;

② 潮流:涨潮流向及流速、落潮流向及流速,有些还需要调查表层和底层潮流流速;

③ 波浪:最大波高、平均波高和最低波高出现频率;

④ 悬浮泥沙量:按照不同粒径给出评价海域悬浮泥沙量。

### (七)气候气象特征

区域的主要气候特征,根据评价工作要求一般需要描述最近 20 年或以上的区域气候气象特征资料,包括年平均风速和主导风向,平均气温,极端气温与月(最冷月和最热月)平均气温,年平均相对湿度,平均降水量、降水天数、降水量极值,日照,大气边界层和大气湍流污染气象特征等。对于处于沿海地区的规划区或建设项目,还要说明海洋气象特征及极端天气,包括风向风速、海陆风出现频率及台风、雷暴等主要的灾害性天气特征;对于处于山谷地区的规划区或建设项目,还要说明山谷风等气象特征。

对开展污染气象特征分析和预测所需的更详细气象资料的描述一般需归纳在大气评价专题,不宜在气候气象特征部分叙述。

### (八)水文地质特征

概要说明区域内各含水层的埋藏条件、水位特征,地下水类型及开发利用状况,潜水含水层上部覆盖层(包气带)的岩性、厚度及分布变化,或承压水顶板的岩性、厚度及分布变化。说明各含水层的补给、径流和排泄条件,以及地下水与地表水之间的水力联系。另外包括地下水开发利用现状、水源地及其保护区等地下水开发利用规划等。

通常,环境影响评价文件中将本部分内容简要介绍,更多的信息应在评价区域内的水文地质勘查和地下水环境评价部分说明。

### (九)土壤特征

土壤特征调查包括建设项目周围地区的主要土壤类型及其分布、水土流失、自然灾害、土地利用类型、土壤污染的主要来源及其质量现状等。可进一步调查土壤的物理、化学性质,土壤成分与结构,颗粒度,土壤容重,含水率与持水能力,土壤一次、二次污染状况,水土流失的原因、特点、面积、侵蚀模数及流失量等。

## 二、生态现状调查

通常编制的环境影响评价文件中,宜简要介绍生态现状特征,更多的信息在生态现状与影响评价部分集中阐述。

## 三、区域污染源调查

### (一) 分类

污染源是指对环境能够产生污染影响的污染物来源,通常是指向环境排放或释放有害物质或对环境产生有害影响的场所、设备和装置。重点污染源是指污染物排放种类多(特别是含危险污染物)、排放量大、影响范围广、危害程度大的污染源。一般,污染源调查应遵循如下原则:

① 在规划环境影响评价及开发区区域环境影响评价中,需要了解规划区域内的污染源现状,进行规划分析;

② 单项(水、大气)评价等级较高,需要考虑评价区内现有污染源和项目新增污染源组合影响;

③ 需要削减区域内现有污染物的排放量,以平衡地区污染物排放总量,为项目建设提供总量指标空间;

④ 改扩建项目环评,计算"三本账"及确定现有环境问题,需要对现有工程污染源进行调查。

应根据建设项目的特点和当地环境状况,确定污染源调查的主要对象,如大气污染源、水污染源或固体废物污染源等。其次应根据各专项环境影响评价技术导则确定的环境影响评价工作等级,确定污染源调查的范围。

根据污染物的来源、特征,污染源结构、形态和调查研究目的的不同,污染源可分为不同的类型。污染源类型不同,对环境的影响方式和程度也不同。

根据污染物的主要来源,可将污染源分为自然污染源和人为污染源。自然污染源分为生物污染源和非生物污染源。人为污染源分为生产性污染源和生活污染源。

按对环境要素的影响,可将污染源分为大气污染源、水体污染源(地表水污染源、地下水污染源、海洋污染源)、土壤污染源和噪声污染源等。

按污染源几何形状,可分为点源、线源、面源及体源。按污染物的运动特性,可分为固定源和移动源。

按污染物的物理、化学、生物特性,可分为物理污染物、化学污染物、生物污染物、综合污染物。

按环境要素分类,可分为大气污染物、水污染物、土壤污染物。大气污染物可通过降水转变为水污染物和土壤污染物;水污染物可通过灌溉转变为土壤污染物,进而可通过蒸发或挥发转变为大气污染物;土壤污染物可通过扬尘转变为大气污染物,可通过径流转变为水污染物。因此,这三者是可以相互转化的。

（二）方法

为做好污染源调查,可采用点面结合的方法,分为详查和普查两种。重点污染源调查称为详查;对区域内所有的污染源进行全面调查称为普查。各类污染源都应有自己的侧重点。

污染物产生量指污染源某种污染物生成的数量。污染物排放量指污染源排入环境或其他设施的某种污染物的数量。核算时段为按照相关管理规定确定核算污染物排放量的时间范围,一般以年、小时等为核算时段。

源强指对产生或排放的污染物强度的度量,包括废气源强、废水源强、噪声源强、振动源强、固体废物源强等。

非正常工况指生产设施非正常工况或污染防治(控制)设施非正常状况,其中生产设施非正常工况指开停炉(机)、设备检修、工艺设备运转异常等工况,污染防治(控制)设施非正常状况指达不到应有治理效率或同步运转率等情况。

事故排放指突发泄漏、火灾、爆炸等情况下污染物的排放。

废气、废水源强是指污染源单位时间内产生的废气、废水污染物排出产生有害影响的场所、设备、装置或污染防治(控制)设施的数量。通常包括废气和废水污染源正常排放和非正常排放,不包括事故排放。

噪声源强是指噪声污染源的强度,即反映噪声辐射强度和特征的指标,通常用辐射噪声的声功率级或确定环境条件下、确定距离的声压级(均含频谱)及指向性等特征来表示。

振动源强是指振动污染源的强度,即反映振动源强度的加速度、速度或位移等特征指标,通常用参考点垂直于地面方向的 $Z$ 振级表示。

固体废物源强是指污染源单位时间内产生的固体废物的数量。

污染物排放量的确定是污染源调查的核心问题。确定污染源污染物排放量的方法有三种:物料衡算法、类比法、经验计算法(排放系数、排污系数法)和实测法。

（1）物料衡算法

根据物质守恒定律,在生产过程中,投入的物料量应等于产品所含这种物料的量与这种物料流失量的总和。物料衡算法就是利用物料数量或元素数量在输入端与输出端之间的平衡关系,计算确定污染物单位时间产生量或排放量的方法。

在计算过程中假定物料的流失量全部由烟囱排放或由排水排放,或形成固体废物,则污染物排放量就等于物料流失量。

（2）类比法。指对比分析在原辅料及燃料成分、产品、工艺、规模、污染控制措施、管理水平等方面具有相同或类似特征的污染源,利用其相关资料,确定污染物浓度、废气量、废水量等相关参数进而核算污染物单位时间产生量或排放量,或者直接确定污染物单位时间产生量或排放量的方法。

根据计算污染物产生量或计算污染物排放量的不同,在污染源强核算指南中,又将其归纳为产污系数法和排污系数法两种方法。

（3）经验计算法。其中较多采用的是排污系数法。指根据不同的原辅料及燃料、产品、工艺、规模,选取相关行业污染源源强核算技术指南给定的产污系数,依据单位时间产品产量计算出污染物产生量,并结合所采用的治理措施情况,核算污染物单位时间排放量的方法。

计算公式为:

$$Q = K \times W \qquad (2-1)$$

式中：$Q$——单位时间污染物排放量，kg/h；

　　$K$——单位产品经验排放系数，kg/t；

　　$W$——单位产品的单位时间产量，t/h。

各种污染物排放系数，国内外文献给出了很多，它们都是在特定条件下产生的。由于生产技术条件和污染治理措施不同，污染物排放系数和实际排放系数可能有很大差距。因此，在选择时，应根据实际情况加以修正。目前，我国已经发布了钢铁、化工等二十多个行业的污染源强核算指南，有助于更针对性地选取或计算已有污染源强核算指南的某行业建设项目的污染物产排量。

（4）实测法

实测法是通过对某个污染源现场测定，得到污染物的排放浓度和流量，然后计算出排放量，计算公式为

$$Q = C \times L \times 10^{-6} \tag{2-2}$$

式中：$Q$——单位时间污染物排放量，kg/h；

　　$C$——实测的污染物算术平均浓度，mg/m³（废气）、mg/L（废水）；

　　$L$——废气或废水的流量，m³/h（废气）、L/h（废水）。

这种方法只适用于已投产的污染源且一定要充分掌握取样的代表性，否则用污染源实测结果统计污染源排放量就会有很大误差。

在实际工作中，经常是物料衡算法、经验法（含类比法）、实测法三种方法互相校正、互相补充，取得可靠的污染物排放量结果。

（三）内容

根据各专项环境影响评价技术导则确定的环境影响评价工作等级，确定污染源调查的范围。按照点源、面源、线源及大气污染源、水污染源、噪声源或固体废物等分别列表给出区域现有污染源分布清单，通过采用等标污染负荷法计算负荷指数和分担率，说明区域存在的主要环境问题和主要影响因子。对于改扩建项目或其他"以新带老"的建设项目，还需调查已建工程、在建工程和评价区内与拟建项目相关的污染源。

污染源调查内容包括工业污染源调查、农业、生活、交通、噪声、电磁辐射、放射性。污染源评价是对污染源潜在的污染能力的鉴别和比较，通过采用等标污染负荷法评价找出主要污染源和主要污染物。

确定污染源调查的主要对象。选择建设项目等标排放量较大的污染因子、影响评价区环境质量的主要污染因子和特殊因子及建设项目的特殊污染因子作为主要污染因子，注意点源与非点源的分类调查。

规划区域污染源调查：根据规划的发展目标、规模、规划阶段、产业结构等，分析预测开发区污染物来源、种类和数量。特别注意考虑入区项目类型与布局存在较大不确定性、阶段性特点。根据开发区不同发展阶段，分析确定近、中、远期区域主要污染源。鉴于规划实施的时间跨度较长并存在较大的不确定性因素，污染源分析预测应当以近期为主。

区域污染源分析的主要因子应考虑：国家和地方政府规定的重点控制污染物；开发区规划中确定的主导行业或重点行业的特征污染物；当地环境介质最为敏感的污染因子。污染源估算可选择采用类比法、典型行业排污系数法等方法。

（四）污染源强核算要求

应按照污染源源强核算技术指南体系规定的工作程序、核算方法、技术要求进行污染源源强核算，识别所有涉及的污染源和规定的污染物，按照规定的优先级别选取核算方法，给出完整的源强核算结果和相关参数。

核算方法所需参数的测定应满足国家或地方相关技术标准、规范的要求。通过资料收集方式获取参数时，选用的参数依据（如可研报告、设计文本、台账记录等）应规范有效。

位于环境质量不达标区域的新（改、扩）建工程污染源，应采用具备最优排放水平的污染防治可行技术，并选取对应的参数进行源强核算；位于环境质量达标区域的新（改、扩）建工程污染源，应采用污染防治可行技术，并选取对应的参数进行源强核算。

污染物排放量的核算应包括正常排放和非正常排放两种情况，并分别明确正常排放量和非正常排放量。

废水污染源源强核算应考虑生产装置运行时间与污染治理措施运行时间的差异，分别确定废水污染物的产生量核算时段和排放量核算时段。

污染源的识别。污染源的识别应结合行业特点，涵盖所有工艺和装备类型，明确所有可能产生废气、废水、噪声、振动、固体废物等污染物的场所、设备或装置，包括可能对水环境和土壤环境产生不利影响的"跑冒滴漏"等环节。行业指南应结合行业特点和 HJ 2.1—2016、HJ 2.2—2018、HJ 2.3—2018、HJ 2.4—2021、HJ 610 —2016 等技术导则的要求，对行业的重要污染源进行详细说明。应分别对废气、废水、噪声、振动等污染源进行分类。

废气污染源类型：按照污染源形式可划分为点源、面源、线源、体源；按照排放方式可划分为有组织排放源、无组织排放源；按照排放特性可划分为连续排放源、间歇排放源；按照排放状态可划分为正常排放源、非正常排放源。

废水污染源类型：按照排放形式可划分为点源、非点源；按照排放特性可划分为连续排放、间歇排放；按照排放状态可划分为正常排放源、非正常排放源。

噪声源类型：按照声源位置可划分为固定声源、流动声源；按照发声时间可划分为频发噪声源、偶发噪声源；按照发声形式可划分为点声源、线声源和面声源。

振动源类型：按照振动变化情况可划分为稳态振动源、冲击振动源、无规振动源、轨道振动源。

地下水排放类型：按照排放状态可划分为正常状况及非正常状况下的排放。

污染物的确定。行业指南应根据国家、地方颁布的行业污染物排放标准，确定污染源废气、废水相关污染物。没有行业污染物排放标准的，可结合国家、地方颁布的综合排放标准，或参照具有类似产排污特性的相关行业的排放标准，确定污染源废气、废水相关污染物。也可依据原辅料及燃料使用和生产工艺情况，分析确定污染源废气、废水污染物。

行业指南应按照固体废物的属性，即第Ⅰ类一般工业固体废物、第Ⅱ类一般工业固体废物、危险废物（按照《国家危险废物名录》划分）、生活垃圾等，分别确定固体废物名称。

**1. 核算方法的确定原则。**

污染源源强核算可采用实测法、物料衡算法、产污系数法、排污系数法、类比法、实验法等方法。各行业污染源强指南中明确了各核算方法的适用对象、计算公式、参数意义及核算要求。行业指南针对不同污染源类型、污染物特性，区分新（改、扩）建工程污染源和现有工程污染源，分别确定了污染源源强核算方法，并给出了核算方法的优先级别。

核算方法优先级别的确定应遵循简便高效、科学准确、统一规范的原则。新(改、扩)建工程污染源源强的核算,应依据污染源和污染物特性确定核算方法的优先级别,不断提高产污系数法、排污系数法的适用性和准确性。现有工程污染源源强的核算应优先采用实测法。

采用实测法进行源强核算时,应同步记录监测期间生产装置的运行工况参数,如物料投加量、产品产量、燃料消耗量、副产物产生量等;进行废水污染源源强核算时,还应分别详细记录调质前废水的来源、水量、污染物浓度等情况。污染源强核算指南总则中明确各行业指南可根据行业特点确定其他核算方法;采用实测法核算时,对于排污单位自行监测技术指南及排污许可证等要求采用自动监测的污染因子,仅可采用有效的自动监测数据进行核算;对于排污单位自行监测技术指南及排污许可证等未要求采用自动监测的污染因子,核算源强时优先采用自动监测数据,其次采用手工监测数据。各行业指南应明确产污系数和排污系数的选取原则。

**2. 区域水污染源调查**

(1) 点污染源调查内容

主要包括:① 基本信息。主要包括污染源名称、排污许可证编号等。② 排放特点。主要包括排放形式,分散排放或集中排放,连续排放或间歇排放;排放口的平面位置(附污染源平面位置图)及排放方向;排放口在断面上的位置。③ 排污数据。主要包括污水排放量、排放浓度、主要污染物等数据。④ 用排水状况。主要调查取水量、用水量、循环水量、重复利用率、排水总量等。⑤ 污水处理状况。主要调查各排污单位生产工艺流程中的产污环节、污水处理工艺、处理效率、处理水量、中水回用量、再生水量、污水处理设施的运转情况等。⑥ 根据评价等级及评价工作需要,选择上述全部或部分内容进行调查。

(2) 面污染源调查内容

按照农村生活污染源、农田污染源、分散式畜禽养殖污染源、城镇地面径流污染源、堆积物污染源、大气沉降源等分类,采用源强系数法、面源模型法等方法,估算面源源强、流失量与入河量等。主要包括:① 农村生活污染源:调查人口数量、人均用水量指标、供水方式、污水排放方式、去向和排污负荷等。② 农田污染源:调查农药和化肥的施用种类、施用量、流失量及入河系数、去向及受纳水体等情况(包括水土流失、农药和化肥流失强度、流失面积、土壤养分含量等调查分析)。③ 畜禽养殖污染源:调查畜禽养殖的种类、数量、养殖方式、粪便污水收集与处置情况、主要污染物浓度、污水排放方式和排污负荷量、去向及受纳水体等。畜禽粪便污水作为肥水进行农田利用的,需考虑畜禽粪便污水土地承载力。④ 城镇地面径流污染源:调查城镇土地利用类型及面积、地面径流收集方式与处理情况、主要污染物浓度、排放方式和排污负荷量、去向及受纳水体等。⑤ 堆积物污染源:调查矿山、冶金、火电、建材、化工等单位的原料、燃料、废料、固体废物(包括生活垃圾)的堆放位置、堆放面积、堆放形式及防护情况、污水收集与处置情况、主要污染物和特征污染物浓度、污水排放方式和排污负荷量、去向及受纳水体等。⑥ 大气沉降源:调查区域大气沉降(湿沉降、干沉降)的类型、污染物种类、污染物沉降负荷量等。

(3) 内源污染

底泥物理指标包括力学性质、质地、含水率、粒径等;化学指标包括水域超标因子、与本建设项目排放污染物相关的因子。

# 第二节    环境大气现状调查与评价

## 一、气象观测资料调查

空气中某种污染物浓度是由污染物排放量及污染气象条件共同决定的。污染气象条件的好坏,反映了当地大气自净能力的高低。因此污染气象条件是大气环境影响评价中不可缺少的重要内容。气象观测资料的调查要求与大气环境评价的工作等级有关,还与评价范围内地形复杂程度、水平流场是否均一及污染物排放是否连续稳定有关。

### (一)气象台(站)常规气象资料的利用原则

在建设项目的环境影响评价范围内或附近,有地面气象观测站常规气象资料的情况下,可以根据气象站距建设项目的距离及二者是否存在地形、地貌和土地利用等地理环境条件方面的差异,确定气象资料的使用价值。

(1)气象站在评价区内,且与建设项目所在地的地理条件基本一致:对于大气环境影响评价工作等级为一级和二级情况下,若气象站在评价区域内,且与该建设项目所在地的地理条件基本一致,则其大气稳定度和可能有的探空资料可直接使用,其他地面气象要素可作为该点的资料使用。对于三级评价项目,可直接使用建设项目所在地距离最近的气象站的资料。

(2)气象站位于评价区外或建设地与气象站地形差异明显:该气象站资料必须与现场观测资料进行相关性分析后,才可考虑气象站资料的使用价值。相关分析方法建议采用分量回归法,即将两地的同一时间风矢量投影在 $x$ 轴(E—W 向)和 $y$ 轴(N—S 向)上,然后分别计算其 $x$、$y$ 轴方向速度分量的相关性。

对于评价等级为一级的建设项目,现场气象观测资料与气象站常规气象资料之间的相关系数不宜小于 0.45;对于评价等级为二级的建设项目,其相关系数不宜小于 0.35。

(3)气象站长期资料的修正:当评价区外的气象站有长期观测资料,而评价区内只有短期观测资料时,评价区内的风场资料可将气象站资料经长期资料修正使用。对于风速,可采用差值法、比值法和回归法进行修正。对于风向,通常采用全概率法进行修正。

### (二)气象观测资料调查的要求

对于各级评价项目,均应调查评价范围 20 年以上的主要气候统计资料,包括年平均风速和风向玫瑰图,最大风速与月平均风速,年平均气温,极端气温与月平均气温,年平均相对湿度,年均降水量,降水量极值,日照等。对于一级评价项目,还应调查逐日、逐次的常规气象观测资料及其他气象观测资料。

### (三)气象观测资料调查内容

气象观测资料的具体调查内容由评价所采用的空气质量模型所决定。

估算模式通常需要项目所在地的最高和最低环境温度,一般需选取评价区域近 20 年以上资料统计结果。

非光化学网格模型通常选择距离项目最近或气象特征基本一致的气象站的逐时地面气象数据,要素通常包括风速、风向、总云量、干球温度、相对湿度、稳定度、地面气压、云量、云底高度等。根据预测精度要求及预测因子特征,可选择观测资料包括:湿球温度、露点温度、降水量、降水类型、海平面气压、水平能见度等。其中对观测站点缺失的气象要素,可采用经验证的模拟数据或采用观测数据进行插值得到。

光化学网格模型的气象场数据可由 WRF(Weather Research and Forecasting。美国环境预测中心和美国国家大气研究中心于 2000 年研发的一种气象模型,被其他国家普遍采用)或其他区域尺度气象模型提供。气象场应至少涵盖评价基准年的 1、4、7、10 月数据。气象模型的模拟区域范围应略大于光化学网格模型的模拟区域,气象数据网格分辨率、时间分辨率与光化学网格模型的设定相匹配。在气象模型的物理参数化方案选择时应注意和光化学网格模型所选择参数化方案的兼容性。非在线的 WRF 等气象模型计算的气象数据提供给光化学网格模型应用时,需要经过相应的数据前处理,处理的过程包括光化学网格模拟区域截取、垂直差值、变量选择和计算、数据时间处理及数据格式转换等。

（四）常规气象资料分析内容

**1. 温度**

统计长期地面气象资料中每月平均温度的变化情况,绘制年平均温度月变化曲线图。对于一级评价项目,需酌情对污染较严重时的高空气象探测资料做温度廓线的分析,分析逆温层出现的频率、平均高度范围和强度。

**2. 风速**

统计年平均风速随月份的变化和季小时平均风速的日变化。即根据长期气象资料统计每月平均风速、各季每小时的平均风速变化情况,绘制平均风速的月变化曲线图和季小时平均风速的日变化曲线图。对于一级评价项目,需酌情对污染较严重时的高空气象探测资料做风廓线的分析,分析不同时间段大气边界层内的风速变化规律。

**3. 风向、风频**

统计所收集的长期地面气象资料中,每月、各季及长期平均各风向风频变化情况,统计各风向出现的频率,静风频率单独统计。在极坐标系中按各风向标出其频率的大小,绘制各季及年平均风向玫瑰图。风向玫瑰图应同时附当地气象台站多年(20 年以上)气候统计资料的统计结果。

## 二、环境空气质量现状调查

（一）环境空气质量现状调查原则

**1. 调查内容和目的**

环境空气质量现状调查的内容和目的与建设项目大气环境影响评价工作等级有关。

一级评价项目调查项目所在区域环境质量达标情况,作为项目所在区域是否为达标区的判断依据。同时,调查评价范围内有环境质量标准的评价因子的环境质量监测数据或进行补充监测,用于评价项目所在区域污染物环境质量现状,以及计算环境空气保护目标和网格点的环境质量现状浓度。

二级评价项目调查项目所在区域环境质量达标情况。同时,调查评价范围内有环境质量标准的评价因子的环境质量监测数据或进行补充监测,用于评价项目所在区域污染物环境质量现状。

三级评价项目只调查项目所在区域环境质量达标情况。

此外,还应调查大气环境评价范围内主要环境空气保护目标。在带有地理信息的底图中标注,并列表给出环境空气保护目标内主要保护对象的名称、保护内容、所在大气环境功能区划及与项目厂址的相对距离、方位、坐标等信息。

**2. 数据来源**

（1）基本污染物环境质量现状数据

项目所在区域达标判定,优先采用国家或地方生态环境主管部门公开发布的评价基准年环境质量公告或环境质量报告中的数据或结论。

采用评价范围内国家或地方环境空气质量监测网中评价基准年连续 1 年的监测数据,或采用生态环境主管部门公开发布的环境空气质量现状数据。

评价范围内没有环境空气质量监测网数据或公开发布的环境空气质量现状数据的,可选择符合《环境空气质量监测点位布设技术规范(试行)》(HJ 664—2013)规定,并且与评价范围地理位置邻近,地形、气候条件相近的环境空气质量城市点或区域点监测数据。

对于位于环境空气质量一类区的环境空气保护目标或网格点,各污染物环境质量现状浓度可取符合《环境空气质量监测点位布设技术规范(试行)》(HJ 664—2013)规定,并且与评价范围地理位置邻近,地形、气候条件相近的环境空气质量区域点或背景点监测数据。

（2）其他污染物环境质量现状数据

优先采用评价范围内国家或地方环境空气质量监测网中评价基准年连续 1 年的监测数据。

评价范围内没有环境空气质量监测网数据或公开发布的环境空气质量现状数据的,可收集评价范围内近 3 年与项目排放的其他污染物有关的历史监测资料。

（3）补充监测

在没有以上相关监测数据或监测数据不能满足现状评价要求时,应按要求进行补充监测。

**（二）现有例行监测资料分析**

在使用现有监测点的例行监测数据前,需要对数据进行有效性分析。有效性分析可参考《环境空气质量标准》(GB 3095—2012)中污染物数据统计的有效性规定。

对照各污染物有关的环境质量标准,分析其长期浓度(如年平均质量浓度、季平均质量浓度、月平均质量浓度等)、短期浓度(如 24 小时平均质量浓度、8 小时平均质量浓度、1 小时平均质量浓度等)的达标情况。若监测结果出现超标,应分析其超标率、最大超标倍数及超标原因。

另外,还需分析评价范围内的污染水平和变化趋势。

## 三、环境空气质量现状补充监测

**（一）监测因子的确定**

对建设项目排放的特征污染物有国家或地方环境质量标准的,或者有《工业企业设计卫生标准》(GBZ 1—2010)中的居住区大气中有害物质的最高允许浓度的,应筛选为监测因子;对于没有相应环境质量标准的污染物,且属于毒性较大的,应选取有代表性的污染物作为监测因子,同时给出参考标准值和出处。

**（二）监测制度**

根据监测因子的污染特征,选择污染较重的季节进行现状监测。补充监测至少应取得 7 天有效数据,采样时间应符合监测资料的统计要求。对于评价范围内没有排放同种特征污染物的项目,可减少监测天数。

监测时间的安排和采用的监测手段应能同时满足环境空气质量现状调查、污染源资料验证及预测模式的需要。监测时应使用空气自动监测设备。在不具备自动连续监测条件时,1 小时平均质量浓度监测值应遵循下列原则:一级评价项目每天监测时段,应至少获取当地时间 02、05、08、11、14、17、20、23 时 8 个小时平均质量浓度值;二级和三级评价项目每天监测时段,至少获取当地时间 02、08、14、20 时 4 个小时平均质量浓度值。24 小时平均质量浓度监测值应符合《环境空气质量标准》(GB 3095—2012)对数据的有效性规定。

对于部分无法进行连续监测的其他污染物,可监测其一次空气质量浓度,监测时次应满足所用评价标准的取值时间要求。

如果评价范围内已有例行监测点,可不再安排监测。

**(三)监测布点**

**1. 监测点设置**

应根据项目的规模和性质,结合地形复杂性、污染源及环境空气保护目标的布局,综合考虑监测点设置数量。以近 20 年统计的当地主导风向为轴向,在厂址及主导风向下风向 5 km 范围内设置 1~2 个监测点。如需在一类区进行补充监测,监测点应设置在不受人为活动影响的区域。

公路、铁路等生态影响型建设项目的环境空气质量现状监测,应分别在各主要集中式排放源(如服务区、车站等大气污染源)评价范围内,选择有代表性的环境空气保护目标设置监测点位。

城市道路项目,可不受上述监测点设置数目限制,根据道路布局和车流量状况,并结合环境空气保护目标的分布情况,选择有代表性的环境空气保护目标设置监测点位。

在对评价因子进行监测时,应同步收集项目位置附近有代表性的监测时段常规地面气象观测资料。

**2. 监测方法及采样**

应选择符合监测因子对应环境质量标准或参考标准所推荐的监测方法。环境空气监测中的采样点、采样环境、采样高度及采样频率,按《环境空气质量监测点位布设技术规范(试行)》(HJ 664—2013)及相关评价标准规定的环境监测技术规范执行。

**(四)监测结果统计分析要点**

监测数据的统计可以以列表的方式进行,给出各监测点大气污染物不同取值时间的浓度变化范围、计算并列表给出各取值时间最大质量浓度值占相应标准浓度限值的百分比和超标率,并评价达标情况;同时分析大气污染物质量浓度的日变化规律,以及大气污染物质量浓度与地面风向、风速等气象因素及污染源排放的关系,给出重污染时间分布情况及其影响因素。

## 四、环境空气质量现状评价

**(一)区域达标判断**

城市环境空气质量达标情况评价指标为 $SO_2$、$NO_2$、$PM_{10}$、$PM_{2.5}$、CO 和 $O_3$ 浓度,六项污染物浓度全部达标即为城市环境空气质量达标。

根据国家或地方生态环境主管部门公开发布的城市环境空气质量达标情况,判断项目所在区域是否属于达标区。如项目评价范围涉及多个行政区(县级或以上),需分别评价各行政区的达标情况,若存在不达标行政区,则判定项目所在评价区域为不达标区。

国家或地方生态环境主管部门未发布城市环境空气质量表达情况的,可按照《环境空气质量评价技术规范(试行)》(HJ 663—2013)中各评价项目的年评价指标进行判定。年评价指标中的年平均质量浓度和相应百分位数的 24 小时平均质量浓度或 8 小时平均质量浓度满足《环境空气质量标准》(GB 3095—2012)中浓度限值要求的即为达标。

(二)污染物环境质量评价

**1. 评价方法**

环境空气质量现状评价有很多方法,包括单项指数法、巴特尔指数法、矩阵法等。其中以指数法应用最多,尤其是简单直观的单项指数法,即

$$I_i = \frac{C_i}{C_{0i}} \tag{2-3}$$

式中:$I_i$——第 $i$ 种污染物的标准指数,若 $I_i < 1$,则达标,若 $I_i > 1$,则超标,污染;

$C_i$——第 $i$ 种污染物的监测值,$mg/m^3$;

$C_{0i}$——第 $i$ 种污染物的质量标准限值,$mg/m^3$。

根据评价结果,确定评价区域主要污染物;对于超标的,要分析超标原因。

**2. 评价内容**

长期监测数据的现状评价内容,按《环境空气质量评价技术规范(试行)》(HJ 663—2013)中的统计方法对各污染物的年评价指标进行环境质量现状评价。对于超标的污染物,计算其超标倍数和超标率。

补充监测数据的现状评价内容,分别对各监测点位不同污染物的短期浓度进行环境质量现状评价。对于超标的污染物,计算其超标倍数超标率。

对采用多个长期监测点位数据进行现状评价的,取各污染物相同时刻各监测点位的浓度平均值,作为评价范围内环境空气保护目标及网格点环境质量现状浓度,其计算方法如下:

$$C_{现状(x,y,t)} = \frac{1}{n} \sum_{j=1}^{n} C_{现状(j,t)} \tag{2-4}$$

式中:$C_{现状(x,y,t)}$——环境空气保护目标及网格点 $(x,y)$ 在 $t$ 时刻环境质量现状浓度,$ug/m^3$;

$C_{现状(j,t)}$——第 $j$ 个监测点位在 $t$ 时刻环境质量现状浓度(包括短期浓度和长期浓度),$ug/m^3$;

$n$——长期监测点位数。

对采用补充监测数据进行现状评价的,取各污染物不同评价时段监测浓度的最大值,作为评价范围内环境空气保护目标及网格点环境质量现状浓度。对于有多个监测点位数据的,先计算相同时刻各监测点位平均值,再取各监测时段平均值中的最大值,其计算方法如下:

$$C_{现状(x,y)} = MAX\left[\frac{1}{n} \sum_{j=1}^{n} C_{监测(j,t)}\right] \tag{2-5}$$

式中:$C_{现状(x,y)}$——环境空气保护目标及网格点 $(x,y)$ 环境质量现状浓度,$ug/m^3$;

$C_{监测(j,t)}$——第 $j$ 个监测点位在 $t$ 时刻环境质量现状浓度(包括 1 小时平均质量浓度、8 小时平均或 24 小时平均质量浓度),$ug/m^3$;

$n$——现状补充监测点位数。

# 第三节　地表水环境现状调查与评价

## 一、地表水环境现状调查

建设项目的地表水环境影响主要包括水污染影响与水文要素影响。地表水环境现状调查按照影响类型和评价等级开展相应的调查工作。

### （一）调查范围

环境现状的调查范围,应能包括建设项目对周围地表水环境影响较显著的区域。在此区域内进行的调查,能全面说明与地表水环境相联系的环境基本状况,并能充分满足环境影响预测的要求。地表水环境的现状调查范围应覆盖评价范围,以平面图方式表示,明确起、止断面的位置及涉及范围。

**1. 水污染影响型**

（1）评价范围

建设项目评价范围,根据评价等级、工程特点、影响方式及程度、地表水环境质量管理要求等确定。

一级、二级及三级 A,其评价范围应符合以下要求:

① 应根据主要污染物迁移转化状况,至少需覆盖建设项目污染影响所及水域。② 在受纳水体为河流时,应满足覆盖对照断面、控制断面与消减断面等关心断面的要求。③ 在受纳水体为湖泊、水库时,一级评价,评价范围宜不小于以入湖(库)排放口为中心、半径为 5 km 的扇形区域;二级评价,评价范围宜不小于以入湖(库)排放口为中心、半径为 3 km 的扇形区域;三级 A 评价,评价范围宜不小于以入湖(库)排放口为中心、半径为 1 km 的扇形区域。

影响范围涉及水环境保护目标的,评价范围至少应扩大到水环境保护目标内受到影响的水域。同一建设项目有两个及两个以上废水排放口,或排入不同地表水体时,按各排放口及所排入地表水体分别确定评价范围,有叠加影响的,叠加影响水域应作为重点评价范围。

间接排放的三级 B 评价,其评价范围应满足其依托污水处理设施环境可行性分析的要求,涉及地表水环境风险的,应覆盖环境风险影响范围所及的水环境保护目标水域。

（2）调查范围

对于水污染影响型建设项目,除覆盖评价范围外,受纳水体为河流时,在不受回水影响的河流段,排放口上游调查范围宜不小于 500 m,受回水影响河段的上游调查范围原则上与下游调查的河段长度相等。受纳水体为湖库时,以排放口为圆心,调查半径在评价范围基础上外延 20%~50%。建设项目排放污染物中包括氮、磷或有毒污染物且受纳水体为湖泊、水库时,一级评价的调查范围应包括整个湖泊、水库,做二级、三级 A 评价时,调查范围应包括排放口所在水环境功能区、水功能区或湖(库)湾区。

**2. 水文要素影响型**

（1）评价范围

建设项目评价范围,根据评价等级、水文要素影响类别、影响及恢复程度确定,评价范围应符合以下要求:① 水温要素影响评价范围为建设项目形成水温分层水域,以及下游未恢复到天然(或建设项目建设前)水温的水域;② 径流要素影响评价范围为水体天然性状发生变化的水域,以及下游增减水影响水域;③ 地表水域影响评价范围为相对建设项目建设前日均或潮均流速及水深、或高(累积频率为 5%)低(累积频率为 90%)水位潮位变化幅度超过+5%的水域。

建设项目影响范围涉及水环境保护目标的,评价范围至少应扩大到水环境保护目标内受影响的水域。存在多类水文要素影响的建设项目,应分别确定各水文要素影响评价范围,取各水文要素评价范围的外包线作为水文要素的评价范围。

(2)调查范围

对于水文要素影响型建设项目,当受影响水体为河流、湖库时,除覆盖评价范围外,做一级、二级评价时,还应包括库区及支流回水影响区、坝下至下一个梯级或河口、受水区、退水影响区。

(二)调查时间

建设项目地表水环境影响评价时期根据受影响地表水体类型、评价等级等确定,见表 2-1,三级 B 评价,可不考虑评价时期。

表 2-1    各类水域在不同评价等级时水质的调查时期

| 受影响地表<br>水体类型 | 评价等级 | | |
|---|---|---|---|
| | 一级 | 二级 | 水污染影响型(三级 A)/<br>水文要素影响型(三级) |
| 河流、湖库 | 丰水期、平水期、枯水期;至少丰水期和枯水期 | 丰水期和枯水期;至少枯水期 | 至少枯水期 |
| 入海河口<br>(感潮河段) | 河流;丰水期、平水期和枯水期;河口;春季、夏季和秋季;至少丰水期和枯水期,春季和秋季 | 河流;丰水期和枯水期;河口;春、秋 2 个季节;至少枯水期或 1 个季节 | 至少枯水期或 1 个季节 |
| 近岸海域 | 春季、夏季和秋季;至少春、秋 2 个季节 | 春季或秋季;至少 1 个季节 | 至少 1 次调查 |

注:1. 感潮河段、入海河口、近岸海域在丰、枯水期(或春夏秋冬四季)均应选择大潮期或小潮期中一个潮期开展评价(无特殊要求时,可不考虑一个潮期内高潮期、低潮期的差别)。选择原则为:依据调查监测海域的环境特征,以影响范围较大或影响程度较重为目标,定性判别和选择大潮期或小潮期作为调查潮期。

2. 冰封期较长且作为生活饮用水与食品加工用水的水源或有渔业用水需求的水域,应将冰封期纳入评价时期。

3. 具有季节性排水特点的建设项目,根据建设项目排水期对应的水期或季节确定评价时期。

4. 水文要素影响型建设项目对评价范围内的水生生物生长、繁殖与洄游有明显影响的时期,需将对应的时期作为评价时期。

5. 复合影响型建设项目分别确定评价时期,按照覆盖所有评价时期的原则综合确定。

(三)环境现状调查内容

**1. 水文情势调查**

应尽量向有关的水文测量和水质监测等部门收集现有资料,当上述资料不足时,应进行一定的水文调查与水质调查。

水文情势调查内容见表 2-2：

表 2-2　水文情势调查内容

| 水体类型 | 水污染影响型 | 水文要素影响型 |
|---|---|---|
| 河流 | 水文年及水期划分、不利水文条件及特征水文参数、水动力学参数等 | 水文系列及其特征参数；水文年及水期的划分；河流物理形态参数；河流水沙参数、丰枯水期水流及水位变化特征等 |
| 湖库 | 湖库物理形态参数；水库调节性能与运行调度方式；水文年及水期划分；不利水文条件特征及水文参数；出入湖（库）水量过程；湖流动力学参数；水温分层结构等 |  |
| 入海河口（感潮河段） | 潮汐特征、感潮河段的范围、潮区界与潮流界的划分；潮位及潮流；不利水文条件组合及特征水文参数；水流分层特征招等 |  |
| 近岸海域 | 水温、盐度、泥沙、潮位、流向、流速、水深等，潮汐性质及类型，潮流、余流性质及类型，海岸线、海床、滩涂、海岸蚀淤变化趋势等 |  |

**2. 水资源开发利用情况调查**

水资源现状包括水资源总量、水资源可利用量、水资源时空分布特征、人类活动对水资源量的影响等。主要涉水工程概况调查，包括数量、等级、位置、规模，主要开发任务、开发方式、运行调度及其对水文情势、水环境的影响。应涵盖大型、中型、小型等各类涉水工程，绘制涉水工程分布示意图。

水资源利用状况调查包括城市、工业、农业、渔业、水产养殖业、水域景观等各类用水现状与规划（包括用水时间、取水地点、取用水量等），各类用水的供需关系（包括水权等）、水质要求和渔业、水产养殖业等所需的水面面积。

**3. 区域水污染源调查**

区域水污染源调查内容包括：① 点源污染，收集排污单位的排污口信息及排污数据。② 面污染源，按照农村生活污染源、农田污染源、分散式畜禽养殖污染源、城镇地面径流污染源、堆积物污染源、大气沉降源等分类，采用源强系数法、面源模型法等方法，估算面源源强、流失量与入河量等。③ 内源污染，底泥物理指标包括力学性质、质地、含水率、粒径等，化学指标包括水域超标因子与本建设项目排放污染物相关的因子。

## 二、地表水环境质量现状监测

### （一）水质调查

进行水质调查时应尽量使用现有数据资料，当现有资料不能满足评价要求时应实测补充。水质调查参数包括两类：一类是常规水质参数，它能反映水域水质一般状况；另一类是特征水质参数，它能代表建设项目将来排放的水质。

水污染影响型项目水环境现状调查评价与影响预测评价的因子包括：行业污染物排放标准中涉及的水污染物应作为评价因子；在车间或车间处理设施排放口排放的第一类污染物应作为评价因子；涉及水温影响的，水温应作为评价因子；面源污染所含的主要污染物应作为评价因子；建设项目排放的，且为建设项目所在控制单元的水质超标因子或潜在污染因子（指近三年来水质浓度值呈上升趋势的水质因子），应作为评价因子。

水文要素影响型项目评价因子,应根据建设项目对地表水体水文要素影响的特征确定。河流、湖泊及水库主要评价水面面积、水量、水温、径流过程、水位、水深、流速、水面宽、冲淤变化等因子,湖泊和水库需要重点关注湖底水域面积或蓄水量及水力停留时间等因子。感潮河段、入海河口及近岸海域主要评价流量、流向、潮区界、潮流界、纳潮量、水位、流速、水面宽、水深、冲淤变化等因子。

**（二）水质取样断面和取样点的设置**

水质调查取样断面和取样点的设置与河流、湖泊和海湾等受纳水体的类型有关,不同类型水体的取样断面和取样点设置原则不尽相同。

**1. 河流取样断面和取样点的设置**

（1）河流取样断面的设置

应布设对照断面、控制断面。水污染影响型建设项目在拟建排放口上游应布置对照断面（宜在500 m以内）,根据受纳水域水环境质量控制管理要求设定控制断面。控制断面可结合水环境功能区或水功能区、水环境控制单元区划情况,直接采用国家及地方确定的水质控制断面。评价范围内不同水质类别区、水环境功能区或水功能区、水环境敏感区及需要进行水质预测的水域,应布设水质监测断面。评价范围以外的调查或预测范围,可以根据预测工作需要增设相应的水质监测断面。河流断面布置见图2-1。

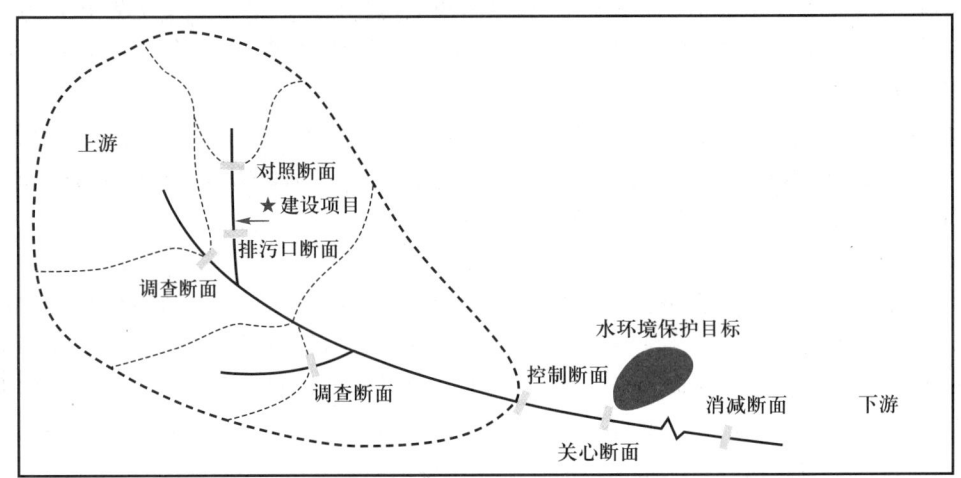

图 2-1　河流断面布置示意图

图中实线表示河流,虚线代表上游集水区

（2）河流取样断面上取样点的布设

① 取样垂线的确定

当河流断面形状为矩形或相近于矩形时,对于小河,可以在取样断面的主流线上设一条取样垂线。对于大、中河,当河宽<50 m时,在取样断面上各距岸边三分之一水面宽处设一条取样垂线（垂线应设在有较明显水流处）,即共设两条取样垂线;当河宽>50 m时,在取样断面的主流线上及距离两岸不少于0.5 m,并有明显水流的地方,各设一条取样垂线,即共设三条取样垂线。对于特大河（如长江、黄河、珠江、黑龙江、淮河、松花江、海河等）,由于河流过宽,取样断面上的取样垂线数应适当增加,而且主流线两侧的垂线数目不必相等,拟设置排污口一侧可以多一些。

如果河流断面形状十分不规则时,应结合主流线的位置,适当调整取样垂线的位置和取样数目。

②垂线上取样水深的确定

在一条垂线上,当水深>5 m时,在水面以下0.5 m处,以及在距河底0.5 m处,各取一个水样。当水深为1~5 m时,只在水面以下0.5 m处取一个水样。

在水深不足1 m时,在距水面不应小于0.3 m处,距河底也不应小于0.3 m处取一个水样。

对于三级评价的小河,不论河水深浅,只在一条垂线上一个点取一个水样,在一般情况下取样点应在水面以下0.5 m处,距河底不应小于0.3 m。

(3)采样频次

每个水期可监测一次,每次同步连续调查取样3~4 d,每个水质取样点每天至少取一组水样,在水质变化较大时,每间隔一定时间取样一次。水温观测频次,应每间隔6 h观测一次水温,统计计算日平均水温。

**2. 湖泊、水库取样位置和取样点的设置**

(1)湖泊、水库取样位置的设置

对于水污染影响型建设项目,水质取样垂线的设置可采用以排放口为中心、沿放射线布设或网格布设的方法,按照下列原则及方法设置:一级评价在评价范围内布设的水质取样垂线数宜不少于20条;二级评价在评价范围内布设的水质取样垂线数宜不少于16条。评价范围内不同水质类别区、水环境功能区或水功能区、水环境敏感区、排放口和需要进行水质预测的水域,应布设取样垂线。

对于水文要素影响型建设项目,在取水口、主要入湖(库)断面、坝前、湖(库)中心水域、不同水质类别区、水环境敏感区和需要进行水质预测的水域,应布设取样垂线。对于复合影响型建设项目,应兼顾进行取样垂线的布设。湖泊水库断面布置如图2-2。

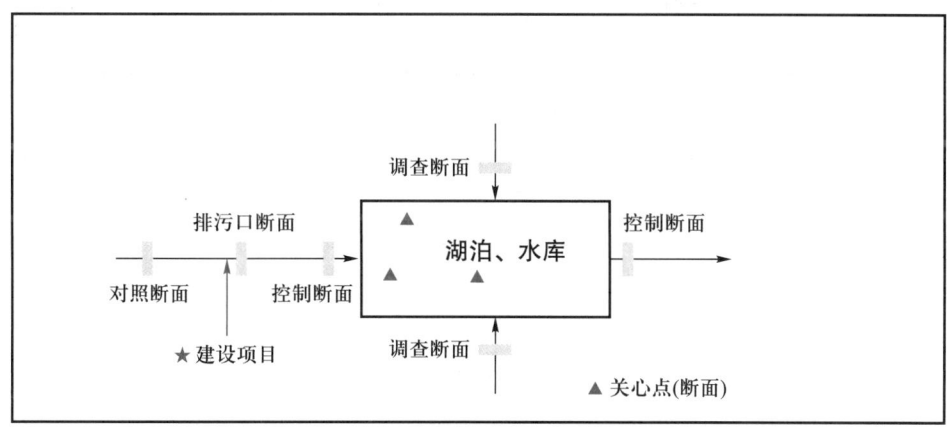

图2-2　湖泊水库断面布置示意图

(2)湖泊、水库取样点的布设

取样位置上取样点主要根据湖泊、水库的水深确定。

① 对于大、中型湖泊、水库,当平均水深<10 m时,取样点设在水面以下0.5 m处,但此点距水底不应<0.5 m。当平均水深>10 m时,首先要根据现有资料调查该湖泊(水库)有无温度分层现象,若无资料可供调查,则先测水温。在取样位置水面以下0.5 m处测水温,以下每隔2 m水深

测一个水温值,如发现两点间温度变化较大时,应在这两点间酌情加测几点的水温,目的是找到斜温层。找到斜温层后,在水面以下 0.5 m 及斜温层以下,距水底0.5 m 以上处各取一个水样。

② 对于小型湖泊、水库,当平均水深<10 m 时,在水面以下 0.5 m,并距水底>0.5 m 处设一个取样点;当平均水深≥10 m 时,在水面以下 0.5 m 处和水深 10 m 处,并距水底>0.5 m 处各设一个取样点。

(3)采样频次

每个水期可监测一次,每次同步连续取样 2~4 d,每个水质取样点每天至少取一组水样,但在水质变化较大时,每间隔一定时间取样一次。溶解氧和水温监测频次,每间隔 6 h取样监测一次,在调查取样期内适当监测藻类。

**3. 入海河口、近岸海域取样位置和取样点的设置**

(1)水质取样断面和取样垂线的设置

一级评价可布设 5~7 个取样断面,二级评价可布设 3~5 个取样断面。入海河口断面布置和近岸海域断面分别如图 2-3 和图 2-4 所示。

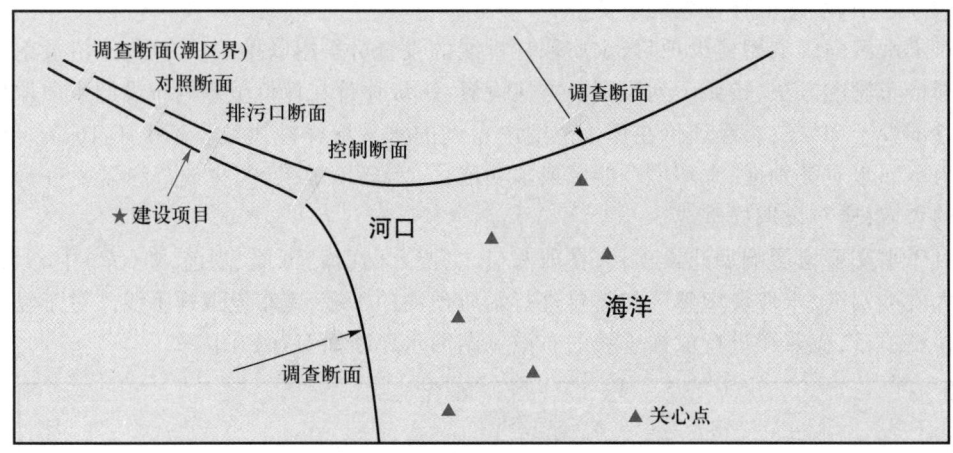

图 2-3 入海河口断面布置示意图

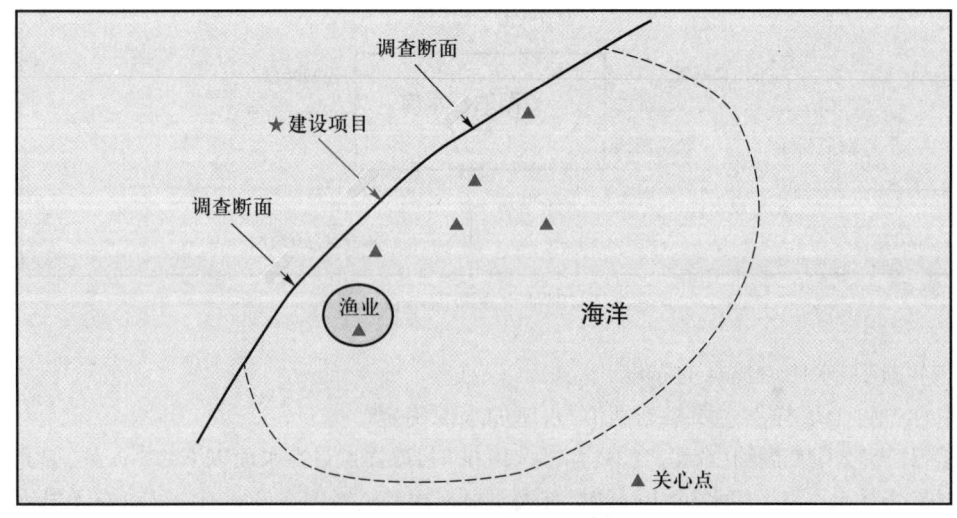

图 2-4 近岸海域断面示意图

（2）水质取样点的布设

根据垂向水质分布特点，参照《海洋调查规范》（GB/T 12763—2020）和《近岸海域环境监测规范》（HJ 442—2008）执行。排放口位于感潮河段内的，其上游设置的水质取样断面，应根据实际情况参照河流决定，其下游断面的布设与近岸海域相同。

（3）采样频次

原则上一个水期在一个湖周期内采集水样，明确所采样品所处潮时，必要时对潮周日内的高潮和低潮采样。当上、下层水质变幅较大时，应分层取样。入海河口上游水质取样频次参照感潮河段相关要求执行，下游水质取样频次参照近岸海域相关要求执行。对于近岸海域，一个水期宜在半个太阴月内的大潮期或小潮期分别采样，明确所采样品所处潮时；对所有选取的水质监测因子，在同一潮次取样。

## 三、地表水环境质量现状评价

地表水环境质量现状评价是水质调查的继续。水环境质量现状评价主要采用文字分析与描述，并辅之以数学表达式。在文字分析与描述中，有时可用检出率、超标率等统计值。数学表达式分两种：一种用于单项水质参数评价，一种用于多项水质参数综合评价。单项水质参数评价简单明了，可以直接了解该水质参数现状与标准的关系，一般均可采用；多项水质参数综合评价，只在调查的水质参数较多时方可应用，而且此方法只能了解多个水质参数的综合现状与相应标准的综合情况之间的某种相对关系。

### （一）现状评价依据

地表水环境质量标准和有关法规及当地的环境保护要求是评价的基本依据。地表水环境质量标准应采用《地表水环境质量标准》（GB 3838—2002），海湾水质标准应采用《海水水质标准》（GB 3097—1997），有些水质参数国内尚无标准的可参照国外或建议临时标准。所采用的国外标准和建立的临时标准应按中华人民共和国生态环境部规定的程序报有关部门批准。评价区内不同功能的区域应采用不同类别的水质标准。

综合水质的分级应与《地表水环境质量标准》（GB 3838—2002）中水域功能的分类一致，其分级判据与所采用的多项水质参数综合评价方法有关。

### （二）水环境现状评价方法

水环境现状评价方法有极值法、均值法、内梅罗法、单项水质参数评价方法，以及多项水质参数综合评价方法等。

**1. 水质参数数值的确定**

在单项水质参数评价中，一般情况下，某水质参数的数值可采用多次监测的平均值，但如该水质参数变化甚大，为了突出高值的影响可采用内梅罗（Nemerow）平均值，或其他计算高值影响的平均值，下式为内梅罗平均值的表达式：

$$c = \left( \frac{c_{极值}^2 + c_{均值}^2}{2} \right)^{1/2} \qquad (2-6)$$

式中：$c$——某水质参数的内梅罗值，mg/L；

$c_{极值}$——某水质参数的实测极值；

$c_{均值}$——某水质参数的算术平均值。

极值的选取主要考虑水质监测数据中反映水质状况最差的一个数据值。

**2. 单项水质参数评价方法及其推荐**

在一般情况下,单项地表水环境现状评价采用标准指数法。当水质参数的标准指数>1时,表明该水质参数超过了规定的水质标准,已经不能满足使用要求。

(1)一般水质参数

对于一般水质参数(随水质参数浓度增加而水质变差的水质参数),计算公式为

$$S_{i,j} = c_{i,j}/c_{s,i} \qquad (2-7)$$

式中:$S_{i,j}$——标准指数;

$c_{i,j}$——水质参数 $i$ 在 $j$ 点的实测浓度值,mg/L;

$c_{s,i}$——水质参数 $i$ 的评价标准限值,mg/L。

(2)特殊水质参数

① 溶解氧(DO)的标准指数:

$$S_{\text{DO},j} = \frac{|\text{DO}_f - \text{DO}_j|}{\text{DO}_f - \text{DO}_s}, \text{DO}_j \geqslant \text{DO}_s \qquad (2-8)$$

$$S_{\text{DO},j} = 10 - 9\frac{\text{DO}_j}{\text{DO}_s}, \text{DO}_j < \text{DO}_s \qquad (2-9)$$

式中:$S_{\text{DO},j}$——$j$ 点的溶解氧浓度的标准指数;

$\text{DO}_f$——某水温、气压条件下的饱和溶解氧浓度,mg/L,计算公式常采用:$\text{DO}_f = 468/(31.6 + T)$,$T$ 为水温,℃;

$\text{DO}_j$——$j$ 点的溶解氧实测值,mg/L;

$\text{DO}_s$——溶解氧的评价标准限值,mg/L。

② pH 的标准指数

$$S_{\text{pH},j} = \frac{7.0 - \text{pH}_j}{7.0 - \text{pH}_{sd}}, \text{pH}_j \leqslant 7.0 \qquad (2-10)$$

$$S_{\text{pH},j} = \frac{\text{pH}_j - 7.0}{\text{pH}_{su} - 7.0}, \text{pH}_j > 7.0 \qquad (2-11)$$

式中:$S_{\text{pH},j}$——$j$ 点的 pH 的标准指数;

$\text{pH}_j$——$j$ 点的 pH 实测值;

$\text{pH}_{sd}$——评价标准中 pH 的下限值;

$\text{pH}_{su}$——评价标准中 pH 的上限值。

**3. 多项水质参数综合评价方法及其推荐**

多项水质参数综合评价的方法很多,可以采用下述方法之一进行综合评价。

(1)幂指数法

幂形水质指数的表达式为

$$S_j = \sum_{i=1}^{m} S_{i,j}^{W_i}, 0 < Si, j \leqslant 1, \sum_{i=1}^{m} W_i = 1 \qquad (2-12)$$

首先根据实际情况和各类功能水质标准绘制 $S_i - c_i$ 关系曲线,然后由 $c_{i,j}$ 在曲线上找到相应的 $S_{i,j}$ 值。

(2)加权平均法

此法所求 $j$ 点的综合评价指数可表达为

$$S_j = \sum_{i=1}^{m} W_i S_i, \quad \sum_{i=1}^{m} W_i = 1 \qquad (2\text{-}13)$$

式中：$W_i$——水质参数 $i$ 的权值；

　　　$m$——水质参数的个数。

（3）向量模法

此法所求 $j$ 点的综合评价指数可表达为

$$S_j = \left[ \sum_{i=1}^{m} S_{i,j}^2 \right]^{1/2} \qquad (2\text{-}14)$$

（4）算术平均法

此法所求 $j$ 点的综合评价指数可表达为：

$$S_j = \frac{1}{m} \sum_{i=1}^{m} S_{i,j} \qquad (2\text{-}15)$$

# 第四节　地下水环境现状调查与评价

## 一、地下水环境现状调查

地下水环境现状调查包括水文地质条件调查、环境水文地质问题调查和地下水污染源调查等方面。

（一）水文地质条件调查

水文地质条件调查的主要内容包括：气象、水文、土壤和植被状况；地层岩性、地质构造、地貌特征与矿产资源；包气带岩性、结构、厚度；含水层的岩性组成、厚度、渗透系数和富水程度；隔水层的岩性组成、厚度、渗透系数；地下水类型、地下水补给、径流和排泄条件；地下水水位、水质、水量、水温；泉的成因类型、出露位置、形成条件及泉水流量、水质、水温、开发利用情况；集中供水水源地和水源井的分布情况（包括开采层的成井的密度、水井结构、深度，以及开采历史）；地下水现状监测井的深度、结构及成井历史、使用功能；地下水背景值（或地下水污染对照值）。

（二）环境水文地质问题调查

环境水文地质问题调查的主要内容包括：原生环境水文地质问题（天然劣质水分布状况，以及由此引发的地方性疾病等环境问题）；地下水开采过程中水质、水量、水位的变化情况，以及引起的环境水文地质问题；与地下水有关的其他人类活动情况调查，如保护区划分情况等。

（三）地下水污染源调查

**1. 调查原则**

对已有污染源调查资料的地区，一般可通过搜集现有资料解决。对于没有污染源调查资料，或已有部分调查资料，尚需补充调查的地区，可与环境水文地质问题调查同步进行。对调查区内的工业污染源，应按国家环境保护总局《工业污染源调查技术要求及其建档技术规定》的要求进行调查。对分散在评价区的非工业污染源，可根据污染源的特点，参照上述规定进行调查。

**2. 调查对象**

地下水污染源主要包括工业污染源、生活污染源、农业污染源。调查重点主要包括废水排放口、渗坑、渗井、污水池、排污渠、污灌区,已被污染的河流、湖泊、水库和固体废物堆放(填埋)场等。

**3. 不同类型污染源调查要点**

对工业或生活废(污)水污染排放口,应测定其位置,了解和调查其排放量和渗漏量、排放方式(如连续或瞬时排放)、排放途径和去向、主要污染物及其浓度、废水的处理和综合利用状况等。

对排污渠和已被污染的小型河流、水库等,除按地表水监测的有关规定进行流量、水质等调查外,还应选择有代表性的渠(河)段进行渗漏量和影响范围调查。

对污水池和污水库应调查其结构和功能,测定其蓄水面积与容积,了解池(库)底的物质组成或地层岩性及与地下水的补排关系,进水来源、出水去向和用途、进出水量和水质及其动态变化情况,池(库)内水位标高与其周围地下水的水位差,坝堤、坝基和池(库)底的防渗设施和渗漏情况,以及渗漏水对周边地下水质的污染影响。

对于农业污染源,重点应调查和了解施用农药、化肥情况。对于污灌区,重点应调查和了解污灌区的土壤类型、污灌面积、污灌水源、水质、污灌量、灌溉制度与方式,以及施用农药、化肥情况。必要时可补做渗水试验,以便了解单位面积渗水量。

对工业固体废物堆放(填埋)场,应测定其位置、堆积面积、堆积高度、堆积量等,并了解其底部、侧部渗透性能及防渗情况,同时采取有代表性的样品进行浸溶试验、土柱淋滤试验,了解废物的有害成分、可浸出量,雨后淋滤水中污染物种类、浓度和入渗情况。

对生活污染源中的生活垃圾、粪便等,应调查了解其物质组成及排放、储存、处理利用状况。

调查评价区内具有与建设项目产生或排放同种特征因子的地下水污染源。对于一、二级的改扩建项目,应在可能造成地下水污染的主要装置或设施附近开展包气带污染现状调查,对包气带进行分层取样,一般在 0~20 cm 埋深范围内取一个样品,在其他取样深度应根据污染源特征和包气带岩性、结构特征等确定,并说明理由。样品进行浸溶试验,测试分析浸溶液成分。

**4. 调查因子**

地下水污染源调查因子应根据拟建项目的污染特征选定。

## 二、地下水环境质量现状监测

建设项目地下水环境现状监测应通过对地下水水质、水位的监测,掌握或了解评价区地下水水质现状及地下水流场,为地下水环境现状评价提供基础资料。污染场地修复工程项目的地下水环境现状监测参照《建设用地土壤污染风险管控和修复监测技术导则》(HJ 25.2—2019)执行。

### (一) 现状监测井点的布设原则

地下水环境现状监测井点采用控制性布点与功能性布点相结合的布设原则。监测井点应主要布设在建设项目场地、周围环境敏感点、地下水污染源,主要现状环境水文地质问题点,以及对于确定边界条件有控制意义的地点。对于改扩建项目,当现有监测井不能满足监测位置和监测深度要求时,应布设新的地下水现状监测井。

监测井点的层位应以潜水和有开发利用价值但可能受建设项目影响的含水层为主。潜水监测井不得穿透潜水隔水底板,承压水监测井中的目的层与其他含水层之间应止水良好。

在一般情况下,地下水水位监测点数应大于相应评价级别地下水水质监测点数的 2 倍。

地下水水质监测点布设应尽可能靠近建设项目场地或主体工程,监测点数应根据评价等级和水文地质条件确定。监测点布设的具体要求如下。

一级评价项目潜水含水层的水质监测点应不少于 7 个,可能受建设项目影响且具有饮用水开发利用价值的含水层 3~5 个。原则上建设项目场地上游和两侧的地下水水质监测点均不得少于 1 个,建设项目场地及其下游影响区的地下水水质监测点不得少于 3 个。

二级评价项目潜水含水层的水质监测点应不少于 5 个,可能受建设项目影响且具有饮用水开发利用价值的含水层 2~4 个。原则上建设项目场地上游和两侧的地下水水质监测点均不得少于 1 个,建设项目场地及其下游影响区的地下水水质监测点不得少于 2 个。

管道型喀斯特区等水文地质条件复杂的地区,地下水现状监测点应视情况确定,并说明布设理由。

在包气带厚度超过 100 m 的评价区或监测井较难布置的基岩山区,地下水质监测点数无法满足要求时,可视情况调整数量,并说明调整理由。在一般情况下,该类地区一、二级评价项目至少设置 3 个监测点,三级评价项目根据需要设置一定数量的监测点。

**（二）地下水水质现状监测点取样要求**

地下水水质取样应根据特征因子在地下水中的迁移特性选取适当的取样方法。

一般情况下,只取一个水质样品,取样点深度宜在地下水位以下 1.0 m 左右。建设项目为改扩建项目,且特征因子为 DNAPLs（重质非水相液体）时,应至少在含水层底部取一个样品。

**（三）监测项目的选择**

检测分析地下水环境中 $K^+$、$Na^+$、$Ca^{2+}$、$Mg^{2+}$、$CO_3^{2-}$、$HCO_3^-$、$Cl^-$、$SO_4^{2-}$ 的浓度。

地下水水质现状监测因子原则上应包括两类:一类是基本水质因子,另一类为特征因子。

基本水质因子以 pH、氨氮、硝酸盐、亚硝酸盐、挥发性酚类、氰化物、砷、汞、铬（六价）、总硬度、铅、氟、镉、铁、锰、溶解性总固体、高锰酸盐指数、硫酸盐、氯化物、总大肠菌群、细菌总数等及背景值超标的水质因子为基础,可根据区域地下水类型、污染源状况适当调整。

特征因子根据建设项目污废水成分（可参照《环境影响评价技术导则　地表水环境》（HJ 2.3—2018））、液体物料成分、固废浸出液成分等确定。并可根据区域地下水化学类型、污染源状况适当调整。

**（四）现状监测频率要求**

评价等级为一级的建设项目,若掌握近 3 年内至少一个连续水文年的枯、平、丰水期地下水位动态监测资料,评价期内至少开展一期地下水水位监测;若无上述资料,依据表 2-3 开展水位监测。

二级项目,若掌握近 3 年内至少一个连续水文年的枯、丰水期地下水位动态监测资料,评价期可不再开展现状地下水水位监测;若无上述资料,依据表 2-3 开展水位监测。

三级项目,若掌握近 3 年内至少一期的监测资料,评价期内可不再进行现状水位监测;若无上述资料,依据表 2-3 开展水位监测。

基本水质因子的水质监测频率应参照表2-3,若掌握近3年至少一期水质监测数据,基本水质因子可在评价期补充开展一期现状监测;特征因子在评价期内需至少开展一期现状值监测。

在包气带厚度超过100 m的评价区或监测井较难布置的基岩山区,若掌握近3年内至少一期的监测资料,评价期内可不进行现状水位、水质监测;若无上述资料,则至少开展一期现状水位、水质监测。

表 2-3　地下水环境现状监测频率参照表

| 分布区 | 水位监测频率 | | | 水质监测频率 | | |
|---|---|---|---|---|---|---|
| | 一级 | 二级 | 三级 | 一级 | 二级 | 三级 |
| 山前冲(洪)积 | 枯平丰 | 枯丰 | 一期 | 枯丰 | 枯 | 一期 |
| 滨海(含填海区) | 二期① | 一期 | 一期 | 一期 | 一期 | 一期 |
| 其他平原区 | 枯丰 | 一期 | 一期 | 枯 | 一期 | 一期 |
| 黄土地区 | 枯平丰 | 一期 | 一期 | 二期 | 一期 | 一期 |
| 沙漠地区 | 枯丰 | 一期 | 一期 | 一期 | 一期 | 一期 |
| 丘陵山区 | 枯丰 | 一期 | 一期 | 一期 | 一期 | 一期 |
| 岩溶裂隙 | 枯丰 | 一期 | 一期 | 枯丰 | 一期 | 一期 |
| 岩溶管道 | 二期 | 一期 | 一期 | 二期 | 一期 | 一期 |

注:① "二期"的间隔有明显水位变化,其变化幅度接近年内变幅。

(五) 地下水水质样品采集与现场测定

地下水水质样品应采用自动式采样泵或人工活塞闭合式与敞口式定深采样器进行采集。

样品采集前,应先测量井孔地下水水位(或地下水水位埋藏深度)并做好记录,然后采用潜水泵或离心泵对采样井(孔)进行全井孔清洗,抽汲的水量不得小于3倍的井筒水量(体积)。

地下水水质样品的管理、分析化验和质量控制按《地下水环境监测技术规范》(HJ 164—2020)执行。pH、DO、水温等不稳定项目应在现场测定。

## 三、环境水文地质勘查与试验

环境水文地质勘查与试验是在充分收集已有相关资料和地下水环境现状调查的基础上,针对某些需要进一步查明的环境水文地质问题和为获取预测评价中必要的水文地质参数而进行的工作。

除一级评价应进行环境水文地质勘查与试验外,对环境水文地质条件复杂而又缺少资料的地区,二级、三级评价也应在区域水文地质调查的基础上对评价区进行必要的水文地质勘查。环境水文地质试验项目通常有抽水试验、注水试验、渗水试验、浸溶试验、土柱淋滤试验、弥散试验、流速试验(连通试验)、地下水含水层储能试验等。进行环境水文地质勘查时,除采用常规方法外,可配合地球物理方法进行勘查。

## 四、地下水环境质量现状评价

### （一）地下水水质现状评价

根据现状监测结果进行最大值、最小值、均值、标准差、检出率和超标率的分析。

地下水水质现状评价应采用标准指数法进行评价。标准指数>1，表明该水质参数已超过了规定的水质标准，指数值越大，超标越严重。标准指数计算公式分为以下两种情况：

① 对于评价标准为定值的水质参数，其标准指数计算公式为

$$P_i = \frac{C_i}{C_{si}} \tag{2-16}$$

式中：$P_i$——第 $i$ 个水质参数的标准指数，量纲为 1；

$\quad$ $C_i$——第 $i$ 个水质参数的监测浓度值，mg/L；

$\quad$ $C_{si}$——第 $i$ 个水质参数的标准浓度值，mg/L。

② 对于评价标准为区间值的水质参数（如 pH），其标准指数计算公式为

$$P_{pH} = \begin{cases} \dfrac{7.0-pH}{7.0-pH_{sd}} & pH \leqslant 7 \\[2mm] \dfrac{pH-7.0}{pH_{su}-7.0} & pH > 7 \end{cases} \tag{2-17}$$

式中：$P_{pH}$——pH 的标准指数，量纲为 1；

$\quad$ pH——pH 监测值；

$\quad$ $pH_{su}$——标准中 pH 的上限值；

$\quad$ $pH_{sd}$——标准中 pH 的下限值。

### （二）包气带环境现状分析

对于污染场地修复工程项目和评价工作等级为一、二级的改扩建项目，应开展包气带污染现状调查，分析包气带污染状况。

# 第五节　土壤环境现状调查与评价

## 一、土壤环境现状调查

以资料收集为主，分析建设项目与国家和地方土壤环境相关法律、法规、政策、标准及规划等的相符性，了解与土壤相关联的自然环境和社会环境概况，掌握建设项目所在地区土壤类型和理化特性等内容，识别建设项目周边已建、在建的土壤影响源。

### （一）调查范围

土壤环境调查评价范围应包括建设项目建成后可能影响的范围，能够满足土壤环境影响预测和评价要求；改扩建类建设项目的现状调查评价还须兼顾现有工程运行过程中可能影响的范围。除线性工程外，建设项目土壤环境影响现状调查评价范围可根据建设项目影响类型、污染途径、气象条件、地形地貌、水文地质条件等因素确定并具体说明理由，也可参考表 2-4 确定。对于危险品、化学品或石油等输送管线类建设项目，应以工程边界两侧向外延伸 0.2 km 作为调查评价范围。

表 2-4    现状调查范围

| 评价工作等级 | 影响类型 | 调查范围[①] | |
| --- | --- | --- | --- |
| | | 占地[②]范围内 | 占地范围外 |
| 一级 | 生态影响型 | 全部 | 5 km 范围内 |
| | 污染影响型 | | 1 km 范围内 |
| 二级 | 生态影响型 | | 2 km 范围内 |
| | 污染影响型 | | 0.2 km 范围内 |
| 三级 | 生态影响型 | | 1 km 范围内 |
| | 污染影响型 | | 0.05 km 范围内 |

注:① 涉及大气沉降途径影响的,可根据主导风向下风向的最大落地浓度点适当调整;
　　② 矿山类项目指开采区与各场地的占地;改扩建类的指现有工程与拟建工程的占地。

当建设项目同时涉及土壤环境生态影响与污染影响时,应按上表要求各自确定调查评价范围,开展后续评价工作。

（二）资料收集

根据建设项目特点、可能产生的环境影响和当地环境特征,有针对性地收集调查评价范围内的相关资料,主要包括以下内容:气象资料、地形地貌特征资料、水文及水文地质资料等;土地利用现状图、土地利用规划图、土壤类型分布图;土地利用历史情况;与建设项目土壤环境影响评价相关的其他资料。

《土壤污染防治法》第三十一条规定:地方各级人民政府应当重点保护未污染的耕地、林地、草地和饮用水水源地。各级人民政府应当加强对国家公园等自然保护地的保护,维护其生态功能。对未利用地应当予以保护,不得污染和破坏。第三十二条规定:县级以上地方人民政府及其有关部门应当按照土地利用总体规划和城乡规划,严格执行相关行业企业布局选址要求,禁止在居民区和学校、医院、疗养院和养老院等单位周边新建、改建和扩建可能造成土壤污染的建设项目。在收集资料时应重点分析建设项目拟建场地与上述要求的相符性。

《土壤污染防治法》第五十九条规定:用途变更为住宅、公共管理与公共服务用地的,变更前应当按照规定进行土壤污染状况调查。该类建设项目还应收集该场地的土壤污染状况调查报告,确保拟建场地符合环境管理的要求。

（三）理化特性调查

在充分收集资料的基础上,根据土壤环境影响类型、建设项目污染物产排特征和环境影响评价等级,有针对性地选择土壤理化特性调查内容,主要包括土体构型、土壤结构、土壤质地、阳离子交换量、氧化还原电位、饱和导水率、土壤容重、孔隙度等;土壤环境生态影响型建设项目还应调查植被、地下水位埋深、地下水溶解性总固体等。

评价工作等级为一级的建设项目,还需要开展现场工作,完成土壤剖面调查表。土壤剖面调查表采用图表结合的方式,记录剖面编号、位置经纬度、各方向景观照片、土壤剖面照片等信息,并根据土壤分层情况描述土壤的理化特性。

（四）影响源调查

为了分析调查评价范围内土壤污染物的来源构成,为建设项目服务期满后的影响评价提供资料支持;还应调查与拟建项目产生同种特征因子或造成相同土壤环境影响后果的项目,重点关注和拟建项目相邻的,或影响范围与拟建项目有重合的项目。宜采用图表结合的方式,标识出各项目与拟建项目的位置关系,识别分析各项目对土壤环境产生影响的方式、途径和程度,校核各项目环境影响报告书中关于土壤环境影响评价的结论。

改扩建的污染影响型建设项目,其评价工作等级为一级、二级的,应对现有工程的土壤环境保护措施情况进行调查,并重点调查主要装置或设施附近的土壤污染现状。应对调查结果进行分析评价,可与现有工程环境影响报告书中的土壤污染物背景值进行比对;当出现超标或大幅度恶化时,应分析原因、定位排放源、明确污染范围,提出消除或控制已有土壤环境污染的整改措施。

## 二、土壤环境质量现状监测

通过对土壤现场取样检测,了解或掌握评价范围内不同类型土壤中污染物含量,为土壤环境现状评价、影响预测、污染防治措施及项目建成后的跟踪评价、服务期满后的影响评价提供数据支持。

### (一) 布点原则

根据建设项目土壤环境影响类型、评价工作等级、土地利用类型确定,以充分反映建设项目调查评价范围内的土壤环境现状为目的,在充分了解项目影响类型、影响源和影响途径的基础上,采用均布性和代表性相结合的原则,兼顾项目实施后的日常监测计划或土壤环境影响跟踪评价的内容,进行土壤环境现状监测点布设。调查评价范围内的每种土壤类型至少设置 1 个表层样监测点,应尽量设置在未受人为污染或相对未受污染的区域。

生态影响型建设项目应根据建设项目所在地的地形特征、地面径流方向设置表层样监测点。涉及入渗途径影响的,主要产污装置区应设置柱状样监测点,采样深度需至装置底部与土壤接触面以下,根据可能影响的深度适当调整。涉及大气沉降影响的,应在占地范围外主导风向的上、下风向各设置 1 个表层样监测点,可在最大落地浓度点增设表层样监测点,最大落地浓度点应选择在多年主导风向的下风向,与排放源的距离可由《环境影响评价技术导则 大气环境》(HJ 2.2—2018)附录 A 推荐的 AERSCREEN 模型计算得出。涉及地面漫流途径影响的,应结合地形地貌,在占地范围外的上、下游各设置 1 个表层样监测点。

线性工程应重点在站场位置(如输油站、泵站、阀室、加油站及维修场所等)设置监测点,涉及危险品、化学品或石油等输送管线的应根据评价范围内土壤环境敏感目标或厂区内的平面布局情况确定监测点布设位置。

评价工作等级为一级、二级的改扩建项目,应在现有工程厂界外可能产生影响的土壤环境敏感目标处设置监测点。涉及大气沉降影响的改扩建项目,可在多年(一般统计近二十年)主导风向下风向适当增加监测点位,以反映降尘对土壤环境的影响。

建设项目占地范围及其可能影响区域的土壤环境已存在污染风险的,应结合用地历史资料和现状调查情况,在可能受影响最重的区域布设监测点;取样深度根据其可能影响的情况预估,由现场柱状样品的快筛结果最终确定。

### (二) 布点数量

土壤环境影响评价等级越高,对土壤环境现状监测的要求越翔实,建设项目各评价工作等级的监测点数原则上不少于表 2-5 的要求。

表 2-5    土壤环境现状监测布点类型与数量

| 评价工作等级 | | 占地范围内 | 占地范围外 |
|---|---|---|---|
| 一级 | 生态影响型 | 5 个表层样点① | 6 个表层样点 |
| | 污染影响型 | 5 个柱状样点②,2 个表层样点 | 4 个表层样点 |
| 二级 | 生态影响型 | 3 个表层样点 | 4 个表层样点 |
| | 污染影响型 | 3 个柱状样点,1 个表层样点 | 2 个表层样点 |
| 三级 | 生态影响型 | 1 个表层样点 | 2 个表层样点 |
| | 污染影响型 | 3 个表层样点 | — |

注:"—"标识无现状监测布点类型和数量的要求;

① 表层样应在 0~0.2 m 取样;

② 柱状样通常在 0~0.5 m、0.5~1.5 m、1.5~3 m 分别取样,3 m 以下每 3 m 取 1 个样,可根据基础埋深、土体构型适当调整。

在保持总数量不变的前提下,生态影响型建设项目可根据项目特点优化调整占地范围内、外的监测点数量,力求全面客观地反映评价范围内土壤环境质量现状;占地范围超过 5 000 $hm^2$ 的,每增加 1 000 $hm^2$ 增加 1 个监测点。污染影响型建设项目占地范围超过 100 $hm^2$ 的,每增加 20 $hm^2$ 增加 1 个监测点。

(三)监测因子

土壤环境现状监测因子分为基本因子和建设项目的特征因子。基本因子是指《土壤环境质量 农用地土壤污染风险管控标准(试行)》(GB 15618—2018)表 1 中出现的 8 类基本污染物项目和《土壤环境质量 建设用地土壤污染风险管控标准(试行)》(GB 36600—2018)表 1 中出现的 45 类基本污染物项目,按照调查评价范围内土地利用现状类型进行选取。特征因子是指建设项目产生的特有因子,根据污染源和污染途径的识别结果来确定。既是基本因子又属于特征因子的,按照特征因子对待。

(四)取样方法和频次

1. 取样方法

新建项目的土壤环境现状监测主要是了解土壤中污染物的背景值,表层样和土壤剖面的采样及样品制备可参照《土壤环境监测技术规范》(HJ/T 166—2004)中相关内容,柱状样的采集和制备还可参考《建设用地土壤污染状况调查技术导则》(HJ25.1—2019)和《建设用地土壤污染风险管控和修复监测技术导则》(HJ25.2—2019)的相关内容;改扩建项目的土壤环境现状监测主要是了解已建工程对调查评价范围内土壤环境的影响程度,土壤样品的采集和制备应主要以《建设用地土壤污染状况调查技术导则》(HJ25.1—2019)和《建设用地土壤污染风险管控和修复监测技术导则》(HJ25.2—2019)为参考。

2. 监测频次

特征因子的监测频次与评价等级无关,环评期间应至少开展 1 次现状监测。评价工作等级为一级的建设项目应在环评期间至少开展 1 次现状监测;二级或三级评价的建设项目,若调查评价范围内在近三年有做过土壤环境质量监测,且取样点位符合拟建项目的布点原则,在进行数据有效性说明后,可以引用该取样点的检测结果。

## 三、土壤环境质量现状评价

（一）评价标准

土壤环境质量现状评价应覆盖所有现状监测因子，根据土壤样品所在地块的土地利用类型，基本因子分别选用《土壤环境质量 农用地土壤污染风险管控标准（试行）》（GB 15618—2018）和《土壤环境质量 建设用地土壤污染风险管控标准（试行）》（GB 36600—2018）标准中的筛选值作为评价标准。对于上述标准中未规定的特征因子，可以参考行业、地方或者国外相关标准进行评价；无标准可以参考的只给出现状监测值，作为土壤环境本底背景值留存。土壤盐化及酸化、碱化的分级标准参见表2-6和表2-7。

表2-6　土壤盐化分级标准

| 分级 | 土壤含盐量（SSC）/（g·kg$^{-1}$） | |
| --- | --- | --- |
| | 滨海、半湿润和半干旱地区 | 干旱、半荒漠和荒漠地区 |
| 未盐化 | SSC<1 | SSC<2 |
| 轻度盐化 | 1≤SSC<2 | 2≤SSC<3 |
| 中度盐化 | 2≤SSC<4 | 3≤SSC<5 |
| 重度盐化 | 4≤SSC<6 | 5≤SSC<10 |
| 极重度盐化 | SSC≥6 | SSC≥10 |

注：根据区域自然背景状况适当调整。

表2-7　土壤酸化、碱化分级标准

| 土壤pH | 土壤酸化、碱化强度 |
| --- | --- |
| pH<3.5 | 极重度酸化 |
| 3.5≤pH<4.0 | 重度酸化 |
| 4.0≤pH<4.5 | 中度酸化 |
| 4.5≤pH<5.5 | 轻度酸化 |
| 5.5≤pH<8.5 | 无酸化或碱化 |
| 8.5≤pH<9.0 | 轻度碱化 |
| 9.0≤pH<9.5 | 中度碱化 |
| 9.5≤pH<10.0 | 重度碱化 |
| pH≥10.0 | 极重度碱化 |

注：土壤酸化、碱化强度指受认为影响后呈现的土壤PH，可根据区域自然背景状况适当调整。

（二）评价方法

生态影响型项目的土壤环境质量现状评价应给出各监测点位土壤盐化、酸化和碱化的级别，列表统计样本数量、最大值、最小值和均值，并评价均值对应的级别。

污染影响型项目的土壤环境质量现状评价应采用标准指数法，标准指数大于1，说明该监测因子超标，数值越大，超标越严重。其计算公式为：

$$P_i = \frac{C_i}{C_{si}} \tag{2-18}$$

式中：$P_i$——第$i$个土壤监测因子的标准指数；

　　　$C_i$——第$i$个土壤监测因子的监测值，mg/kg；

$C_{si}$——第 $i$ 个土壤监测因子的标准值，mg/kg。

此外，还需对监测结果进行统计分析，宜采用图表形式展示样本数量、最大值、最小值、均值、标准差、检出率和超标率、最大超标倍数等信息。

生态影响型建设项目应给出土壤盐化、酸化和碱化现状的评价结论；污染影响型建设项目应给出评价因子是否满足《土壤环境质量 农用地土壤污染风险管控标准（试行）》和《土壤环境质量 建设用地土壤污染风险管控标准（试行）》中相关标准要求的结论。若现状因子存在超标时，应分析超标原因，属于非原生地质原因的，还应依据相关管理办法进一步开展详查及评估，待提出合理可行的解决方案后，给出确保土壤环境质量现状能够达标的结论。

# 第六节　声环境现状调查与评价

## 一、声环境现状调查

### （一）主要调查内容

调查评价范围内声环境保护目标的名称、地理位置、行政区划、所在声环境功能区、不同声环境功能区内人口分布情况、与建设项目的空间位置关系、建筑情况等。

评价等级为一级和二级的项目，评价范围内具有代表性的声环境保护目标的声环境质量现状需要现场监测，其余声环境保护目标的声环境质量现状可通过类比或现场监测结合模型计算给出；调查评价范围内有明显影响的现状声源的名称、类型、数量、位置、源强等；评价范围内现状声源源强调查应采用现场监测法或收集资料法确定。分析现状声源的构成及其影响，对现状调查结果进行评价。

三级评价需对评价范围内具有代表性的声环境保护目标的声环境质量现状进行调查，可利用已有的监测资料，无监测资料时可选择有代表性的声环境保护目标进行现场监测，并分析现状声源的构成。

### （二）调查方法

环境噪声现状调查的基本方法主要有收集资料法、现场调查法和现场测量法。评价时应根据评价工作等级的要求确定需采用的具体方法。

## 二、声环境质量现状监测

现状噪声值的准确获取，对声环境现状的评价，以及建设项目对声环境的影响预测至关重要。

**1. 布点范围**

布点应覆盖整个评价范围，包括厂界（或场界、边界）和敏感目标。当敏感目标高于（含）三层建筑时，还应选取有代表性的不同楼层布设测点。

**2. 测点选择**

当评价范围内没有明显的声源（如工业噪声、交通运输噪声、建设施工噪声、社会生活噪声等），且声级较低时，可选择有代表性的区域布设测点。

评价范围内有明显的声源，并对敏感目标的声环境质量有影响，或者建设项目为改扩建工程，应根据声源种类采取不同的监测布点原则。

（1）当声源为固定声源时,现状测点应重点布设在可能同时受到既有声源和建设项目声源影响的声环境保护目标处,以及其他有代表性的声环境保护目标处;为满足预测需要,也可在距离既有声源不同距离处布设衰减测点。

（2）当声源为移动声源,且呈现线声源特点时,现状测点位置选取应兼顾声环境保护目标的分布状况、工程特点及线声源噪声影响随距离衰减的特点,布设在具有代表性的声环境保护目标处。为满足预测需要,可在垂直于线声源不同水平距离处布设衰减测点。

（3）对于改扩建机场工程,测点一般布设在主要声环境保护目标处,重点关注航迹下方的声环境保护目标及跑道侧向较近处的声环境保护目标,测点数量可根据机场飞行量及周围声环境保护目标情况确定,现有单条跑道、两条跑道或三条跑道的机场可分别布设 3~9、9~14 或 12~18 个噪声测点,跑道增加或保护目标较多时可进一步增加测点。对于评价范围内少于 3 个声环境保护目标的情况,原则上布点数量不少于 3 个。结合声保护目标位置布点的,应优先选取跑道两端航迹 3 km 以内范围的保护目标位置布点。无法结合保护目标位置布点的,可适当结合航迹下方的导航台站位置进行布点。

## 三、声环境质量现状评价

分析评价范围内既有主要声源种类、数量及相应的噪声级、噪声特性等,明确主要声源分布。分别评价厂界（场界、边界）和各声环境保护目标的超标和达标情况,分析其受到既有主要声源的影响状况。

# 第七节　生态环境现状调查与评价

## 一、生态环境现状调查

生态环境现状调查与评价的目的,是为了掌握评价范围内生态环境现状,包括生态因子、生物种群、生态景观和生态环境敏感目标等,为生态环境现状评价和建设项目对生态环境的影响预测评价提供基础资料。

### （一）生态现状调查要求

生态现状调查是生态现状评价、影响预测的基础和依据,调查的内容和指标应能反映评价工作范围内的生态背景特征和现存的主要生态问题。在有敏感生态保护目标（包括特殊生态敏感区和重要生态敏感区）或其他特别要求保护对象时,应做专题调查。生态现状调查应在收集资料基础上开展现场工作,生态现状调查的范围应不小于评价工作的范围。

陆生生态一级、二级评价应结合调查范围、调查对象、地形地貌和实际情况选择合适的调查方法。开展样线、样方调查的,应合理确定样线、样方的数量、长度或面积,涵盖评价范围内不同的植被类型及生境类型,山地区域还应结合海拔段、坡位、坡向进行布设。根据植物群落类型（宜以群系及以下分类单位为调查单元）设置调查样地,一级评价每种群落类型设置的样方数量不少于 5 个,二级评价不少于 3 个,调查时间宜选择植物生长旺盛季节;一级评价每种生境类型设置的野生动物调查样线数量不少于 5 条,二级评价不少于 3 条,除了收集历史资料外,一级评价还应获得近 1~2 个完整年度不同季节的现状资料,二级评价尽量获得野生动物繁殖期、越冬期、迁徙期等关键活动期的现状资料。

水生生态一级、二级评价的调查点位、断面等应涵盖评价范围内的干流、支流、河口、湖库等不同水域类型。一级评价应至少开展丰水期、枯水期(河流、湖库)或春季、秋季(入海河口、海域)两期(季)调查,二级评价至少获得一期(季)调查资料,涉及显著改变水文情势的项目应增加调查强度。鱼类调查时间应包括主要繁殖期,水生生境调查内容应包括水域形态结构、水文情势、水体理化性状和底质等。

三级评价现状调查以收集有效资料为主,可开展必要的遥感调查或现场校核。

(二)调查方法

**1. 资料收集法**

资料收集法即收集现有的能反映生态现状或生态背景的资料,从表现形式上分为文字资料和图形资料,从时间上可分为历史资料和现状资料,从收集行业类别上可分为农、林、牧、渔和环境保护部门,从资料性质上可分为环境影响报告书、有关污染源调查、生态保护规划、生态保护规定、生态功能区划、生态敏感目标的基本情况及其他生态调查材料等。使用资料收集法时,应保证资料的现时性,引用资料必须建立在现场校验的基础上。

**2. 现场勘查法**

现场勘查应遵循整体与重点相结合的原则,在综合考虑主导生态因子结构与功能的完整性的同时,突出重点区域和关键时段的调查,并通过对影响区域的实际踏勘,核实收集资料的准确性,以获取实际资料和数据。

**3. 专家和公众咨询法**

专家和公众咨询法是对现场勘查的有益补充。通过咨询有关专家,收集评价工作范围内的公众、社会团体和相关管理部门对项目影响的意见,发现现场踏勘中遗漏的生态问题。专家和公众咨询应与资料收集和现场勘查同步开展。

**4. 生态监测法**

当资料收集、现场勘查、专家和公众咨询提供的数据无法满足评价的定量需要,或项目可能产生潜在的或长期累积效应时,可考虑选用生态监测法。生态监测应根据监测因子的生态学特点和干扰活动的特点确定监测位置和频次,有代表性地布点。生态监测方法与技术要求须符合国家现行的有关生态监测规范和监测标准分析方法;对于生态系统生产力的调查,必要时需现场采样、实验室测定。

**5. 遥感调查法**

当涉及区域范围较大或主导生态因子的空间等级尺度较大,通过人力踏勘较为困难或难以完成评价时,可采用遥感调查法。遥感调查过程中必须辅助必要的现场勘查工作。

**6. 海洋生态调查方法**

海洋生态调查方法可参考《海洋调查规范第 9 部分:海洋生态调查指南》(GB/T 12763.9—2007)中的规定。

**7. 水库渔业资源调查方法**

水库渔业资源调查方法可参考《水库渔业资源调查规范》(SL 167—2014)中的规定。

(三)调查内容

陆生生态现状调查内容主要包括:评价范围内的植物区系、植被类型,植物群落结构及演替规律,群落中的关键种、建群种、优势种;动物区系、物种组成及分布特征;生态系统的类型、面积及空间分布;重要物种的分布、生态学特征、种群现状,迁徙物种的主要迁徙路线、迁徙时间,重要生境的分布及现状。

水生生态现状调查内容主要包括:评价范围内的水生生物、水生生境和渔业现状,重要物种的分布、生态学特征、种群现状,以及生境状况;鱼类等重要水生动物调查包括种类组成、种群结构、资源时空分布,产卵场、索饵场、越冬场等重要生境的分布、环境条件及洄游路线、洄游时间等行为习性。

收集生态敏感区的相关规划资料、图件、数据,调查评价范围内生态敏感区的主要保护对象、功能区划、保护要求等。

调查区域存在的主要生态问题,如水土流失、沙漠化、石漠化、盐渍化、生物入侵和污染危害等,需要调查已经存在的生态问题对生态保护目标产生不利影响的干扰因素。

对于改扩建、分期实施的建设项目,调查既有工程、前期已实施工程的实际生态影响及采取的生态保护措施。

## ▌二、生态环境现状评价

一级、二级评价应根据现状调查结果选择以下全部或部分内容开展评价:根据植被和植物群落调查结果,编制植被类型图,统计评价范围内的植被类型及面积,可采用植被覆盖度等指标分析植被现状,用地图表示植被覆盖度空间分布特点;根据土地利用调查结果,编制土地利用现状图,统计评价范围内的土地利用类型及面积:根据物种及生境调查结果,分析评价范围内的物种分布特点、重要物种的种群现状及生境的质量、连通性、破碎化程度等,编制重要物种、重要生境分布图,迁徙、洄游物种的迁徙、洄游路线图;涉及国家重点保护野生动植物、极危、濒危物种的,可通过模型模拟物种适宜生境分布,用地图表示工程与物种生境分布的空间关系。

根据生态系统调查结果,编制生态系统类型分布图,统计评价范围内的生态系统类型及面积;结合区域生态问题调查结果,分析评价范围内的生态系统结构与功能状况及总体变化趋势涉及陆地生态系统的,可采用生物量、生产力、生态系统服务功能等指标开展评价;涉及河流、湖泊、湿地生态系统的,可采用生物完整性指数等指标开展评价。

涉及生态敏感区的,分析其生态现状、保护现状和存在的问题,明确并用地图表示生态敏感区及其主要保护对象、功能分区与工程的位置关系。

可采用物种丰富度、香农-威纳多样性指数、皮卢(Pielou)均匀度指数、辛普森(Simpson)优势度指数等对评价范围内的物种多样性进行评价。

三级评价可采用定性描述或面积、比例等定量指标,重点对评价范围内的土地利用现状、植被现状、野生动植物现状等进行分析,编制土地利用现状图、植被类型图、生态保护目标分布图等图件。

### 📖 思考题

**1.** 简述环境现状调查包括哪些方面。

**2.** 简述区域污染源调查内容。

# 第三章 工程分析

## 第一节 工程分析目的、原则与要求

### 一、工程分析的实质

工程分析是各类开发建设项目环境影响评价的基础,是环境影响评价过程中极其重要的一个环节,如果没有工程分析,就无法进行环境影响评价。建设项目环境影响评价中的工程分析的实质,就是查找影响环境的"源",即产生或排放污染物的工艺环节、设备或设施,确定污染物的源强(产生污染影响的污染物排放浓度、排放速率,产生生态影响的建设项目占地与施工或运行),判断其影响性质、程度和可能性。即从对环境造成影响的方面对建设项目的工程方案和整个工程活动的建设性质、清洁生产水平、工程环保措施方案及总图布置、征地、选址选线方案等提出要求和建议,确定项目在建设期、运营期及服务期满后的主要污染源和源强、生态影响,以及风险源等环境影响因素。

### 二、工程分析的目的

环境影响评价工程分析最重要的目的是分析、识别工程建设、生产过程中产生环境影响的因素,通过对工程建设内容、过程及运行工艺流程等的全面分析,系统分析确定影响源(生态影响源、污染影响源、风险源等)及源强(与生态影响有关的永久占地和临时占地,以及占地类型,占用不同类型土地的面积,是否涉及敏感生态保护目标;与污染影响有关的污染物排放浓度、速率、排放量等),进而为预测对保护目标的影响性质、方式和程度提供基础,并能够对不利影响提出有针对性的避免或减缓等有效的环境保护措施。

按建设项目对环境影响的方式和途径等不同特点,建设项目一般可分为"污染型项目"和"生态影响型项目"两大类。污染型项目,如建材、火电、化工、石油化工、医药、冶金、机电等,主要以污染物排放对大气环境、水环境、地下水、土壤环境或声环境的影响为主,其工程分析往往以对项目的工艺过程分析为重点,核心是确定工程污染源;生态影响型项目,如交通运输、水利水电、矿藏采掘等,主要以建设期、运营期对生态环境的破坏影响为主,工程分析以对重点工程的施工方式(建设期)及运行方式(运营期)分析为重点,核心是确定工程主要生态影响因素。

应当注意,生态影响型建设项目,如石油开采、煤炭采选等采掘类项目,在项目生命周期的各阶段也有显著的污染物排放;大中型的工业污染型建设项目,如炼油、冶金等大型建设项目,建设期也会存在明显的生态影响。

## 三、工程分析的原则与作用

### (一) 工程分析的原则

**1. 合法性原则**

在工程分析过程中应贯彻我国环境保护相关的法律法规、标准、政策,分析建设项目与产业政策、环境保护政策、资源能源利用政策、环境功能区划、地方性法规与政策及相关规划的相符性。

**2. 早期介入原则**

环境影响评价应尽早介入工程前期工作,通过对工程选址(或选线)方案、工艺路线(或施工方案)的分析,使工程决策者选择对环境最友好的方案。

**3. 完整性原则**

根据建设项目工程内容及其特征,全面完整地对所有的工程活动进行分析,识别全部可能的环境影响因素,即包括工程建设的全过程和全部工程内容。无论是建设期,还是运营期、服务期满后,也无论是主体工程,还是辅助公用工程,永久工程还是临时工程,长期活动还是短期活动,正常工况还是非正常工况,都应纳入工程分析,全面、完整地识别工程活动对环境的影响,筛选评价因子。

**4. 实事求是原则**

工程分析应该秉承实事求是的原则,运用科学的方法,客观地分析建设项目工程活动,必要时吸收相关学科和行业的专家意见。工程分析所提出的相关改进完善的要求和建议,必须与设计人员和项目决策者沟通一致,确保实施方案的可行性。

### (二) 工程分析的作用

**1. 项目决策的依据**

工程分析是项目环境可行性决策的重要依据之一。在一般情况下,工程分析从环保角度对项目建设性质、产品结构、生产规模、原料路线、工艺技术、设备选型、能源结构和排放状况、技术经济指标、总图布置方案、清洁生产水平、环保措施方案、规划方案、选址选线、施工方式、运行方式等给出定性分析意见,从项目与法规产业政策符合性、污染达标排放的可行性、地区总量控制目标实现的可行性、清洁生产水平的先进性、总图布置及选址选线的环境合理性等方面,为项目的决策提供依据,如建设项目规模、工艺方案、选址方案、总图布置方案的调整意见,甚至是项目环境可行性方面的意见。

**2. 环境影响评价的基础**

工程的环境影响因素,是指工程活动(行为)对生态系统及其生物因子和非生物因子产生作用,或所产生的污染物向环境排放造成环境要素(环境空气、声环境、地表水、地下水、土壤、生态等)的质量下降的过程与结果。通过对建设项目全部工程活动(建设期、运营期、服务期满后,有些项目包括建设前期的选址勘探活动阶段)的分析,分解各个阶段的工程活动,并与各环境要素进行对应,确定各个工程活动对于相关环境要素可能造成的环境影响,并确定描述这种影响变化的影响因子。

工程分析是其他各环境要素专题评价数据的来源,能够为各专题评价提供基础数据,支撑各专题的科学预测与评价。对于以污染为主的项目,工程分析从环保角度定量分析项目的基本技术经济数据,重点对生产工艺的产污环节进行详细分析,确定污染源强及其排放参数,从而为水、气、固体废物和噪声的环境影响预测、污染防治对策及污染物排放总量控制提供可靠的基础数据。生态影响型项目工程分析应重点分析工程占地类型、面积,土石方量,所涉及的不同类型生态系统的数量和重要程度等基础数据。另外,各专题评价工作需要的全部基础数据和条件,如总投资与环保投资、产品方案、劳动定员、工作制度与工作时数、水平衡数据、原材料与公用工程消耗、总平面布置及各种图件,环保措施方案与技术经济参数等,均需要通过工程分析确定提供。

**3. 促进项目清洁生产和环保设计优化**

环境影响评价文件是建设项目工程设计的重要依据。按目前我国的建设项目行政审批流程,环境影响评价工作一般是先于项目的工程设计进行的。环评中工程分析应力求对拟采用的生产工艺进行优化论证,并提出符合清洁生产要求的改进建议;指出工艺设计上应该重点考虑的防污减污环节,并提出建议方案。此外,工程分析还应对拟采用的环保措施方案工艺、设备及其先进性、可靠性、实用性和充分性提出要求或建议。对于改扩建项目,现有工程可能存在工艺设备落后、污染水平高、排放方式不合理等环境问题,必须在改扩建中通过"以新带老"措施予以解决,因此需要工程分析从环保全局和环保技术方面提出具体的整改意见和方案。这些都应在项目环保设计中予以落实。

**4. 有助于加强项目的环境管理**

通过工程分析筛选的主要影响因子是项目建设期和运营期或服务期满后进行日常环境管理的对象,工程分析阶段,必须分析核算项目主要污染物年产生和排放的总量,并结合项目的清洁生产水平和污染物治理措施水平,科学地提出合理的污染物排放总量建议指标,污染物排放总量建议指标一旦被环境保护行政主管部门批复同意,就成为建设项目运行后环境管理的强制性指标之一。

## 四、工程分析的基本要求

### (一)工程组成必须完整

作为环境影响评价对象的某一建设工程项目,评价人员需弄清所评价对象包含的全部工程建设内容,即工程组成不能有遗漏,应包含工程投资建设的全部内容,包括主体工程、辅助工程、配套工程、公用工程、环保工程、临时工程等。未包括在本次工程建设内容之中,但是属于本工程的依托工程或其他相关工程也应予以交代或说明。

### (二)重点工程应明确

在工程分析中,应根据各类型建设项目的工程内容及其特征,对可能对环境产生较大影响的主要因素进行深入分析。对于大多数的工业建设项目,运营期主体工程可能会产生较多种类和相当强度的污染物。因此应把工艺过程及产污环节作为重点进行深入详细地分析。对于交通运输设施、水利工程和矿物采掘类生态影响型建设项目,重点工程一定要明确,抓住重点工程也就抓住了项目环境影响评价的重点。因此,重点工程需要特别分析说明,并深入分析其可能产生的不利环境影响。比如公路建设中的隧道、互通式立交桥、大中型桥梁或经过敏感区段的工程等占地面积大或涉及较大土石方工程量的工程往往是生态影响比较突出的应重点关注的工程,其不同的选址选线方案、占地方式和施工运行方式等可能直接导致生态影响的程度和范围不同,因此应该重点分析上述内容。

（三）全过程分析

根据工程建设性质、特性及营运方式，对工程建设的全部过程进行环境影响因素的分析。一般按照勘察期（勘探期、施工前期）、建设期（施工期）、运营期（生产期、使用期、营运期或生产营运期等不同说法）三个阶段。如交通工程一般主要分析施工期与营运期，重大交通建设项目还应分析施工前期；水利水电项目一般分析施工前期（三通一平期）、施工期和运营期；矿山开采项目一般以勘探期（施工前期）、施工期（建设期）、生产期、退役期（闭矿期或服务期满。井工开采可称闭井期，露天开采可称闭坑期）四个阶段来进行全过程的分析，不可遗漏。

（四）影响源分析

工程分析要紧紧抓住影响环境的"源"。这个源，既包括产生污染物的源（如产生或排放废气、废水、噪声的生产工艺环节、设备或设施），也包括产生生态影响的源（如永久占地和临时占地）。工程污染源分析要识别污染源、分析污染物，确定污染源强（浓度、速率），明确产生量、排放量、排放规律和可能受影响的保护目标；生态影响源分析要弄清工程永久占地和临时占地的类型、占用不同类型土地的面积、产生的土石方量、施工方式和营运方案等。

（五）其他技术要求

**1. 数据资料真实**

对建设项目的规划、可行性研究和初步设计等技术文件中提供的资料、数据、图件等，应进行分析后引用，确保真实、准确和可信。项目技术文件提供的资料数据，其精度和准确度不能完全保证，使用时需要通过分析进行复核校对。应用同类工程的实测数据等进行工程分析时（类比法），应分析其工程的相同性或者相似性。引用现有资料进行环境影响评价时，应分析其时效性，一般只能使用近三年的数据，防止使用时效已经超期。

**2. 影响因素全识别**

工业污染型建设项目和生态影响型建设项目只是相对的分类。对于很多建设项目而言，随着不同的工程阶段，可能既有污染物的排放，也存在生态环境影响因素，因此在工程分析中既要分析污染因素，也要分析生态破坏因素，切忌片面化。以生态影响为主的建设项目，也有污染源和污染物的排放，需要进行污染源分析，并针对其排放的污染物可能造成的环境影响进行分析和评价。项目建设期一般存在施工扬尘和废气、施工废水、施工固体废物和施工噪声的排放；运营期也可能产生污染物，如高速公路的服务区存在生活污水或车辆维修废物的排放问题，管道工程可能产生泄漏等事故，存在环境风险。大型的工业污染型项目，占地面积和施工土石方量往往很大，配套工程多，建设期可能存在明显的生态影响，因此对其不能忽视。有些工业项目，其使用的原料或生产的产品本身具有生物效用，如农药类项目，需要分析识别运营期的污染物排放对生态系统的影响因素。

**3. 定量化分析**

结合建设项目工程组成、规模、工艺路线，对建设项目环境影响因素、方式、强度等进行详细分析与说明。对于污染，要通过工程分析确定污染物的产生来源、排放方式、排放特征和排放强度等，尽可能给出量化的参数，如有组织排放废气（通常指通过 15m 及以上高度的排气筒排放）的排放高度、排气量、排放浓度和排放速率等，废水的排放方式、排放量和主要污染因子的排放浓度，噪声源的几何特征、排放规律和等效声级等；对于生态影响，工程占地、土石方工程量、施工方案和时序、运行方案等影响因素要以定性和定量分析相结合的方式,详细给出具体的数据和方案。

# 第二节　工程分析方法

目前采用较多的工程分析方法有类比分析法、物料衡算法、土石方衡算法、实验法、实测法和查阅参考资料法等。

## 一、类比分析法

类比分析法是利用与拟建项目类型相同的现有项目的设计资料或实测数据进行工程分析的方法,是工程分析中常用的方法,也是定量结果较为准确的方法,有条件时应优先选用。但该方法要求时间长,工作量大。在评价时间允许,评价工作等级较高,又有可资参考的相同或相似的现有工程时,应采用此法。采用此法时,应充分注意分析对象与类比对象之间的相似性,包括以下几个方面。

① 工程一般特征的相似性。包括建设项目的性质、建设规模、车间组成、产品结构、工艺路线、生产方法、原料、燃料来源与成分、用水量和设备类型等。只有上述工程的一般特征相同或相似,才具备使用类比分析法的基础。

② 污染物排放特征的相似性。在应用类比法确定污染物排放源强时,应考察同类工程和拟建项目污染物排放类型、排放方式与去向,以及污染方式与途径等是否相似,否则不能照搬同类工程的数据。例如,在类比同类工程的废气有组织排放源强时,应该对已有的同类工程实测数据进行分析,注意生产负荷、排气筒高度、排气量等是否存在差异。

③ 环境特征的相似性。在初步工程分析中,应用类比法识别环境影响因素时,要注意分析两地气象条件、地貌状况、生态特点、环境功能、区域污染情况是否相似。例如,同样的工程内容和施工方式,因两地的生态敏感区分布等环境特征不一样,环境影响因素类型、重要程度可能不一样。

用单位产品的经验排污系数计算污染物排放量是一种特殊的类比分析法,可以用来估算某种污染物的排放总量。但是采用此法必须注意,一定要使用国家或地方通过科学方法实际调查后,权威发布的统计数据成果。一般可查阅环境保护实用数据手册、全国污染源普查成果、设计手册等文献资料。使用时注意地区、行业、阶段性等的差异。另外,根据生产规模等工程特征和生产管理等实际情况,对排污系数进行必要的修正。

经验排污系数法的计算公式为:

$$A = AD \times M \tag{3-1}$$

式中:$A$——某污染物的排放(产生)总量;

　　　$AD$——单位产品某污染物的排放(产生)定额;

　　　$M$——产品总产量。

某化学药品
原药制造业
产排污系数
（部分）

也可利用来源、产生过程相似或相同的同类污染物中的污染因子的浓度数据,估算拟建项目的同类污染物的有关污染因子浓度。例如,生活污水的水质,一个地区内差别不大,可以利用已有的统计数据进行类比。

## 二、物料衡算法

物料衡算法以理论计算为基础,基本原理是遵守质量守恒定律,即在生产过程中投入系统的物料总量必须等于产出的产品量和物料流失量及回收量之和。其计算通式如下:

$$\sum G_{投入} = \sum G_{产品} + \sum G_{回收} + \sum G_{流失} \qquad (3-2)$$

式中:$\sum G_{投入}$——投入系统的物料总量;

$\quad\sum G_{产品}$——系统产出产品和副产品总量;

$\quad\sum G_{流失}$——系统流失的物料总量;

$\quad\sum G_{回收}$——系统回收的物料总量。

产品量应包括产品和副产品量。流失量包括除产品、副产品及回收量以外各种形式的损失量,污染物排放量即包括在其中。物料衡算法是工程分析中估算污染物产生量常用的定量分析方法之一,在化工、石化、化学原料药等项目环评中应用较多。但应用此法时,必须对生产工艺、物理变化、化学反应和副反应,以及环境管理等情况进行全面了解,掌握原料、辅助材料、燃料的成分和消耗定额,产品的产收率等基本技术数据。还要根据物料的理化性质、物理化学定律等对各环节物料的去向进行合理地核算和分配。在计算条件具备的情况下,一般要采用物料衡算法对污染物的产生量进行估算,或作为类比法获得数据的验证修正参考。

环评中的物料衡算与工程设计中的物料衡算有区别。工程设计中考虑的是主要的原辅材料和主要的产品、副产品和废弃物,而忽略部分进入环境中的损失量,这些损失量往往较小,流失的形式不明显,因此在工程设计中没有必要考虑。但在环境影响评价的工程分析中,恰恰是我们必须关注的对象。因此环评中工程分析的物料衡算,比工程设计中的物料衡算更加细致,更加严密。

环评中工程分析的物料衡算包括总物料衡算、有毒有害物料衡算及有毒有害元素物料衡算。

总物料衡算是对整个项目工艺中涉及的原辅材料和产出物料进行平衡计算,投入方项目为工艺中消耗的各类原辅材料和溶剂等,产出方项目通常为产品、副产品、回收物料、废水、废气、废渣及废液等。一般可以用物料平衡表来表达,也可以用基于工艺方框流程图基础上的物料平衡图来表达。

在有些情况下,需要单独对其中一种或几种带来污染物排放的有毒有害物料进行平衡计算,以分析跟其相关的污染物的分布和产生情况,这就需要有毒有害物料衡算,结合总物料衡算,可以确定废气、废水或固体废物中该污染因子的浓度。如氮肥行业的氯化铵项目,需要对氨进行平衡分析,估算原料氨转化为产品、以废气形式排放、进入废水中和随废渣流失的数量。

有些项目涉及有毒有害的元素,在整个工艺中有复杂的化合价态的变化,形成多种含有该元素的污染物,就有必要进行有毒有害元素的平衡分析,以期研究该元素在整个工艺中的分布和去向,估算确定最终产生污染物的量。某炼化一体化项目炼油工艺中的硫元素平衡分析如表3-1所示。

表 3-1　某炼化一体化项目炼油工艺中的硫元素平衡表

| 项　　目 | 名　　称 | 数量/(t·a$^{-1}$) | 硫分布/% |
|---|---|---|---|
| 入方 | 原油带入硫 | 316800 | 100 |
| 出方 | 回收硫黄 | 244102 | 77.05 |
| | 产品中含硫带走 | 884 | 0.28 |
| | 以废气形式排放 | 3136 | 0.99 |
| | 废渣废水带走 | 852 | 0.27 |
| | 锅炉灰渣带走及脱硫 | 67826 | 21.41 |
| | 合计 | 316800 | 100 |

## 三、土石方衡算法

对于生态影响型项目,土石方平衡是其工程分析的重要评价内容和方法之一。土石方平衡,即对工程取土(石)、弃土(石)量及其调运情况进行分析,以深入了解工程量,并分析工程设计的取土(石)场和弃土(石)场的合理性,特别是环境合理性,以便进一步优化取、弃土(石)场,最大限度地减缓对生态的不利影响。同时,对确定的取、弃土(石)场,根据征占土地及破坏的实际情况提出具体的水土保持与生态恢复措施。

土石方平衡的一般计算公式如下:

$$H_w + H_j = H_t + H_q \tag{3-3}$$

$$H_w = H_l + H_q \tag{3-4}$$

$$H_t = H_l + H_j \tag{3-5}$$

式中:$H_w$——挖方,指平衡计算划定的施工范围内,挖出的全部土石方量,一般是施工设计标高以上需要开挖的部分,m$^3$;

$H_t$——填方,指平衡计算划定的施工范围内,需要回填的全部土石方量,包括利用方和借方,m$^3$;

$H_l$——利用方,指挖方中回用于平衡计算的施工范围内回填的土石方量,m$^3$;

$H_q$——弃方,指挖方中没有用于平衡计算的施工范围内回填而运出的土石方量,m$^3$;

$H_j$——借方,指从平衡计算划定的施工范围以外运入进行回填的土石方量,m$^3$。

一般原则是,在一个施工场区内或一个规划建设区内的土石方尽量不外运废弃,也不从外面运土来回填,即最好没有借方和弃方。当建设区内挖方量全部利用仍无法满足填方量,或挖出的土石方不能满足回填技术要求时,需要从规划区外运入土石方,即为借方;当挖出的土石方部分或全部因为数量和技术等原因无法回填,运出废弃后,即为弃方。简单地讲,即挖填方之差等于弃借方之差。在填方作业时,"挖方不足填方补,挖方有余有弃土"。

公路铁路等项目的环评中常用分段土石方平衡的方法来进行分析,根据施工标段、地理特点等因素,将整体工程分为若干个计算段,对于每段进行挖方和填方的分析,综合平衡全线土石方调运。最大限度增加土石方利用率,减少借方和弃方,特别是有效利用隧道工程产生的土石方。

## 四、实验法

实验法是通过一定的实验手段来确定一些关键的污染参数进行分析的方法。在污染源强的定量分析中,如果不能利用类比法或物料衡算法,在有条件的情况下可以进行实验室实验(小试或中试),来确定污染物产生或排放数据及其他排放参数。该法确定的污染参数,如污染排放浓度、排放速率等,能较准确地反映工程运行后的实际情形。但实际应用中面临实验条件、时间、经济和技术等多种因素的限制。实际的环评工作中对于一些具有技术独创性的项目,可以通过调查分析已有研发资料数据的方式进行。

## 五、实测法

实测法通过选择相同或类似工艺实测一些关键的污染参数。对于已经存在的污染源,可以通过对污染源现场测定来确定其主要的排放参数。这主要应用在改扩建项目对现有工程污染源的调查分析及已建成运行工程项目的环境影响现状评价和跟踪评价工作中。

在实际测定过程中,一定要注意取样的代表性,应该根据分析的需要,选择其排放污染的相关工艺操作稳定正常运行工况下进行取样监测。如果监测时没有达到其设计最大生产运行规模,而又需要了解其最大设计能力下的排放量,就应当进行折算。

例如,对废水或有组织排放废气的工艺,监测时取样检测污染物的排放浓度和流量,然后计算出排放量,计算公式为

$$G = C \times Q \tag{3-6}$$

式中:$G$——实测的污染物单位时间排放量,mg/s;

$C$——实测的污染物算术平均浓度,mg/m$^3$;

$Q$——废气或废水的流量,m$^3$/s。

## 六、查阅参考资料法

对于污染型项目,是指利用同类工程已有的环境影响报告书或可行性研究报告等资料进行工程分析的方法。虽然此法较为简便,但所得数据的准确性很难保证,因为所参考的资料可能不是同类工程的实测数据等第一手资料。当评价时间短,且评价工作等级较低时,或在无法采用其他工程分析方法的情况下,方采用此方法,但一般不用于污染源强的定量分析。

对于生态影响型建设项目,是指通过查阅参考资料,了解前人对当地生态环境的研究成果,包括野生动植物、生态系统及其演变等,特别是对珍稀濒危野生动物的生境、生理生态特性和敏感干扰因素等的研究成果,说明工程建设可能对野生动植物及其生境的破坏性质、方式和程度等,可以为工程实施提出有针对性的保护措施提供重要的技术支持,是生态影响评价工程分析的重要方法。例如,通过对野生动物栖息地、食源和水源地,以及其活动规律的了解,能够为公路、铁路设计绕避其主要生境,并为其设计迁徙通道提供科学的依据。

# 第三节　工程分析的时段和重点

## 一、工程分析时段

对工程进行全过程分析是工程分析的基本要求之一,是全面考虑工程环境影响,并确定其影响重点的基本技术工作。因此工程分析要针对建设项目生命周期的全过程进行。

工业污染型项目的工程分析时段一般可分为建设期(施工期)、运营期(使用期)和服务期满后(退役期)三个阶段。当然,只有少数类型的项目,可能有服务期满后的工程行为,需要对项目服务期满后进行工程分析。但所有项目,都必须分析建设期和运营期。

生态影响型项目的工程分析的时段包括勘察设计期、施工期、运营期、服务期满后(退役期)。在生态影响评价工作中,在确定工程分析时段的同时,其生态影响时段也就相应地明确了(一般生态影响的时段与工程分析的时段是一致的)。因此,生态影响评价特别重视工程分析的时段,生态影响的工程分析重点时段是施工期和运营期。

根据项目类别不同,工程分析的时段也有不同的划分方法。如公路项目,一般可按施工期和运营期进行分析,大型交通运输类项目(如高速公路、高速铁路、枢纽机场、长输管线)项目可考虑施工前期(勘察设计期);水利水电项目则一般需考虑"三通一平"期(大型水利水电项目,此期需要单独编制环评报告)、施工期、运营期;采掘类项目一般需考虑勘察设计期、施工期、生产期或运营期、闭矿期,也称退役期(露天开采可称闭坑期,井工开采可称闭井期,石油天然气开采亦可称闭井期)。

## 二、工程分析重点

对于污染型项目,工程分析的重点一般是工艺过程分析,以明确产污环节,确定污染源排放参数。

对于生态影响型项目,工程分析的重点一般是通过对施工活动和运营期活动的分析,特别是施工方式和运营方式的分析,确定生态影响的源和影响性质、影响方式和影响程度。涉及特殊或重要生态敏感区时,则需要进行多方案比选,分析选址选线的环境合理性。

# 第四节　环境影响识别与评价因子筛选

## 一、基本内容

环境影响因素识别与评价因子筛选是实施环境影响预测或分析、评价的基本工作内容,属于环境影响评价准备阶段的工作。通过对工程的初步分析,并结合环境现状初步调查成果,判断建设项目可能发生不利环境影响的主要因素就是影响识别的过程,而筛选出可以定量或定性反映这种影响的指标即为评价因子,并在各专题预测或分析、评价之中予以充分应用。

（一）环境影响因素的识别

环境影响因素识别,实质上就是将环境影响的"主体"与"受体"及其可能发生的"效应"三者的关系明确下来的过程。"主体"就是工程因素,即环境影响因素;"受体"就是受影响的对象,即环境,特别是敏感保护目标;"效应",就是主体对受体产生的影响的效果,包括性质、程度和可能性等。

"主体""受体""效应"就是环境影响评价的"三要素"。

所谓环境影响因素,也就是影响环境的工程因素(主体),即工程建设内容及施工、运行中可能对环境空气、地表水、地下水、声环境、生态、土壤等环境及保护目标(或对象)等"受体"造成污染或破坏等不利影响的环节或行为。

确定环境影响因素,就是根据初步工程分析的结果,系统检查项目各项活动与各环境要素之间的关系,识别可能的影响(包括生态影响、污染影响和风险等),找出项目实施后可能对环境造成不利影响的影响源,确定影响对象、影响因子、影响程度、影响范围及影响方式。其计算公式如下。

$$拟建项目+环境=变化的环境$$

$$(活动)i \cdot (要素)j=影响 \ ij$$

对污染型项目而言,要分析建设期、运营期和服务期满以后三个阶段的环境影响因素,重点是运营期的污染因素影响识别。识别的环境影响因素主要是建设期、运营期及服务期满后各阶段的废水、废气、噪声和固体废物对水环境、空气环境、声环境及土壤、地下水环境等环境要素的影响,确定污染源及评价因子。

对于生态影响型项目,除施工期和运营期外,还要对建设前期(勘探期)进行生态影响识别。工程占地,特别是临时占地及其施工作业,是生态影响的主要因素。生态影响型项目往往工程建设方案复杂,工程类型、占地类型多,涉及面广,建设周期长,因此识别环境影响工作更加复杂。

对于施工期,就是根据对施工方案(生态影响源)的分析,结合施工对植被及主要植物、野生动物及其生境、生态系统、重要生态敏感保护目标等受影响对象情况,诊断工程施工期间生态影响的性质、范围、程度及可能性。一般以列表的形式标示其影响程度,也有利于据此分析、确定施工期的生态影响是否为整个工程的环境影响评价重点,从而为生态影响专题评价提供必要的支持。主要影响因素,包括占用不同类型土地的面积,特别是占用农田(尤其是基本农田)、草地(尤其是基本草原)、林地(尤其是天然林),或涉及特殊与重要生态功能区的用地等。因此,施工期的生态影响分析,主要是对施工行为、施工工程量——如土石方量、施工产生的污染物[包括施工废水、废气(扬尘)、噪声及固体废物等]对生态环境的影响。

对于运营期,就是根据对运营方案的分析,确定运营过程中影响环境的源及强度。不同的运营方案,对生态的影响差别较大。如对于年调节和日调节的堤坝式水电站,坝下减水段的水文情势及水环境、水生生态受下泄流量的方式和水量大小的影响是很明显的,即不同的下泄方式和程度有明显不同的影响。此外,工程永久占地及景观生态影响也是一个重要方面。

（二）评价因子的筛选

环境影响评价因子,是指描述评价相关环境影响的因素和成分,要通过对这些因子的预测评价来反映工程的影响状况。评价因子筛选是在影响识别的基础上,根据评价标准(质量标准、污染物排放标准等)及环境保护的要求来确定预测评价因子。

评价因子一般分为"常规因子"和"特征因子"。常规因子通常指环境质量标准中所列的基本因子,而特征因子即是该类工程所排放的特征污染物或主要污染物。如噪声,一般我们均采取等效 A 声级,即 $L_{eq}dB(A)$ 来表示产生噪声的大小,并结合声环境质量标准或环境噪声排放标准,评价其是否达标或影响周边声环境功能;而飞机噪声,却用等效连续感觉噪声级($L_{WECPN}$)来评价飞机飞行噪声的影响,这个 $L_{WECPN}$ 就是机场建设项目噪声影响评价的特征因子。再如废气中的 $SO_2$、$NO_2$、TSP 一般被视为常规污染物,而废气、废水中的重金属铅(Pb)、铬(Cr)、镉(Cd)、汞(Hg)等一般被视为特征因子。常规因子与特征因子并没有截然区别,一些常规因子可能对某类项目也是特征因子,如 $SO_2$ 一般被认为是常规污染物,但对火电厂而言,却是其排放的大气特征污染物,再如臭氧($O_3$)、铅、苯并芘(BaP)虽然被列入环境空气质量标准中,但它们常被视为特征因子。关注特征污染物,主要是为了充分地、有针对性地反映该建设项目产生的影响,有针对性地提出可操作性的污染防治措施,达到有效保护环境的目的。

很显然,评价因子的筛选也是根据工程特性,特别是其产生或排放的污染物种类,以及所在区域的环境特征来确定。实际工作中一般均采取列表法给出建设项目环境影响评价因子,如表 3-2 所示。

表 3-2　某建设项目环境影响评价因子一览表

| 要素 | 现状评价因子 | 预测评价因子 |
| --- | --- | --- |
| 环境空气 | $SO_2$、$NO_2$、TSP、$PM_{10}$、$PM_{2.5}$ | $SO_2$、$NO_2$、TSP、$PM_{10}$、$PM_{2.5}$、非甲烷总烃 |
| 噪声 | $L_{eq}dB(A)$ | $L_{eq}dB(A)$ |
| 地表水 | pH、COD、高锰酸盐指数、$BOD_5$、石油类 | COD、$BOD_5$、石油类 |
| 地下水 | pH、氯化物、总硬度、Pb、Cr、Cd、Hg、As、细菌总数、大肠菌群 | Pb、Cr、Cd、Hg、As |
| 生态 | 植被覆盖率、植物多样性、动物多样性、生物生境、水土流失量 | 植被覆盖率、植物多样性、动物多样性、生物生境、水土流失量 |
| 土壤 | Cu、Pb、Sn、Cr、Cd、Hg、As 等土壤肥力指标 | Cu、Pb、Sn、Cr、Cd、Hg、As |

对于污染影响因素而言,评价因子一般是指污染源中具体的造成污染的物质或能量,根据污染物排放标准或质量标准和物质的理化毒理性质等,即可确定。如环境空气的 $SO_2$、$NO_2$、TSP、$PM_{10}$、甲苯、二甲苯、非甲烷总烃等;水污染物 COD、$BOD_5$、$NH_4^+$-N、重金属等;声环境影响的评价因子等效声级[$L_{eq}dB(A)$、$L_d$、$L_n$ 等]。

对于生态影响因素而言,土地占用、水文地质条件改变、植被破坏、土石方工程、水土流失、生物影响、淹没、景观影响等是常见的影响评价因子。生态影响的评价因子不同于污染影响的评价因子那么具体和能够相对准确地定量描述。生态影响的评价因子有时就是对象或反映其特征的概念性指标,如植被的覆盖率、植被受破坏的面积、新增水土流失量、动物的活动或动物的生境、生态系统的完整性与稳定性、生物多样性、景观敏感性、生态问题等,往往不是很具体的指标,甚至是不能定量的指标。某水电建设项目的评价因子筛选如案例素材 2 某水电建设项目环境影响识别矩阵所示。

## 二、环境影响因素识别方法

环境影响因素的识别方法有核查表法(清单法,分为简单型、描述型、分级型)、矩阵法、叠图法、网络法。

### (一) 核查表法

核查表法(check list method)是指将可能受建设项目或规划行为影响的环境因子和可能产生的影响性质列在一个清单中,然后对核查的环境影响给出定性或半定量的评价,也称清单法。

核查表法使用方便,容易被非专业人士及公众接受。在评价早期阶段应用,可保证重大的影响没有被忽略。但建立一个系统而全面的核查表是一项烦琐且耗时的工作;同时由于核查表没有将"受体"(环境要素)与"源"(影响源)相结合,容易漏掉不显著的影响因素,并且无法清楚地显示出影响过程、影响程度及影响的综合效果。一般应用在简单建设项目(简单型)或影响源与环境要素难以明确对应的项目(描述型)环境影响评价中。

### (二) 矩阵法

矩阵法(matrix method)由清单法发展而来,不仅具有影响识别功能,还有影响综合分析评价功能。它将清单中所列内容系统加以排列,把拟建项目的各项"活动"和受影响的环境要素组成一个矩阵,在拟建项目的各项"活动"和环境影响之间建立起直接的因果关系,以定性或半定量的方式说明拟建项目的环境影响,在实际环境影响评价工作中应用较多。该类方法主要有相关矩阵法和迭代矩阵法两种。

在环境影响识别中,一般采用相关矩阵法。即通过系统地列出拟建项目各阶段的各项"活动",以及可能受拟建项目各项"活动"影响的环境要素,构造矩阵确定各项"活动"和环境要素及环境因子的相互作用关系。

某水电建设项目环境影响识别矩阵示意

如果认为某项"活动"可能对某一环境要素产生影响,则在矩阵相应交叉的格点将环境影响标注出来,并可以将各项"活动"对环境要素的影响程度,划分为若干个等级。

为了反映各个环境要素在环境中的重要性的不同,通常还采用加权的方法,对不同的环境要素赋不同的权重。

### (三) 叠图法

叠图法(map overlay method)在环境影响评价中的应用包括通过应用一系列的环境、资源图件叠置来识别、预测环境影响,标示环境要素、不同区域的相对重要性,以及表示对不同区域和不同环境要素的影响。这种方法包括手工叠图法和 GIS 支持下的叠图法。

叠图法常用于涉及地理空间较大的建设项目,如"线型"影响项目(公路、铁道、管道等)和区域开发项目。

### (四) 网络法

网络法(net method)采用因果关系分析网络来解释和描述拟建项目的各项"活动"和环境要素之间的关系。这种方法除了具有相关矩阵法的功能外,还可识别间接影响和累积影响。

识别环境影响应注意以下技术要点:

① 项目的特性(如类型、规模,主要污染源及常规污染物、特征污染物);

② 项目涉及的当地环境特性及环保要求;

③ 识别主要的环境敏感区和环境敏感目标;

④ 从自然环境和社会环境两方面识别环境影响;

⑤ 突出对重要的或社会关注的环境要素的识别。

环境影响因素的性质,可分为有利影响与不利影响、直接影响与间接影响、短期影响与长期影响、可逆影响与不可逆影响、非累积影响与累积影响等。

对于对环境的不利影响因素,其识别结果表达可按 3 个等级(重大、轻度和微小)或 5 个等级(极端不利、非常不利、中度不利、轻度不利、微弱不利),或视工程特性与环境敏感性等实际情况确定不同的等级。

可以通过各种符号来表示环境影响的各种属性。

# 第五节　规划及产业政策符合性评价

## 一、规划及产业政策符合性评价内涵

### (一) 环境影响评价中对于规划及产业政策符合性评价的规定

规划及产业政策符合性评价是建设项目环境影响评价的首要内容,也是建设项目环境合理性与可行性分析的主要依据之一。

《建设项目环境影响评价技术导则 总纲》(HJ 2.1—2016)将"依法评价"作为环境影响评价的基本原则之一,明确规定:贯彻我国环境保护相关的法律法规、标准、政策和规划等,优化项目建设,服务环境管理。

### (二) 规划及产业政策符合性评价的内涵解析

规划及产业政策符合性评价的内涵实质为"依法评价",即根据我国规划及产业政策的管理要求,评判建设项目是否满足产业政策相关规定,是否符合相关规划内容,找出互相之间的冲突与矛盾,可及早排除存在重大缺陷或有明显环境制约因素的建设方案,对判定建设方案是否环境可行及提出优化调整建议提供依据。

具体来看,规划及产业政策符合性评价主要从国民经济与行业发展规划的角度评价项目建设的必要性,从环境保护与产业政策角度评价项目建设的环境可行性,从行业及其环境保护准入的角度论证项目建设的环境合理性。

### (三) 我国产业政策简述

#### 1. 我国产业政策的构成

为使我国国民经济按照可持续发展战略,在适应国内市场的需求和有利于开拓国际市场的条件下,改善投资结构,促进产业的技术进步,节约资源和改善生态环境,促进经济结构的合理化,从而使各产业部门得以协调、有序、持续、快速、健康地发展,实现国家对经济的宏观调控而制定的有关政策,通称为产业政策。产业政策是指国家根据国民经济发展的内在要求,调整产业结构和产业组织形式,从而提高供给总量的增长速度,并使供给结构能够有效地适应需求结构要求的政策措施。产业政策是国家对经济进行宏观调控的重要机制。

各项产业政策是为适应某一特定时期某些要求而制定的政策。产业政策包括产业组织政策、产业结构政策、产业技术政策和产业布局政策,以及其他对产业发展有重大影响的政策和法规。

（1）产业组织政策

这类政策规范产业的所有制结构及中外资结构。产业组织政策是国家根据国民经济运动规律调整产业组织形式和结构，从而提高供给总量的增长速度，使供给总量适应需求总量要求的所有政策措施及手段的总和。

产业组织政策的任务是协调生产者之间的关系及组织结构、规模结构，使之合理化和高效化，促进资源的有效分配和产业效率的提高，最终促进供给的增加。

产业组织政策的主要内容是通过利用规模经济、组织适度竞争秩序、提高产业技术等途径，实现产业组织的高效化和合理化。

（2）产业结构政策

这类政策规范第一、二、三产业结构及产业内部结构。产业结构是指整个国民经济的各个产业部门及其内部的构成及它们之间的相互联系、相互依赖、相互制约的经济联系和数量对比关系的总和。

产业结构政策是指政府根据本国不同时期产业结构的变化趋势而制定，旨在通过产业间资源的合理配置，影响与推动产业结构的调整与优化，促进经济增长的产业政策。其政策关键在于确保结构政策目标和主导产业的选择，支柱产业的振兴，对特定产业的保护、支援和扶持，从而为规划产业发展的基本格局和实现产业结构的优化升级奠定坚实的结构基础。一个国家要具有较强的产业结构转换能力，一个重要的问题是由政府制定正确的强有力的产业结构政策，没有国家的干预，没有产业结构政策，单靠市场机制很难较快地实现产业结构的高级化。

产业结构优化是指通过产业调整，实现各产业高效协调发展，并满足社会不断增长的需要的过程。它是一个相对概念，不是指产业结构水平的绝对高低，而是在提高宏观经济效益的目标下，根据本国的地理环境、资源条件、经济发展阶段、科学技术水平、人口规模、国际经济关系等特点，通过产业结构的调整，使之达到与上述相适应的各产业协调发展的态势。

（3）产业布局政策

这类政策规范产业规划及地域布局。产业区域布局政策即产业空间配置格局的政策。这类政策主要解决如何利用生产的相对集中所引起的"积聚效益"，尽可能缩小由于各区域间经济活动的密度和产业结构不同所引起的各区域间经济发展水平的差距。

（4）产业控制政策

这类政策规范个别产业、行业和产品的过多或过少投资。

上述各类产业政策相互联系、相互交叉、相互作用、相互影响，形成一个统一的有机的政策体系。

**2. 我国产业政策的特征**

（1）协调性

产业政策通过制定具体的行业规划、行业政策，运用投资结构、财政信贷结构、支持政策等措施调节产业结构，促进产业内部、产业之间、行业之间协调发展。

（2）时效性

产业政策的目标具有明显的时效性，是同一定的经济发展阶段、一定的经济运行态势相对应的。经济发展的阶段不同，经济运行的态势不同，产业政策的具体目标不同，措施和力度亦不同。

（3）导向性

产业政策,根据产业结构演进的规律,对产业间不等速增长的动态结构做出准确、及时、适度的超前导向,以预防不均衡产业的出现。但产业政策一般只诱导投资方向,不控制投资规模。

（4）组合性

产业政策将政府调节与市场调节有机地体现在产业政策的实施体系中,具有经济运行机制的组合功能。

**3. 我国产业政策的管理要求**

产业政策具有一定的识别性和规范约束性。产业政策围绕着产业发展目标对具体的行为提出了相应的要求和约束,各行为主体必须在产业政策的强制下确定并实现各自的目标,其对行为主体具有规范约束力和强制性。

**4. 规划及产业政策符合性评价在环境影响评价中的作用与目的**

环境影响评价结论是项目决策的主要依据之一。通过从发展规划、产业政策、行业及环境保护准入的角度,论证项目建设的目标及功能定位是否环境合理,是否符合相关法律法规、产业政策等规定,是否符合有关国民经济和社会发展总体规划、专项规划、区域规划等要求,是否满足行业与环境保护准入条件等,可为项目的环境可行性和合理性论证及项目决策提供重要依据。

（1）识别项目重大环境制约因素

通过调查建设项目在所在区域、流域或行业发展规划中的地位,与相关规划和其他建设项目的关系,分析建设项目选址、选线、设计参数及环境影响与产业政策相关规定及相关规划的环境保护要求等之间是否存在冲突与矛盾,从而可识别建设项目是否具有重大环境制约因素,进而为后续评价提供依据。

（2）为项目的工程优化设计与环保设计提供依据

环境影响评价结论是建设项目工程优化设计与环境保护设计的重要依据。若通过规划及产业政策符合性评价,判定工程方案在环境保护方面存在重大缺陷时,首先应对方案设计提出具体的优化调整意见和方案,以实现工程方案合法;并对突出的环境问题提出相应的环境保护措施要求与方案,以确保工程方案环境可行。上述内容均应在后续的环境保护措施设计中予以落实。

## 二、规划及产业政策符合性评价的技术要求与内容

**（一）评价的主要原则与依据**

**1. 评价的主要原则**

（1）合法性原则

"合法"是建设项目环境可行与环境合理的首要条件与基本要求,而规划及产业政策符合性评价的实质就是"依法评价"。因此,根据法律法规、产业政策及相关规划的规定要求,评判建设项目是否合法,是规划及产业政策符合性评价的首要内容。

（2）针对性原则

规划及产业政策符合性评价不必面面俱到,选择与工程项目关系紧密的相关政策与规划进行评价,评价内容应针对其中与环境保护相关的规定与要求。

（3）层次性原则

规划及产业政策符合性评价应具有层次性。其中,法规及政策的符合性评价,既要分析

与国家法规及政策的符合性,又要分析与工程项目所在区域、流域、行政区域等地方法规及政策的符合性。规划的符合性评价则需根据建设项目的审批权限,选择相应层次的相关规划进行符合性评价,且不同的规划类别,需评价的规划层次也应区别对待。

**2. 评价的主要依据**

评价依据应是国家或地方政府正式批准发布的、有效的政策及规划。其中,规划应在规划期内,若已过规划期,且新一轮规划尚未编制完成,可参考原规划进行评价;若新一轮规划已编制完成,但尚未正式批准发布,则可参考新规划进行评价。

**（二）评价的重点内容**

分析判定建设项目选址选线、规模、性质和工艺路线等与国家和地方有关环境保护法律法规、标准、政策、规范、相关规划、规划环境影响评价结论及审查意见的符合性,并与生态保护红线、环境质量底线、资源利用上线和生态环境准入清单进行对照。

## 三、评价的主要技术方法及综合评价结论

规划及产业政策符合性评价所采用的技术方法主要包括核查表法和图形叠加法。其中核查表法主要用于发展计划类规划的符合性评价;图形叠加法则主要用于空间类规划的符合性评价。

规划及产业政策符合性评价需明确给出符合性评价结论,主要包括三种结论:完全符合、基本符合、不符合。其中完全符合的建设项目基本可确定为环境可行的建设项目;基本符合的建设项目,指在满足一定前提条件下环境可行,而该前提条件需在环境影响评价中予以落实;不符合的建设项目通常环境不可行,将直接否定工程方案,或对工程方案提出优化要求,或提出建设项目需采取的环境保护措施。

总体而言,规划及产业政策符合性评价是对建设项目环境是否可行或合理的初步筛选,可及早发现存在重大缺陷的工程方案并及时反馈给设计方,从而从源头避免建设项目可能造成的重大环境不利影响,是建设项目环境影响评价结论的重要组成部分。

# 第六节　清洁生产评价

## 一、清洁生产标准体系

清洁生产的评价至今还处于不断地探讨和完善过程中,并没有公认的、法定的方法。清洁生产评价的标准是若干项综合的原则。这些原则带有鲜明的政策指导性,同时也是若干个定量指标。国家环境保护总局从 2001 年开始,在全国范围内组织编制各行业清洁生产审核技术指南和各行业清洁生产技术要求,为实现清洁生产做好方法和评价的技术准备。

21 世纪初,国家环境保护总局组织各地清洁生产中心编制《中华人民共和国环境保护行业标准清洁生产标准》及《中华人民共和国环境保护行业标准清洁生产技术要求》,将清洁生产标准分为三级,一级代表国际清洁生产先进水平,二级代表国内清洁生产先进水平,三级代表国内清洁生产基本水平。目前,我国已有几十个行业颁发了企业清洁生产标准(延伸阅读 14 企业清洁生产标准)。

## 二、清洁生产评价内容和方法

清洁生产评价通过对企业的生产从原材料的选取、生产过程到产品服务的全过程进行综合评价,判断出企业清洁生产总体水平及主要环节的清洁生产水平,并针对清洁生产水平较低的环节提出相应的清洁生产对策和措施。

### (一)清洁生产评价内容

中国在清洁生产及其相关领域已经进行了多年的探索。随着中国对污染、环境和清洁生产认识的不断提高,清洁生产指标体系正在逐渐地发展和完善起来。

清洁生产评价指标的选取应体现四项基本原则:① 从产品生命周期全过程考虑;② 体现污染预防思想;③ 容易量化;④ 满足政策法规要求,符合行业发展趋势。

依据生命周期分析的原则,清洁生产评价指标应能覆盖原材料、生产过程和产品的各个主要环节,尤其对生产过程,既要考虑对资源的使用,又要考虑污染物的产生。我国清洁生产标准将清洁生产指标原则上分为生产工艺与装备要求、资源能源利用指标、产品指标、污染物产生指标、废物回收利用指标和环境管理要求六项,将国内清洁生产指标基本实现了系列化。在六类项指标中,资源能源利用指标和污染物产生指标属于定量指标,其余四类指标属于定性指标或者半定量指标。

**1. 生产工艺与装备要求**

选用先进、清洁的生产工艺和设备,淘汰落后有毒有害的原、辅材料和落后的设备,是推行清洁生产的前提。对于一般性建设项目的环境评价工作,生产工艺与装备的选取直接影响该项目投入生产后,资源、能源的利用效率和废弃物的产生。该项目可从装置规模、工艺技术、设备等方面体现出来,分析其在节能、减污、降耗等方面达到的清洁生产水平。

**2. 资源能源利用指标**

在正常情况下,生产单位产品对资源的消耗程度可以部分地反映一个企业的技术工艺和管理水平,同时也反映企业的生产过程在宏观上对生态系统的影响程度。在同等条件下,资源能源消耗量越高,则对环境的影响越大。资源能源利用指标通常可以由原辅材料的选取、单位产品的取水量、单位产品的能耗和单位产品的物耗等指标构成。

(1)单位产品取水量

单位产品取水量即企业生产单位产品需要从各种水源提取的水量。

① 企业生产的取水量

企业生产的取水量包括取自地表水(以净水厂供水计量)、地下水、城镇供水工程,以及企业从市场购得的其他水或水的产品(如蒸汽、热水、地热水等),不包括企业自取的海水和苦咸水等及为外供给市场的水的产品(如蒸汽、热水、地热水等)而取用的水量。此外,也可增加水循环利用率、水的重复利用率、污水回用率等指标,更全面地反映用水情况。单位产品取水量按下式计算:

$$V_{ui} = \frac{V_i}{Q} \tag{3-7}$$

式中:$V_{ui}$——单位产品取水量,$m^3/t$ 产品;

　　　$V_i$——在一定的计量时间内,生产过程中取水量总和,$m^3$;

　　　$Q$——在一定的计量时间内的产品产量,$t$。

② 单位产品用水量

企业生产单位产品需要的总用水量,其总用水量为取水量和重复利用水量之和。企业生产的用水量,包括主要生产用水、辅助生产(包括机修、运输、空压站等)用水和附属生产用水(包括绿化、浴室、食堂、厕所、保健站等)。单位产品用水量按式(3-8)计算:

$$V_{ut} = \frac{V_i + V_r}{Q} \tag{3-8}$$

式中:$V_{ut}$——单位产品用水量,$m^3/t$ 产品;

$V_i$——在一定的计量时间内,生产过程中取水量总和,$m^3$;

$V_r$——在一定的计量时间内,生产过程中的重复利用水量总和,$m^3$;

$Q$——在一定的计量时间内的产品产量,t。

③ 重复利用率

在一定的计量时间内,生产过程中使用的重复利用水量与总用水量之比。企业生产的重复利用水量是指工业企业内部,循环利用的水量和直接或经处理后回收再利用的水量。重复利用率按式(3-9)计算:

$$R = \frac{V_r}{V_i + V_r} \times 100\% \tag{3-9}$$

式中:$R$——重复利用率,%;

$V_r$——在一定的计量时间内,生产过程中的重复利用水量总和,$m^3$;

$V_i$——在一定的计量时间内,生产过程中取水量总和,$m^3$。

(2)单位产品的能耗

生产单位产品消耗的电、煤、蒸汽、石油、天然气等能源情况,也可用综合能耗指标来反映企业的能耗情况。

(3)单位产品的物耗

生产单位产品消耗的主要原料和辅料的量,即原、辅材料消耗定额,也可用产品回收率和转化率间接比较。

(4)原辅材料的选取

原辅材料的选取也是资源能源利用指标的重要内容之一,它反映了在资源选取的过程中和构成其产品的材料对环境和人类的影响,因而可从毒性、生态影响、可再生性、能源强度,以及可回收利用性这五方面建立指标。

① 毒性:原材料所含毒性成分对环境造成的影响程度。

② 生态影响:原材料取用过程中的生态影响程度。

③ 可再生性:原材料可再生或可能再生的程度。

④ 能源强度:原材料在生产过程中消耗能源的程度。

⑤ 可回收利用性:原材料的可回收利用程度。

**3. 产品指标**

对产品的要求是清洁生产的一项重要内容,因为产品的质量、包装、销售、使用过程及报废后的处理处置均会对环境产生影响,有些影响是长期的,甚至是难以恢复的。因此,对产品的寿命优化问题也应加以考虑,因为这也影响产品的利用率。

① 质量。产品质量影响到资源的利用效率,它主要表现在产品的合格率或者残次品率

等方面,当一个产品合格率低,那么残次品率就高,也就意味着资源的利用率低,对环境的破坏程度大。

② 包装。产品的过分包装和包装材料的选择都将对环境产生影响。

③ 销售。产品的销售主要考虑运输过程和销售环节对环境的影响。

④ 使用。产品在使用期内使用的消耗品和其他产品可能对环境造成的影响程度。

⑤ 寿命优化。在多数情况下,产品的寿命是越长越好,因为这可以减少对生产该种产品的物料的需求,但并不尽然。例如,某一高耗能产品的寿命越长则总能耗越大,随着技术进步,有可能产生同样功能的低耗能产品,而这种节能产生的环境效益有时会超过节省物料的环境效益。在这种情况下,产品的寿命越长对环境的危害越大。寿命优化就是要使产品的技术寿命(指产品的功能保持良好的时间)、美学寿命(指产品对用户具有吸引力的时间)和初设寿命处于优化状态。

⑥ 报废。产品报废后对环境产生影响。

**4. 污染物产生指标**

除资源能源利用指标外,另一类能反映生产过程状况的指标便是污染物产生指标。污染物产生指标较高,说明工艺相对比较落后或管理水平较低。考虑一般的污染问题,污染物产生指标设三类,即废水产生指标、废气产生指标和固体废物产生指标。

① 废水产生指标。废水产生指标首先要考虑的是单位产品的废水产生量,因为该项指标最能反映废水产生的总体情况。但是,许多情况下单纯的废水量并不能完全代表产污状况,因为废水中所含的污染物种类的差异也直接反映生产过程状况。因而废水产生指标又可细分为两类,即单位产品废水产生量指标和单位产品主要水污染物产生量指标。

$$单位产品废水产生量 = \frac{年废水产生量}{产品产量} \qquad (3-10)$$

$$单位产品\,COD\,产生量 = \frac{全年\,COD\,产生总量}{产品产量} \qquad (3-11)$$

$$污水回用率 = \frac{c_{污}}{c_{污} + c_{直污}} \times 100\% \qquad (3-12)$$

式中:$c_{污}$——污水回用量;

$c_{直污}$——直接排入环境的污水量。

② 废气产生指标。废气产生指标和废水产生指标类似,也可细分为单位产品废气产生量指标和单位产品主要大气污染物产生量指标。

$$单位产品废气产生量 = \frac{全年废气产生总量}{产品产量} \qquad (3-13)$$

$$单位产品\,SO_2\,产生量 = \frac{全年\,SO_2\,产生量}{产品产量} \qquad (3-14)$$

③ 固体废物产生指标。固体废物产生指标包括单位产品的固体废物产生量指标和单位产品固体废物综合利用率指标。

**5. 废物回收利用指标**

废物回收利用是清洁生产的重要组成部分。在现阶段,生产过程不可能完全避免产生废水、废料、废渣、废气(废汽)、废热。然而,这些"废物"只是相对的概念,在某一条件下是造成环境污染的废物,在另一条件下就可能转化为宝贵的资源。生产企业应尽可能地回收和利用废物,而且应该是高等级地利用,逐步降级使用,然后再考虑末端治理。主要指标为废物综合利用量和利用率。

**6. 环境管理要求**

环境管理要求包括环境法律法规标准、废物处理处置、生产过程环境管理、环境审核、相关方环境管理五个方面的要求。

(1) 环境法律法规标准。

要求生产企业符合国家和地方有关环境法律、法规,污染物排放达到国家和地方排放标准、总量控制和排污许可证管理要求,这一要求与环境影响评价工作内容相一致。

(2) 废物处理处置。

要求对建设项目的一般废物进行妥善处理处置,对危险废物进行无害化处理。这一要求与环境影响评价工作内容相一致。

(3) 生产过程环境管理。

对建设项目投产后可能在生产过程中产生废物的环节提出要求。例如要求企业有原材料质检制度和原材料消耗定额,对能耗、水耗有考核,对产品合格率有考核,各种人流、物料包括人的活动区域、物品堆存区域、危险品等有明显标识,对跑冒滴漏现象能够控制等。

(4) 环境审核。

对项目的业主提出两点要求:第一按照行业清洁生产审核指南的要求进行审核;第二按照 ISO14001 建立并运行环境管理体系,环境管理手册、程序文件及作业文件齐备。

(5) 相关方环境管理。为了保护环境,对建设项目施工期间和投产使用后,对相关方(如原料供应方、生产协作方、相关服务方)的行业提出环境要求。

**(二) 清洁生产评价方法**

目前,国内外的清洁生产指标体系日趋完善,但是在清洁生产评价方法上并不明确。国内常选用的清洁生产分析方法主要有指标对比法和分值评定法。

**1. 指标对比法**

用我国已颁布的清洁生产标准或选用国内外同类装置清洁生产指标,对比分析评价项目的清洁生产水平。

(1) 单项评价指数法。

单项评价指数是以类比项目相应的单项指标参照值作为评价标准计算提出,计算公式为

$$Q_i = \frac{d_i}{a_i} \qquad (3-15)$$

式中:$Q_i$——单项评价指数;

　　$d_i$——目标项目某单项指数对象值(设计值);

　　$a_i$——类比项目某项目指标参照值。

(2) 类别评价指数。

类别评价指数是根据所属各单项指数的算术平均计算而得,计算公式为

$$C_j = \frac{\sum Q_i}{n} \qquad (3-16)$$

式中:$i = 1, 2, 3, \cdots, n$;$j = 1, 2, 3, \cdots, m$;

$C_j$——类别评价指数；

$n$——该类别指标下设的单项个数。

（3）综合评价指数。

为了综合描述企业清洁生产的整体状况和水平，克服个别评价指标对评价结果准确性的掩盖，避免确定加权系数的主观影响，可采用一种兼顾极值或突出最大值型的计权型的综合评价指数。计算公式为

$$I_{\varphi} = \sqrt{\frac{Q_{i,M}^2 + C_{j,a}^2}{2}} \qquad (3-17)$$

式中：$C_{j,a} = \dfrac{\sum C_j}{m}$；

$I_{\varphi}$——清洁生产综合评价指数；

$Q_{i,M}$——各项评价指数中的最大值；

$C_{j,a}$——类别评价指数的平均值；

$m$——评价指标体系下设的类别指标数。

**2. 分值评定法**

分值评定法也称百分制评价方法。首先，将各项清洁生产指标逐项制定分值标准，再由专家按百分制打分，然后分别乘以各自的权重，最后累加起来得到总的分数。通过总分值和各项分指标分值，可以判定建设项目整体所达到的清洁生产程度和需要改进的地方。

（1）评价等级

根据清洁生产理论和行业特点，将清洁生产评价分为定性评价和定量评价两大类。原材料指标和产品指标量化难度大，属于定性评价，可分为三个等级；资源指标、污染物产生指标和环境经济效益易于量化，属于定量评价，可分为五个等级。

定性评价等级为高、中、低三个等级，分别表示所使用的原材料和产品对环境的有害影响比较小、中等、比较大；定量评价等级分为清洁、较清洁、一般、较差、很差五个等级，分别表示有关指标达到本行业国际先进水平、国内先进水平、国内平均水平、国内中下水平、国内较差水平。

为方便统计和计算，定性和定量评价的等级分值范围均定为0~1。按照基本等量、就近取整的原则来划分各等级的分值范围，具体见表3-3及表3-4。

表3-3 原材料指标和产品指标（定性指标）的等级评分标准

| 等级 | 低 | 中 | 高 |
|---|---|---|---|
| 等级分值 | [0,0.30] | [0.30,0.70] | [0.70,1.00] |

表3-4 资源指标、污染物产生指标和环境经济效益指标（定量指标）的等级评分标准

| 等级 | 很差 | 较差 | 一般 | 较清洁 | 清洁 |
|---|---|---|---|---|---|
| 等级分值 | [0,0.20] | [0.20,0.40] | [0.40,0.60] | [0.60,0.80] | [0.80,1.00] |

（2）权重值的确定

清洁生产评价的等级分值范围为0~1，权重值总和为100。为了保证评价方法的准确性和适用性，在各项指数（包括分指标）的权重确定过程中，1998年国家环境保护总局在"环

境影响评价制度中的清洁生产内容和要求"项目研究中,采用了专家调查打分法。专家范围包括:清洁生产方法学专家,清洁生产行业专家,环境评价专家,清洁生产和环境影响评价政府官员。清洁生产水平部分按式(3-18)计算,调查统计结果见表3-5。

表 3-5　清洁生产指标权重专家调查结果

| 评 价 指 标 | | 权重值 | 合计 |
|---|---|---|---|
| 原材料指标 | 毒性 | 7 | 25 |
| | 生态影响 | 6 | |
| | 可再生性 | 4 | |
| | 能源强度 | 4 | |
| | 可回收利用性 | 4 | |
| 产品指标 | 销售 | 3 | 17 |
| | 使用 | 4 | |
| | 寿命优化 | 5 | |
| | 报废 | 5 | |
| 资源指标 | 能耗 | 11 | 29 |
| | 水耗 | 10 | |
| | 其他物耗 | 8 | |
| 污染产生指标 | | 29 | 29 |
| 总权重值 | | 100 | 100 |

专家们对生产过程的清洁生产指标进行权重打分时,对资源指标和污染物产生指标比较关注,分别给出最高权重值 29;原材料指标次之,权重值为 25;产品指标最低,权重值为17。各项评价指标的分指标也给出了权重值。但是由于不同企业的污染物产生情况差别很大,因此未对污染物产生指标中的各项分指标的权重值加以具体规定。

清洁生产水平总分计算公式:

$$E = \sum A_i W_i \qquad (3-18)$$

式中:$E$——评价对象清洁生产水平总分;

　　$A_i$——评价对象第 $i$ 种指标的清洁生产等级得分;

　　$W_i$——评价对象第 $i$ 种指标的权重。

指标体系权重值总和为 100,各指标权重值代表各指标在整个指标体系中所占的比重,在一定程度上反映了该指标在产品生产、销售、使用的全生命周期中对环境影响的重要性。权重值采用专家打分法。

(3) 总体评价要求

清洁生产是一个相对的概念,因此清洁生产指标的评价结果也是相对的。从上述清洁生产的评价等级和标准的分析可以看出,如果一个建设项目综合评分结果>80 分,从平均的意义上说,该项目在原材料的选取对环境的影响、产品对环境的影响、生产过程中资源的消耗程度及污染物的产生量这些方面均处于同行业国际先进水平。因而从现有的技术条件看,该项目属于"清洁生产"项目;同理,若综合评分为 70~80 分,可以认为该项目为"传统先进"项目,即总体在国内处于先进水平,某些指标处于国际先进水平;若综合评分为 55~70 分,可以认为该项目为"一般"项目,即总体在国内处于中等水平;若综合评分为 40~55 分,可以认为该项目为"落后"项目;若综合评分<40 分,可以认为该项目为"淘汰"项目。总体评价分值要求详见表3-6。

表 3-6  清洁生产指标总体评价分值

| 项目 | 指标分数 |
|---|---|
| 清洁生产 | >80 |
| 传统先进 | 70~80 |
| 一般 | 55~70 |
| 落后 | 40~55 |
| 淘汰 | <40 |

(三)清洁生产评价程序

(1)收集相关行业清洁生产资料,包括清洁生产技术导向目录、淘汰的落后生产工艺技术和产品的名录、清洁生产技术推行方案、清洁生产标准或选取和确定的清洁生产指标和二级指标数值。

如果有相关行业清洁生产标准,则只需收集相关标准。否则,根据建设项目的实际情况,按照本书中清洁生产指标选取方法来确定项目的清洁生产指标。基本包括工艺装备要求、资源能源利用指标、产品指标、污染物产生指标、废物回收利用指标和环境管理要求。每一类指标所包括的各项指标要根据项目的实际需要慎重选择。在收集大量基础数据的基础上,确定清洁生产二级指标数值。

(2)预测项目的清洁生产指标数值。根据建设项目工程分析结果,并结合对资源消耗、生产工艺、产品和废物的深入分析,确定建设项目相应各类清洁生产指标数值。

(3)进行清洁生产指标评价。通过与同行业清洁生产标准的对比,评价建设项目的清洁生产指标。

(4)给出建设项目清洁生产评价结论。

(5)提出建设项目的清洁生产方案或建议。在对建设项目进行清洁生产分析的基础上,确定存在的主要问题,提出相应的解决方案并提出合理化建议。

(四)评价等级

目前,以国家发展和改革委员会、生态环境部及工业和信息化部颁布的清洁生产标准作为环评工作中清洁生产评价标准,根据建设项目的设计情况,分为三级:

一级代表国际清洁生产先进水平。当一个建设项目全部指标达到一级标准,说明该项目在工艺、装备选择,资源能源利用,产品设计和使用,生产过程的废物产生量,废物回收利用和环境管理等方面做得非常好,达到国际先进水平。从清洁生产角度讲,该项目是一个很好的项目,可以接受。

二级代表国内清洁生产先进水平。当一个建设项目全部指标达到二级标准,说明该项目在工艺、装备选择,资源能源利用,产品设计和使用,生产过程的废物产生量,废物回收利用和环境管理等方面做得好,达到国内先进水平。从清洁生产角度讲,该项目是一个好项目,可以接受。

三级代表国内清洁生产基本水平。当一个建设项目全部指标达到三级标准,说明该项目在工艺、装备选择,资源能源利用,产品设计和使用,生产过程的废物产生量,废物回收利用和环境管理等方面做得一般。作为新建项目,需要在设计等方面作较大的调整和改进,使之能达到国内先进水平。当一个建设项目全部指标未达到三级标准,从清洁生产角度讲,该项目不可以接受。

（五）结论和建议

为简化评价过程,在实际环境影响评价工作中,一般仅使用二级指标来进行评价,可以得出如下两类的评价结论。

（1）全部指标达到二级,说明该项目在清洁生产方面,达到国内清洁生产先进水平,该项目在清洁生产方面是可行的。

（2）全部或部分指标未达到二级,说明该项目在清洁生产方面,做得不够,需要改进。这种情况,环评单位应及时与设计部门沟通要求,对未达到要求的指标重新设计,提出新的改进方案,直到全部指标达到二级指标要求为止。

经过指标对比得出清洁生产结论后,根据结论应提出符合实际和恰当的清洁生产建议,特别是某些清洁生产指标勉强达到二级要求,必须提出针对性的清洁生产方案或改进建议。

# 第七节　污染型项目工程分析

## 一、工程概况和工程基本数据

本部分是对工程的一般特征和基本数据进行分析汇总,对建设项目的工程进行全貌和概括性描述,为后续各项评价工作提供工程技术条件和数据基础。主要有:

① 分析明确项目性质、建设内容、工程组成、建设周期、运行周期、主体工艺方案、选址及平面布局等一般工程方案,分析汇总项目总投资、规模产量、年运行时间、工作制度、利润率等基本技术经济指标和工程技术数据。对于项目工程内容,报告书中常用项目的工程组成表来表达,其中环保设施要单独列出。

某迁建橡胶助剂项目工程组成

② 明确项目与规划、产业政策和环保政策的符合性。

③ 分析统计主要原辅材料及其他物料的类别及消耗量,主要原材料理化性质和毒理特征;能源及水资源等公用工程的消耗数量、来源及其储运方式;燃料类别、构成与成分;产品及中间体的性质、产品方案;进行水平衡和水资源利用指标的分析;根据评价需要进行全厂物料平衡分析;对工程占地类型及数量,土石方量、取弃土量等进行分析;对交通运输等情况进行分析。

原辅材料的类别、消耗量、理化性质和毒理特征是识别和筛选污染因子、核算排放量、分析论证处理措施及进行环境风险评价的重要基础,必须进行详细的分析和汇总。

　　水平衡分析是工程分析的重要内容,要根据"清污分流、一水多用、节约用水"的原则做好水平衡分析,帮助建设单位合理有效利用水资源。通过水平衡分析,核算项目的总用水量、新鲜水用量、废水产生量、处理量、回用量、重复用水量和排放水量等,明确具体的回用部位;根据回用部位的水质、温度等工艺要求,分析废水回用的可行性。

　　项目的水平衡模式图可参见图 3-1。

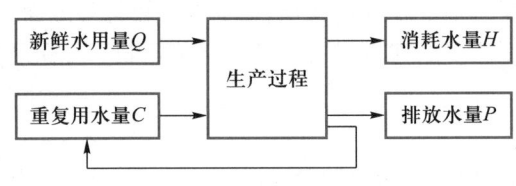

图 3-1　水平衡模式图

　　在任何一个用水过程中:

$$Y = Q + C \tag{3-19}$$

$$Q = H + P \tag{3-20}$$

式中:$Y$——过程总用水量,$m^3/h$;

　　　$Q$——新鲜水用量,$m^3/h$;

　　　$C$——重复用水量,包括循环冷却水、回用水等所有利用一次以上的水量,$m^3/h$;

　　　$H$——消耗水量,包括跑冒滴漏量、蒸发损失和物料带走等,$m^3/h$;

　　　$P$——排放水量,$m^3/h$。

　　对于一个项目,尤其是工业项目,其工业水重复利用率是考察其清洁生产中资源利用水平的重要指标。工业水重复利用率越大,说明项目越节水,清洁生产水平的资源能源利用水平越高。工业水重复利用率的计算公式如下:

$$R_c = \frac{C}{Y} \times 100\% = \frac{C}{Q+C} \times 100\% \tag{3-21}$$

式中:$R_c$——工业水重复利用率;

　　　$C$——重复用水量,$m^3/h$;

　　　$Y$——项目总用水量,$m^3/h$;

　　　$Q$——新鲜水用量,$m^3/h$。

　　很多工业项目使用间接冷却水(冷却用水与被冷介质之间由热交换器壁或设备隔开,如通过盘管或夹套、换热器等),转移过程多余热量。通常该部分冷却水循环使用,称为间接循环冷却水(见图 3-2)。间接冷却水的循环率是考察项目水资源利用水平的另一个重要指标,其计算公式如下:

$$R_L = \frac{Q}{Q_t} \times 100\% = \frac{Q}{Q+Q_m} \times 100\% \tag{3-22}$$

式中:$R_L$——间接冷却水循环率,%;

　　　$Q$——达到设计指标稳定运行工况下间接冷却水循环量,$m^3/h$;

　　　$Q_t$——达到设计指标稳定运行工况下间接循环冷却水系统用水总量,$m^3/h$;

　　　$Q_m$——达到设计指标稳定运行工况下间接循环冷却水系统补水量,$m^3/h$。

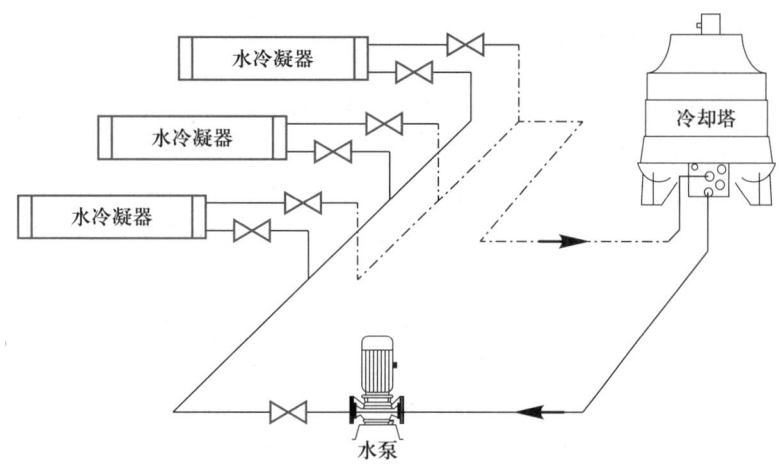

图 3-2 间接循环冷却水系统模式图

当低温水(凉水)经过换热器换热后,升温水(热水)回到热水池,经过凉水塔喷淋至凉水池,在凉水塔上方风机引风作用下,空气进入凉水塔与喷淋水逆流接触,产生蒸发,带走热量,水温下降。不断的蒸发过程会导致水中无机盐浓度增高,一般设计指标要求循环水中无机盐浓度3倍于补充新水中无机盐浓度,称为浓缩倍率,通过系统排水和补充新鲜水来控制浓缩倍率。当循环水系统达到设计稳定指标运行后,其单位时间补充水量和蒸发水量、风吹等损失量及排水量之和达到平衡。即:

$$Q_m = Q_e + Q_b + Q_w \qquad (3-23)$$

式中:$Q_e$——达到设计指标稳定运行工况下间接循环冷却水系统蒸发量,$m^3/h$;

$Q_b$——达到设计指标稳定运行工况下间接循环冷却水系统排水量,$m^3/h$;

$Q_w$——达到设计指标稳定运行工况下间接循环冷却水系统风吹等损失量,$m^3/h$。

对于循环冷却水系统的排水,一般可按清净下水来对待,但要分析系统所投加的水质稳定剂(缓蚀剂、阻垢剂、杀菌剂)的种类和数量,分析排水中相应污染物是否达标。

另外,工艺水回用率、污水处理回用率等也是考查项目水资源利用率的指标。

④ 改扩建及异地搬迁建设项目需分析说明现有工程的基本情况、污染排放及达标情况、存在的环境保护问题及拟采取的整改措施等内容。

对于改扩建项目,必须分析现有工程的基本情况,一般包括现有工程主要工程组成和规模、产品方案、主要生产工艺、有关的环保设施和措施,对现有污染物排放进行调查,核算统计排放量,分析其达标排放情况。通过分析,明确建设单位现存的主要环境问题(如环保投诉、污染物排放方式不合理、污染源超标排放及污染物排放总量不能满足控制要求、污染治理措施不完善等)及工程拟采取的"以新带老"方法解决现存环保问题的措施。改扩建项目与现有工程的依托关系也要明确。

对于迁建项目,除分析上述有关方面外,如原工程涉及危险废物(处置、产生、暂存),且迁建后原址土地利用性质用途发生改变,应分析调查原址土壤受到污染的情况,必要时应提出原址土壤污染治理方案。

## 二、工艺过程和产污环节

工业污染型项目工艺过程分析是该类工程分析的重点。一般以建设单位提供的可行性研究报告或其他工程技术资料为基础,分析掌握基本工艺原理、分工序的工艺过程,从而找到整个工艺过程中的产污环节,明确污染物的类别和主要污染因子,拟采取的治理措施、处理效率和排放去向,并通过类比、物料衡算、实验等方法,对污染排放参数进行定量。

最终的工作成果,要在报告书中给出分工序的工艺描述和标明产污环节的生产工艺流程图。工艺描述应包括工艺原理(涉及化学反应的,应给出主反应和副反应的反应方程式,说明产收率)、分工序的叙述。各工序的叙述应包括使用的原辅料、使用的设备、原辅料进入设备的方式、操作及工艺参数、主要的产物(中间产物)和副产物,污染物的名称、类别和

产生的部位,处理方式和效率,最终排放去向等。结合工艺描述,绘制出带产污环节的生产工艺流程图,也称工艺污染流程图,一般分两种形式,一种是方框流程图,以工序名称为方框,物料流向按操作顺序从一个工序到下一个工序;一种是设备流程图,物料流向按操作顺序从一个设备到下一个设备。在工艺污染流程图中,按污染源的类别和出现的先后顺序编号说明,一般用 $G_i$ 代表废气,用 $W_i$ 代表废水,用 $S_i$ 代表固体废物或废液。

工艺污染
流程

结合工艺描述和工艺污染流程图,环境影响评价报告书中要按废气、废水、固体废物和废液、噪声、振动、热、光、放射性及电磁辐射等分类别统计说明各种污染物产生、处理、回收利用、减缓和排放情况,给出污染物的种类、性质、产生量、产生浓度、削减量、排放量(强度)、排放浓度、排放方式、排放去向及达标情况;对于存在的具有致癌、致畸、致突变的物质及重金属,不可降解的有毒物质等具有持久性影响的污染物的来源、转移途径和流向要做重点的说明。

## 三、其他环节污染因素分析

除对主体工程的工艺过程进行分析外,尚需对储运等辅助工程、公用工程、环保工程,办公生活设施等的工程活动进行分析,明确上述环节存在的产污环节,统计说明污染物的产生、处理处置和排放情况,对污染物排放参数进行定量测算。

储运工程等辅助生产设施可能存在污染物排放。如通过对建设项目原辅材料、产品、废物等的装卸、搬运、储藏等环节的分析,核定各环节的污染来源、种类、性质、排放方式、强度、去向及达标情况等。

公用工程有时存在污染物排放,需要加以分析说明。如供热设施的烟气排放、供变电设施的电磁辐射、软水制备的废水等。

环保工程本身也存在污染物排放,如废气处理设施收集的粉尘、喷淋净化废气产生的废水、污水处理的污泥和异味、焚烧炉废渣和烟气,以及设备运行的噪声等,不能忽视。

有些工业建设项目设有研发中心,一些研发活动可能产生污染物排放。

## 四、非正常工况分析

对污染源和污染物排放的分析,还应关注项目各工程在各运行阶段的非正常工况,考察是否存在污染物的非正常排放。非正常工况是指各装置设施按设定的工艺技术参数稳定运

行以外的各种工况。主要有：

① 对建设项目生产运行阶段各装置的开车(启动)、停车(关闭)、检修维护等工况进行分析,依据开停车及检修维护的作业程序和技术参数,找出非正常排放的来源,并确定非正常排放污染物的种类、成分、数量、强度、频次,明确产生环节、原因、发生频率,以及控制措施等。

非正常工况分析不仅要关注主体工程,也要关注公用辅助工程和环保工程等其他工程。

② 对于因为人为操作失误或设备一般性故障造成的污染物非正常排放,有可能造成污染物的超标排放,必须对可能导致上述非正常工况的原因进行全面分析,重点提出防止环保设施失效的管控措施和失效后的应对措施。导致严重环境后果的,应从环境风险角度进行分析评价,预测环境后果,提出防范措施和应急预案。

对于环保工程,应关注其处理工艺发生问题,导致处理效率低下或完全失效的情况下污染物的超标排放,尤其是在受纳污染物的环境要素十分敏感的情况下。例如,受纳污水的地表水环境功能区较高,就要求污水排放标准十分严格。污水处理设施发生非正常工况,可能造成污水排放总口污染物超标,造成环境问题。应找到可能的原因,帮助建设单位制定严格的运行管理措施及出现超标后的应对方案,防止造成地表水体的污染。

③ 对于严重的环境事故,如有毒有害物质的泄漏、火灾、爆炸及其次生事故等,应严格制定系统的防范措施,尽量避免其发生。这类非正常工况具有不确定性,一般不在工程分析专题中进行分析,应进行专门的环境风险评价。

## 五、交通运输

涉及较大量物料输入输出的建设项目,应分析其交通运输方式(公路、铁路、航运等),分析由于建设项目的施工和运行,使当地及附近地区交通运输量增加所带来环境影响的类型、因子、性质及强度。一般应分析运输带来的社会影响、交通噪声、扬尘等对沿途环境敏感点的影响。

## 六、公用工程

公用工程指项目给排水、供电和供热供气的设施单元。分析水、电、气、燃料等的来源、种类、性质、用途、消耗量等,并对来源及可靠性进行论证。

公用工程来源的可靠性和地区对项目的相关资源承载能力是制约项目可行性的重要因素。根据建设项目所在区域电、水、燃料等资源禀赋和供应能力,量化分析建设项目与所在区域资源承载能力的相容性,明确工程占用区域资源的合理份额,分析项目建设的制约因素。

## 七、生态影响因素

不只是以生态影响为主的项目需要进行生态影响因素的分析,新建污染型项目,特别是大型的工业建设项目在建设期和运营期可能有明显的生态影响。因此,应明确工程各阶段的生态影响因子,结合建设项目所在区域的具体环境特征和工程内容,识别、分析建设项目实施过程中的影响性质、作用方式和影响后果,分析生态影响范围、性质、特点和程度。

　　有些大型工业建设项目,可能涉及取水工程、管道工程、码头等配套辅助工程的建设,具有明显的生态影响;工程建设期的土地开发利用,可能导致水土流失和地表原有植被和生态系统的破坏;有些项目涉及的原料、产品或中间产物具有生物效应,其污染物排放可能干扰周围生态系统,如除草剂等项目。这些情况应分析产生生态影响的环节、作用因子、强度及后果。

# 八、总平面布局合理性

　　总平面布局合理性分析是从环境保护角度,指导项目优化总图布置。项目应充分考虑卫生防护距离或环境防护距离,并保证污染物达标排放或对特定关心点的环境影响处在可接受水平。应充分利用自然条件,合理布置建设项目中的各个构筑物,可以有效地减轻建设项目对周围环境的不良影响,降低环境保护投资。根据各个构筑物的工艺特点和结构要求,做到合理布置,有效利用土地。进行多方案比较,确定最优的总图布置方案和选址选线方案。

## (一) 防护距离

　　参考国家的有关环境、卫生和安全防护距离标准或规范要求,调查、分析厂区各功能单元与周围保护目标之间的距离是否满足有关防护距离的要求。不能满足要求的,应通过调整平面布置或改变选址、搬迁保护目标等措施来满足要求。为说明项目卫生防护距离或环境防护距离的合理性,可绘制总图布置方案与外环境关系图,作为分析成果。在图中应标明环境敏感点与建设项目的方位、距离和环境敏感的性质。

　　(1) 卫生防护距离:从产生职业性有害因素(废气排放、粉尘和噪声等)的生产及辅助单元(生产区、车间、工段或仓储区)的边界至居住区边界应设置的最小距离。即在正常生产条件下,无组织排放的有害气体(大气污染物)自生产单元边界到居住区的范围内,能够满足国家居住区容许浓度限值相关标准规定的所需的最小距离。卫生防护距离的设置体现了职业暴露和普通生活暴露有害因素的区别,是保障厂外环境人群健康的重要措施。表3-7为石油加工业卫生防护距离标准限值。

表3-7　石油加工业卫生防护距离标准限值

| 加工原油量/$(kt \cdot a^{-1})$ | 所在地区近五年平均风速/$(m \cdot s^{-1})$ | 卫生防护距离/m |
|---|---|---|
| ≤8 000 | <2 | 900 |
| | 2~4 | 800 |
| | <4 | 700 |
| >8 000 | <2 | 1 200 |
| | 2~4 | 1 000 |
| | <4 | 900 |

资料来源:《石油加工业卫生防护距离标准》(GB 8195—2011)

　　卫生防护距离一般采用国家卫生部颁布的《工业企业卫生防护距离标准》(国家标准)来分析。目前颁布实施的工业企业卫生防护距离国家标准涵盖了水泥、石化、炼铁、焦化、氯碱、火葬、油漆、肉类加工等30余类工业企业,工业企业卫生防护距离标准体系正不断地完善。总体上我国的卫生防护距离标准与国际先进标准还存在一定差距,这主要是由于我国的经济技术水平、对环境质量的要求与发达国家还有差距。但是,随着经济发展、科学技术水平的不断提高,国际经济、文化交流日益频繁,我国需要高质量的工业企业卫生防护距离标准来更加合理地规划建设工业企业。参考国际先进经验,加快工业企业卫生防护距离标准的制定(修订),与国际接轨的任务十分迫切。进入 21 世纪以来,我国环境保护力度比过去大大加强,一些高污染的生产工艺被淘汰,污染物的种类和数量已经发生改变,甚至出现了一些新的污染物。与此同时,随着国民经济的高速发展,工厂数量愈加巨大,生产项目不断变化,卫生防护距离标准应该按国民经济各行业来分类制定,而不是依据具体的工业企业种类来制定。以形成完备的卫生防护距离标准体系,并定期修订完善,更加合理规划建设项目,适应环境质量更高标准的要求,保障居民身体健康。

(2) 环境防护距离:国家环境保护部 2008 年 12 月发布的《环境影响评价技术导则 大气环境》(HJ 2.2—2008)提出了环境防护距离的概念,即:为保护人群健康,减少正常排放条件下大气污染物对居住区的环境影响,在项目厂界以外设置的环境防护距离。存在废气无组织排放的项目,在保证无组织排放废气中污染因子厂界监控浓度达到《大气污染物综合排放标准》(GB 16297—1996)浓度限值要求的前提下,如该污染因子的扩散落地浓度在厂界外仍有超过环境标准限值的情况,需要设置环境防护距离,在该距离内不应有长期居住人群。该距离的确定是采用导则推荐模式中的大气环境防护距离模式计算各无组织排放源的大气环境防护距离。计算出的距离是以污染源中心点为起点的控制距离,并结合厂区平面布置图,确定需要控制的范围。对于超出厂界的范围,确定为项目大气环境防护区域。当无组织源排放多种污染物时,应分别计算,并按计算结果的最大值确定其大气环境防护距离。

大气环境防护距离的概念、设置方式和卫生防护距离接近,包括对源的处理方法和管理要求,但还是有一些不同的地方:

① 计算大气环境防护距离时,直接采用《环境影响评价技术导则 大气环境》(HJ 2.2—2018)的推荐模式进行计算即可。不需要考虑原来所涉及的提级、叠加周围点源的综合影响,也不考虑污染物的毒性。

② 应注意大气环境防护距离的计算结果是以面源为中心的距离,然后以此为半径画圆,只有超出厂界区域才定义为项目的大气环境防护区域。应注意这个结果最终是一个区域的概念,应该结合包络线来表达。习惯上称之为"防护距离",实际上不太确切。

(二) 总图布置的环境合理性

在充分掌握项目建设地点的气象、水文和地质资料等条件下,综合考虑不同污染源的污染特性,以满足厂界环境控制要求和对环境敏感点影响最小为原则,合理布置生产装置、仓储、公用工程等各功能单元,以优化总图布置。

对噪声源应充分考虑利用厂区内的距离衰减和建筑隔声作用,合理布置强噪声源,力图对厂界外影响最小;对废气点源,应结合地区常年风向和风频资料,尽量布置在邻近环境敏感点的地区统计主导风向的下风向;对于废水排放总口,直接排向地表水体的,应设置在敏感水体的下游等。

(三) 环境保护措施的必要性与可行性

分析项目所产生的污染物的特点及其污染特征,结合现有的有关资料,确定建设项目对附近环境敏感点的影响,分析受较大影响的特定环境敏感点搬迁、防护等保护措施的必要性与可行性。

# 九、环保措施技术经济分析

应根据已经识别的各类环境影响因素,特别是污染源,逐个分析项目拟采取或应采取的环境保护措施。

## (一)新建项目

首先要分析工程方案中已计划采取的环境保护措施和设施,给出环境保护设施的工艺流程、处理规模和处理效果。分析环保措施的技术可行性、经济合理性和预期处理效果的稳定性,并提出进一步改进的意见,为项目总体环保措施的改进和完善奠定基础。

对于工程方案中没有采取环境保护措施的环境影响因素,要根据其影响的类型、方式和强度等,有针对性地提出环保措施方案意见,并说明采用理由。最终要与建设单位取得一致,形成完善有效的环保措施工程方案。

技术可行、经济合理和保证达标排放是对污染物治理措施的基本要求。污染处理工艺技术应该是成熟可行的,一般应有实际工程运行的资料支持,保证处理效果稳定达标。环保措施的一次性投资和运行费用等经济参数十分重要,它们影响建设单位环保工程建设的决策和实际运行的效果,项目的经济评价应包括环保措施的费用。另外,考虑对主要污染物排放总量控制的要求,选择的污染处理工艺等应是较先进的,达到较高的处理效率。

## (二)改扩建项目

应根据现有工程存在的主要环境问题,提出可行的"以新带老"环保措施。对于依托原有环保设施的,要分析依托的可行性。

"以新带老"是改扩建项目工程分析的环保原则,即力图通过新项目的建设,带动解决建设单位现存的环境问题。改扩建项目要充分分析现有工程的环境问题,包括污染物超标排放、排放方式不合理、处置方式不合理和环境管理不善等方面。要与建设单位充分沟通,调查产生上述环境问题的原因,提出可行的"以新带老"环保措施。如改进和完善对现有污染物的处理措施,削减其排放量;改进排放方式(废气无组织排放通过收集后变成有组织排放、废水应做到清污分流);改进生产工艺设备,提高清洁生产水平;加强建立完善的环境管理体系,提高环境管理水平等。

改扩建项目新增污染源,有条件的可以依托现有的污染处理设施,但应分析其可行性,分析现有设施处理能力是否满足增量要求,处理工艺是否能去除新污染源中特殊的污染因子。如不能满足要求,应提出改进的方案。

环保投资及验收"三同时"一览

## (三)环保投资汇总

汇总建设项目在各阶段采取的各项环保措施投资,分析其投资结构,并计算环保投资在总投资中所占的比例。环保投资及验收"三同时"一览表是指导建设项目环保工程竣工验收的重要参考依据。对于改扩建项目,要注意包括"以新带老"的环保投资内容。

# 十、污染物排放与总量控制

## （一）污染源及污染物排放量统计

结合最终完善的工程方案和环保措施方案,对建设项目建设期与运营期排放的(包括非正常工况)各种污染物的来源、类别、排放浓度、排放量、排放方式、排放条件与去向等进行统计汇总。对新建项目要统计主要污染物产生量、处理消减量和最终排放量;对改扩建项目的污染物排放总量统计,应分别按现有、在建、改扩建项目实施后汇总污染物产生量、排放量及其变化量,给出改扩建项目建成后最终的污染物排放总量。

按污染源和污染物类型统计排放量是各专题评价的基础资料,必须按建设期、运营期,详细核算和统计。有些特殊工程(如固体废物填埋)尚需核算统计服务期满后(退役期)的污染物排放。

对于污染源分布应根据已经绘制的工艺污染流程图及污染源编号,列表逐点统计各种污染因子的排放浓度、数量、速率、形态。注意统计泄漏和放散等无组织排放源及非正常污染排放。

对于废气可按点源、线源、面源等进行分析,说明源强、排放方式和排放高度等。对于废水应说明种类、成分、浓度、排放方式、达标与否及排放去向等。对于废液和固体废物应按《中华人民共和国固体废物污染环境防治法》对废物进行分类,废液应说明种类、成分、浓度、是否属于危险废物、处置方式和去向等有关问题;废渣应说明有害成分、浸出液浓度、是否属于危险废物、排放量、处理和处置方式和储存方法,属于一般工业固体废物的要明确Ⅰ、Ⅱ类。噪声和放射性应列表说明源强、剂量及分布。对于最终排放到外环境中的污染物,要分析说明达标排放与否。环境影响报告中一般列表来统计污染源。

某甲醇项目污染源统计汇总

对于新建项目污染物排放量统计,要求算清主要污染物排放"两本账",即生产过程中的污染物产生量和经过污染防治措施实现污染物削减后的最终排放量,环境影响报告中一般列表来统计新建项目污染物排放量。

对于改扩建项目污染物排放量统计则要求算清主要污染物排放变化的"三本账",即某种污染物改扩建前排放量、改扩建项目实施后新增排放量、改扩建完成后总排放量(扣除"以新带老"削减量),其相互关系式为:

新建项目污染物排放量统计

改扩建前排放量-"以新带老"削减量+扩建部分排放量=改扩建完成后总排放量

环境影响报告中一般列表来统计改扩建项目污染物排放量。

主要污染物一般为国家实行总量控制的污染物(废气中 $SO_2$、氮氧化物;废水中 COD 和氨氮)、项目特征污染物、地区环境背景浓度较高环境容量较小的污染物和项目排放量较大的污染物。

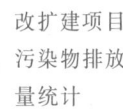

改扩建项目污染物排放量统计

## （二）总量控制

工程分析的重要任务之一是通过主要污染物的排放量统计核算,为项目的环境保护管理提供科学合理的总量控制指标建议值。

总量控制是指以控制一定区域内一定时段内多个排污单位排放某种特定污染物总量为

核心的环境管理方法体系。它包含了三个方面的内容:一是排放污染物的总量;二是排放污染物总量的地域范围;三是排放污染物的时间跨度。

总量控制是保障环境质量满足相应环境功能区划要求的重要手段之一。污染物的总量控制是相对单个污染源达标排放控制而言的,是对污染源达标排放控制的重要补充和延伸。实践表明,单个污染源污染物分别达标排放并不能保证相关环境功能区质量达标,必须通过控制污染物排放总量,优化污染源的时空分布等手段,使得污染物排放总量与特定区域环境要素在一定时间段内的环境容量相匹配,方能实现环境质量达标。污染物浓度控制的法令规定了各个污染源排放污染物的容许浓度标准,但没有规定排入环境中的污染物的数量,也没有考虑环境净化和容纳的能力。这样,在污染源集中的城市和工矿区,尽管各个污染源排放的污染物达到了(包括稀释排放而达到了)浓度控制标准,但由于污染物排放的总量过大,仍然会使环境受到严重污染。因此,在环境管理上开始采用总量控制法,即把各个污染源排入某一环境的污染物总量限制在一定的数值之内。采用总量控制法,必须研究环境容量问题。

环境容量(environment capacity)是在人类生存的环境要素和自然生态系统不致受害的前提下,某一环境所能容纳的污染物的最大负荷量。对于某种污染物的环境容量,是指一定区域的环境要素(地表水、大气和土壤等),在保证其环境功能区质量达标,功能不受损害的前提下,在一定时间内所能接受的某种污染物的最大合计排放量。核算的单位为:吨(污染物)/年。

环境容量的大小与环境空间的大小、环境要素的特性、污染源的分布及污染物本身理化性质有关。环境空间越大,环境对污染物的净化能力就越大,环境容量也就越大。对某种污染物而言,它的物理和化学性质越不稳定,环境对它的清除机制越有效,其容量也就越大。例如大气环境对废气污染物的环境容量受以下因素的制约(假设尚没有相关污染源排放):

① 区域范围和下垫面复杂程度;
② 空气环境功能区划和质量保护目标;
③ 污染源和排放强度的时空分布;
④ 区域大气扩散、稀释能力;
⑤ 特定污染物在大气中的转化、沉积、清除机制。

对于某一环境要素一定时间跨度内的环境容量,通常由空间稀释容量和环境自净容量两部分组成。前者与环境要素的区域大小、功能质量目标、稀释扩散能力等有关,后者与时间跨度和特定污染物理化性质决定的其在环境要素中的净化能力有关。确定一定区域内对某种污染物的环境容量是一个复杂的过程,必须综合考虑上述因素对环境容量的影响,建立科学的模式来估算。目前大气环境容量的确定方法有修正的 A-P 值法、模式模拟法、线性优化法和阶梯法等,水环境容量的计算一般是利用水质模式建立排放与水质之间的输入响应关系,通过简单的总体达标计算法或比较复杂的控制断面达标计算法来估算某种污染物的环境容量。

区域总量控制的方式通常有两种类型:容量总量控制和目标总量控制。容量总量控制是根据环境要素的功能区要求来确定污染物的排放总量,即依据所勘定的区域环境容量,决定区域中的污染物质排放总量,是一种科学合理的总量控制方法,理论上能保证环境功能区质量达标,新建开发区可以通过这种方式进行总量控制管理;目标总量控制是根据基准年的排污量来确定下个阶段的污染物排放总量和削减计划,这是一种基于污染现状实际的总量控制方式。目前我国的行政区域的总量控制基本上是目标总量控制。

我国从国民经济第九个五年计划(1996年)开始进行全国的污染物总量控制。实施的程序是:

① 国家环境管理部门在各省、自治区、直辖市申报的基础上,经全国综合平衡,编制全国污染物排放总量控制计划,把主要污染物排放量分解到各省、自治区、直辖市,作为国家控制计划指标。

② 各省、自治区、直辖市把省级控制计划指标分解下达,逐级实施总量控制计划管理。

③ 编制年度污染物削减计划。

④ 年度检查、考核。

"九五"期间总量控制的因子涉及废气或废水中排放的烟尘、$SO_2$、粉尘、COD、石油类、氰化物、砷、汞、铅、镉、六价铬和工业固体废物12项指标;"十五"期间涉及$SO_2$、尘(烟尘和工业粉尘)、COD、氨氮及工业固体废物等6项指标,要求到"十五"末(2005)年比"九五"末(2000年)削减10%;"十一五"期间重点对$SO_2$和COD两项进行约束性地削减10%,在国家确定的水污染防治重点流域、海域专项规划中,还要控制氨氮、总磷等污染物的排放总量;"十二五"期间为$SO_2$、COD、氨氮和氮氧化物等4项指标,削减目标仍为10%。通过逐阶段的减排计划和实施,总量控制方式转变的趋势是由目标总量控制转向容量总量控制,以实现大气环境质量和地表水环境质量的根本好转和质量达标。

对于具体建设项目的环境影响评价,其任务是提出科学合理的、服从于地区总量控制和总体目标计划的项目主要污染物排放总量控制指标建议值,由有关环境保护行政主管部门批复后作为建设项目总量管理的依据。选择总量控制的对象,不但必须考虑涉及的国家总量控制因子,还应关注项目排放地区的特征污染物、持久性污染物等。

对于新建项目,其最终会对环境产生净的污染负荷。工程分析应从清洁生产和污染物治理两条途径的控制,核算在当前技术经济条件下项目能达到的相关污染物最小排放总量,控制的措施应该是科学、先进、可行的。如项目新增排放总量不能满足地区总量控制的目标要求,必须提出可行的区域污染削减平衡方案。

对于改扩建项目,应尽量通过提高清洁生产水平、改进污染治理措施,以及可行的"以新带老"措施,实现全厂增产不增污或增产减污,使得项目实施后对环境不产生新的污染负荷,建设单位就无须申请总量控制指标的调整。如果客观上无法做到(如现有工程没有环境问题),那么必须同新建项目一样,根据地区总量控制的目标要求,提出可行的区域污染削减平衡方案。

# 第八节　生态影响型项目工程分析

## 一、工程概况

工程概况,包括工程名称、地理位置、工程组成(包括主体工程、辅助工程或附属工程、配套工程、依托工程、环保工程等)、工程特性、工程总平面布置或工程走向等。

项目总平面布置图,不仅仅说明工程各组成部分的分布及联系,对于环境影响评价而言,更重要的是标明了产生环境影响的各"源"的位置,有助于明确工程污染源或生态影响源与环境保护目标(对象)的位置关系。因此,工程总平面布置图是环境影响评价工程分析的重要基础图件。

对于区块性开发建设项目(大多数工业类项目),项目(或工程)总平面布置图一般由设计单位在设计方案中给出,是环境影响评价工作中非常重要的一个图件。从中不仅可以看出工程组成,也可以看出工程不同建设内容之间的关系,其环境影响"源"所在位置也能从图中分析得出。

而对于线性开发建设项目,如公路、铁路、输油或输气管线等,线路走向及重点工程分布图就是一个非常重要的图件。在线路走向图中,工程建设的主要控制点、重点工程,以及沿线的环境保护目标均是可以标示清楚的。

在进行环境影响评价后,利用此图可以将环境保护措施布置示意图做出来。

## 二、选址选线比选论证

选址选线的比选论证是工程分析中的重要内容之一,其目的是最大限度地减少对生态的不利影响,特别是对敏感保护目标的不利影响。主要是体现生态保护的"绕避"原则。

一般而言,大多数工程在建设书或可行性研究阶段,均会提出多个比选方案,但其主要是工程或工程地质、水文地质方面的比选,较少考虑生态影响的比选。因此,环境影响评价技术人员应主要从生态影响方面深入进行比选,最后提出的方案至少是生态影响可接受的方案。

此外,不仅主体工程需进行选址选线的比选分析,辅助工程、配套工程、临时工程等均需进行必要的选址选线的比选分析。如公路的连接线涉及敏感保护目标,也需要进行比选,尽可能绕避敏感保护目标,选择对保护目标影响最小或可接受的方案。

## 三、施工方案分析

### (一)工程占地情况

施工方案应充分考虑开发建设项目占地情况,一般分为永久占地和临时占地,包括水面。对于陆地建设项目,水面主要是项目涉及的河流、湖泊、水库等湿地面积;对于海洋及海岸带的开发建设项目,可能涉及的水面主要是近岸海域和海洋的面积。

永久占地主要是因工程建设而永久征占的土地,而临时占地是在工程施工建设阶段,因施工作业的需要临时征占的土地,包括取土场、弃土弃渣场、施工营地、物料堆放场或临时仓库、运输便道等。与永久占地不同的是,临时占地在工程竣工后需要进行土地恢复。因此,临时占地是生态影响工程分析十分关注的方面。

### (二)土石方平衡

土石方平衡主要是明确工程的挖方量、填方量,或其中的土方量、石方量,抑或取方量、弃方量等。这涉及取、弃土场的设置、土石方的调运,并关系到生态影响。在工程分析中应给出土石方平衡调运图或表,进而优化取、弃土量及取、弃土场的选择。土石方平衡分析并非要求挖方与填方一定要相当,而是挖填方来源、使用、最后弃土弃渣等来源与去向及数量是清楚的(一般应给出土石方平衡图或平衡表)。通过土石方平衡分析,主要是尽可能从环境保护方面明确取、弃土场的设置,并通过环境影响评价分析其设置的合理性,如减少取、弃土场数量,调整取、弃土场位置或调整运输便道的设置等,以减少对土地的征占,避免或减缓占地对植被的破坏。

土石方平衡调运参考图 3-3。

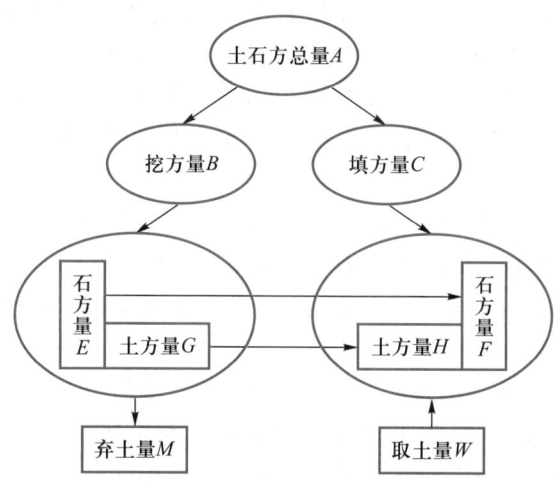

图 3-3　土石方平衡调运图示例

注:$A=B+C$,$B=E+G+M$,$C=H+F+W$。$E$、$G$ 可以"移挖作填",即转为填方($F$、$H$)用于工程建设;

$E$、$G$ 工程用不了或不能用的可以弃入弃土场,$H$、$F$ 在移挖作填不够用时,则从取土场采取

（三）施工方案

施工期往往是生态影响最突出的时段。在进行施工方案分析时,一般应给出施工布局图、工艺流程图等图件,分析是否采用先进实用、有利于减少污染或有利于保护生态的施工工艺,如桥梁桥墩施工是否采用围堰技术。通过对施工方案的分析,根据其可能造成的不利环境影响,提出进一步优化施工方案的要求或建议。

一般而言,施工方案包括施工场地布置、施工流程或进度、施工方式与拟采用的施工机械、运输道路、物料来源及数量(如土方、石方)、施工人数及来源,施工营地(包括办公场地及施工人员食宿的地方等)。施工方式是工程分析中生态影响的重要内容,因为不同的施工方式对生态的影响差别巨大,如需穿越河流、山体的管线工程,采用盾构机穿越、围堰施工、大开挖、顶管穿越等不同方式,其生态影响的范围和程度是显著不同的。

施工方案不仅关系到工程建设能否如期顺利进行,也关系到施工期间环境污染的性质、方式和强度,是确定施工期生态影响源及影响范围或强度的前提条件。通过对施工期间的不利生态影响进行分析评价,才能有针对性地提出有效减缓或控制不利生态影响的措施。

（四）运营方案

某些项目运营期的生态影响也很突出,如水利水电项目、矿产采选项目等。而工程运营方案分析,就是要识别工程运营期的生态影响,以便有针对性地提出减缓不利生态影响的措施。

不同的运营方案对生态影响的差别显著。如水电开发建设项目,日调节、周调节、月调节、年调节、多年调节,以及不同的泄水方式,对河流水文情势影响不同,进而对河流水生生态的影响也有所不同；对于采掘类项目，矿种类型多，金属矿与非金属矿开采涉及的影响各异，特别是露天开采与井工开采，不同的开采时序或顺序，不同的开采方式，选矿工艺或不同的尾矿库排放与堆积方式，以及采取何种方式（公路、铁路、传送带等）运输物料与产品，对生态的影响也是有差别的；对于铁路、机场等交通项目，不同的列车运行速度、昼夜比，机场飞机类型、飞行架次等虽然主要是噪声影响（铁路还会有振动影响），但有时也会涉及生态影响，如周边有湿地或野生动物自然保护区时，对鸟类等动物的栖息、觅食、迁徙均会有影响。因此，在生态影响型项目工程分析时同样需要重视运营方案的分析。

对于改扩建项目，在工程分析时需考虑既有工程在长期的生产运营中造成的生态影响问题，以便在本次改扩建中一并解决，实现"以新带老"；对于既有工程采取的生态保护措施有效性分析有助于对改扩建工程产生的生态影响提出有针对性、有效的保护措施。

（五）污染源分析与统计汇总

生态影响型项目也有污染物排放。应分析统计建设期的施工扬尘、施工噪声、施工废水和运营期的设施排放的废气、废水、固体废物和噪声等污染物的产生、控制治理与最终排放参数。具体分析统计方法和内容详见污染型项目工程分析。

（六）其他影响因素

其他影响因素包括环境风险等其他可能存在或发生的环境影响分析。

如公路建设项目，在其使用期，运输危险品的车辆经过跨越河流的桥梁段发生交通事故，其危险品泄漏将会对河流造成污染，如果该桥梁段或其下游是饮用水源地，则其影响更为严重。管道项目在路由区域发生泄漏可能引起环境严重污染。在工程分析时，应结合风险评价识别风险。

（七）生态保护与污染防治措施

工程分析中的生态保护措施，主要是分析工程在可行性研究或初步设计中提出的生态保护措施的可行性，包括其绿化、水土保持、生物通道设置等措施，不仅是工程的重要组成部分，而且在工程污染因素和生态影响因素分析中均与源强确定有一定的关系。对于工程可行性研究或初步设计中提出的不适宜或遗漏的生态保护措施，应根据评价结果，提出更可行的措施或补救措施，以使生态保护措施切实有效。

对于重要生态敏感保护目标，如果工程在可行性研究或初步设计方案中未考虑采取绕避、减缓、补偿和重建措施，则在其后的生态影响专题评价中需深入评价，并提出绕避、减缓等严格措施；对于野生动植物——特别是珍稀濒危野生动植物生境的保护应提出绕避、减缓、补偿、加大绿化力度、强化水土保持工程和生物措施，以及优化野生动物通道等。

工程分析中的污染防治措施主要针对建设期的施工扬尘、施工噪声、施工废水和运营期的设施排放的废气、废水、固体废物和噪声等提出控制治理及处置措施。

 思考题

1. 工程分析的实质是什么？
2. 工程分析常用的方法有哪些？

**3.** 工程分析的时段与重点内容是什么？

**4.** 污染型项目工程分析的主要内容是什么？

**5.** 生态影响型项目工程分析的主要内容是什么？

**6.** 简述我国规划体系的组成特点。

**7.** 简述环境影响评价中规划及产业政策符合性评价的基本原则和主要依据。

# 第四章　环境影响评价技术与方法

## 第一节　地表水环境影响评价

在进行地表水环境水质现状调查的基础上,根据建设项目的工程特点、受纳水体的水质现状及功能要求,以及国家的相关法律法规和当地环境保护要求,在项目建设过程中及运营期间,对地表水体的影响进行预测与评价。

### 一、地表水体中污染物的迁移与转化

#### (一) 水体污染

水体是水汇集的场所,又称水域。地表水环境包括地球表面上的各种水体,如海洋、河流、湖泊、水库等。

水体污染是指由于人类活动排放的污染物进入水体,超过了水体的自净能力,导致其物理、化学、生物等方面特征的改变,从而影响到水的利用价值,危害人体健康或破坏生态环境,造成水质恶化的现象。

**1. 水体污染源**

向水体释放或排放污染物或造成有害影响的场所和设施称为水体污染源。从不同的角度可将水体污染源分为不同的类型。按污染源的自然属性分类可分为自然污染源和人为污染源;按污染物种类分类可分为物理(如热或放射性物质)污染源、化学(无机物或有机物)污染源、生物污染源(如细菌或霉素);按污染源几何形状分类可分为点污染源(如城市污水,工矿企业和排污的船舶等)、面污染源(雨水的地面径流,含有农药、肥料的农田大面积排水及水土流失等)、扩散污染源(随大气扩散的污染物通过沉降或降水等途径进入水体,如酸雨、放射性沉降物等)。污染源的种类不同,使水体的污染程度不同,污染物在水体中迁移转化规律也不同。

**2. 水体污染物和类型**

水体污染主要由人为污染造成。污染物的种类繁多,包括无机和有机有毒物质、耗氧有机物、石油类、放射性物质、热污染及病原微生物等。在环境影响评价中,一般将污染物分为:有毒污染物、耗氧污染物、植物营养物、石油类污染物、酸碱盐无机污染物、热污染和放射性污染物。

**(1) 有毒污染物**

有毒污染物指的是进入生物体后累积到一定数量能使体液和组织发生生化和生理功能的变化,引起暂时或持久的病理状态,甚至危及生命的物质,如重金属和难分解的有机污染物等。污染物的毒性与摄入机体内的数量有密切关系。同一污染物的毒性也与它的存在形态有密切关系。价态或形态不同,其毒性可以有很大的差异,如 $Cr(VI)$ 的毒性比 $Cr(III)$

大,As(Ⅲ)的毒性比As(Ⅴ)大,甲基汞的毒性比无机汞大。另外污染物的毒性还与若干综合效应有密切关系。从传统毒理学来看,有毒污染物对生物的综合效应有三种:① 相加作用,即两种以上毒物共存时,其总效果大致是各成分效果之和。② 协同作用,即两种以上毒物共存时,一种成分能促进另一种成分毒性急剧增加。如铜、锌共存时,其毒性为它们单独存在时的8倍。③ 拮抗作用,两种以上的毒物共存时,其毒性可以抵消一部分或大部分。如锌可以抑制镉的毒性,在一定条件下硒对汞能产生拮抗作用。总之,除考虑有毒污染物的含量外,还须考虑它的存在形态和综合效应,这样才能全面深入地了解污染物对水质及人体健康的影响。

剧毒污染物主要有以下几类:① 重金属:如汞、镉、铬、铅、钒、钴、钡等,其中汞、镉、铅危害较大,砷、硒和铍的毒性也较大。重金属在自然界中一般不易消失,它们能通过食物链而被富集;这类物质除直接作用于人体引起疾病外,某些金属还可能加重慢性病。② 无机阴离子:主要是 $NO_2^-$、$F^-$、$CN^-$ 离子,$NO_2^-$ 是致癌物质,剧毒物质氰化物主要来自工业废水排放。③ 有机农药、多氯联苯:目前世界上有机农药大约6 000种,常用的大约有200种。农药喷在农田中,经淋溶等作用进入水体,产生污染作用。有机农药可分为有机磷农药和有机氯农药。有机磷农药的毒性虽大,但一般容易降解,积累性不强,因而对生态系统的影响不明显。而绝大多数的有机氯农药,毒性大,几乎不降解,积累性高,对生态系统有显著影响。多氯联苯是联苯分子中一部分氢或全部氢被氯取代后所形成的各种异构体混合物的总称。多氯联苯剧毒,脂溶性大,易被生物吸收,化学性质十分稳定,难以和酸、碱、氧化剂等作用,有高度耐热性,在1 000~1 400 ℃高温下才能完全分解,因而在水体和生物中很难降解。④ 致癌物质:致癌物质大体分为三类,稠环芳香烃(PAHs),如3,4-苯并芘等;杂环化合物,如黄曲霉素等;芳香胺类,如甲、乙苯胺,联苯胺等。⑤ 一般有机物质:如酚类化合物就有2 000多种,最常见的是苯酚,均为高毒性物质;腈类化合物也有毒性,其中丙烯腈的环境影响最为瞩目。

（2）耗氧污染物

在生活污水和工业废水中,含有碳水化合物、蛋白质、油脂、木质素等有机物质。这些物质以悬浮或溶解状态存在于污水中,可通过微生物的生物化学作用而分解。在其分解过程中需要消耗氧气,因而被称为耗氧污染物。这种污染物可造成水中溶解氧减少,影响鱼类和其他水生生物的生长。水中溶解氧耗尽后,有机物进行厌氧分解,产生硫化氢、氮和硫胺等难闻气味,使水质进一步恶化。水体中有机物成分非常复杂,耗氧有机物浓度常用单位体积水中耗氧物质生化分解过程中所消耗的氧量表示,即以生化需氧量(BOD)表示。一般用20 ℃时、5日生化需氧量($BOD_5$)表示。

（3）植物营养物

植物营养物主要指氮、磷等能刺激藻类及水草生长、干扰水质净化,使 $BOD_5$ 升高的物质。水体中营养物质过量所造成的“富营养化”,对于湖泊及流动缓慢的水体所造成的危害已成为水源保护的严重问题。

富营养化是指在人类活动的影响下,生物所需的氮、磷等营养物质大量进入湖泊、河口、海湾等缓流水体,引起藻类及其他浮游生物迅速繁殖,水体溶解氧量下降,水质恶化,鱼类及其他生物大量死亡的现象。在自然条件下,湖泊也会从贫营养状态过渡到富营养状态,沉积物不断增多,先变为沼泽,后变为陆地。这种自然过程非常缓慢,常需几千年甚至上万年。而人为排放含营养物质的工业废水和生活污水所引起的水体富营养化现象,可以在短期内出现。

植物营养物质的来源广、数量大,有生活污水(有机质、洗涤剂)、农业(化肥、农家肥)、工业废水、垃圾等。每人每天带进污水中的氮约 50 g。生活污水中的磷主要来源于洗涤废水,而施入农田的化肥有 50%~80% 流入江河、湖海和地下水体中。天然水体中磷和氮(特别是磷)的含量在一定程度上是浮游生物生长的控制因素,当大量氮、磷等植物营养物质排入水体后,促使某些生物(如藻类)急剧繁殖生长,生长周期变短。藻类及其他浮游生物死亡后被好氧微生物分解,不断消耗水中的溶解氧,或被厌氧微生物所分解,不断产生硫化氢等气体,使水质恶化,造成色类和其他水生生物的大量死亡。藻类及其他浮游生物残体在腐烂过程中,又把生物所需的氮、磷等营养物质释放到水中,供新的一代藻类等生物利用。因此,水体富营养化后,即使切断外界营养物质的来源,也很难自净和恢复到正常水平。水体富营养化严重时,湖泊可被某些繁生植物及其残骸淤塞,成为沼泽甚至干地。局部海区可变成"死海",或出现"赤潮"现象。

常用氮、磷含量,生产率($O_2$)及叶绿素-a 浓度作为水体富营养化程度的指标。防止富营养化,必须控制进入水体的氮、磷含量。

(4)石油类污染物

石油污染是水体污染的重要类型之一,特别在河口、近海水域更为突出。排入海洋的石油估计每年高达数百万吨甚至上千万吨。石油污染物主要来自工业排放,清洗石油运输船只的船舱、机件及发生意外事故、海上采油等均可造成石油污染。而油船事故属于爆炸性的集中污染源,危害是毁灭性的。

石油是烷烃、烯烃和芳香烃的混合物,进入水体后的危害是多方面的。如在水上形成油膜,能阻碍水体复氧作用。油类黏附在鱼鳃上,可使鱼窒息,黏附在藻类、浮游生物上,可使它们死亡。油类会抑制水鸟产卵和孵化,严重时使鸟类大量死亡。石油污染还能使水产品质量降低。

(5)酸、碱、盐无机污染物

各种酸、碱、盐等无机物进入水体(酸、碱中和生成盐,它们与水体中某些矿物相互作用也会产生某些盐类),使淡水资源的矿化度提高,影响各种用水水质。盐污染主要来自生活污水和工矿废水,以及某些工业废渣。另外,由于酸雨规模日益扩大,造成土壤酸化,地下水矿化度增高。

水体中无机盐增加能提高水的渗透压,对淡水生物、植物生长产生不良影响。在盐碱化地区,地面水、地下水中的盐将对土壤质量产生更大影响。

(6)热污染

热污染是一种能量污染,它是工矿企业向水体排放高温废水造成的。一些热电厂及各种工业过程中的冷却水,若不采取措施,直接排放到水体中,可使水温升高,水中化学反应、生化反应的速度随之加快,使某些有毒物质(如氰化物、重金属离子等)的毒性提高,溶解氧减少,影响鱼类的生存和繁殖,加速某些细菌的繁殖,助长水草丛生,产生恶臭。鱼类生长都有一个最佳的水温区间。水温过高或过低都不适合鱼类生长,甚至会导致死亡。

(7)放射性污染物

放射性污染是放射性物质进入水体后造成的。放射性污染物主要来源于核动力工厂排出的冷却水,向海洋投弃的放射性废物,核爆炸降落到水体的散落物,核动力船舶事故泄漏的核燃料;开采、提炼和使用放射性物质时,如果处理不当,也会造成放射性污染。水体中的放射性污染物可以附着在生物体表面,也可以进入生物体蓄积起来,还可通过食物链对人产生内照射。

水中主要的天然放射性元素有 $^{40}K$、$^{238}U$、$^{286}Ra$、$^{210}Po$、$^{14}C$、氚等,任何海区几乎都能测出 $^{90}Sr$、$^{137}Cs$。

（8）病原体污染物

生活污水、畜禽饲养场污水及制革、洗毛、屠宰业和医院等排出的废水,常含有各种病原体,如病毒、病菌、寄生虫。水体受到病原体的污染会传播疾病,如血吸虫病、霍乱、伤寒、痢疾、病毒性肝炎等。历史上流行的瘟疫,如 1848 年和 1854 年英国两次霍乱流行,死亡万余人,1892 年德国汉堡霍乱流行,死亡 750 余人,均是水污染引起的。

受病原体污染后的水体,微生物激增,其中许多是致病菌、病虫卵和病毒,它们往往与其他细菌和大肠杆菌共存,所以通常规定用细菌总数和大肠杆菌指数及菌值数为病原体污染的直接指标。病原体污染的特点是:① 数量大;② 分布广;③ 存活时间较长;④ 繁殖速度快;⑤ 易产生抗药性,很难灭绝;⑥ 传统的二级生化污水处理及加氯消毒后,某些病原微生物、病毒仍能大量存活。常见的混凝、沉淀、过滤、消毒处理能够去除水中 99% 以上病毒,如出水浊度大于 0.5 NTU 时,仍会伴随病毒的穿透。病原体污染物可通过多种途径进入水体,一旦条件适合,就会引起人体疾病。

（二）水体自净

水体自净从广义上是指受污染的水体由于物理、化学、生物等方面的作用,使污染物浓度逐渐降低,经一段时间后恢复到受污染前的状态;狭义的是指水体中微生物氧化分解有机污染物而使水质净化的作用。

影响水体净化过程的因素很多,主要有河流、湖泊、海洋等水体的地形和水文条件,水中微生物的种类和数量,水温和复氧状况,污染物的性质和浓度等。水体自净机理包括沉淀、稀释、混合等物理过程,氧化还原、分解化合、吸附凝聚等化学和物理化学过程及生物化学过程。各种过程可同时发生、相互影响。因此,水体的自净可以分为物理自净、化学自净和生物自净三类。

（1）物理自净

物理净化即河道的混合稀释作用。这种作用只能降低水中污染物的浓度,但不能减少其总量。河道的混合稀释作用主要由河道流速的推动,加上存在一定的浓度差,使得悬浮物、胶体和溶解性污染物等从高浓度向低浓度运动的扩散作用所形成。通常污水排入河道后,首先从排入口流入向附近扩散,一直到污染物在水深方向均匀混合为止,这就是垂向混合阶段。垂向混合过程与污水流速、密度、排污口形式有关。污水一方面在垂向上与河水混合,另一方面逐渐在横方向与河水混合。同时,沉淀也是物理净化作用之一,污染物质中有着极为微小的悬浮颗粒,这些污染物随着污水排入河道后,由于流速降低,使得一些悬浮物和虫卵沉降到河底。

（2）化学自净

污染物进入水体后,通过氧化还原、酸碱反应、分解合成、吸附凝聚（属物理化学作用）等过程,使其存在形态发生变化及浓度降低的水体自净过程。其中氧化还原是水体化学自净的主要作用。水体中的溶解氧可与某些污染物产生氧化反应,如铁、锰等重金属离子可被氧化成难溶性的氢氧化铁、氢氧化锰而沉淀,硫离子可被氧化成硫酸根随水流迁移。还原反应则多在微生物的作用下进行,如硝酸盐在水体缺氧条件下,由于反硝化菌的作用还原成氮气($N_2$)而被去除。

（3）生物自净

在生物的作用下,污染物的数量减少,浓度下降,毒性减轻,直至消失。例如,悬浮和溶解在水体中的有机污染物,在需氧微生物作用下,氧化分解为简单、稳定的无机物,如二氧化碳、水、硝酸盐和磷酸盐等,使水体得到净化。一般来说,物理和生物化学过程在水体自净中占主要地位。对有机物来说,生物自净作用是最重要的。

水体自净作用是有限的,当人类直接或间接排放的污染物大量进入水体,而超过它的自净作用时,就会造成水体污染。原则上,进入水体的污染物最终都能被净化,但由于环境差异,污染物的性质及污染程度不同,净化的难易和净化的速度也不同。了解污染物的性质与含量及它们在水体中的存在形式、化学行为,对于研究水体的自净能力、采取措施防止污染所造成的危害具有重大的意义。

## 二、地表水环境影响预测与评价

### （一）预测的原则和方法

《环境影响评价技术导则 地表水环境》(HJ 2.3—2018)规定了建设项目地面水环境影响预测的基本原则和方法,即对于已经确定的建设项目,都应预测建设项目对水环境的影响。预测的范围、时段、内容和方法,均应依据评价工作的等级、工程及环境的特点和当地的环境保护要求确定。

对于季节性河流,应依据当地环境保护部门所定的水体功能,结合建设项目的特性确定其预测的原则、范围、时段、内容及方法。

当水生生物保护对地面水环境要求较高时（如珍贵水生生物保护区、经济鱼类养殖区等）,应简要分析建设项目对水生生物的影响。分析时一般可采用类比分析法或专业判断法。

另外,在进行地面水环境预测时,应考虑水体自净能力不同的各个时段。通常可将其划分为自净能力最小、一般、最大三个时段。自净能力最小的时段通常在枯水期（结合建设项目设计的要求考虑水量的保证率）,个别水域由于面源污染严重也可能在丰水期。自净能力一般的时段通常在平水期。冰封期的自净能力很小,情况特殊,如果冰封期较长可单独考虑。海湾的自净能力与时期的关系不明显,可以不分时段。

目前使用较多的预测方法有:数学模式法、物理模型法、类比调查法和专业判断法。

（1）数学模式法能给出定量的预测结果,但需一定的计算条件和输入必要的参数、数据。一般情况下,此方法比较简便,应优先考虑。选用数学模式时要注意模式的应用条件,如实际情况不能很好满足模式的应用条件而又拟采用时,要对模式进行修正并验证。

（2）物理模型法定量化程度较高,再现性好,能反映比较复杂的环境特征,但需要有合适的试验条件和必要的基础数据,且制作复杂的环境模型需要颇多的人力、物力和时间。在无法利用数学模式法预测而又要求预测结果定量精度较高时,应选用此方法。

（3）类比调查法只能进行半定量或定性预测。对三级评价或二级评价的个别情况（如对地面水环境影响较小的水质参数或在地面水环境中迁移转化过程中复杂而其影响又不太大的水质参数）,由于评价时间短、无法取得足够的数据,不能利用数学模式法或物理模型法预测时可采用此法,如感官性状、有害物质在底泥中的累积释放等,目前尚无实用的定量预测方法,这种情况可以采用类比调查法。使用类比调查法时,预测对象与类比调查对象之间的地面水环境的水力、水文条件和水质状况应类似,而且两者的某种环境影响来源应具有相同的性质,其强度应比较接近或成比例关系。

（4）专业判断法则是定性地反映建设项目的环境影响。建设项目对地面水环境的某些影响（如感官性状,有毒物质在底泥中的累积和释放等）以及某些过程（如 pH 的沿程恢复过程）等,目前尚无实用的定量预测方法,当没有条件进行类比调查法时,可以采用专业判断法。另外,评价等级为三级且建设项目的某些环境影响不大而预测又费时费力时也可以采用此法预测。

（二）工作分级

**1. 水污染影响型**

水污染影响型建设项目根据排放方式和废水排放量划分评价等级,见表 4-1。直接排放建设项目评价等级分为一级、二级和三级 A,根据废水排放量、水污染物污染当量数确定。间接排放建设项目评价等级为三级 B。

表 4-1　水污染影响型建设项目评价等级判据

| 评价等级 | 判定依据 | |
|---|---|---|
| | 排放方式 | 废水排放量 $Q$/（$m^3 \cdot d^{-1}$）;<br>水污染物当量数 $W$/量纲为 1 |
| 一级 | 直接排放 | $Q \geqslant 20\,000$ 或 $W \geqslant 600\,000$ |
| 二级 | 直接排放 | 其他 |
| 三级 A | 直接排放 | $Q < 200$ 且 $W < 6\,000$ |
| 三级 B | 间接排放 | — |

水污染物当量数等于该污染物的年排放量除以该污染物的污染当量值,计算排放污染物的污染物当量数,应区分第一类水污染物和其他类水污染物,统计第一类污染物当量数总和,然后与其他类污染物按照污染物当量数从大到小排序,取最大当量数作为建设项目评价等级确定的依据。废水排放量按行业排放标准中规定的废水种类统计,没有相关行业排放标准要求的通过工程分析合理确定,应统计含热量大的冷却水的排放量,可不统计间接冷却水、循环水及其他含污染物极少的清净下水的排放量。厂区存在堆积物（露天堆放的原料、燃料、废渣及垃圾堆放场）、降尘污染的,应将初期雨污水纳入废水排放量,相应的主要污染物纳入水污染当量计算。

建设项目直接排放第一类污染物的,其评价等级为一级,建设项目直接排放的污染物为受纳水体超标因子的,评价等级不低于二级。

直接排放受纳水体影响范围涉及饮用水水源保护区、饮用水取水口、重点保护与珍稀水生生物的栖息地、重要水生生物的自然产卵场等保护目标时,评价等级不低于二级。注意:建设项目向河流、湖库排放温排水引起受纳水体水温变化超过水环境质量标准要求,且评价范围有水温敏感目标时,评价等级为一级。

建设项目利用海水作为调节温度介质,排水量>500 万 $m^3/d$,评价等级为一级;排水量<500 万 $m^3/d$,评价等级为二级。

仅涉及清净下水排放的,如其排放水质满足受纳水体水环境质量标准要求的,评价等级为三级 A。依托现有排放口,且对外环境未新增排放污染物的直接排放建设项目,评价等级参照间接排放,定为三级 B。建设项目生产工艺中有废水产生,但作为回水利用,不排放到外环境的,按三级 B 评价。

**2. 水文要素影响型**

水文要素影响型建设项目评价等级划分根据水温、径流与受影响地表水域等三类水文要素的影响程度进行判定,见表 4-2。

表 4-2　水文要素影响型建设项目评价等级判据

| 评价等级 | 水温 | 径流 | | 受影响地表水域 | | | |
|---|---|---|---|---|---|---|---|
| | 年径流量与总库容百分比 $\alpha/\%$ | 兴利库容与年径流量百分比 $\beta/\%$ | 取水量占多年平均径流量百分比 $\gamma/\%$ | 工程垂直投影面积及外扩范围 $A_1/km^2$;工程扰动水底面积 $A_2/km^2$;过水断面宽度占用比例或占用水域面积比例 $R/\%$ | | | 工程垂直投影面积及外扩范围 $A_1/km^2$;工程扰动水底面积 $A_2/km^2$ |
| | | | | 河流 | 湖库 | | 入海河口、近岸海域 |
| 一级 | $\alpha\leqslant10$;或稳定分层 | $\beta\geqslant20$;或完全年调节与多年调节 | $\gamma\geqslant30$ | $A_1\geqslant0.3$;或 $A_2\geqslant1.5$;或 $R\geqslant10$ | $A_1\geqslant0.3$;或 $A_2\geqslant1.5$;或 $R\geqslant20$ | | $A_1\geqslant0.5$;或 $A_2\geqslant3$ |
| 二级 | $20>\alpha>10$;或不稳定分层 | $20>\beta>2$;或季调节与不完全年调节 | $30>\gamma>10$ | $0.3>A_1>0.05$;或 $1.5>A_2>0.2$;或 $10>R>5$ | $0.3>A_1>0.05$;或 $1.5>A_2>0.2$;或 $20>R>5$ | | $0.5>A_1>0.15$;或 $3>A_2>0.5$ |
| 三级 | $\alpha\geqslant20$;或混合型 | $\beta\leqslant2$;或无调节 | $\gamma\leqslant10$ | $A_1\leqslant0.05$;或 $A_2\leqslant0.2$;或 $R\leqslant5$ | $A_1\leqslant0.05$;或 $A_2\leqslant0.2$;或 $R\leqslant5$ | | $A_1\leqslant0.15$;或 $A_2\leqslant0.5$ |

注:1. 影响范围涉及饮用水水源保护区、重点保护与珍稀水生生物的栖息地、重要水生生物的自然产卵场、自然保护区等保护目标,评价等级应不低于二级。

2. 跨流域调水、引水式电站可能受到河流感潮河段影响,评价等级不低于二级。

3. 造成入海河口(湾口)宽度束窄(束窄尺度达到原宽度的 5%以上),评价等级应不低于二级。

4. 对不透水的单方向建筑尺度较长的水工建筑物(如防波堤、导流堤等),其与潮流或水流主流向切线垂直方向投影长度大于 2 km 时,评价等级应不低于二级。

5. 允许在一类海域建设的项目,评价等级为一级。

6. 同时存在多个水文要素影响的建设项目,分别判定各水文要素影响评价等级,并取其中最高等级作为水文要素影响型建设项目评价等级。

**(三) 总体要求**

一级、二级、水污染影响型三级 A 与水文要素影响型三级评价应定量预测建设项目水环境影响,水污染影响型三级 B 评价可不进行水环境影响预测。

影响预测应考虑评价范围内已建、在建和拟建项目中,与建设项目排放同类(种)污染物、对相同水文要素产生的叠加影响。建设项目分期规划实施的,应估算规划水平年进入评价范围的污染负荷,预测分析规划水平年评价范围内地表水环境质量变化趋势。

（四）评价范围、因子和预测点布设

**1. 评价范围和因子**

地面水环境的预测范围和预测因子与地面水环境现状调查的范围和因子相同。可参考地面水环境现状调查内容。

**2. 预测点**

应将常规监测点、补充监测点、水环境保护目标、水质水量突变处及控制断面等作为预测重点。当需要预测排放口所在水域形成的混合区范围时,应适当加密预测点位。

（五）预测时段

水环境影响预测的时期应满足不同评价等级的评价时期要求,见表4-3。水污染影响型建设项目,水体自净能力最不利及水质状况相对较差的不利时期、水环境现状补充监测时期应作为重点预测时期;水文要素影响型建设项目,以水质状况相对较差或对评价范围内水生生物影响最大的不利时期为重点预测时期。

表4-3　评价时期确定表

| 受影响地表水体类型 | 评价等级 | | |
|---|---|---|---|
| | 一级 | 二级 | 水污染影响型(三级 A)/水文要素影响型(三级) |
| 河流、湖库 | 丰水期、平水期、枯水期;至少丰水期和枯水期 | 丰水期和枯水期;至少枯水期 | 至少枯水期 |
| 入海河口(感潮河段) | 河流:丰水期、平水期和枯水期;河口:春季、夏季和秋季;至少丰水期和枯水期,春季和秋季 | 河流:丰水期和枯水期;河口:春、秋2个季节;至少枯水期或1个季节 | 至少枯水期或1个季节 |
| 近岸海域 | 春季、夏季和秋季;至少春、秋2个季节 | 春季或秋季;至少1个季节 | 至少1次调查 |

注:1. 感潮河段、入海河口、近岸海域在丰、枯水期(或春夏秋冬四季)均应选择大潮期或小潮期中一个潮期开展评价(无特殊要求时,可不考虑一个潮期内高潮期、低潮期的差别)。选择原则为:依据调查监测海域的环境特征,以影响范围较大或影响程度较重为目标,定性判别和选择大潮期或小潮期作为调查潮期。

2. 冰封期较长且作为生活饮用水与食品加工用水的水源或有渔业用水需求的水域,应将冰封期纳入评价时期。

3. 具有季节性排水特点的建设项目,根据建设项目排水期对应的水期或季节确定评价时期。

4. 水文要素影响型建设项目对评价范围内的水生生物生长、繁殖与洄游有明显影响的时期,需将对应的时期作为评价时期。

5. 复合影响型建设项目分别确定评价时期,按照覆盖所有评价时期的原则综合确定。

（六）地面水环境和污染源简化处理

由于地面水体形态多种多样,为了预测建设项目对受纳水体水质的影响,通常对地面水体的外形进行简化处理。简化处理包括对受纳水体的边界几何形状规则化,以及受纳水体的水文、水力要素时空分布的简化等。这种简化需要根据水文调查与水文测量的结果和评价等级等进行。当选用解析解方法进行水环境影响预测时,可对预测水域进行合理的概化。

(1)河流水域概化要求:预测河段及代表性断面的宽深比≥20时,可视为矩形河段;河段弯曲系数>1.3时,可视为弯曲河段,其余可概化为平直河段;对于河流水文特征值、水质急剧变化的河段,应分段概化,并分别进行水环境影响预测;河网应分段概化,分别进行水环境影响预测。

(2)湖库水域概化。根据湖库的入流条件、水力停留时间、水质及水温分布等情况,分别概化为稳定分层型、混合型和不稳定分层型。

(3)受人工控制的河流,根据涉水工程(如水利水电工程)的运行调度方案及蓄水、泄流情况,分别视其为水库或河流进行水环境影响预测。

(4)入海河口、近岸海域概化要求:可将潮区界作为感潮河段的边界;采用解析解方法进行水环境影响预测时,可按潮周平均、高潮平均和低潮平均三种情况,概化为稳态进行预测;预测近岸海域可溶性物质水质分布时,可只考虑潮汐作用;预测密度小于海水的不可溶物质时应考虑潮汐、波浪及风的作用;注入近岸海域的小型河流可视为点源,可忽略其对近岸海域流场的影响。

(七)水质模式的选择

地表水环境影响预测模型包括数学模型、物理模型。地表水环境影响预测宜选用数学模型。评价等级为一级且有特殊要求时选用物理模型,物理模型应遵循水工模型实验技术规程等要求。数学模型包括面源污染负荷估算模型、水动力模型、水质(包括水温及富营养化)模型等,可根据地表水环境影响预测的需要选择。

(1)面源污染负荷估算模型

根据污染源类型分别选择适用的污染源负荷估算或模拟方法,预测污染源排放量与入河量。面源污染负荷预测可根据评价要求与数据条件,采用源强系数法、水文分析法以及面源模型法等,有条件的地方可以综合采用多种方法进行比对分析确定,各方法适用条件如下。

① 源强系数法。当评价区域有可采用的源强产生、流失及入河系数等面源污染负荷估算参数时,可采用源强系数法。

② 水文分析法。当评价区域具备一定数量的同步水质水量监测资料时,可基于基流分割确定暴雨径流污染物浓度、基流污染物浓度,采用通量法估算面源的负荷量。

③ 面源模型法。面源模型选择应结合污染特点、模型适用条件、基础资料等综合确定。

(2)水动力模型及水质模型

按照时间分为稳态模型与非稳态模型,按照空间分为零维、一维(包括纵向一维及垂向一维,纵向一维包括河网模型)、二维(包括平面二维及立面二维),以及三维模型,按照是否需要采用数值离散方法分为解析解模型与数值解模型。水动力模型及水质模型的选取根据建设项目的污染源特性、受纳水体类型、水力学特征、水环境特点及评价等级等要求,选取适宜的预测模型。各地表水体适用的数学模型选择要求如下。

① 河流数学模型。河流数学模型适用条件见表4-4。在模拟河流顺直、水流均匀且排污稳定时可以采用解析解模型。

② 湖库数学模型。湖库数学模型适用条件见表4-5。在模拟湖库水域形态规则、水流均匀且排污稳定时可以采用解析解模型。

表 4-4　河流数学模型适用条件

| 模型分类 | 模型空间分类 | | | | | | 模型时间分类 | |
|---|---|---|---|---|---|---|---|---|
| | 零维模型 | 纵向一维模型 | 河网模型 | 平面二维 | 立面二维 | 三维模型 | 稳态 | 非稳态 |
| 适用条件 | 水域基本均匀混合 | 沿程横断面均匀混合 | 多条河道相互连通，使得水流运动和污染物交换相互影响的河网地区 | 垂向均匀混合 | 垂向分层特征明显 | 垂向及平面分布差异明显 | 水流恒定、排污稳定 | 水流不恒定，或排污不稳定 |

表 4-5　湖库数学模型适用条件

| 模型分类 | 模型空间分类 | | | | | | 模型时间分类 | |
|---|---|---|---|---|---|---|---|---|
| | 零维模型 | 纵向一维模型 | 平面二维 | 垂向一维 | 立面二维 | 三维模型 | 稳态 | 非稳态 |
| 适用条件 | 水流交换作用较充分、污染物质分布基本均匀 | 污染物在断面上均匀混合的河道型水库 | 浅水湖库，垂向分层不明显 | 深水湖库，水平分布差异不明显，存在垂向分层 | 深水湖库，横向分布差异不明显，存在垂向分层 | 垂向及平面分布差异明显 | 流场恒定、源强稳定 | 流场不恒定或源强不稳定 |

③ 感潮河段、入海河口数学模型。污染物在断面上均匀混合的感潮河段、入海河口，可采用纵向一维非恒定数学模型，感潮河网区宜采用一维河网数学模型。浅水感潮河段和入海河口宜采用平面维非恒定数学模型。如感潮河段、入海河口的下边界难以确定，宜采用一、二维连接数学模型。

④ 近岸海域数学模型。近岸海域宜采用平面二维非恒定模型。如果评价海域的水流和水质分布在垂向上存在较大的差异（如排放口附近水域），宜采用三维数学模型。

（八）影响评价

水环境影响评价应满足以下要求。

（1）排放口所在水域形成的混合区，应限制在达标控制（考核）断面以外水域，且不得与已有排放口形成的混合区叠加，混合区外水域应满足水环境功能区或水功能区的水质目标要求。

（2）水环境功能区或水功能区、近岸海域环境功能区水质达标。说明建设项目对评价范围内的水环境功能区或水功能区、近岸海域环境功能区的水质影响特征，分析水环境功能区或水功能区、近岸海域环境功能区水质变化状况，在考虑叠加影响的情况下，评价建设项目建成以后各预测时期水环境功能区或水功能区、近岸海域环境功能区达标状况。涉及富营养化问题的，还应评价水温、水文要素、营养盐等变化特征与趋势，分析判断富营养化演变趋势。

（3）满足水环境保护目标水域水环境质量要求。评价水环境保护目标水域各预测时期的水质（包括水温）变化特征、影响程度与达标状况。

（4）水环境控制单元或断面水质达标。说明建设项目污染排放或水文要素变化对所在控制单元各预测时期的水质影响特征,在考虑叠加影响的情况下,分析水环境控制单元或断面的水质变化状况,评价建设项目建成以后水环境控制单元或断面在各预测时期下的水质达标状况。

(5) 满足重点水污染物排放总量控制指标要求,重点行业建设项目,主要污染物排放满足等量或减量替代要求。

(6) 满足区(流)域水环境质量改善目标要求。

(7) 水文要素影响型建设项目同时应包括水文情势变化评价、主要水文特征值影响评价、生态流量符合性评价。

(8) 对于新设或调整入河(湖库、近岸海域)排放口的建设项目,应包括排放口设置的环境合理性评价。

(9) 满足生态保护红线、水环境质量底线、资源利用上线和环境准入清单管理要求。

依托污水处理设施的环境可行性评价,主要从污水处理设施的日处理能力、处理工艺、设计进水水质、处理后的废水稳定达标排放情况及排放标准是否涵盖建设项目排放的有毒有害的特征水污染物等方面开展评价,满足依托的环境可行性要求。

(九) 环保措施

**1. 一般要求**

在建设项目污染控制治理措施与废水排放满足排放标准与环境管理要求的基础上,针对建设项目实施可能造成地表水环境不利影响的阶段、范围和程度,提出预防、治理、控制、补偿等环保措施或替代方案等内容,并制定监测计划。

水环境保护对策措施的论证应包括水环境保护措施的内容、规模及工艺、相应投资、实施计划,所采取措施的预期效果、达标可行性、经济技术可行性及可靠性分析等内容。

对水文要素影响型建设项目,应提出减缓水文情势影响,保障生态需水的环保措施。

**2. 水环境保护措施**

(1) 对建设项目可能产生的水污染物,需通过优化生产工艺和强化水资源的循环利用,提出减少污水产生量与排放量的环保措施,并对污水处理方案进行技术经济及环保论证比选,明确污水处理设施的位置、规模、处理工艺、主要构筑物或设备、处理效率,采取的污水处理方案要实现达标排放,满足总量控制指标要求,并对排放口设置及排放方式进行环保论证。

(2) 达标区建设项目选择废水处理措施或多方案比选时,应综合考虑成本和治理效果,选择可行技术方案。

(3) 不达标区建设项目选择废水处理措施或多方案比选时,应优先考虑治理效果,结合区(流)域水环境质量改善目标、替代源的削减方案实施情况,确保废水污染物达到最低排放强度和排放浓度。

(4) 对水文要素影响型建设项目,应考虑保护水域生境及水生态系统的水文条件及生态环境用水的基本需求,提出优化运行调度方案或下泄流量及过程,并明确相应的泄放保障措施与监控方案。

(5) 对于建设项目引起的水温变化可能对农业、渔业生产或鱼类繁殖与生长等产生不利影响,应提出水温影响减缓措施。对产生低温水影响的建设项目,对其取水与泄水建筑物的工程方案提出环保优化建议,可采取分层取水设施、合理利用水库洪水调度运行方式等。

对产生温排水影响的建设项目,可采取优化冷却方式减少排放量,可通过余热利用措施降低热污染强度,合理选择温排水口的布置和型式,控制高温区范围等。

# 三、水质模式

## (一)水质模式概述

### 1. 水质数学模式

水质数学模式(简称水质模式)是水体中污染物随空间和时间迁移转化规律的描述,是一个用于描述物质在水环境中的混合、迁移过程的数学方程,即描述水体中污染物与时间、空间的定量关系。污染物质在水体中的运动变化包括平流输移、分散作用输移、反应衰减、底泥与水体之间的相互作用、复氧等。综合描述上述水质运动变化的最基本方程为对流扩散方程。BOD 和 DO 是两个重要的水质指标,它们具有耦合关系,大多数水质模式以描述 BOD 和 DO 为中心。

水质模式通常涉及求解基本方程的技术,而其结果的可靠性不会超过所使用的方程的可靠性。它的求解一般采用有限差分法或有限元法等数值计算方法。水质模式的正确建立依赖对污染物在河流中迁移转化过程的认识及定量表达这些过程的能力。

### 2. 水质数学模式发展过程

水质模式的形成和发展大致可分为以下几个阶段。

(1) 1925—1960 年为水质模式发展的第一阶段(基础阶段)。在这一阶段中,水质模式的研究处于最初时期,斯特里特(Streeter)和菲尔普斯(Phelps)共同研究并提出了第一个水质模式(简称 S-P 模式),后来科学家在其基础上成功地运用 BOD-DO 模式于水质预测等方面。

(2) 1960—1965 年,水质模型在 S-P 模式的基础上有了新的发展,用于比较复杂的系统。空间变量、动力学系数、温度作为状态变量也被引入一维河流和水库模式,水库(湖泊)模式同时考虑了空气河水表面的热交换。水力学方程、平流扩散方程作为水质迁移过程的基本描述而被用于水质模式。第一个简单的模式(一维的稳态模式)开始在水质管理中应用。

(3) 1965—1970 年是第三阶段。不连续的一维模式扩展到包括输入源和丢失源。输入源和丢失源包括氮化物耗氧(NOD)、光合作用、藻类的呼吸等。一维的网络系统被用于描述两维的垂直混合体系。计算机的成功应用使水质数学模式的研究有了突破性的发展。

(4) 1970—1975 年,水质数学模式已发展到变成相互作用的线性化体系。生态水质模式的研究处于初级阶段,特别是初级生产率的动力学研究得到发展,其他较高水平的模式相继应用。有限元模式用于两维体系,有限差分技术也应用于水质模式的计算,更高维数的模式不断被研发。

(5) 在最近 40 多年中,科学家的注意力逐渐地移到改善模式的可靠性和评价能力的研究。水生生态系统的复杂性是许多生物问题的一个重要课题。水质模式的研究由单一组分的模式向较综合的模式发展。在该阶段中,水库、湖泊的富营养化模式研究已取得了可喜的进步。

目前,包括各种变量的更综合的水质模式正在研究中,二维的和三维的水质模式仍处于发展阶段。

**（二）水质模式的应用**

水质模式是用数学模式的方法来描述污染物进入天然水体后所产生稀释、扩散、自净的规律。因此,在应用水质模式对建设项目进行受纳水体的水质影响预测评价时,不仅需要考虑受纳水体的类型、进入水体的污染物种类、污染物进入水体后的混合均匀程度,还要考虑各类模式的使用条件,以期获得与实际情况较符合的预测结果。目前常用的预测模式主要是数学模式。理论上,污染物在水体中的迁移、转化过程要用三维水质模式预测描述,但实际常用的是零维模式、一维模式和二维模式。其中,一维模式常用于污染物浓度在断面上分布比较均匀的中小型河流水质预测;二维模式常用于污染物浓度在垂向比较均匀的水质预测;对于小型湖泊,可采用更简化的零维模式,即在该水体内污染物浓度是均匀分布的。

**（三）河流常用数学模式及其推荐**

**1. 持久性污染物**

**（1）充分混合段**

$$c = (c_p Q_p + c_h Q_h)/(Q_p + Q_h) \tag{4-1}$$

式中:$c$——河流水中某污染物浓度,mg/L;

　　$Q_p$——污水流量,m³/s;

　　$c_p$——污水中污染物浓度,mg/L;

　　$Q_h$——河流流量,m³/s;

　　$c_h$——河流上游污染物浓度,mg/L。

**（2）平直河流混合过程段**

岸边排放:

$$c(x,y) = c_h + \frac{c_p Q_p}{H\sqrt{\pi M_y x u}}\left\{\exp\left(-\frac{u y^2}{4 M_y x}\right) + \exp\left[-\frac{u(2B-y)^2}{4 M_y x}\right]\right\} \tag{4-2}$$

式中:$x$——预测点离排放点的纵向距离,m;

　　$y$——预测点离排放口的横向距离,m;

　　$c$——预测$(x,y)$处污染物的浓度,mg/L;

　　$c_p$——污水中污染物浓度,mg/L;

　　$Q_p$——污水流量,m³/s;

　　$c_h$——河流上游污染物浓度,mg/L;

　　$H$——河流平均水深,m;

　　$M_y$——河流横向混合系数,m²/s;

　　$u$——河流流速,m/s;

　　$B$——河流平均宽度,m;

非岸边排放:

$$c(x,y) = c_h + \frac{c_p Q_p}{2H\sqrt{\pi M_y x u}}\left\{\exp\left(-\frac{u y^2}{4 M_y x}\right) + \exp\left[-\frac{u(2a+y)^2}{4 M_y x}\right] + \exp\left[-\frac{u(2B-2a-y)^2}{4 M_y x}\right]\right\}$$

$$\tag{4-3}$$

式中:$a$——排放口到岸边的距离,m;

　　其余符号意义同上。

也可以采用弗-罗模式,式中 $\varepsilon$ 的确定:岸边排放取 1.0,河中心排放取 1.5,其他情况在 1.0~1.5 之间。$n$ 的确定见表 4-6。

$$c_N = \left( \frac{c_p}{N} + \frac{N-1}{N}c_h \right) \tag{4-4}$$

$$N = \frac{\gamma Q_h + Q_p}{Q_p} \tag{4-5}$$

$$\gamma = \frac{1 - \exp(-\beta x^{1/3})}{1 + \dfrac{Q_h}{Q_p}\exp(-\beta x^{1/3})} \tag{4-6}$$

$$\beta = 0.604\varepsilon\left( \frac{Hun}{R^{1/6}}Q_p \right)^{1/3} \tag{4-7}$$

式中:$c_N$——稀释倍数 $N$ 时计算断面的污染物平均浓度,mg/L;

$N$——稀释倍数;

$\gamma$——稀释比;

$\beta$——中间变量;

$\varepsilon$——排放口系数;

$R$——水力半径,m;

$n$——粗糙系数,或称糙率,$\mathrm{m}^{-1/3}\cdot\mathrm{s}$;

其余符号意义同上。

表 4-6　天然河道糙率($n$)

| 类型 | | 单式断面(或主槽)较高水部分 | | | 糙率 $n$ |
|------|---|---|---|---|---|
| | | 河段特征 | | | |
| | | 河床组成及床面特征 | 平面形态及水流流态 | 岸壁特征 | |
| I | | 河床为砂质组成,床面较平整 | 河段顺直,断面规整,水流通畅 | 两侧岸壁为水土质或土砂质,形状较整齐 | 0.020~0.024 |
| II | | 河床为岩板,砂砾石或卵石组成,床面较平整 | 河段顺直,断面规整,水流通畅 | 两侧岸壁为土砂或石质,形状较整齐 | 0.022~0.026 |
| III | 1 | 砂质河床,河底不太平顺 | 上游顺直,下游接缓弯,水流不够通畅,有局部回流 | 两侧岸壁为黄土,长有杂草 | 0.025~0.029 |
| | 2 | 河底为砂砾或卵石组成,底坡较均匀,床面尚平整 | 河段顺直段较长,断面较规整,水流较通畅,基本上无死水、斜流或回流 | 两侧岸壁为土砂,岩石,略有杂草、小树,形状较整齐 | 0.025~0.029 |

续表

| 单式断面(或主槽)较高水部分 | | | | |
|---|---|---|---|---|
| 类型 | 河段特征 | | | 糙率 $n$ |
| | 河床组成及床面特征 | 平面形态及水流流态 | 岸壁特征 | |
| Ⅳ 1 | 细砂,河底中有稀疏水草或水生植物 | 河段不够顺直,上下游附近弯曲,有挑水坝,水流不顺畅 | 土质岸壁,一岸坍塌严重,为锯齿状,长有稀疏杂草及灌木;一岸坍塌,长有稠密杂草或芦苇 | 0.030~0.034 |
| Ⅳ 2 | 河床为砾石或卵石组成,底坡尚均匀,床面不平整 | 顺直段距上弯道不远,断面尚规整,水流尚通畅,斜流或回流不甚明显 | 一侧岸壁为石质,陡坡,形状尚整齐,另一侧岸壁为砂土,略有杂草,小树,形状较整齐 | 0.030~0.034 |
| Ⅴ | 河底为卵石,块石组成,间有大漂石,底坡尚均匀,床面不平整 | 顺直段夹于两弯道之间,距离不远,断面尚规整,水流显出斜流,回流或死水现象 | 两侧岸壁均为石质,陡坡,长有杂草,树木,形状尚整齐 | 0.035~0.040 |
| Ⅵ | 河床为卵石,块石,乱石或大块石,大乱石及大孤石组成,床面不平整,底坡有凹凸状 | 河段不顺直,上下游有急弯,或下游有急滩,深坑等;河段处于S形顺直段,不整齐,有阻塞或岩溶情况发育;水流不通畅,有斜流、回流、旋涡、死水现象;河段上游为弯道或为两河汇口,落差大,水流急,河中有严重阻塞,或两侧有深入河中的岩石,伴有深潭或有回流等;上游为弯道,河段不顺直,水行于深槽峡谷间,多阻塞,水流湍急,水深较大 | 两侧岸壁为岩石及砂土,长有杂草,树木,形状尚整齐;两侧岸壁为石质砂夹乱石,风化页岩,崎岖不平整,上面生长杂草,树木 | 0.04~0.10 |

续表

| 滩地部分 | | | | |
|---|---|---|---|---|
| 类型 | 滩地特征描述 | | | 糙率 n |
| | 平纵横形态 | 床质 | 植被 | 变化幅度 | 平均值 |
| I | 平面顺直,纵断平顺,横向整齐 | 土,砂质,淤泥 | 基本上无植物或为已收割的麦地 | 0.026~0.038 | 0.030 |
| II | 平面,纵面,横面尚顺直整齐 | 土,砂质 | 稀疏杂草,杂树或矮小农作物 | 0.030~0.050 | 0.040 |
| III | 平面,纵面,横面尚顺直整齐 | 沙砾,卵石滩,或为土,砂质 | 稀疏杂草,小杂树,或种有高秆作物 | 0.040~0.060 | 0.050 |
| IV | 上下游有缓弯,纵面,横面尚平坦,但有束水作用,水流不通畅 | 土,砂质 | 种有农作物,或有稀疏树林 | 0.050~0.070 | 0.060 |
| V | 平面不通畅,纵面,横面起伏不平 | 土,砂质 | 有杂草,杂树,或为水稻田 | 0.060~0.090 | 0.075 |
| VI | 平面尚顺直,纵面,横面起伏不平,不洼地,土埂等 | 土,砂质 | 长满中密的杂草及农作物 | 0.080~0.120 | 0.100 |
| VII | 平面不通畅,纵面,横面起伏不平,不洼地,土埂等 | 土,砂质 | 3/4 地带长满茂密的杂草,灌木 | 0.011~0.160 | 0.130 |
| VIII | 平面不通畅,纵面,横面起伏不平,不洼地,土埂阻塞物 | 土,砂质 | 全断面有稠密的植被,芦柴或其他植物 | 0.160~0.200 | 0.180 |

天然河道糙率表内均列有三个方面的影响因素,河道糙率是三个方面因素的综合作用结果。当实际情况与上表组合有变化时,糙率值应适当变化。

上表只适用于稳定河道。对于含砂量大的冲淤变化较严重的砂质河床,由于其糙率有特殊性,此表未能包括其特殊性,所以不宜用此表。

上表中的第VI类糙率是很大的,超出了一般河道的糙率,这种河段的水流实质上已为非均匀流,所列糙率值已把局部损失包括在内,所以糙率大。上述糙率资料中,糙率 n 超过 0.04 的只有长江上游 8 个站和铁路、公路部门的糙率类型编号中的西南地区有 8 个,以及中南华东地区 1 个,为数都是很少的,在使用此糙率表时应予以注意。

影响滩地糙率很重要的一个因素是植物,植物对水流的影响和水深与植物高度比有着密切的关系,表中没有反映此种关系,在应用时应注意。

（3）弯曲河流混合过程段

弯曲河流混合过程段建议采用稳态混合累积流量模式。

岸边排放：

$$c(x,q) = c_h + \frac{c_p Q_p}{\sqrt{\pi M_q x}} \left\{ \exp\left(-\frac{q^2}{4M_q x}\right) + \exp\left[-\frac{(2Q_h - q)^2}{4M_q x}\right] \right\} \quad (4-8)$$

式中：$q$——累积流量，$m^3/s$；

$M_q$——累积流量坐标系下的横向混合系数，$m^2/s$；

其余符号意义同上。

非岸边排放：

$$c(x,q) = c_h + \frac{c_p Q_p}{2\sqrt{\pi M_q x}} \left\{ \exp\left(-\frac{q^2}{4M_q x}\right) + \exp\left[-\frac{(2aHu + q)^2}{4M_q x}\right] + \exp\left[-\frac{(2Q_h - 2aHu - q)^2}{4M_q x}\right] \right\}$$

$$(4-9)$$

式中：$q = Huy$，$M_q = H^2 u M_y$，其余符号意义同上。

（4）沉降作用明显的河流

这类河流目前尚无通用成熟的模式。混合过程段可以近似采用非持久性污染物的相应模式，但注意应将 $K_1$ 改为 $K_3$；充分混合段可以近似采用托马斯（Thomas）模式，但模式中的 $K_1$ 为零。上述各式中的 $K_3$ 均可采用 $K_1$ 的确定方法：一、二级评价采用多点法或多参数优化法；三级评价采用两点法。其他参数确定均可近似采用沉降作用不明显河流相应的方法。

**2. 非持久性污染物**

（1）充分混合段

充分混合段建议采用斯特里特-菲尔普斯（S-P）模式。

$$c = c_0 \exp\left(-K_1 \frac{x}{86\ 400u}\right) \quad (4-10)$$

$$D = \frac{K_1 c_0}{K_2 - K_1}\left[\exp\left(-K_1 \frac{x}{86\ 400u}\right) - \exp\left(-K_2 \frac{x}{86\ 400u}\right)\right] + D_0 \exp\left(-K_2 \frac{x}{86\ 400u}\right) \quad (4-11)$$

$$x_c = \frac{86\ 400u}{K_2 - K_1} \ln\left[\frac{K_2}{K_1}\left(1 - \frac{D_0}{c_0}\frac{K_2 - K_1}{K_1}\right)\right] \quad (4-12)$$

$$c_0 = (c_p Q_p + c_h Q_h)/(Q_p + Q_h) \quad (4-13)$$

$$D_0 = (D_p Q_p + D_h Q_h)/(Q_p + Q_h) \quad (4-14)$$

式中：$c$——污染物浓度，$mg/L$；

$c_0$——起始断面水质浓度，$mg/L$；

$K_1$——耗氧系数，$1/d$；

$K_2$——复氧系数，$1/d$；

$D$——亏氧量，$mg/L$；

$D_0$——计算初始断面亏氧量，$mg/L$；

$x_c$——最大亏氧点到计算初始点的距离，$m$；

$D_p$——排放废水中的亏氧量，$mg/L$；

其余符号意义同上。

（2）平直河流混合过程段

① 二维稳态混合衰减模式

岸边排放：

$$c(x,y) = \exp\left(-K_1 \frac{x}{86\,400u}\right) \left\{ c_h + \frac{c_p Q_p}{H\sqrt{\pi M_y xu}} \left[ \exp\left(-\frac{uy^2}{4M_y x}\right) + \exp\left(-\frac{u(2B-y)^2}{4M_y x}\right) \right] \right\}$$

(4-15)

式中符号意义同上。

非岸边排放：

$$c(x,y) = \exp\left(-K_1 \frac{x}{86\,400u}\right) \left\{ c_h + \frac{c_p Q_p}{2H\sqrt{\pi M_y xu}} \left[ \begin{array}{l} \exp\left(-\frac{uy^2}{4M_y x}\right) + \exp\left(-\frac{u(2a+y)^2}{4M_y x}\right) \\ + \exp\left(-\frac{u(2B-2a-y)^2}{4M_y x}\right) \end{array} \right] \right\}$$

(4-16)

式中符号意义同上。

② 弗-罗衰减模式：

$$c_N = \left( \frac{c_p}{N} + \frac{N-1}{N} c_h \right) \exp\left(-K_1 \frac{x}{86\,400u}\right)$$

(4-17)

$$N = \frac{\gamma Q_h + Q_p}{Q_p}$$

(4-18)

$$\gamma = \frac{1 - \exp(-\beta x^{1/3})}{1 + \dfrac{Q_h}{Q_p} \exp(-\beta x^{1/3})}$$

(4-19)

$$\beta = 0.604\varepsilon \left( \frac{Hun}{R^{1/6} Q_p} \right)^{1/3}$$

(4-20)

式中符号意义同上。

（3）弯曲河流混合过程段

弯曲河流混合过程段建议采用稳态混合衰减累积流量模式。

岸边排放：

$$c(x,q) = \exp\left(-K_1 \frac{x}{86\,400u}\right) \left\{ c_h + \frac{c_p Q_p}{\sqrt{\pi M_q x}} \left\{ \exp\left(-\frac{q^2}{4M_q x}\right) + \exp\left[-\frac{(2Q_h-q)^2}{4M_q x}\right] \right\} \right\}$$

(4-21)

式中符号意义同上。

非岸边排放：

$$c(x,q) = \exp\left(-K_1 \frac{x}{86\,400u}\right) \left\{ c_h + \frac{c_p Q_p}{2\sqrt{\pi M_q x}} \left\{ \begin{array}{l} \exp\left(-\frac{q^2}{4M_q x}\right) + \exp\left[-\frac{(2aHu+q)^2}{4M_q x}\right] \\ + \exp\left[-\frac{(2Q_h-2aHu-q)^2}{4M_q x}\right] \end{array} \right\} \right\}$$

(4-22)

式中：$q = Huy$，$M_q = H^2 u M_y$，其余符号意义同上。

（4）沉降作用明显的河流

这类河流目前尚无通用、成熟的模式。混合过程段可以近似采用沉降作用不明显河流相应的预测模式,但注意应将 $K_1$ 改为综合消减系数 $K$。

充分混合段可以采用托马斯模式。当预测的参数不包括溶解氧时,可以采用确定 $K_1$ 的方法确定 $K_1+K_3$。

托马斯模式:

$$c = \exp\left[-(K_1+K_3)\frac{x}{86\ 400u}\right] \tag{4-23}$$

$$D = \frac{K_1 c_0}{K_2-(K_1+K_3)}\left\{\begin{array}{l}\exp\left[-(K_1+K_3)\dfrac{x}{86\ 400u}\right]\\[2mm]-\exp\left[-K_2\dfrac{x}{86\ 400u}\right]\end{array}\right\}+D_0\exp\left[-K_2\frac{x}{86\ 400u}\right] \tag{4-24}$$

式中:$K_3$——沉降系数,$1/\mathrm{d}$;

其余符号意义同上。

$$x_c = \frac{u}{K_2-(K_1+K_3)}\ln\left[\frac{K_2}{K_1+K_3}+\frac{K_2(K_1+K_3-K_2)D_0}{K_1(K_1+K_3)c_0}\right] \tag{4-25}$$

$$c_0 = (c_0 Q_p + c_h Q_h)/(Q_p+Q_h) \tag{4-26}$$

$$D_0 = (D_0 Q_p + D_h Q_h)/(Q_p+Q_h) \tag{4-27}$$

式中符号意义同上。

**3. 酸碱污染物（以 pH 表示）**

（1）充分混合段

建议一、二、三级均可以采用河流 pH 模式。其中 $K_{a1}$ 的值见表 4-7。

表 4-7 碳酸一级平衡常数 $K_{a1}$

| 温度/℃ | 0 | 5 | 10 | 15 | 20 | 25 | 30 | 40 |
|---|---|---|---|---|---|---|---|---|
| $K\times10$ | 2.65 | 3.04 | 3.43 | 3.80 | 4.15 | 4.45 | 4.71 | 5.06 |

河流 pH 模式:

① 排放酸性物质

$$\mathrm{pH} = \mathrm{pH}_h + \lg\left[\frac{c_{bh}(Q_p+Q_h)-c_{bp}Q_p}{c_{bh}(Q_p+Q_h)+Q_p c_{ap}K_{a1}\cdot10\mathrm{pH}_h}\right] \tag{4-28}$$

式中:pH——氢离子浓度的负对数;

pH$_h$——河流上游现状 pH;

$c_{bh}$——河流上游水体中的碱度,mgN/L;

$c_{bp}$——排放废水中的碱度,mgN/L;

$K_{a1}$——碳酸一级平衡常数;

其余符号意义同上。

② 排放碱性物质(本式适用于 pH≤9 的情况)

$$pH = pH_h + lg\left[\frac{c_{bh}(Q_p+Q_h)+c_{bp}Q_p}{c_{bh}(Q_p+Q_h)-Q_p c_{bp}K_{a1} \cdot 10^{pH_h}}\right] \qquad (4-29)$$

式中符号意义同上。

（2）混合过程段

目前尚没有预测混合过程段 pH 的模式。当受纳水体水质要求较高时可按下述方法预测：假设拟排入的酸碱污染物在河流中只有混合作用,则可按照持久性污染物模式预测混合过程段各点的该酸碱物的浓度,然后通过室内试验找出该污染物浓度与 pH 的关系曲线,最后根据各点污染物的计算浓度查曲线以近似求得相应点的 pH。

**4. 废热**

（1）充分混合段

一、二、三级均可以采用一维日均水温模式。其中 $H_s$ 可以采用日射强度计在拟预测水温季节的正常天气情况下两三天实测的平均值或当地有关部门提供的数值。

一维日均水温模式：

$$T = T_e + (T_0 - T_e)\exp\left(-\frac{K_{TS}x}{\rho c_p H u}\right) \qquad (4-30)$$

$$T_e = T_d + \frac{H_s}{K_{TS}} \qquad (4-31)$$

$$T_0 = T_h + \frac{Q_p(T_p - T_h)}{Q_h + Q_p} \qquad (4-32)$$

$$K_{TS} = 15.7 + [0.515 - 0.00425(T_s - T_d) + 0.000051(T_s - T_d)^2](70 + 0.7W_z^2) \qquad (4-33)$$

式中：$T$——水温,℃；

　　$T_e$——平衡水温,℃；

　　$T_0$——计算初始断面水温,℃；

　　$K_{TS}$——表面热交换系数,W/(m·℃)；

　　$\rho$——水的密度,kg/m³；

　　$H_s$——太阳短波辐射,W/m²；

　　$T_h$——河流上游水温,℃；

　　$W_z$——水面上 10 m 高处的风速,m/s；

　　$T_d$——露点温度,℃；

　　$T_s$——表面水温,℃；

其余符号意义同上。

（2）混合过程段

目前尚无成熟的简单模式。一、二级可参考水电部门采用的方法。

**（四）河口数学模式及其推荐**

这里的河口特指河流感潮段,其他形成的河口预测计算问题分别参见河流、湖库或海湾相关模式。

**1. 持久性污染物**

（1）充分混合段

① 一维非恒定方程数值模式（偏心差分解法）微分方程：

$$\begin{cases} \dfrac{\partial z}{\partial t} + \dfrac{1}{B}\,\dfrac{\partial Q_h}{\partial x} = 0 \\[3mm] \dfrac{\partial Q_h}{\partial t} + 2u\,\dfrac{\partial Q_h}{\partial x} + Fg\,\dfrac{\partial z}{\partial x} = u^2\,\dfrac{\partial F}{\partial x} - g\,\dfrac{|Q_h|Q_h}{C_z^2 h} \end{cases} \tag{4-34}$$

式中：$z$——$z$ 方向坐标值，m；

$\quad t$——时间，s；

$\quad B$——河流宽度，m；

$\quad Q_h$——河流流量，$m^3/s$；

$\quad x$——$x$ 轴方向坐标值，m；

$\quad u$——$x$ 轴方向流速，m/s；

$\quad F$——过水断面面积，$m^2$；

$\quad g$——重力加速度，$m/s^2$；

$\quad C_z$——谢才系数，$m^{1/2}/s$；

$\quad h$——某点平均水面到水底的深度，m。

边界条件：上下边界可以输入强制水位。

② 一维动态混合模式微分方程：

$$\frac{\partial c}{\partial t} + u\,\frac{\partial c}{\partial x} = \frac{1}{F}\,\frac{\partial}{\partial t}\left(FM_1\frac{\partial c}{\partial x}\right) + S_p \tag{4-35}$$

式中：$M_1$——断面纵向混合系数，$m^2/s$；

$\quad S_p$——污染源强，mg；

其余符号意义同上。

初值和边界条件可以根据实际情况确定。

源强：

$$S_{pi}^{(l)} = \begin{cases} \dfrac{c_p Q_p}{\Delta x B (z+h)_i^{(l)}} & \text{排放口} \\[3mm] 0 & \text{非排放口} \end{cases} \tag{4-36}$$

式中：$(l)$——时间序列编号；

$\quad i$——$x$ 轴方向位置标号；

$\quad \Delta x$——$x$ 轴方向的步长，m；

其余符号意义同上。

③ 欧康那河口模式

自均匀河口上溯时（$x<0$，自 $x=0$ 处排入）：

$$c = c_h + \frac{c_p Q_p}{Q_h + Q_p}\exp\left(\frac{u}{M_1}x\right) \tag{4-37}$$

式中符号意义同上。

自均匀河口下泄时($x>0$)：

$$c = \frac{c_p Q_p + c_h Q_h}{Q_h + Q_p} \qquad (4-38)$$

式中符号意义同上。

（2）混合过程段

二维动态混合数值模式微分方程：

$$\frac{\partial c}{\partial t} + u\frac{\partial c}{\partial x} = M_x\frac{\partial^2 c}{\partial x^2} + M_y\frac{\partial^2 c}{\partial y^2} \qquad (4-39)$$

式中：$M_x$——纵向混合系数；其余符号意义同上。

初值：$c_{0,j}^{(l)}$，$c_{i,j}^0 = c_h$；边界条件：$c_{i,0}^{(l)} = c_{i,2}^{(l)}$，$c_{i,N+1}^{(l)} = c_{i,N-1}^{(l)}$，$c_{M+1,j}^{(l)} = c_{M,j}^{(l)}$。

**2. 非持久性污染物**

（1）充分混合段

① 一维动态混合衰减模式微分方程：

$$\frac{\partial c}{\partial t} + u\frac{\partial c}{\partial x} = \frac{1}{F}\frac{\partial}{\partial x}\left(FM_1\frac{\partial c}{\partial x}\right) - K_1 c + S_p \qquad (4-40)$$

式中符号意义同上。

② 欧康那河口衰减模式

A. 均匀河口

上溯（$x<0$，自 $x=0$ 处排入）：

$$c = \frac{c_p Q_p}{(Q_h + Q_p)M}\exp\left[\frac{ux}{2M_1}(1+M)\right] + c_h \qquad (4-41)$$

式中符号意义同上。

下泄（$x>0$）：

$$c = \frac{c_p Q_p}{(Q_h + Q_p)M}\exp\left[\frac{ux}{2M_1}(1-M)\right] + c_h \qquad (4-42)$$

$$M = (1 + 4K_1 M_1/u^2)^{1/2} \qquad (4-43)$$

式中符号意义同上。

B. 断面面积与距离成正比（即 $F = x \cdot F_0/x_0$）的河口

$x < x_0$ 时：

$$c = \frac{c_p Q_p x_0}{F_0 M_1}N_E\left[x_0\sqrt{\frac{K_1}{M_1}}\right]J_E\left[x\sqrt{\frac{K_1}{M_1}}\left(\frac{x}{x_0}\right)^E\right] + c_h \qquad (4-44)$$

式中：$F_0$——$x=x_0$ 时的河流断面面积，$m^2$；

$N_E$——第二类 $E$ 阶贝塞尔函数；

$J_E$——第一类 $E$ 阶贝塞尔函数；

其余符号意义同上。

$x > x_0$ 时：

$$c = \frac{c_p Q_p x_0}{F_0 M_1}J_E\left[x_0\sqrt{\frac{K_1}{M_1}}\right]N_E\left[x\sqrt{\frac{K_1}{M_1}}\left(\frac{x}{x_0}\right)^E\right] + c_h \qquad (4-45)$$

式中：$E=\dfrac{Q_{\rm h}x_0}{2F_0M_1}$，符号意义同上。

（2）混合过程段

二维动态混合衰减数值模式微分方程：

$$\frac{\partial c}{\partial t}+u\frac{\partial c}{\partial x}=M_x\frac{\partial^2 c}{\partial x^2}+M_y\frac{\partial^2 c}{\partial y^2}-K_1c \tag{4-46}$$

初值：$c_{0,j}^{(l)}$，$c_{i,j}^0=c_{\rm h}$；边界条件：$c_{i,0}^{(l)}=c_{i,2}^{(l)}$，$c_{i,N+1}^{(l)}=c_{i,N-1}^{(l)}$，$c_{M+1,j}^{(l)}=c_{M,j}^{(l)}$。

式中符号意义同上。

**3. 酸碱污染物（以 pH 表示）**

可以采用河流相应情况模式预测潮周平均、高潮平均和低潮平均水质。

**4. 废热（以水温表示）**

可以采用河流一维日均温度模式近似地估算潮周平均、高潮平均和低潮平均的温度情况，或参照河流相关模式处理。

（五）湖泊水库数学模式及其推荐

**1. 持久性污染物**

（1）小湖（库）

建议一、二、三级均采用湖泊完全混合平衡模式：

$$c=\frac{W_0+c_{\rm p}Q_{\rm p}}{Q_{\rm h}}+\left(c_{\rm h}-\frac{W_0+c_{\rm p}Q_{\rm p}}{Q_{\rm h}}\right)\exp\left(-\frac{Q_{\rm h}}{V}t\right) \tag{4-47}$$

式中：$W_0$——湖（库）中现有污染物的排放量，g/s；

$V$——湖水体积，$\rm m^3$；

其余符号意义同上。

平衡时：$c=(W_0+c_{\rm p}Q_{\rm p})/Q_{\rm h}$。

（2）无风时的大湖（库）

一、二、三级均可采用卡拉乌舍夫模式。其中 $\phi$ 可根据湖（库）的岸边形状和水流情况确定，湖心排放取 $2\pi$ 弧度，平直岸边取 $\pi$ 弧度；$r_0$ 可选离排放口充分远的某点，建设项目对该点水质的影响可以忽略不计；$c_{r_0}$ 可以取 $r_0$ 的现状值。

卡拉乌舍夫模式：

$$c_r=c_{\rm p}-(c_{\rm p}-c_{r_0})\left(\frac{r}{r_0}\right)^{Q_{\rm p}/\Phi HM_r} \tag{4-48}$$

式中：$c_r$——污染物弧面平均浓度，mg/L；

$c_{r_0}$——$r$ 点的污染物已知浓度，mg/L；

$r$——极坐标系中的径向坐标，m；

$r_0$——极坐标系中某已知点到排放口的距离，m；

$\phi$——混合角度，弧度（rad）；

$M_r$——径向混合系数，$\rm m^2/s$；

其余符号意义同上。

（3）近岸环流显著的大湖（库）

一、二、三级可以采用湖泊环流二维稳态混合模式。其中 $M_y$ 的确定可以近似采用爱尔德-兰德茨(Elder-Leendertse,简称爱-兰)法。

湖泊环流二维稳态混合模式:

① 岸边排放:

$$c(x,y) = c_h + \frac{c_p Q_p}{H\sqrt{\pi M_y x u}} \exp\left(-\frac{uy^2}{4M_y x}\right) \tag{4-49}$$

式中符号意义同上。

② 非岸边排放:

$$c(x,y) = c_h + \frac{c_p Q_p}{2H\sqrt{\pi M_y x u}} \left\{ \exp\left(-\frac{uy^2}{4M_y x}\right) + \exp\left(-\frac{u(2a+y)^2}{4M_y x}\right) \right\} \tag{4-50}$$

式中符号意义同上。

(4) 分层湖(库)

一、二、三级均可采用分层湖(库)集总参数模式:

① 分层期($0<t/86\ 400<t_1$):

$$c_{E(l)} = c_{PE} - (c_{PE} - c_{M(l-1)}) \exp\left(-\frac{Q_{PE}t}{V_E}\right) \tag{4-51}$$

$$c_{H(l)} = c_{PH} - (c_{PH} - c_{M(l-1)}) \exp\left(-\frac{Q_{PH}t}{V_H}\right) \tag{4-52}$$

式中: $c_{M(0)} = c_h$;

$t_1$——成层期天数,d;

$c_E$——分层湖(库)上层的平均浓度,mg/L;

$c_{PE}$——向分层湖(库)上层排放的污染物浓度,mg/L;

$c_M$——分层湖(库)非成层期污染物平均浓度,mg/L;

$Q_{PE}$——排入分层湖(库)上层的废水量,m³/s;

$V_E$——分层湖(库)上层体积,m³;

$c_H$——分层湖(库)下层的平均浓度,mg/L;

$c_{PH}$——向分层湖(库)下层排放的污染物浓度,mg/L;

$Q_{PH}$——排入分层湖(库)下层的废水量,m³/s;

$V_H$——分层湖(库)下层体积,m³;

其余符号意义同上。

翻转时上下两层瞬时完全混合:

$$c_{T(l)} = \frac{c_{E(l)} V_E + c_{H(l)} V_H}{V_E + V_H} \tag{4-53}$$

式中: $c_T$——分层湖库上、下层混合后的污染物平均浓度,mg/L;

其余符号意义同上。

② 非分层期($t_1<t/86\ 400<t_2$):

$$c_{M(l)} = c_P - (c_P - c_{T(l)}) \exp\left(-\frac{Q_P(t-t_1)}{V}\right) \tag{4-54}$$

式中: $t_2$——自成层期到非成层期结束的天数,d;

其余符号意义同上。

**2. 非持久性污染物**

（1）小湖（库）

一、二、三级均可采用湖泊完全混合模式。

湖泊完全混合衰减模式：

$$c = \frac{W_0 + c_p Q_p}{V K_h} + \left( c_h - \frac{W_0 + c_p Q_p}{V K_h} \right) \exp(-K_h t) \tag{4-55}$$

平衡时：

$$c = \frac{(W_0 + c_p Q_p)}{V K_h} \tag{4-56}$$

$$K_h = \frac{Q_h}{V} + \frac{K_1}{86\,400} \tag{4-57}$$

式中：$K_h$——中间变量；

其余符号意义同上。

（2）无风时的大湖（库）

一、二、三级均可采用湖泊推流衰减模式。其中 $\Phi$ 可根据湖（库）岸边形状和水流状况确定，中心排放取 $2\pi$ 弧度，平直岸边取 $\pi$ 弧度；$K_1$ 的确定同小湖（库）模式。

湖泊推流衰减模式：

$$c_r = c_p \exp\left( -\frac{K_1 \Phi H r^2}{172\,800 Q_p} \right) + c_h \tag{4-58}$$

式中符号意义同上。

（3）近岸环流显著的大湖（库）

一、二、三级均可采用湖泊环流二维稳态混合衰减模式，其中 $M_y$ 的确定可以近似采用爱-兰法；$K_1$ 的确定同小湖（库）模式。

湖泊环流二维稳态混合衰减模式：

岸边排放：

$$c(x,y) = \left[ c_h + \frac{c_p Q_p}{H\sqrt{\pi M_y x u}} \exp\left( -\frac{u y^2}{4 M_y x} \right) \right] \exp\left( -K_1 \frac{x}{86\,400 u} \right) \tag{4-59}$$

非岸边排放：

$$c(x,y) = \left\{ c_h + \frac{c_p Q_p}{2H\sqrt{\pi M_y x u}} \left[ \exp\left( -\frac{u y^2}{4 M_y x} \right) + \exp\left( -\frac{u(2a+y)^2}{4 M_y x} \right) \right] \right\} \exp\left( -K_1 \frac{x}{86\,400 u} \right) \tag{4-60}$$

（4）分层湖（库）

一、二、三级均可采用分层湖集总参数衰减模式。其中 $K_1$ 的确定同小湖（库）模式。

分层湖集总参数衰减模式：

① 分层期（$0 < t / 86\,400 < t_1$）

$$c_{E(l)} = \frac{c_{PE} Q_{PE} / V_E}{K_{hE}} - \frac{(c_{PE} Q_{PE} / V_E - K_{hE} c_{M(l-1)})}{K_{hE}} \exp(-K_{hE} t) \tag{4-61}$$

$$c_{H(l)} = \frac{c_{PH}Q_{PH}/V_E}{K_{hE}} - \frac{(c_{PH}Q_{PH}/V_E - K_{hE}c_{M(l-1)})}{K_{hE}}\exp(-K_{hH}t) \tag{4-62}$$

$$K_{hE} = \frac{Q_{PE}}{V_E} + \frac{K_1}{86\,400} \tag{4-63}$$

$$K_{hH} = \frac{Q_{PH}}{V_H} + \frac{K_1}{86\,400} \tag{4-64}$$

式中:$K_{hE}$、$K_{hH}$——中间变量;

其余符号意义同上。

翻转时上下两层瞬时完全混合:

$$c_{T(l)} = \frac{c_{E(l)}V_E + c_{H(l)}V_H}{V_E + V_H} \tag{4-65}$$

式中符号意义同上。

② 非成层期($t_1 < t/86\,400 < t_2$)

$$c_{M(l)} = \frac{c_pQ_p/V}{K_h} - \frac{(c_pQ_p/V - K_hc_{T(l)})}{K_h}\exp(-K_ht) \tag{4-66}$$

式中:$c_{M(0)} = c_h$,$K_h = \dfrac{Q_p}{V} + \dfrac{K_1}{86\,400}$,式中符号意义同上。

(5) 顶端入口附近排入废水的狭长湖(库)

一、二、三级均可采用狭长湖移流衰减模式。其中 $K_1$ 的确定:一级可以采用多点法,二级可以采用多点法或两点法,三级可以采用两点法。如湖水流速过小时,一、二、三级均可采用实验室测定法求 $K_1$。

狭长湖移流衰减模式:

$$c_1 = \frac{c_pQ_p}{Q_h}\exp\left(-K_1\frac{V}{86\,400Q_h}\right) + c_h \tag{4-67}$$

式中符号意义同上。

(6) 循环利用湖水的小湖(库)

一、二、三级均可采用部分混合水质模式。其中 $K_1$ 可采用实验室测定法确定,三级也可以采用类比调查法。

部分混合水质模式:

$$c = \frac{c_pR_c}{(R_c+1)\exp\left(\dfrac{K_1V}{86\,400Q_c(R_c+1)}\right) - 1} + c_h \tag{4-68}$$

式中:$R_c = Q_p/Q_c$,其余符号意义同上。

**3. 酸碱污染物(以 pH 表示)**

目前尚无通用成熟的数学模式。小湖可以近似采用河流 pH 模式;大湖(库)和近岸环流显著的大湖(库)可以按下述方法预测 pH:首先假设拟排入的酸碱污染物在湖(库)中只有混合作用并按照湖泊持久性污染物相关模式预测该污染物在湖(库)各点的浓度,然后通过室内试验找出该污染物浓度与 pH 的关系曲线,最后根据各点浓度查曲线近似求得该点的 pH。

### （六）海湾数学模式及其推荐

**1. 持久性污染物**

一、二级评价建议采用 ADI 潮流模式计算流场,采用 ADI 水质模式预测水质;也可以采用特征理论模式计算流场,采用特征理论水质模式预测水质,其中 $M_x$、$M_y$ 的确定可以采用爱-兰法。

三级评价建议采用约瑟夫-新德那(Joseph-Sendner,简称约-新)模式。其中 $\Phi$ 可以根据海岸形状和水流情况确定:远海排放取 $2\pi$ 弧度,平直海岸岸边排放取 $\pi$ 弧度;$d$ 可以参考表 4-8 确定;$M_v$ 一般可取 $0.010\pm0.005$ m/s,近岸可取 $0.005$ m/s。

表 4-8    混合深度 $d$ 的参考数据

| 海域 | 近岸 | 大河口、港口 | 离岸 2~25 km | 大陆架 |
|------|------|------------|-------------|--------|
| $d$/m | 2 | 2~6 | 2~10 | ≥10 |

**2. 非持久性污染物**

由于海湾中非持久性污染物的衰减作用远小于混合作用,所以不同评价等级时,均可近似采用持久性污染物的相应模式预测。

**3. 酸碱污染物(以 pH 表示)**

目前尚无通用成熟的数学模式。可以按下述方法预测海湾的 pH:首先假设拟排入的酸碱污染物只有混合作用,并按照海湾持久性污染物相关模式预测该污染物各点的浓度,然后通过室内试验找出该污染物浓度与 pH 的关系曲线,最后根据某点该污染物的浓度查曲线,即可近似求得该点的 pH。

**4. 废热(以水温表示)**

一级评价可以采用特征理论潮流模式计算流场,采用特征理论温度模式预测水温。其中 $M_x$、$M_y$ 的确定可以采用爱-兰法。

二级评价废水量较大且温度较高时,可以采用与一级相同的方法预测水温;废水量较小,温度较低时,可以采用与三级相同的方法。

三级评价可以采用类比调查法分析废热对海湾水温的影响。

**5. ADI 潮流模式**

微分方程:

$$\begin{cases} \dfrac{\partial z}{\partial t}+\dfrac{\partial}{\partial t}\left[(h+z)u\right]+\dfrac{\partial}{\partial y}\left[(h+z)v\right]=0 \\[2mm] \dfrac{\partial u}{\partial t}+u\dfrac{\partial u}{\partial x}+v\dfrac{\partial u}{\partial y}-fv+g\dfrac{\partial z}{\partial x}+g\dfrac{u(u^2+v^2)^{1/2}}{C_z^2(h+z)}=0 \\[2mm] \dfrac{\partial v}{\partial t}+u\dfrac{\partial v}{\partial x}+v\dfrac{\partial v}{\partial y}+fu+g\dfrac{\partial z}{\partial y}+g\dfrac{v(u^2+v^2)^{1/2}}{C_z^2(h+z)} \end{cases} \qquad (4\text{-}69)$$

式中:$v$——$y$ 方向的流速,m/s;

$f$——科氏参数,$s^{-1}$;

其余符号意义同上。

（1）初值

可以自零开始,也可以利用过去的计算结果或实测值直接输入计算。

（2）边界条件

陆边界:边界的法线方向流速为零。

水边界:可以输入据开边界上已知潮汐调和常数的水位表达式或边界点上的实测水位过程。

有水量流入的水边界:当流量较大时,边界点的连续方程应增加 $\dfrac{\Delta t Q_{\mathrm{h}i}}{2\Delta x\Delta y}$ 项;当流量较小时可以忽略。

**6. ADI 潮混合模式**

微分方程:

$$\frac{\partial\left[(h+z)c\right]}{\partial t}+\frac{\partial\left[(h+z)uc\right]}{\partial x}+\frac{\partial\left[(h+z)vc\right]}{\partial y}$$

$$=\frac{\partial}{\partial x}\left[(h+z)M_x\frac{\partial c}{\partial x}\right]+\frac{\partial}{\partial y}\left[(h+z)M_y\frac{\partial c}{\partial y}\right]+S_{\mathrm{p}} \tag{4-70}$$

式中符号意义同上。

（1）初值和源强

$$c_{i,j}^{(0)}=c_{\mathrm{h}},\quad S_{i,j}^{(l)}=\begin{cases}\dfrac{c_{\mathrm{p}}^{(l)}Q_{\mathrm{p}}^{(l)}}{\Delta x\Delta y} & \text{排放点}\\[2mm] 0 & \text{非排放点}\end{cases} \tag{4-71}$$

式中: $\Delta y$ ——$y$ 方向的步长,m;

其余符号意义同上。

（2）边界条件

陆边界:法线方向的一阶偏导数为零。

水边界:可以取边界内测点的值。

**7. 约-新模式**

$$c_{\mathrm{r}}=c_{\mathrm{h}}+(c_{\mathrm{p}}-c_{\mathrm{h}})\left[1-\exp\left[-\frac{Q_{\mathrm{p}}}{\Phi d M_{\mathrm{v}}r}\right]\right] \tag{4-72}$$

式中: $M_{\mathrm{v}}$ ——混合速度,m/s;

其余符号意义同上。

**8. 特征理论温度模式**

微分方程:

$$\frac{\partial\left[(h+z)T\right]}{\partial t}+\frac{\partial\left[(h+z)uT\right]}{\partial x}+\frac{\partial\left[(h+z)vT\right]}{\partial y}$$

$$=\frac{\partial}{\partial x}\left[(h+z)M_x\frac{\partial T}{\partial x}\right]+\frac{\partial}{\partial y}\left[(h+z)M_y\frac{\partial T}{\partial y}\right]+S_{\mathrm{p}}(h+z)-\frac{K_{\mathrm{TS}}T}{c_{\mathrm{p}}'\rho} \tag{4-73}$$

式中: $K_{\mathrm{TS}}$ ——表面热交换系数,W/(m·℃);

其余符号意义同上。

（1）初值和源强

$$T_{i,j}^{(0)} = 0$$

$$S_{pi,j}^{(l)} = \begin{cases} \dfrac{(T_p^{(l)} - T_h) Q_p^{(l)}}{\Delta x \Delta y (h+z)_{i,j}^{(l)}} & \text{排放点} \\ 0 & \text{非排放点} \end{cases} \tag{4-74}$$

式中：$T_p$——废水水温，℃；

$T_h$——现状水温，℃；

其余符号意义同上。

（2）边界条件与特征理论混合模式相同

本模式中的 $T$ 为垂向平均温度与 $T_h$ 的温差。

（七）环境水力学参数估算方法

在进行环境水力学参数估算时，由于所用的水质资料应与水文资料同步，在一般情况下，水质资料应是水团追踪取得的。河流分段或湖泊、水库分区预测时应分段或分区估值其环境水力学参数。

**1. 耗氧系数 $K_1$ 的单独估值方法**

（1）实验定测定法

$$K_1 = K_1' + (0.11 + 54l) u/H \tag{4-75}$$

式中符号意义同上。

试验数据的处理建议采用最小二乘法或作图法。湖泊、水库可以直接采用 $K_1'$。

（2）两点法

① 河流：

$$K_1 = \frac{86\ 400u}{\Delta x} \ln \frac{c_A}{c_B} \tag{4-76}$$

式中：$c_A$——断面 $A$ 的污染物平均浓度，mg/L；

$c_B$——断面 $B$ 的污染物平均浓度，mg/L；

其余符号意义同上。

② 湖（库）：

$$K_1 = \frac{172\ 800 Q_p}{\Phi H (r_B^2 - r_A^2)} \ln \frac{c_A}{c_B} \tag{4-77}$$

式中：$r_A$——湖库中 $A$ 点到排放口的距离，m；

$r_B$——湖库中 $B$ 点到排放口的距离，m；

其余符号意义同上。

（3）多点法（$m \geq 3$）

① 河流

$$K_1 = 86\ 400u \left( m \sum_{i=1}^{m} x_i \ln c_i - \sum_{i=1}^{m} \ln c_i \sum_{i=1}^{m} x_i \right) \bigg/ \left[ \left( \sum_{i=1}^{m} x_i \right)^2 - m \sum_{i=1}^{m} x_i^2 \right] \tag{4-78}$$

式中：$m$——测点数；

其余符号意义同上。

② 湖(库)

$$K_1 = 172\ 800Q_p \left( m\sum_{i=1}^{m} r_i^2 \ln c_i - \sum_{i=1}^{m} \ln c \sum_{i=1}^{m} r_i^2 \right) \bigg/ \left\{ \varphi H \left[ \left( \sum_{i=1}^{m} r_i^2 \right)^2 - m\sum_{i=1}^{m} r_i^4 \right] \right\}$$

(4-79)

式中符号意义同上。

(4) kol 法

$$K_1 = \frac{86\ 400u}{\Delta x} \ln \left( \frac{\exp(-K_2\Delta x/u)(DO_2-DO_1)-DO_3+DO_2}{\exp(-K_2\Delta x/u)(DO_3-DO_2)-DO_4+DO_3} \right)$$

(4-80)

式中:$DO_1$、$DO_2$、$DO_3$、$DO_4$——河流等距离断面 1、2、3、4 的溶解氧浓度,mg/L;

其余符号意义同上。

**2. 复氧系数 $K_2$ 的单独估值方法**

(1)欧康那-道宾斯(O'Connor-Dobbins):

$$K_{2(20℃)} = 294 \frac{(D_m u)^{1/2}}{H^{3/2}}, C_x \geqslant 17$$

(4-81)

$$K_{2(20℃)} = 824 \frac{D_m^{0.5} l^{0.25}}{H^{1.25}}, C_z < 17$$

(4-82)

$$C_z = \frac{1}{n} H^{1/6}$$

(4-83)

$$D_m = 1.774\times10^{-4}\times1.037^{(T-20)}$$

(4-84)

式中符号意义同上。

(2)欧文斯(Owens)等人提出的经验公式:

$$K_{2(20℃)} = 5.34 \frac{u^{0.67}}{H^{1.85}} \quad \begin{array}{l} 0.1\ m \leqslant H \leqslant 0.6\ m \\ u \leqslant 1.5\ m/s \end{array}$$

(4-85)

式中符号意义同上。

(3)丘吉尔(Churchill)提出的经验公式

$$K_{2(20℃)} = 5.03 \frac{u^{0.696}}{H^{1.673}} \quad \begin{array}{l} 0.6\ m \leqslant H \leqslant 8\ m \\ 0.6\ m/s \leqslant u \leqslant 1.8\ m/s \end{array}$$

(4-86)

式中符号意义同上。

**3. $K_1$、$K_2$ 的温度校正**

$$K_{1或(T)} = K_{1或2(20℃)} \cdot \theta^{(T-20)}$$

(4-87)

温度常数的 $\theta$ 取值范围:

对 $K_1$,$\theta = 1.02 \sim 1.06$,一般取 1.047;

对 $K_2$,$\theta = 1.015 \sim 1.047$,一般取 1.024。

**4. 混合系数的经验公式单独估值法**

(1)泰勒(Taylor)法求 $M_y$(适用于河流)

$$M_y = (0.058H+0.006\ 5B)(gH_1)^{1/2} \cdots B/H \leqslant 100$$

(4-88)

式中符号意义同上。

(2)爱尔德(Elder)法求 $M_y$(适用于河流)

$$M_y = 5.93H(gH_1)^{1/2}$$

(4-89)

式中符号意义同上。

（3）淡水含量百分比法求 $M_1$（适用于河口）

$$M_1 = 0.097 \frac{Q_h S_\sigma}{F(\mathrm{d}S_\sigma/\mathrm{d}x)} = 0.194 \frac{Q_h S_{\sigma i} \Delta x}{F(S_{\sigma i+1} - S_{\sigma i-1})} \qquad (4-90)$$

式中：$S_\sigma$——断面平均盐度，‰，可由 3~5 个断面求平均；

其余符号意义同上。

（4）鲍登（Bowden）法求 $M_i$（适用于河口）

$$M_i = 0.295 uH \qquad (4-91)$$

式中符号意义同上。

（5）海福林-欧康奈尔（Herling-O'Connell，简称海-欧）法求 $M_i$（适用于河口）

$$M_i = 0.48 u_{\max}^{4/3} \qquad (4-92)$$

式中：$u_{\max}$——最大断面平均流速（有潮汐时），m/s；

其余符号意义同上。

（6）狄奇逊（Diachishon）法确定 $M_1$（适用于河口）

$$M_1 = 1.23 u_{\max}^2 \qquad (4-93)$$

式中符号意义同上。

（7）荷-哈-费（Hobbey，Harbeman and Fisher）法确定 $M_1$（适用于河口）

$$M_1 = 63 nuH^{0.833} \qquad (4-94)$$

式中符号意义同上。

（8）爱-兰（Elder-Leendertse）法求 $M_x$、$M_y$（适用于海湾）

$$M_x = 18.57 uh/C_z ; M_y = 18.57 h/C_z \qquad (4-95)$$

式中符号意义同上。

**5. 混合系数示踪试验测定法**

示踪试验法是向水体中投放示踪物质，追踪测定其浓度变化，据此计算所需要的各环境水力学参数的方法。示踪试验所获得的数据整理建议采用拟合曲线法，可用于求出 $M_x$、$M_y$、$M_1$、$M_r$、$M_v$ 等。

示踪物质有无机盐类（NaCl、LiCl）、荧光染料（如工业碱性玫瑰红）和放射性同位素等，示踪物质的选择应满足以下要求：

（1）具有在水体中不沉降、不降解，不产生化学反应的物性；

（2）测定简单准确；

（3）经济；

（4）对环境无害。

示踪物质的投放方式有瞬时投放、有限时段投放和连续恒定投放。连续恒定投放时，其投放时间（从投放到开始取样的时间）应大于 $1.5 x_m/u$（$x_m$ 为投放点到最远取点的距离）。瞬时投放具有示踪物质用量少，作业时间短，投放简单，数据整理容易等优点。

**6. 多参数优化法**

多参数优化法是根据实测的水文、水质数据，利用优化方法同时确定多个环境水力学参数的方法。这些方法也可以只确定一个参数。利用多参数优化法确定的环境水力学参数是局部最优解，当要确定的参数较多时，优化的结果可能与其物理意义差别较大。为了提高解

的合理性,可以采取如下措施:

(1)根据经验限制各环境水利学参数的取值范围,确定初值;

(2)降低维数,可用其他方法确定的参数尽量用其他方法。

多参数优化法所需要的数据,因被估值的环境水力学参数及采用的数学模式不同而异,一般需要如下几个方面的数据:

(1)各测点的位置,各排放口的位置,河分段的断面位置。

(2)水文方面:$u$、$Q_h$、$H$、$B$、$I$、$u_{max}$ 等等。

(3)水质方面:拟预测水质参数在各测点的浓度,以及数学模式中所涉及的参数。

(4)各测点的取样时间。

(5)各排放口的排放量、排放浓度;支流的流量及其水质。

**7. 沉降系数 $K_3$ 和综合消减系数 $K$ 的估值方法**

$K_3$ 和 $K$ 的估值可以参考复氧系数 $K_1$ 的计算方法和多参数优化法中介绍的方法进行。

(1)利用两点法确定 $K_1+K_3$ 或 $K$;

(2)利用多点法确定 $K_1+K_3$ 或 $K$;

(3)利用多参数优化法确定 $K_3$、$K$。

**(八)数学模式的验证**

采用数学模式法预测环境影响过程中,若出现下列情况之一时,应对所采用的数学模式进行验证:

(1)国内新开发的数学模式;

(2)国外开发,国内首次应用的数学模式;

(3)由其他领域首次引入环境影响预测领域的数学模式;

(4)国内虽有个别应用,但不够成熟的数学模式并且评价等级为一级;

(5)环境的实际情况不能充分满足所采用数学模式的适用条件。

数学模式的验证一般根据实测或现有的水文、水质资料进行,其对水文、水质资料的要求与环境水力学参数估值时的要求相同,用于验证数学模式的水质数据与用于环境水力学参数的估值和数学模式验证。

# 第二节  大气环境影响评价

## 一、大气扩散模式

**(一)高斯扩散模式**

**1. 高斯模式的有关假定**

(1)坐标系。高斯模式的坐标系如图 4-1 所示,其原点为排放点(无界点源或地面源)或高架源排放点在地面的投影点,$x$ 轴正向为平均风向,$y$ 轴在水平面上垂直于 $x$ 轴,正向在 $x$ 轴的左侧,$z$ 轴垂直于水平面 $xOy$,向上为正向,即为右手坐标系。在这种坐标系中,烟流中心线或与 $x$ 轴重合,或在 $xOy$ 面的投影为 $x$ 轴。后面所介绍的扩散模式都是在这种坐标系中导出的。

(2)四点假定。大量的实验结果和理论研究证明,特别是对于连续点源的平均烟流,其

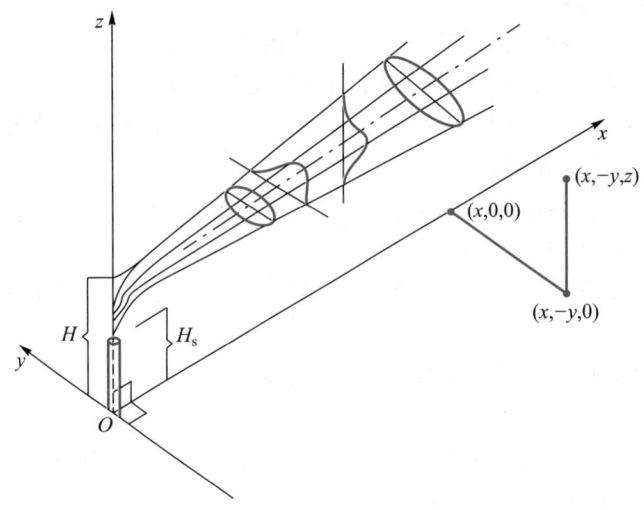

图 4-1 高斯模式的坐标系

浓度分布是符合正态分布的。正态分布也称高斯分布。因此我们可以做如下假定:① 污染物浓度在 $y$、$z$ 轴方向上的分布符合高斯分布;② 在全部空间中风速是均匀的、稳定的;③ 源强是连续均匀的;④ 在扩散过程中污染物质的质量是守恒的。对后述的模式,只要没有特别说明,以上四点假设条件都是满足的。

**2. 无界空间连续点源扩散模式**

由正态分布的假定①可以写出下风向任一点 $(x,y,z)$ 的污染物平均浓度分布的函数为

$$\rho(x,y,z) = A(x)\,\mathrm{e}^{-ay^2}\mathrm{e}^{-bz^2} \qquad (4-96)$$

由概率统计理论可以写出方差的表达式:

$$\sigma_y^{\,2} = \frac{\displaystyle\int_0^\infty y^2\rho\,\mathrm{d}y}{\displaystyle\int_0^\infty \rho\,\mathrm{d}y}, \qquad \sigma_z^{\,2} = \frac{\displaystyle\int_0^\infty z^2\rho\,\mathrm{d}z}{\displaystyle\int_0^\infty \rho\,\mathrm{d}z} \qquad (4-97)$$

由假定④可以写出源强的积分式:

$$Q = \int_{-\infty}^{\infty}\int_{-\infty}^{\infty} \bar{u}\rho\,\mathrm{d}y\mathrm{d}z \qquad (4-98)$$

式中:$\sigma_y$——距原点 $x$ 处烟流中污染物在 $y$ 轴方向分布的标准差,m;

$\quad\ \sigma_z$——距原点 $x$ 处烟流中污染物在 $z$ 轴方向分布的标准差,m;

$\quad\ \rho$——任一点处污染物的浓度,g/m$^3$;

$\quad\ \bar{u}$——平均风速,m/s;

$\quad\ Q$——源强,g/s。

由上述四个方程组成的方程组,其中可以测量或可以计算的已知量有源强 $Q$、平均风速 $\bar{u}$、标准差 $\sigma_y$ 和 $\sigma_z$,未知量有浓度 $\rho$、待定函数 $A(x)$、待定系数 $a$ 和 $b$。因此,该方程组可以求解。

将式(4-96)代入式(4-97)中,积分后得到:

$$a = \frac{1}{2\,\sigma_y{}^2}; \quad b = \frac{1}{2\,\sigma_z{}^2} \tag{4-99}$$

将式(4-96)和式(4-99)代入式(4-98)中,积分后得到:

$$A(x) = \frac{Q}{2\pi\bar{u}\sigma_y\sigma_z} \tag{4-100}$$

再将式(4-99)和式(4-100)代入式(4-96)中,便得到无界空间连续点源扩散的高斯模式:

$$\rho(x,y,z) = \frac{Q}{2\pi\bar{u}\sigma_y\sigma_z}\exp\left[-\left(\frac{y^2}{2\,\sigma_y{}^2}+\frac{z^2}{2\,\sigma_z{}^2}\right)\right] \tag{4-101}$$

**3. 高架连续点源扩散模式**

高架连续点源的扩散问题,必须考虑地面对扩散的影响。根据前述的假定④,可以认为地面像镜面一样,对污染物起全反射作用。按全反射原理,可以用"像源法"来处理这一问题。

如图 4-2 所示,可以把 $P$ 点的污染物浓度看成两部分贡献之和:一部分是不存在地面时 $P$ 点所具有的污染物浓度;另一部分是由于地面反射作用所增加的污染物浓度。这相当于不存在地面时由位置在$(0,0,H)$的实源和在$(0,0,-H)$的像源在 $P$ 点所造成的污染物浓度之和($H$ 为有效源高)。

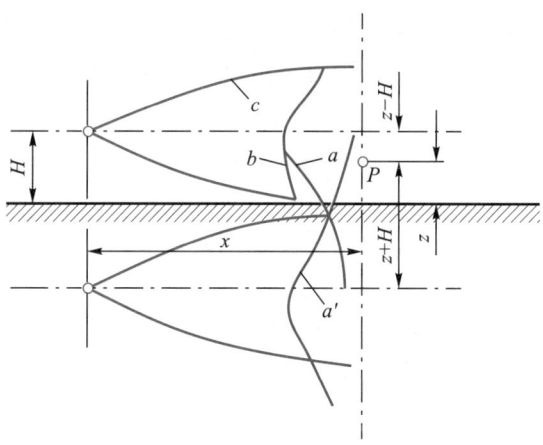

图 4-2　高架连续点源高斯模式推导示意图

实源的贡献:$P$ 点在以实源为原点的坐标系中的垂直坐标(距烟流中心线的垂直距离)为$(z-H)$。当不考虑地面影响时,它在 $P$ 点所造成的污染物浓度按式(4-101)计算,即

$$\rho_1 = \frac{Q}{2\pi\bar{u}\sigma_y\sigma_z}\exp\left\{-\left[\frac{y^2}{2\,\sigma_y{}^2}+\frac{(z-H)^2}{2\,\sigma_z{}^2}\right]\right\} \tag{4-102}$$

像源的贡献:$P$ 点在以像源为原点的坐标系中垂直坐标(距像源的烟流中心线的垂直距离)为$(z+H)$。它在 $P$ 点产生的污染物浓度也按式(4-101)计算,即

$$\rho_2 = \frac{Q}{2\pi\bar{u}\sigma_y\sigma_z}\exp\left\{-\left[\frac{y^2}{2\,\sigma_y{}^2}+\frac{(z+H)^2}{2\,\sigma_z{}^2}\right]\right\} \tag{4-103}$$

$P$ 点的实际污染物浓度应为实源和像源的贡献之和,即

$$\rho(x,y,z)=\frac{Q}{2\pi\bar{u}\sigma_y\sigma_z}\exp\left(-\frac{y^2}{2\sigma_z^2}\right)\left\{\exp\left[-\frac{(z-H)^2}{2\sigma_z^2}\right]+\exp\left[-\frac{(z+H)^2}{2\sigma_z^2}\right]\right\} \qquad (4-104)$$

式(4-104)即高架连续点源正态分布假设下的高斯扩散模式。由这一模式可求出下风向任一点的污染物浓度。

（1）地面浓度模式：我们时常关心的是地面污染物浓度，而不是任一点的浓度。由式(4-104)在 $z=0$ 时得到地面浓度：

$$\rho(x,y,0)=\frac{Q}{\pi\bar{u}\sigma_y\sigma_z}\exp\left(-\frac{y^2}{2\sigma_z^2}\right)\exp\left(-\frac{H^2}{2\sigma_z^2}\right) \qquad (4-105)$$

（2）地面轴线浓度模式：地面浓度是以 $x$ 轴为对称轴，轴线 $x$ 上具有最大值，向两侧（$y$ 方向）逐渐减小。由式(4-105)在 $y=0$ 时得到地面轴线浓度：

$$\rho(x,0,0)=\frac{Q}{\pi\bar{u}\sigma_y\sigma_z}\exp\left(-\frac{H^2}{2\sigma_z^2}\right) \qquad (4-106)$$

（3）地面最大浓度（即地面轴线最大浓度）模式：我们知道 $\sigma_y$、$\sigma_z$ 是距离 $x$ 的函数，随 $x$ 的增大而增大。在式(4-106)中 $\dfrac{Q}{\pi\bar{u}\sigma_y\sigma_z}$ 项随 $x$ 的增大而减小，而 $\exp\left(-\dfrac{H^2}{2\sigma_z^2}\right)$ 项则随 $x$ 增大而增大，两项共同作用的结果，必然在某一距离 $x$ 处出现浓度 $\rho$ 的最大值。

为了简化运算，假设比值 $\sigma_y/\sigma_z$ 不随距离 $x$ 变化而为一常数，把式(4-106)对 $\sigma_z$ 求导数，令其等于零，再经过一些简单运算，即可求出地面最大浓度及其出现距离的计算公式：

$$\rho_{\max}=\frac{2Q}{\pi\bar{u}H^2e}\cdot\frac{\sigma_z}{\sigma_y} \qquad (4-107)$$

$$\sigma_z\big|_{x=x_{\rho_{\max}}}=\frac{H}{\sqrt{2}} \qquad (4-108)$$

**4. 地面连续点源扩散模式**

地面连续点源扩散模式可由高架连续点源扩散模式(4-104)令其有效源高 $H=0$ 时得到：

$$\rho(x,y,z)=\frac{Q}{\pi\bar{u}\sigma_y\sigma_z}\exp\left[-\left(\frac{y^2}{2\sigma_y^2}+\frac{z^2}{2\sigma_z^2}\right)\right] \qquad (4-109)$$

比较模式(4-101)和式(4-109)可以发现，地面连续点源造成的污染物浓度恰是无界空间连续点源所造成的污染物浓度的 2 倍。

**5. 颗粒物扩散模式**

对于排气筒排放的粒径小于 15 μm 的颗粒物，其地面浓度可按前述的气体扩散模式计算。对于粒径大于 15 μm 的颗粒物，由于具有明显的重力沉降作用，浓度分布有所改变，可以按倾斜烟流模式计算地面浓度：

$$\rho(x,y,0)=\sum_i\frac{(1+\alpha_i)Q_i}{2\pi\bar{u}\sigma_y\sigma_z}\exp\left(-\frac{y^2}{2\sigma_z^2}\right)\exp\left[-\frac{(H-v_ix/\bar{u}^2)}{2\sigma_z^2}\right] \qquad (4-110)$$

$$\left(\text{上式应满足：}\frac{v_ix}{u}\leqslant H\right)\text{其中：}v_i=\frac{d_{pi}^2\rho_pg}{18\mu} \qquad (4-111)$$

式中：$\alpha_i$——表 4-9 中第 $i$ 组颗粒的地面反射系数；

$Q_i$——表 4-9 中第 $i$ 组颗粒的源强，g/s；

$d_{pi}$——表 4-9 中第 $i$ 组颗粒的平均直径,m;

$v_i$——粒径为 $d_{pi}$ 的颗粒的重力沉降速度,m/s;

$\rho_p$——颗粒密度,kg/m$^3$;

$\mu$——空气黏度,Pa·s;

$g$——重力加速度,m/s$^2$。

表 4-9  地面反射系数 $\alpha$

| $i$ | 1 | 2 | 3 | 4 | 5 |
|---|---|---|---|---|---|
| 粒径范围/μm | 0~14 | 15~30 | 31~47 | 48~75 | 76~100 |
| 平均粒径/μm | 7 | 22 | 38 | 60 | 85 |
| 反射系数 $\alpha$ | 1.0 | 0.8 | 0.5 | 0.3 | 0 |

### (二)污染物浓度估算

#### 1. 烟气抬升高度的计算

连续点源的排放大部分是采用烟囱排放的。具有一定速度的热烟气从烟囱出口排出后,可以上升至很高的高度。这相当于增加了烟囱的几何高度。因此,烟囱的有效高度 $H$ 应为烟囱的几何高度 $H_s$ 与烟气抬升高度 $\Delta H$ 之和,即

$$H = H_s + \Delta H \tag{4-112}$$

对某一烟囱来说,几何高度 $H_s$ 已定,只要能计算出烟气抬升高度 $\Delta H$,有效源高 $H$ 即随之确定了。

产生烟气抬升有两方面的原因:一是烟囱出口烟气具有一定的初始动量;二是由于烟温高于周围气温而产生一定的浮力。初始动量的大小取决于烟气出口流速和烟囱出口内径,而浮力大小则主要取决于烟气与周围大气之间的温差。此外,平均风速、风垂直切变及大气稳定度等,对烟气抬升都有影响。下面介绍几种常用的烟气抬升高度计算公式。

(1)霍兰德(Holland)公式:

$$\Delta H = \frac{v_s D}{\bar{u}} \left( 1.5 + 2.7 \frac{T_s - T_a}{T_s} D \right) = \frac{1}{\bar{u}} (1.5 v_s D + 9.6 \times 10^{-3} Q_H) \tag{4-113}$$

式中:$v_s$——烟囱出口流速,m/s;

$D$——烟囱出口内径,m;

$\bar{u}$——烟囱出口处的平均风速,m/s;

$T_s$——烟囱出口处的烟流温度,K;

$T_a$——环境大气温度,K;

$Q_H$——烟气的热释放率,kW。

式(4-113)适用于中性大气条件。用于非中性大气条件时,霍兰德建议做如下修正:对不稳定条件,烟气抬升高度增加 10%~20%;对稳定条件,减小 10%~20%。人们普遍认为,霍兰德公式比较保守,特别是当烟囱高、热释放率强时偏差更大。

(2)布里格斯(Briggs)公式

布里格斯公式是用因次分析方法导出的,用实测资料推算的常数项。它的计算值与实测值比较接近,应用较广。下面给出适用于不稳定和中性大气条件下的计算式:

① 当 $Q_H > 21\ 000\ \mathrm{kW}$ 时：

$$x < 10H_s, \quad \Delta H = 0.362 Q_H^{1/3} x^{2/3} \bar{u}^{-1} \tag{4-114}$$

$$x > 10H_s, \quad \Delta H = 1.55 Q_H^{1/3} H_s^{2/3} \bar{u}^{-1} \tag{4-115}$$

② 当 $Q_H < 21\ 000\ \mathrm{kW}$ 时：

$$x < 3x^*, \quad \Delta H = 0.362 Q_H^{1/3} x^{1/3} \bar{u}^{-1} \tag{4-116}$$

$$x > 3x^*, \quad \Delta H = 0.332 Q_H^{3/5} H_s^{2/5} \tag{4-117}$$

$$x^* = 0.33 Q_H^{2/5} H_s^{3/5} \bar{u}^{-6/5} \tag{4-118}$$

**2. 扩散参数的确定**

应用大气扩散模式估算污染物浓度,在有效源高确定后,还必须确定扩散参数 $\sigma_y$ 和 $\sigma_z$。扩散参数可以现场测定,也可以用风洞模拟实验确定,还可以根据实测和实验数据归纳整理出来的经验公式或图表来估算。本书主要介绍 P-G 扩散曲线法。

（1）P-G 扩散曲线法的要点

帕斯奎尔(Pasquill)于 1961 年推荐了一种仅需常规气象观测资料就可估算 $\sigma_y$ 和 $\sigma_z$ 的方法。吉福德(Gifford)进一步将它做成应用更方便的图表,所以这种方法又简称 P-G 曲线法。

这一方首先根据太阳辐射情况(云量、云状和日照)和距地面 10 m 高处的风速 $\bar{u}_{10}$ 将大气的扩散稀释能力划分为 $A \sim F$ 六个稳定度级别。然后根据大量的扩散实验数据和理论上的考虑,用曲线来表示每一个稳定度级别的 $\sigma_y$ 和 $\sigma_z$ 随下风距离 $x$ 的变化。

（2）P-G 扩散曲线法的应用

① 根据常规气象资料确定稳定度级别。P-G 法划分稳定度级别的标准如表 4-10 所示。对该标准的几点说明如下：

表 4-10　稳定度级别划分表

| 地面风速 $\bar{u}_{10}$（距地面 10 m 处）/(m·s$^{-1}$) | 白天太阳辐射 | | | 阴天的白天或夜间 | 有云的夜间 | |
|---|---|---|---|---|---|---|
| | 强 | 中 | 弱 | | 薄云遮天或低云 ≥5/10 | 云量 ≤4/10 |
| <2 | $A$ | $A \sim B$ | $B$ | $D$ | | |
| 2~3 | $A \sim B$ | $B$ | $C$ | $D$ | $E$ | $F$ |
| 3~5 | $B$ | $B \sim C$ | $C$ | $D$ | $D$ | $E$ |
| 5~6 | $C$ | $C \sim D$ | $D$ | $D$ | $D$ | $D$ |
| >6 | $C$ | $D$ | $D$ | $D$ | $D$ | $D$ |

注:a. 稳定度级别中,$A$ 为强不稳定,$B$ 为不稳定,$C$ 为弱不稳定,$D$ 为中性,$E$ 为较稳定,$F$ 为稳定。

b. 稳定度级别 $A \sim B$ 表示按 $A$、$B$ 级的数据内插。

c. 夜间定义为日落前 1 h 至日出后 1 h。

d. 不论何种天气状况,夜间前后各 1 h 算作中性,即 $D$ 级稳定度。

e. 强太阳辐射对应于碧空下的太阳高度角大于 60° 的条件;弱太阳辐射相当于碧空下太阳高度角为 15°~35°。在中纬度地区,仲夏晴天的中午为强太阳辐射,寒冬晴天中午为弱太阳辐射。云量将减少太阳辐射,云量应与太阳高度一起考虑。例如,在碧空下应是强太阳辐射,在有碎中云(云量 6/10~9/10)时,要减中等太阳辐射,在碎云时减弱辐射。

f. 这种方法对于开阔的乡村地区能给出较可靠的稳定度,但对城市地区是不大可靠的。这是由于城市地区地面粗糙度较大及具有热岛效应所致。最大的差别出现在静风晴夜,在这样的夜间,乡村地区大气状况是稳定的,但在城市地区,在高度相当于建筑物的平均高度几倍之内是弱不稳定或近中性的,而它的上部则有一个稳定层。

② 利用扩散曲线确定 $\sigma_y$ 和 $\sigma_z$。图 4-3 和图 4-4 便是帕斯奎尔和吉福德给出的不同稳定度时 $\sigma_y$ 和 $\sigma_z$ 随下风距离 $x$ 变化的经验曲线,简称 P-G 曲线图(两图对应的取样时间为 10 min)。在按表 4-10 确定了某地某时属于何种稳定度级别后,便可用这两张图查出相应的 $\sigma_y$ 和 $\sigma_z$ 值。此外,英国伦敦气象局还给出了表 4-11,用内插法可求出 20 km 距离内的 $\sigma_y$ 和 $\sigma_z$ 值。

③ 浓度估算。当确定了 $\sigma_y$ 和 $\sigma_z$ 值之后,扩散方程中其他参数也相应确定下来,利用前述的一系列扩散模式,就可估算出各种情况下的浓度值。

当估算地面最大浓度 $\rho_{max}$ 和它出现的距离 $x_{\rho_{max}}$ 时,虽然从曲线或表中查出的 $\sigma_y$ 和 $\sigma_z$ 之比值不满足不随距离而变化的条件,但作为粗略的估算,一般仍用式(4-107)和式(4-108)计算。步骤是:先根据 $H$ 用式(4-108)计算出 $x = x_{\rho_{max}}$ 时的 $\sigma_z$ 值,再从曲线图图 4-4(或表 4-11)中查出与之相应的距离 $x$ 值,此值即为在该稳定度下的 $x_{\rho_{max}}$,再从图或表中查出与之对应的 $\sigma_y$ 值,即可利用公式(4-107)计算出 $\rho_{max}$ 值。这种方法的计算结果,在 $D$、$C$ 级稳定度时误差较小,在 $E$、$F$ 级时误差较大。$H$ 越大,误差越小。

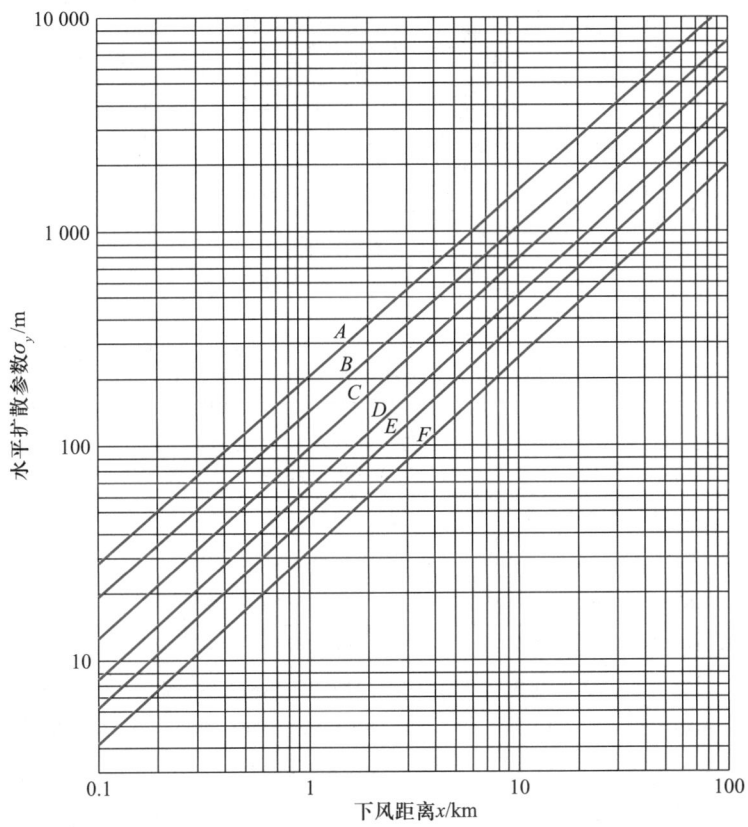

图 4-3 水平扩散参数与下风距离和大气稳定度的关系

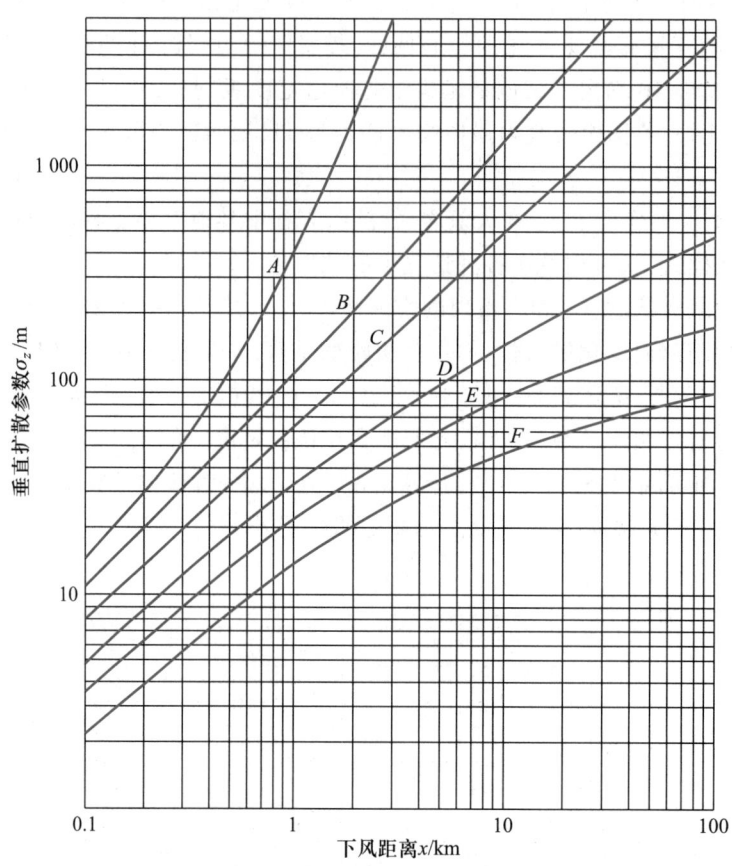

图 4-4    垂直扩散参数与下风距离和大气稳定度的关系

表 4-11    英国伦敦气象局给出的 $\sigma_y$ 和 $\sigma_z$ 值                                  单位:m

| 稳定度 | 标准差 | 距离 $x$/km | | | | | | | | | | | | | | | | | | | | |
| --- | --- | --- | --- | --- | --- | --- | --- | --- | --- | --- | --- | --- | --- | --- | --- | --- | --- | --- | --- | --- | --- |
| | | 0.1 | 0.2 | 0.3 | 0.4 | 0.5 | 0.6 | 0.8 | 1.0 | 1.2 | 1.4 | 1.6 | 1.8 | 2.0 | 3.0 | 4.0 | 6.0 | 8.0 | 10 | 12 | 16 | 20 |
| A | $\sigma_y$ | 27.0 | 49.8 | 71.6 | 92.1 | 112 | 132 | 170 | 207 | 243 | 278 | 313 | | | | | | | | | | |
| | $\sigma_z$ | 14.0 | 29.3 | 47.4 | 72.1 | 105 | 153 | 279 | 456 | 674 | 930 | 1 230 | | | | | | | | | | |
| B | $\sigma_y$ | 19.1 | 35.8 | 51.6 | 67.0 | 81.4 | 95.8 | 123 | 151 | 178 | 203 | 228 | 253 | 278 | 395 | 508 | 723 | | | | | |
| | $\sigma_z$ | 10.7 | 20.5 | 30.2 | 40.5 | 51.2 | 62.8 | 84.6 | 109 | 133 | 157 | 181 | 207 | 233 | 363 | 493 | 777 | | | | | |
| C | $\sigma_y$ | 12.6 | 23.3 | 33.5 | 43.3 | 53.5 | 62.8 | 80.9 | 99.1 | 116 | 133 | 149 | 166 | 182 | 269 | 335 | 474 | 603 | 735 | | | |
| | $\sigma_z$ | 7.44 | 14.0 | 20.5 | 26.5 | 32.6 | 38.6 | 50.7 | 61.4 | 73.0 | 83.7 | 95.3 | 107 | 116 | 167 | 219 | 316 | 409 | 498 | | | |
| D | $\sigma_y$ | 8.37 | 15.3 | 21.9 | 28.8 | 35.3 | 40.9 | 53.5 | 65.6 | 76.7 | 87.9 | 98.6 | 109 | 121 | 173 | 221 | 315 | 405 | 488 | 569 | 729 | 884 |
| | $\sigma_z$ | 4.65 | 8.37 | 12.1 | 15.3 | 18.1 | 20.9 | 27.0 | 32.1 | 37.2 | 41.9 | 47.0 | 52.1 | 56.7 | 79.1 | 100 | 140 | 177 | 212 | 244 | 307 | 372 |
| E | $\sigma_y$ | 6.05 | 11.6 | 16.7 | 21.4 | 26.5 | 31.2 | 40.0 | 48.8 | 57.7 | 65.6 | 73.5 | 82.3 | 85.6 | 129 | 166 | 237 | 306 | 366 | 427 | 544 | 659 |
| | $\sigma_z$ | 3.72 | 6.05 | 8.84 | 10.7 | 13.0 | 14.9 | 18.6 | 21.4 | 24.7 | 27 | 29.3 | 31.6 | 33.5 | 41.9 | 48.6 | 60.9 | 70.7 | 79.1 | 87.4 | 100 | 111 |
| F | $\sigma_y$ | 4.19 | 7.91 | 10.7 | 14.4 | 17.7 | 20.5 | 26.5 | 32.6 | 38.1 | 43.3 | 48.8 | 54.5 | 60.5 | 86.5 | 102 | 156 | 207 | 242 | 285 | 365 | 437 |
| | $\sigma_z$ | 2.33 | 4.19 | 5.58 | 6.98 | 8.37 | 9.77 | 12.1 | 14.0 | 15.8 | 17.2 | 19.1 | 20.5 | 21.9 | 27.0 | 31.2 | 37.7 | 42.8 | 46.5 | 50.2 | 55.8 | 60.5 |

（三）特殊气象条件下的扩散模式

**1. 封闭型扩散模式**

前面介绍的扩散模式,仅适用于整层大气都具有同一稳定度的扩散,即污染物扩散所波及的垂直范围都处于同一温度层结之中。实际大气中常常会出现这样的温度层结:低层为不稳定大气,在离地面几百米到 1~2 km 的高空存在一个明显的逆温层,即通常所称有上部逆温的情况。它使污染物的垂直扩散受到限制,只能在地面和逆温层底之间进行。因此,有上部逆温时的扩散亦称为"封闭型"扩散。

若将扩散到逆温层中的污染物忽略不计,把逆温层底看成和地面一样能起全反射作用的镜面。这样,污染物就在地面和逆温层底这两个镜面的全反射作用下进行扩散,其浓度分布可用像源法处理。这时污染源在两个镜面上所形成的像不是一个,而是无穷多个像对。污染物的浓度可看成实源和无穷多对像源贡献之和。于是,地面轴线上的污染物浓度可表示为

$$\rho(x,0,0)=\frac{Q}{2\pi\bar{u}\sigma_y\sigma_z}\sum_{-\infty}^{\infty}\exp\left[-\frac{(H-2nD)^2}{2\sigma_z^2}\right] \tag{4-119}$$

实际业务中应用式(4-119)计算过于烦琐,一般采用一种简化的方法,如图 4-5 所示,可把浓度估算按下风距离 $x$ 的不同,分成三种情况处理。

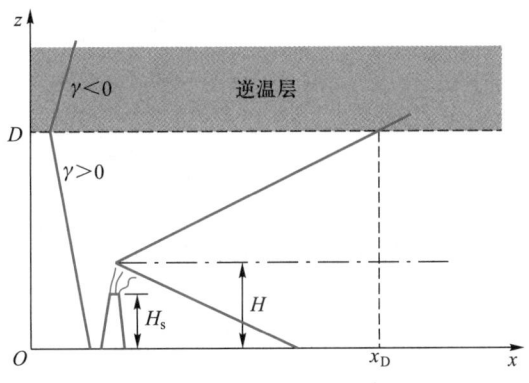

图 4-5　有上部逆温的扩散示意图

（1）当 $x \le x_D$：$x_D$ 为烟流垂直扩散高度刚好达到逆温层底时的水平距离,在 $x \le x_D$ 时,烟流扩散尚未受到上部逆温层的影响,其浓度仍可按一般扩散模式估算。$x_D$ 值可由烟流高度定义确定,因而有:

$$\sigma_z=\frac{D-H}{2.15} \tag{4-120}$$

按上式求出 $\sigma_z$ 后,由相关图表查出与 $\sigma_z$ 对应的下风距离 $x$,此 $x$ 值即为 $x_D$。这样便可按式(4-120)计算出地面轴线浓度。

（2）当 $x \ge x_D$ 时：烟流经过两界面多次反射,达到某一距离 $x$ 后,在 $z$ 轴方向的浓度分布将渐趋均匀。一般认为 $x \ge 2x_D$ 时,$z$ 轴方向浓度分布就均匀了;但 $y$ 轴方向浓度分布仍为正态分布,且仍符合扩散的连续性条件,因此有:

$$\rho(x,y) = A(x)\exp\left(-\frac{y^2}{2\sigma_y^2}\right) \tag{4-121}$$

$$Q = \int_0^D \int_{-\infty}^{\infty} \bar{u}A(x)\exp\left(-\frac{y^2}{2\sigma_y^2}\right)\mathrm{d}y\cdot\mathrm{d}z \tag{4-122}$$

对上式求解可得：

$$\rho(x,y) = \frac{Q}{\sqrt{2\pi}\,\bar{u}D\sigma_y}\exp\left(-\frac{y^2}{2\sigma_y^2}\right) \tag{4-123}$$

（3）当 $x_D < x < 2x_D$ 时：污染物浓度在前两种情况的中间变化，情况较复杂。这时可取 $x = x_D$ 和 $x = 2x_D$ 两点浓度的内插值。

**2. 熏烟型扩散模式**

在夜间发生辐射逆温时，高架连续点源排放的烟流排入稳定的逆温层中，形成平展型扩散。这种烟流在垂直方向扩散慢，在源高度上形成一条狭长的高浓度区。日出以后，太阳辐射逐渐增加，地面逐渐变暖，辐射逆温从地面开始破坏，逐渐向上发展。当辐射逆温破坏到烟流下边缘稍高一些时，在热力湍流的作用下，烟流中的污染物便发生了强烈的向下混合作用，使地面的污染物浓度增大。这个过程称为熏烟（或漫烟）过程，如图4-6所示。熏烟过程可一直持续到烟流上边缘以下的逆温层消失为止。这一过程多发生在早晨8:00—10:00，因地区和季节不同，熏烟过程持续时间一般为 0.5~2 h。

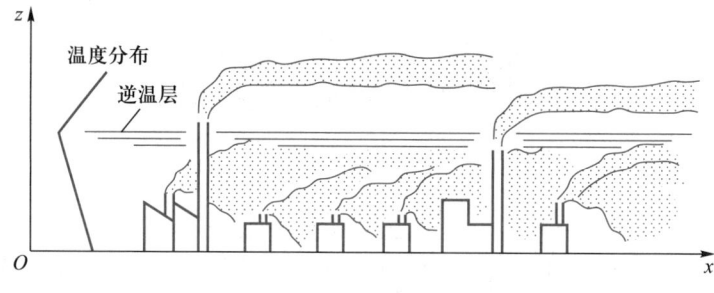

图 4-6   熏烟型的污染

为了估算熏烟条件下的地面污染物浓度，假设烟流原来排入稳定层结的大气中，当逆温层消失到高度为 $h_f$ 时，在高度 $h_f$ 以下污染物浓度的垂直分布是均匀的。则地面浓度仍可用式（4-123）计算，只是 $D$ 应换成逆温层消失高度 $h_f$，源强 $Q$ 只应包括进入混合层中的部分，所以计算公式改为

$$\rho_F(x,y,0) = \frac{Q\left[\int_{-\infty}^p \frac{1}{\sqrt{2\pi}}\exp(-0.5p^2)\mathrm{d}p\right]}{\sqrt{2\pi}\,\bar{u}h_f\sigma_{yf}}\exp\left(-\frac{y^2}{2\sigma_{yf}^2}\right) \tag{4-124}$$

式中：$p = (h_f - H)/\sigma_z$；

$h_f$——逆温层消失的高度，m；

$\sigma_{yf}$——熏烟条件下 $y$ 轴方向扩散参数，m。

$\sigma_{yf}$ 值可按下式估算：

$$\sigma_{yf} = \frac{2.15\sigma_y + H\cdot\tan15°}{2.15} = \sigma_y + \frac{H}{8} \tag{4-125}$$

式中：$\sigma_y$、$\sigma_z$——原大气稳定度级别（$E$ 或 $F$ 级）时的扩散参数。

如果逆温层消失到烟囱的有效高度处，即 $h_f = H$ 时，可以认为烟流的一半向下混合，而另一半仍留在上面的稳定大气中。这时地面熏烟污染浓度为

$$\rho_F(x,y,0) = \frac{Q}{2\sqrt{2\pi}\,\overline{u}H\sigma_{yf}}\exp\left(-\frac{y^2}{2\,\sigma_{yf}{}^2}\right) \tag{4-126}$$

地面轴线浓度为

$$\rho_F(x,0,0) = \frac{Q}{2\sqrt{2\pi}\,\overline{u}H\sigma_{yf}} \tag{4-127}$$

当逆温消失到烟流的上边缘高度时，即 $h_f = H + 2\sigma_z$ 时，可以认为烟流全部向下混合，使地面熏烟浓度达到极大值，可按下式计算：

$$\rho_F(x,y,0) = \frac{Q}{\sqrt{2\pi}\,\overline{u}H\sigma_{yf}}\exp\left(-\frac{y^2}{2\,\sigma_{yf}{}^2}\right) \tag{4-128}$$

地面轴线浓度为

$$\rho_F(x,0,0) = \frac{Q}{\sqrt{2\pi}\,\overline{u}H\sigma_{yf}} \tag{4-129}$$

当逆温消失到 $H + 2\sigma_z$ 时，烟流全部处于不稳定大气中，熏烟过程已不复存在。

**（四）城市扩散模式**

城市是人口、工商业、交通密集地区，不仅污染源多种多样（点、线、面、流动源等），而且受到城市下垫面粗糙及城市"热岛"效应等环境因素的影响，使得微气象特征及大气扩散规律与平原地区有显著不同。因此，对污染物浓度的估算是十分复杂和困难的。这里仅对几种简单情况做一点初步介绍。

**1. 线源扩散模式**

城市中的街道和公路上的汽车排气可以作为线源。线源分为无限长线源和有限长线源两类。在较长的街道和公路上行驶的车辆密度，足以在道路两侧形成连续稳定浓度场的线源，称为无限长线源；在街道上行驶的车辆只能在街道两侧形成断续稳定浓度场的线源，称为有限长线源。

（1）无限长线源扩散模式：当风向与线源垂直时，连续排放的无限长线源在横风向产生的浓度是处处相等的。因此，利用点源扩散的高斯模式对变量 $y$ 进行积分，可获得无限长线源下风向的地面浓度模式：

$$\rho(x,y,0) = \frac{Q_L}{\pi\overline{u}\sigma_y\sigma_z}\exp\left(-\frac{H^2}{2\,\sigma_z{}^2}\right)\int_{-\infty}^{\infty}\exp\left(-\frac{y^2}{2\,\sigma_y{}^2}\right)\mathrm{d}y \tag{4-130}$$

$$\rho(x,0) = \frac{2Q_L}{\sqrt{2\pi}\,\overline{u}\,\sigma_z}\exp\left(-\frac{H^2}{2\,\sigma_z{}^2}\right) \tag{4-131}$$

式中：$Q_L$——单位线源的源强，$g/(s\cdot m)$，其余符号含义同前。

当风向与线源不垂直时，若风向与线源交角 $\varphi \geqslant 45°$，线源下风向的地面浓度模式为

$$\rho(x,0) = \frac{2Q_L}{\sqrt{2\pi}\,\overline{u}\,\sigma_z\sin\varphi}\exp\left(-\frac{H^2}{2\,\sigma_z{}^2}\right) \tag{4-132}$$

在 $\varphi < 45°$ 时，不能应用这一模式。

（2）有限长线源模式：在估算有限长线源造成的污染物的浓度时，必须考虑线源末端引起的"边缘效应"。随着接受点距线源距离的增加，"边缘效应"将在更大的横风距离上起作用。对于横风有限长线源，取通过所关心的接受点的平均风向为 $x$ 轴。线源的范围从 $y_1$ 延伸到 $y_2$，且 $y_1 < y_2$，则有限长线源下风向的地面浓度模式为

$$\rho(x,y,0) = \frac{2Q_L}{\sqrt{2\pi}\,\bar{u}\,\sigma_z} \exp\left(-\frac{H^2}{2\sigma_z^2}\right) \int_{p_1}^{p_2} \frac{1}{\sqrt{2\pi}} \exp\left(-\frac{p^2}{2}\right) dp \qquad (4-133)$$

式中：$p_1 = y_1/\sigma_y$，$p_2 = y_2/\sigma_y$。式（4-133）的积分值能从正态概率表中查出。

**2. 面源扩散模式**

城市中小工厂、企业的生活锅炉，居民的炉灶等数量众多、分布面广、排放高度低的污染源，可以作为面源处理。下面介绍几种常用的面源扩散模式。

（1）箱模式：箱模式假设污染物浓度在混合层内是均匀的。设城市平均面源源强为 $Q$（等于城市中污染物总排放量除以城市面积），城市上空混合层高度为 $D$，则距城市上风向边缘距离 $x$ 处（$x$ 小于在风向上城区的长度）的浓度为

$$\rho = \frac{Qx}{\bar{u}D} \qquad (4-134)$$

实际上城市面源源强是不均匀的，应当划分成更小的面源单元。若在横风向几千米的范围内，面源强度的变化不超过 10 倍，横向扩散的不均匀性可以忽略，则只需考虑沿 $x$ 轴方向的源强变化。这样，可将城市划分成若干块与风向垂直的条形面源，根据箱模式的假设，城市中任一点的浓度为

$$\rho = \Delta x \sum_{i=1}^{n} \frac{Q_i}{\bar{u}D} \qquad (4-135)$$

式中：$\Delta x$——条形面源的宽度，m；

$\quad\ Q_i$——第 $i$ 块面源的平均源强，g/（m²·s）；

$\quad\ n$——计算点上风向的面源数。

箱模式假设污染物一旦由源排出，就立即在混合层内均匀分布，这与污染物在垂直方向的扩散情况不符。因此，箱模式往往低估了实际的地面浓度，但城市范围越大，应用效果越好。

（2）简化为点源的面源模式：将城市中众多的低矮污染源依一定方式划分为若干小方格，每个方格内的源强为方格内所有源强的总和除以方格的面积。方格一般为 500 m×500 m 或 1 000 m×1 000 m，主要以提供的资料和地区的大小而定。

计算时，假设面源单元与上风向某一虚拟点源所造成的污染等效。当这个虚拟点源的烟流扩散到面源单元的中心时，其烟流的宽度正好等于面源单元的宽度，其厚度正好等于面源单元的高度，如图 4-7 所示。这相当于在点源公式中增加了一个初始扩散参数，以模拟面源单元中许多分散点源的扩散。其地面浓度可用下式计算：

$$\rho(x,y,0) = \frac{Q}{\pi\bar{u}(\sigma_y + \sigma_{y0})(\sigma_z + \sigma_{z0})} \exp\left\{-\frac{1}{2}\left[\frac{y^2}{(\sigma_y + \sigma_{y0})^2} + \frac{H^2}{(\sigma_z + \sigma_{z0})^2}\right]\right\} \qquad (4-136)$$

$\sigma_{y0}$、$\sigma_{z0}$ 常用以下经验方法确定：

$$\sigma_{y0} = \frac{W}{4.3} \qquad (4-137)$$

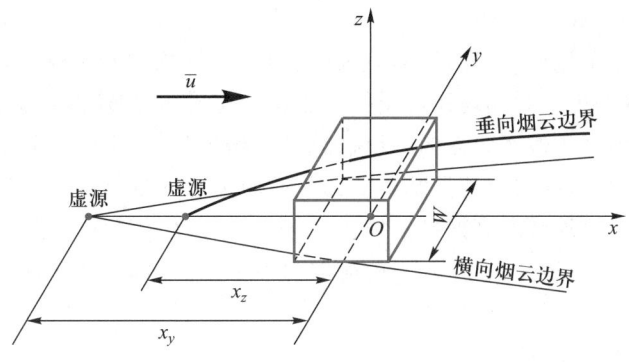

图 4-7　面源简化为虚拟点源的示意图

$$\sigma_{z0} = \frac{\overline{H}}{2.15} \tag{4-138}$$

式中：$W$——面源单元的宽度，m；

　　$H$——面源单元的平均高度，m。

虚拟点源法还可用于对线源和建筑物附近的排放和工厂的无组织排放的计算。

（3）窄烟流模式：许多城市的污染源资料表明，一般面源的源强变化不大，相邻两个面单元之间一般不超过两倍，而且一个连续点源形成的烟流相当窄。因此，某点的污染物浓度主要取决于上风向面单元的源强，上风向两侧面单元对其影响很小。据此可以导出计算点 $M$ 所在面单元和上风向各面单元在该点造成的浓度模式——窄烟流模式（见图 4-8）。

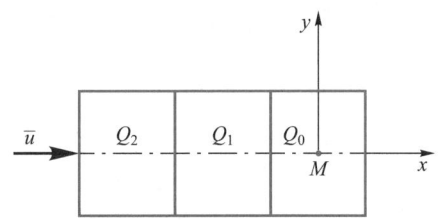

图 4-8　窄烟流模式示意图

进一步的研究结果还表明，$M$ 点所在面单元对该点污染物浓度的贡献比它上风向相邻 5 个面单元贡献的总和还要大。因此 $M$ 点的污染物浓度主要由它所在面单元的源强所决定。于是可以得到简化的窄烟流模式：

$$\rho = A \frac{Q_0}{\bar{u}} \tag{4-139}$$

若取 $\sigma_z = \gamma_2^{\alpha_2}$ 的形式，则：

$$A = \left(\frac{2}{\pi}\right)^{1/2} \cdot \frac{1}{(1-\alpha_2^2)} \cdot \frac{x}{\gamma_2 x^{\alpha_2}} = \frac{0.8}{1-\alpha_2} \cdot \frac{x}{\sigma_z} \tag{4-140}$$

式中：$Q_0$——计算点所在面单元的源强，$g/(m^2 \cdot s)$；

　　$x$——计算点到上风向城市边缘的距离，m。

用简化的窄烟流模式（4-139）计算时，对每一风速，只需将每一面单元的源强乘以相应的系数 $A$ 就可得出该面单元的浓度。

### （五）山区扩散模式

山区流场受到复杂地形的热力和动力因子影响，流场均匀和定常的假设难以成立。烟流的输送，严格来说是由一些无规律可循的气流运动完成的，烟流的正态分布假设也难以成立。但国内外许多山区扩散实验表明，对风向稳定、研究尺度不大、地形相对较为开阔及起伏不很大的地区，相当多的实验数据基本上还是遵循正态分布规律的。在这样的地区，高架点源的扩散仍可用平原地区的高斯扩散模式。但由于山区大气湍流强烈，扩散速率比平原地区大，扩散参数比平原地区大得多，因此应取向不稳定方向提级后的扩散参数。下面介绍几种适用于山谷地区的大气扩散模式。

#### 1. 封闭山谷中的扩散模式

狭长山谷中近地面源的污染，由于受到峡谷地形的限制，可以认为污染物仅能在峡谷两壁之间扩散。由于壁的多次反射作用，可以认为在与污染源相隔一段距离之后，污染物在横向近似为均匀分布，在垂直方向仍为正态分布，所以有下面的浓度表达式：

$$\rho(x,z) = A(x)\exp\left(-\frac{z^2}{2\sigma_z^2}\right) \tag{4-141}$$

$$Q = \int_0^\infty \int_{-W/2}^{W/2} \bar{u}A(x)\exp\left(-\frac{z^2}{2\sigma_z^2}\right) \mathrm{d}y \cdot \mathrm{d}z \tag{4-142}$$

式中：$W$——山谷的宽度，m。

解此方程组得：

$$\rho(x,z) = \frac{2Q}{\sqrt{2\pi}\,\bar{u}W\sigma_z}\exp\left(-\frac{z^2}{2\sigma_z^2}\right) \tag{4-143}$$

在 $z=0$ 时得到地面浓度：

$$\rho(x,0) = \frac{2Q}{\sqrt{2\pi}\,\bar{u}W\sigma_z} \tag{4-144}$$

若为高架源，则

$$\rho(x,z) = \frac{Q}{\sqrt{2\pi}\,\bar{u}W\sigma_z}\left\{\exp\left[-\frac{(z-H)^2}{2\sigma_z^2}\right]+\exp\left[-\frac{(z+H)^2}{2\sigma_z^2}\right]\right\} \tag{4-145}$$

与前面讨论过的封闭型扩散类似，在烟流开始扩散的一段距离内，污染物在横向扩散尚未达到均匀分布，因此这时应考虑横向扩散的影响。当达到一定距离后，可以认为污染物在横向达到了均匀分布。显然，这个距离和谷宽 $W$ 有关，其关系为

$$\sigma_y = \frac{W}{4.3} \tag{4-146}$$

已知谷宽 $W$ 时，可以求出 $\sigma_y$，再根据大气稳定度，即可求出相应的 $x$ 值，此距离可以认为是扩散开始受到峡谷两侧壁影响的距离。

#### 2. NOAA 和 EPA 模式

美国国家海洋与大气管理局（NOAA）分析了高架点源烟流受起伏地形的影响后，提出了以高斯模式为基础的计算模式，仅对有效源高做了修正，修正方法如下：

（1）大气稳定度的划分仍用 P-T 法，仅适当修正了级别。

（2）在中性和不稳定时,假设烟流中心线与地面始终平行,随地形起伏而起伏,有效源高不修正,地面轴线浓度仍用高斯模式(4-106)估算。

（3）在大气稳定时,假定烟流中心线保持水平,地面轴线浓度用下式计算:

$$\rho(x,0,h_T) = \frac{Q}{\pi \bar{u} \sigma_y \sigma_z} \exp\left[-\frac{(h_T-H)^2}{2\sigma_z^2}\right] \qquad (4-147)$$

式中:$h_T$——计算点相对于烟囱底面的高度,m。

当 $h_T > H$ 时,取 $h_T - H = 0$,此时计算的地面浓度等于烟流中心线浓度,其值比实际情况高(5 km 以内高 5~10 倍,10 km 以远略高于或接近于观测值)。该模式的计算结果相当于10 min~1 h 的平均浓度。

美国国家环境保护局(EPA)提出的模式,在稳定度分类、扩散参数选取和浓度计算公式方面皆与 NOAA 相同,不同之处仅是对所有稳定度级别都做了地形高度修正。

## 二、大气污染源调查与分析

### （一）大气污染源调查与分析对象

对于一级评价项目,应调查分析本项目不同排放方案有组织及无组织排放源,对于改建、扩建项目还应调查本项目现有污染源。本项目污染源调查包括正常排放和非正常排放,其中非正常排放调查内容包括非正常工况、频次、持续时间和排放量。调查本项目所有拟被替代的污染源(如有),包括被替代污染源名称、位置、排放污染物及排放量、拟被替代时间等。调查评价范围内与评价项目排放污染物有关的其他在建项目、已批复环境影响评价文件的拟建项目等污染源。如有区域替代方案,还应调查评价范围内所有的拟替代的污染源。二级评价项目调查本项目现有及新增污染源和拟被替代的污染源。三级评价项目可只调查分析本项目新增污染源和拟被替代的污染源。

对于城市快速路、主干路等城市道路的新建项目,需调查道路交通流量及污染物排放量。

对于采用网格模型预测二次污染物的,需结合空气质量模型及评价要求,开展区域现状污染源排放清单调查。

### （二）污染源调查与分析方法

对于新建项目的污染源调查,可通过类比调查、物料衡算或设计资料,依据《建设项目环境影响评价技术导则 总纲》(HJ 2.1—2016)、《规划环境影响评价技术导则 总纲》(HJ 130—2019)、《排污许可证申请与核发技术规范 总则》(HJ 942—2018)、行业排污许可证申请与核发技术规范及各污染源源强核算技术指南,并结合工程分析从严确定污染物排放量。

对于评价范围内的在建和拟建项目的污染源调查,可使用已批准的环境影响评价文件中的资料;对于现有项目和改建、扩建项目现状工程的污染源和评价范围内拟被替代的污染源调查,可根据数据的可获取性,依次优先使用项目监督性监测数据、在线监测数据、年度排污许可执行报告、自主验收报告、排污许可证数据、环评数据或补充污染源监测数据等。污染源监测数据应采用满负荷工况下的监测数据或者换算至满负荷工况下的排放数据。

对于网格模型模拟所需的区域现状污染源排放清单调查按国家发布的清单编制相关技术规范执行。污染源排放清单数据应采用近 3 年内国家或地方生态环境主管部门发布的包含人为源和天然源在内所有区域污染源清单数据。在国家或地方生态环境主管部门未发布污染源清单之前,可参照污染源清单编制指南自行建立区域污染源清单,并对污染源清单准确性进行验证分析。

（三）污染源调查内容

**1. 污染源排污概况调查**

在满负荷排放下,按分厂或车间逐一统计各有组织排放源和无组织排放源的主要污染物排放量。

对改建、扩建项目应给出:现有工程排放量、扩建工程排放量,以及现有工程经改造后的污染物预测削减量,并按上述三个量计算最终排放量。

对于毒性较大的污染物还应估计其非正常排放量。

对于周期性排放的污染源,还应给出周期性排放系数。周期性排放系数取值为 $0 \sim 1$,一般可按季节、月份、星期、日、小时等给出周期性排放系数。

**2. 点源调查内容**

① 排气筒底部中心坐标（坐标可采用 UTM（通用横轴墨卡托地图投影）坐标或经纬度）,以及排气筒底部的海拔高度（m）;② 排气筒几何高度（m）及排气筒出口内径（m）;③ 烟气出口流速（m/s）;④ 排气筒出口处烟气温度（K 或 ℃）;⑤ 各主要污染物正常排放速率（g/s）,排放工况（正常排放或非正常排放）,年排放小时数（h）;⑥ 毒性较大物质的非正常排放速率（g/s）,排放工况,年排放小时数（h）。

**3. 面源调查内容**

① 面源起始点坐标,以及面源所在位置的海拔高度（m）;② 面源有效排放高度（m）;③ 各主要污染物正常排放速率（g/s）,排放工况（正常排放或非正常排放）,年排放小时数（h）。

矩形面源的初始点坐标,面源的长度（m）,面源的宽度（m）,与正北方向逆时针的夹角,见图 4-9 矩形面源示意图。

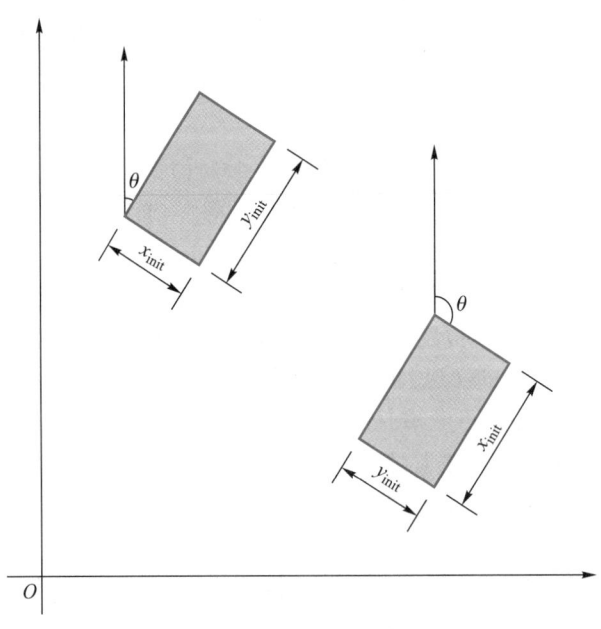

图 4-9 矩形面源示意图

$(x_s, y_s)$为面源的起始点坐标,$\theta$为面源$y$方向的边长与正北方向的夹角(逆时针方向),$x_{init}$为面源$x$方向的边长、$y_{init}$为面源$y$方向的边长。

多边形面源:多边形面源的顶点数或边数($3 \sim 20$),以及各顶点坐标,见图4-10多边形面源示意图。

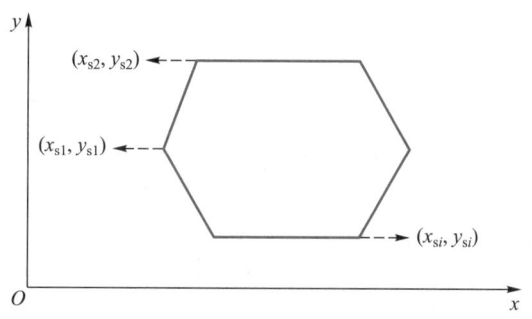

图4-10　多边形面源示意图

$(x_{s1}, y_{s1})$、$(x_{s2}, y_{s2})$、$(x_{si}, y_{si})$为多边形面源顶点坐标。

近圆形面源:中心点坐标,近圆形半径(m),近圆形顶点数或边数,见图4-11近圆形面源示意图。

$(x_s, y_s)$为圆弧弧心坐标,$R$为圆弧半径。

**4. 体源调查内容**

① 体源中心点坐标,以及体源所在位置的海拔高度(m);② 体源有效高度(m);③ 体源排放速率(g/s),排放工况(正常排放或非正常排放),年排放小时数(h);④ 体源的边长(m)(把体源划分为多个正方形的边长,见图4-12、图4-13中的$W$);⑤ 初始横向扩散参数(m),初始垂直扩散参数(m),体源初始扩散参数的估算见表4-12、表4-13。

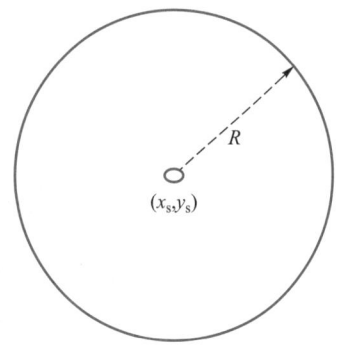

图4-11　近圆形面源示意图

$W$为单个体源的边长。

**5. 线源调查内容**

① 线源几何尺寸(分段坐标),线源距地面高度(m),道路宽度(m),有效排放高度(m),街道街谷高度(可选)(m);② 各种车型的污染物排放速率[g/(km·s)];③ 平均车速(km/h),各时段车流量(辆/h)、车型比例。

**6. 火炬源调查内容**

① 火炬底部中心坐标,以及火炬底部的海拔高度(m);② 火炬等效内径$D$(m),见下式:

$$D = 9.88 \times 10^{-4} \times \sqrt{HR \times (1 - HL)} \tag{4-148}$$

式中:HR——总热释放速率,cal/s,1 cal = 4.185 J;

　　　HL——辐射热损失比例,一般取0.55。

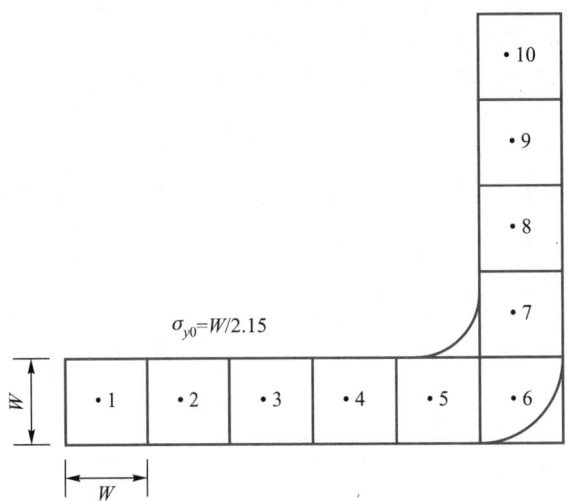

图 4-12 连续划分的体源

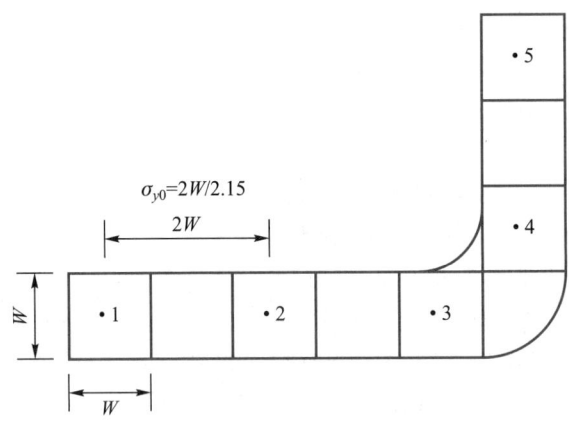

图 4-13 间隔划分的体源

表 4-12 体源初始横向扩散参数的估算

| 源 类 型 | 初始横向扩散参数 |
|---|---|
| 单个源 | $\sigma_{y0}=$ 边长$/4.3$ |
| 连续划分的体源(见图 4-12) | $\sigma_{y0}=$ 边长$/2.5$ |
| 间隔划分的体源(见图 4-13) | $\sigma_{y0}=$ 两个相邻间隔中心点的距离$/2.15$ |

表 4-13　体源初始垂直扩散参数的估算

| 源　位　置 | | 初始垂直扩散参数 |
|---|---|---|
| 源基底处地形高度 $H_0 \approx 0$ | | $\sigma_{z0} =$ 源的高度/2.15 |
| 源基底处地形高度 $H_0 > 0$ | 在建筑物上,或邻近建筑物 | $\sigma_{z0} =$ 建筑物高度/2.15 |
| | 不在建筑物上,或不邻近建筑物 | $\sigma_{z0} =$ 源的高度/4.3 |

③ 火炬的等效高度 $h_{eff}$(m),见下式:

$$h_{eff} = Hs + 4.56 \times 10^{-3} \times HR^{0.478} \tag{4-149}$$

式中:$Hs$——火炬高度(m)。

④ 火炬等效烟气排放速度(m/s),默认设置 20m/s;⑤ 火炬源排放速率(g/s),排放工况,年排放小时数(h)。

**7. 烟塔合一排放源调查内容**

① 冷却塔底部中心坐标,以及排气筒底部的海拔高度(m);② 冷却塔高度(m)及冷却塔出口内径(m);③ 冷却塔出口烟气流速(m/s)和温度(K 或℃);④烟气中液态水含量(g/g);⑤ 烟气相对湿度(%);⑥ 各主要污染物排放速率(g/s),排放工况,年排放小时数(h)。

**8. 城市道路源调查内容**

调查内容包括不同路段交通流量及污染物排放量。

**9. 机场源调查内容**

不同飞行阶段的跑道面源排放参数,包括:飞行阶段,面源起点坐标,有效排放高度(m),面源宽度(m),面源长度(m),与正北向夹角(°),污染物排放速率(g/s)。

**10. 其他需调查的内容**

建筑物下洗参数。在考虑由于周围建筑物引起的空气扰动而导致地面局部高浓度的现象时,需调查建筑物下洗参数。建筑物下洗参数应根据所选预测模式的需要,按相应要求内容进行调查。

颗粒物的粒径分布。颗粒物粒径分级(最多不超过 20 级)、颗粒物的分级粒径(μm)、各级颗粒物的质量密度(g/cm³),以及各级颗粒物所占的质量比(0~1)。

## 三、大气环境影响预测与评价

**(一)工作内容与程序**

**1. 工作内容**

(1)弄清楚建设项目概况,进行工程的大气环境影响因素分析,获得有关源参数(排污种类、源强、源高、排放方式、排放温度、排烟速度等)资料,对源进行排放评价。

(2)大气环境现状监测与评价,取得本底浓度值,对评价区的环境现状进行评价。

(3)评价区地形和气象资料的收集和观测,取得大气环境预测所必需的气象条件和地形条件资料。

(4)评价区大气扩散规律的研究,取得评价区的大气扩散参数,并选择适用于评价区的烟气抬升高度模式及大气扩散模式。

(5)评价区污染物浓度预测。根据拟建工程的排污条件,评价区的气象和地形条件,以及在评价区大气扩散规律研究中获得的大气扩散参数及大气扩散模式等,模拟计算工程投产后将造成的长期和短期环境浓度分布,得到影响浓度值。将本底浓度值与影响浓度值叠加,得到浓度分布预测值,并绘制环境质量变化图。

(6)确定评价标准,评价预测结果,作出结论,提出预防和改善环境空气质量的对策和建议。评价标准一般根据评价区的具体情况选用适宜的环境空气质量标准,用评价标准与浓度分布的预测结果进行比较,检验预测值是否能满足评价标准的要求。当不能满足时,应提出改善环境空气质量使之满足环境标准的措施(如增设净化设备以削减污染物排放总量、增加烟囱高度等)或提出另选厂址的意见。如果预测结果能满足评价标准的要求,那么在排污总量允许的情况下,从大气环境保护角度考虑,该拟建工程是可以建设的,评价工作也就完成。至于这一地区今后环境空气质量如何,还要通过常规监测系统进行监测。

**2. 工作程序**

第一阶段主要工作包括:研究有关文件、环境空气质量现状调查、初步工程分析、环境空气敏感区调查、评价因子筛选、评价标准确定、气象特征调查、地形特征调查、编制工作方案、确定评价工作等级和评价范围等。

第二阶段主要工作包括:污染源的调查与核实、环境空气质量现状监测、气象观测资料调查与分析、地形数据收集和大气环境影响预测与评价等。

第三阶段主要工作包括:给出大气环境影响评价结论与建议、完成环境影响评价文件的编写等。

(二)评价等级与范围

**1. 评价因子筛选**

按照《建设项目环境影响评价技术导则 总纲》(HJ 2.1—2016)或《规划环境影响评价技术导则 总纲》(HJ 130—2019)的要求识别大气环境影响因素,并筛选出大气环境影响评价因子。大气环境影响评价因子主要为项目排放的基本污染物及其他污染物。

当建设项目排放的 $SO_2$ 和 $NO_x$ 年排放量大于或等于 500t/a 时,评价因子应增加 $PM_{2.5}$,见表 4-14。当规划项目排放的 $SO_2$、$NO_x$ 及 VOCs 年排放量达到表 4-14 规定的量时,评价因子应相应增加二次 $PM_{2.5}$ 及 $O_3$。

表 4-14　二次污染物评价因子筛选

| 类别 | 污染物排放量/$(t \cdot a^{-1})$ | 二次污染物评价因子 |
|---|---|---|
| 建设项目 | $SO_2+NO_x \geqslant 500$ | $PM_{2.5}$ |
| 规划项目 | $SO_2+NO_x \geqslant 500$ | $PM_{2.5}$ |
|  | $NO_x+VOCs \geqslant 2\ 000$ | $O_3$ |

**2. 评价标准确定**

确定各评价因子所适用的环境质量标准及相应的污染物排放标准。其中,环境质量标准选用《环境空气质量标准》(GB 3095—2012)中的环境空气质量浓度限值,如已有地方环境质量标准,应选用地方标准中的浓度限值。对于《环境空气质量标准》(GB 3095—2012)及地方环境质量标准中未包含的污染物,可参照《环境影响评价技术导则 大气环境》(HJ 2.2—2018)附录 D 中的浓度限值。对上述标准中都未包含的污染物,可参照选用其他国家、国际组织发布的环境质量标准浓度限值或基准值,但应作出说明,经生态环境主管部门同意后执行。

**3. 评价工作等级**

选择《环境影响评价技术导则 大气环境》(HJ 2.2—2018)推荐模式中的估算模式对项目的大气环境评价工作进行分级。结合项目的初步工程分析结果,选择正常排放的主要污染物及排放参数,采用估算模式计算各污染物在简单平坦地形、全气象组合情况条件下的最大影响程度和最远影响范围,然后按评价工作分级判据进行分级。

正常排放情况下主要污染物的选择标准,应结合污染物毒性、污染物排放量及环境质量标准限值综合判定。对于常规污染物,可参考等标排放量的计算方法,即选择污染物排放量与环境空气质量浓度标准比值较大的污染物作为项目主要污染物。

根据项目的初步工程分析及污染源初步调查结果,分别计算项目排放主要污染物的最大地面空气质量浓度占标率 $P_i$(第 $i$ 个污染物,简称"最大浓度占标率"),及第 $i$ 个污染物的地面空气质量浓度达标准限值 10% 时所对应的最远距离 $D_{10\%}$。其中 $P_i$ 定义为:

$$P_i = \frac{C_i}{C_{0i}} \times 100\% \tag{4-150}$$

式中:$P_i$——第 $i$ 个污染物的最大地面浓度占标率,%;

$C_i$——采用估算模式计算出的第 $i$ 个污染物的最大 1 h 地面空气质量浓度,mg/m³;

$C_{0i}$——第 $i$ 个污染物的环境空气质量浓度标准,mg/m³。

$C_{0i}$ 一般选用《环境空气质量标准》(GB 3095—2012)中 1 h 平均质量浓度的二级标准的质量浓度限值,如项目位于一类环境空气功能区,应选择相应的一级标准质量浓度限值,如已有地方标准,应选用地方标准中的相应值。对某些上述标准中都未包含的污染物,可参照选用其他国家、国际组织发布的环境质量浓度限值或基准值,但应作出说明,经生态环境主管部门同意后执行。对仅有 8 h 平均质量浓度限值、24 h 平均质量浓度限值或年平均质量浓度限值的,可分别按 2 倍、3 倍、6 倍折算为 1 h 平均质量浓度限值。

评价工作等级按表 4-15 的分级判据进行划分。最大地面质量浓度占标率 $P_i$ 按式(4-150)计算,如污染物数 $i$ 大于 1,取 $P$ 值中最大者($P_{max}$)。

表 4-15 大气环境影响评价工作等级划分依据

| 评价工作等级 | 评价工作分级判据 |
| --- | --- |
| 一级 | $P_{max} \geq 10\%$ |
| 二级 | $1\% \leq P_{max} < 10\%$ |
| 三级 | $P_{max} < 1\%$ |

评价工作等级的确定还应符合以下规定:

(1)同一项目有多个(两个以上,含两个)污染源排放同一种污染物时,则按各污染源分别确定其评价等级,并取评价级别最高者作为项目的评价等级;

(2)对于电力、钢铁、水泥、石化、化工、平板玻璃、有色等高耗能行业的多源(两个以上,含两个)项目或以使用高污染燃料为主的多源项目,并且编制环境影响报告书的项目,评价等级提高一级;

（3）对于新建包含 1 km 及以上隧道工程的城市快速路、主干路等城市道路项目，按项目隧道主要通风竖井及隧道出口排放的污染物计算其评价等级；

（4）对于等级公路、铁路等项目，应分别按项目沿线主要集中式排放源（如服务区、车站等大气污染源）排放的污染物计算其评价等级；

（5）对新建、迁建及飞行区扩建的枢纽及干线机场项目，应考虑机场飞机起降及相关辅助设施排放源对周边城市的环境影响，评价等级取一级。

确定评价工作等级的同时应说明估算模式计算参数和判定依据。

**4. 评价工作范围**

一级评价项目根据建设项目排放污染物的最远影响距离（$D_{10\%}$）确定项目的大气环境影响评价范围。即以项目厂址为中心区域，自厂界外延 $D_{10\%}$ 的矩形区域作为大气环境影响评价范围；当 $D_{10\%}$ 超过 25 km 时，确定评价范围为边长 50 km 矩形区域；当 $D_{10\%}$ 小于 2.5 km 时，评价范围边长取 5 km。

二级评价项目大气环境影响评价范围边长取 5 km。

三级评价项目不需设置大气环境影响评价范围。

对于新建、迁建及飞行区扩建的枢纽及干线机场项目，评价范围还应考虑受影响的周边城市，最大取边长 50 km。

规划的大气环境影响评价范围以规划区边界为起点，外延规划项目排放污染物的最远影响距离（$D_{10\%}$）的区域。

**（三）大气环境影响预测**

**1. 预测步骤**

大气环境影响预测用于判断项目建成后对评价范围大气环境影响的程度和范围。常用的大气环境影响预测方法是通过建立数学模式来模拟各种气象条件、地形条件下的污染物在大气中输送、扩散、转化和清除等物理、化学机制。

大气环境影响预测的步骤一般为：① 确定预测因子；② 确定预测范围；③ 确定计算点；④ 确定污染源计算清单；⑤ 确定气象条件；⑥ 确定地形数据；⑦ 确定预测内容和设定预测情景；⑧ 选择预测模式；⑨ 确定模式中的相关参数；⑩ 进行大气环境影响预测与评价。

**2. 预测因子**

预测因子应根据评价因子而定，选取有环境空气质量标准的评价因子作为预测因子。

**3. 预测范围**

预测范围应覆盖评价范围，并覆盖各污染物短期浓度贡献值占标率大于 10% 的区域，同时还应考虑污染源的排放高度、评价范围的主导风向、地形和周围环境空气敏感区的位置等，并进行适当调整。对于经判断需要预测二次污染物的项目，预测范围应覆盖 $PM_{2.5}$ 年平均质量浓度贡献值占标率大于 1% 的区域。对于评价范围内包含环境空气功能区一类区的，预测范围应覆盖项目对一类区最大环境影响。预测污染源对评价范围的影响时，一般取东西向为 $x$ 坐标轴、南北向为 $y$ 坐标轴，项目厂址位于预测范围的中心区域。

**4. 环境空气保护目标**

调查项目大气环境评价范围内主要环境空气保护目标。在带有地理信息的底图中标注，并列表给出环境空气保护目标内主要保护对象的名称、保护内容、所在大气环境功能区划及项目厂址的相对距离、方位、坐标等信息。

**5. 计算点**

计算点可分三类:环境空气敏感区、预测范围内的网格点及区域最大地面浓度点。应选择所有的环境空气敏感区中的环境空气保护目标作为计算点。

预测网格点的设置应具有足够的分辨率以尽可能精确预测污染源对评价范围的最大影响,预测网格可以根据具体情况采用直角坐标网格或极坐标网格,并应覆盖整个评价范围。预测网格点设置方法见表4-16。

表4-16 预测网格点设置方法

| 预测网格方法 | | 直角坐标网格 | 极坐标网格 |
|---|---|---|---|
| 布点原则 | | 网格等间距或<br>近密远疏法 | 径向等间距或<br>距源中心近密远疏法 |
| 预测网格<br>点网格距 | 距离源中心≤1 000 m | 50~100 m | 50~100 m |
| | 距离源中心>1 000 m | 100~500 m | 100~500 m |

区域最大地面浓度点的预测网格设置,应依据计算出的网格点质量浓度分布而定,在高浓度分布区,计算点间距应不大于50 m。对于邻近污染源的高层住宅楼,应适当考虑不同代表高度上的预测受体。

**6. 气象条件**

计算小时平均质量浓度需采用长期气象条件,进行逐时或逐次计算。选择污染最严重的(针对所有计算点)小时气象条件和对各环境空气保护目标影响最大的若干个小时气象条件(可视对各环境空气敏感区的影响程度而定)作为典型小时气象条件。

计算日平均质量浓度需采用长期气象条件,进行逐日平均计算。选择污染最严重的(针对所有计算点)日气象条件和对各环境空气保护目标影响最大的若干个日气象条件(可视对各环境空气敏感区的影响程度而定)作为典型日气象条件。

**7. 地形数据**

在非平坦的评价范围内,地形的起伏对污染物的传输、扩散会有一定的影响。对于复杂地形下的污染物扩散模拟需要输入地形数据。

地形数据的来源应予以说明,地形数据的精度应结合评价范围及预测网格点的设置进行合理选择。

**8. 预测周期**

选取评价基准年作为预测周期,预测时段取连续1年。选用网格模型模拟二次污染物的环境影响时,预测时段应至少选取评价基准年的1、4、7、10月。

**9. 确定预测内容**

大气环境影响预测内容依据评价工作等级和项目的特点而定。一级评价项目预测内容一般包括:

(1)在全年逐时或逐次小时气象条件下,环境空气保护目标、网格点处的地面质量浓度和评价范围内的最大地面小时质量浓度;

(2)在全年逐日气象条件下,环境空气保护目标、网格点处的地面质量浓度和评价范围内的最大地面日平均质量浓度;

（3）在长期气象条件下，环境空气保护目标、网格点处的地面质量浓度和评价范围内的最大地面年平均质量浓度；

（4）在非正常排放情况，全年逐时或逐次小时气象条件下，环境空气保护目标的最大地面小时质量浓度和评价范围内的最大地面小时质量浓度；

（5）对于施工期超过一年，并且施工期排放的污染物影响较大的项目，还应预测施工期间的大气环境质量。

二级评价项目预测内容为上述前4项预测内容。三级评价项目可不进行上述预测。

**10. 设定预测情景**

根据预测内容设定预测情景，一般考虑五个方面的内容：污染源类别、排放方案、预测因子、气象条件、计算点。

污染源类别分新增加污染源、削减污染源和被取代污染源及其他在建、拟建项目相关污染源。新增污染源分正常排放和非正常排放两种情况。排放方案分工程设计或可行性研究报告中现有排放方案和环评报告所提出的推荐排放方案，排放方案内容根据项目选址、污染源的排放方式及污染控制措施等进行选择。

常规预测情景组合见表4-17。

表 4-17 常规预测情景组合

| 序号 | 污染源类别 | 排放方案 | 预测因子 | 计算点 | 常规预测内容 |
|---|---|---|---|---|---|
| 1 | 新增污染源（正常排放） | 现有方案/推荐方案 | 所有预测因子 | 环境空气保护目标网格点区域最大地面浓度点 | 小时平均质量浓度日平均质量浓度年平均质量浓度 |
| 2 | 新增污染源（非正常排放） | 现有方案/推荐方案 | 主要预测因子 | 环境空气保护目标区域最大地面浓度点 | 小时平均质量浓度 |
| 3 | 削减污染源（若有） | 现有方案/推荐方案 | 主要预测因子 | 环境空气保护目标 | 日平均质量浓度年平均质量浓度 |
| 4 | 被取代污染源（若有） | 现有方案/推荐方案 | 主要预测因子 | 环境空气保护目标 | 日平均质量浓度年平均质量浓度 |
| 5 | 其他在建、拟建项目相关污染源（若有） | | 主要预测因子 | 环境空气保护目标 | 日平均质量浓度年平均质量浓度 |

《环境影响评价技术导则 大气环境》推荐模式清单

**11. 预测模式**

采用《环境影响评价技术导则 大气环境》（HJ 2.2—2018）推荐模式清单中的模式进行预测，并说明选择模式的理由。一级评价项目应结合项目环境影响预测范围、预测因子及推荐模式的适用范围和对参数的要求进行合理选择。各推荐模型适用范围见表4-18。具体的模式说明参阅相关资料（《环境影响评价技术导则 大气环境》推荐模式清单）。

当推荐模型适用性不能满足需要时，可选择适用的替代模型。当项目评价基准年内存在风速≤0.5 m/s的持续时间超过72 h或近20年统计的全年静风

表 4-18　推荐模型适用范围

| 模型名称 | 适用污染源 | 适用排放形式 | 推荐预测范围 | 模拟污染物 | | | 其他特性 |
|---|---|---|---|---|---|---|---|
| | | | | 一次污染物 | 二次 $PM_{2.5}$ | $O_3$ | |
| AERMOD | 点源、面源、线源、体源 | 连续源、间断源 | 局地尺度（≤50 km） | 模型模拟法 | 系数法 | 不支持 | |
| ADMS | | | | | | | |
| AUSTAL2000 | 烟塔合一源 | | | | | | |
| EDMS/AEDT | 机场源 | | | | | | |
| CALPUFF | 点源、面源、线源、体源 | | 城市尺度（50 km 到几百 km） | | 模型模拟法 | | 局地尺度特殊风场，包括长期静、小风和岸边熏烟 |
| 区域光化学网格模型 | 网格源 | | 区域尺度（几百 km） | | 模型模拟法 | 模型模拟法 | 模拟复杂化学反应 |

（风速≤0.2 m/s）频率超过 35% 时,应采用 CALPUFF 模型进行进一步模拟。当建设项目处于大型水体（海或湖）岸边 3 km 范围内时,应首先采用《环境影响评价技术导则 大气环境》（HJ 2.2—2018）附录 A 中估算模型判定是否会发生熏烟现象。如果存在岸边熏烟,并且估算的最大 1 h 平均质量浓度超过环境质量标准,应采用 CALPUFF 模型进行进一步模拟。环境影响预测模型所需气象、地形、地表参数等基础数据应优先使用国家发布的标准化数据。采用其他数据时,应说明数据来源、有效性及数据预处理方案。

**12. 预测方法**

当建设项目或规划项目排放 $SO_2$、$NO_x$ 及 VOCs 年排放量达到表 4-14 规定的量时,可按表 4-19 推荐的方法预测二次污染物。

表 4-19　二次污染物的预测方法

| | 污染物排放量/(t·a⁻¹) | 二次污染物评价因子 | 二次污染物预测方法 |
|---|---|---|---|
| 建设项目 | $SO_2 + NO_x \geqslant 500$ | $PM_{2.5}$ | AERMOD/ADMS（系数法）或 CALPUFF（模型模拟法） |
| 规划项目 | $500 \leqslant SO_2 + NO_x \leqslant 2\,000$ | $PM_{2.5}$ | AERMOD/ADMS（系数法）或 CALPUFF（模型模拟法） |
| | $SO_2 + NO_x \geqslant 2\,000$ | $PM_{2.5}$ | 网格模型（模型模拟法） |
| | $NO_x + VOCs \geqslant 2\,000$ | $O_3$ | 网格模型（模型模拟法） |

采用 AERMOD、ADMS 等模型模拟 $PM_{2.5}$ 时,需将模型模拟的 $PM_{2.5}$ 一次污染物的质量浓度,同步叠加按 $SO_2$ 和 $NO_2$ 等前体物转化比率估算的二次 $PM_{2.5}$ 质量浓度,得到 $PM_{2.5}$ 的

贡献浓度。前体物转化比率可引用科研成果或有关文献,并注意地域的适用性。对于无法取得 $SO_2$ 和 $NO_2$ 等前体物转化比率的,可取 $\varphi_{SO_2}$ 为 0.58、$\varphi_{NO_2}$ 为 0.44,按式(4-151)计算二次 $PM_{2.5}$ 贡献浓度:

$$C_{二次PM_{2.5}} = \varphi_{SO_2} \times C_{SO_2} + \varphi_{NO_2} \times C_{NO_2} \tag{4-151}$$

式中:$C_{二次PM_{2.5}}$——二次 $PM_{2.5}$ 质量浓度,$\mu g/m^3$;

$\varphi_{SO_2}$、$\varphi_{NO_2}$——$SO_2$、$NO_2$ 浓度换算为 $PM_{2.5}$ 浓度的系数;

$C_{SO_2}$、$C_{NO_2}$——$SO_2$、$NO_2$ 的预测质量浓度,$\mu g/m^3$。

采用 CALPUFF 或网格模型预测 $PM_{2.5}$ 时,模拟输出的贡献浓度应包括一次 $PM_{2.5}$ 和二次 $PM_{2.5}$ 质量浓度的叠加结果。

对已采纳规划环评要求的规划所包含的建设项目,当工程建设内容及污染物排放总量均未发生重大变更时,建设项目环境影响预测可引用规划环评的模拟结果。

#### (四) 预测与评价内容

**1. 达标区的评价项目**

在项目正常排放条件下,预测环境空气保护目标和网格点主要污染物的短期浓度和长期浓度贡献值,评价其最大浓度占标率。

在项目正常排放条件下,预测评价叠加环境空气质量现状浓度后,环境空气保护目标和网格点主要污染物的保证率日平均质量浓度和年平均质量浓度的达标情况;对于项目排放的主要污染物仅有短期浓度限值的,评价其短期浓度叠加后的达标情况。如果是改建、扩建项目,还应同步减去"以新带老"污染源的环境影响。如果有区域削减项目,应同步减去削减源的环境影响。如果评价范围内还有其他排放同类污染物的在建、拟建项目,还应叠加在建、拟建项目的环境影响。

在项目非正常排放条件下,预测评价环境空气保护目标和网格点主要污染物的 1h 最大浓度贡献值及占标率。

**2. 不达标区的评价项目**

在项目正常排放条件下,预测环境空气保护目标和网格点主要污染物的短期浓度和长期浓度贡献值,评价其最大浓度占标率。

在项目正常排放条件下,预测评价叠加大气环境质量限期达标规划(简称"达标规划")的目标浓度后,环境空气保护目标和网格点主要污染物保证率日平均质量浓度和年平均质量浓度的达标情况;对于项目排放的主要污染物仅有短期浓度限值的,评价其短期浓度叠加后的达标情况。如果是改建、扩建项目,还应同步减去"以新带老"污染源的环境影响。如果有区域达标规划之外的削减项目,应同步减去削减源的环境影响。如果评价范围内还有其他排放同类污染物的在建、拟建项目,还应叠加在建、拟建项目的环境影响。

对于无法获得达标规划目标浓度场或区域污染源清单的评价项目,需评价区域环境质量的整体变化情况。

在项目非正常排放条件下,预测环境空气保护目标和网格点主要污染物的 1h 最大浓度贡献值,评价其最大浓度占标率。

**3. 区域规划的评价项目**

预测评价区域规划方案中不同规划年叠加现状浓度后,环境空气保护目标和网格点主要污染物保证率日平均质量浓度和年平均质量浓度的达标情况;对于规划排放的其他污染物仅有短期浓度限值的,评价其叠加现状浓度后短期浓度的达标情况。

预测评价区域规划实施后的环境质量变化情况,分析区域规划方案的可行性。

### 4. 污染控制措施效果预测

对于达标区的建设项目,按上述要求预测评价不同方案主要污染物对环境空气保护目标和网格点的环境影响及达标情况,比较分析不同污染治理设施、预防措施或排放方案的有效性。

对于不达标区的建设项目,按上述要求预测不同方案主要污染物对环境空气保护目标和网格点的环境影响,评价达标情况或评价区域环境质量的整体变化情况,比较分析不同污染治理设施、预防措施或排放方案的有效性。

### 5. 大气环境防护距离

对于项目厂界浓度满足大气污染物厂界浓度限值,但厂界外大气污染物短期贡献浓度超过环境质量浓度限值的,可以自厂界向外设置一定范围的大气环境防护区域,以确保大气环境防护区域外的污染物贡献浓度满足环境质量标准。

对于项目厂界浓度超过大气污染物厂界浓度限值的,应要求削减排放源强或调整工程布局,待满足厂界浓度限值后,再核算大气环境防护距离。

大气环境防护距离内不应有长期居住的人群。

不同评价对象或排放方案对应预测内容和评价要求见表4-20。

表 4-20 预测内容和评价要求

| 评价对象 | 污染源 | 污染源排放形式 | 预测内容 | 评价内容 |
|---|---|---|---|---|
| 达标区评价项目 | 新增污染源 | 正常排放 | 短期浓度长期浓度 | 最大浓度占标率 |
| | 新增污染源<br>—<br>"以新带老"污染源(若有)<br>—<br>区域削减污染源(若有)<br>+<br>其他在建、拟建污染源(若有) | 正常排放 | 短期浓度长期浓度 | 叠加环境质量现状浓度后的保证率日平均质量浓度和年平均质量浓度的占标率,或短期浓度的达标情况 |
| | 新增污染源 | 非正常排放 | 1 h平均质量浓度 | 最大浓度占标率 |
| 不达标区评价项目 | 新增污染源 | 正常排放 | 短期浓度长期浓度 | 最大浓度占标率 |
| | 新增污染源<br>—<br>"以新带老"污染源(若有)<br>—<br>区域削减污染源(若有)<br>+<br>其他在建、拟建的污染源(若有) | 正常排放 | 短期浓度长期浓度 | 叠加达标规划目标浓度后的保证率日平均质量浓度和年平均质量浓度的占标率,或短期浓度的达标情况;评价年平均质量浓度变化率 |
| | 新增污染源 | 非正常排放 | 1 h平均质量浓度 | 最大浓度占标率 |

续表

| 评价对象 | 污染源 | 污染源排放形式 | 预测内容 | 评价内容 |
|---|---|---|---|---|
| 区域规划 | 不同规划期/规划方案污染源 | 正常排放 | 短期浓度长期浓度 | 保证率日平均质量浓度和年平均质量浓度的占标率,年平均质量浓度变化率 |
| 大气环境防护距离 | 新增污染源<br>—<br>"以新带老"污染源(若有)<br>+<br>项目全厂现有污染源 | 正常排放 | 短期浓度 | 大气环境防护距离 |

（五）评价方法

**1. 环境影响叠加**

（1）对于达标区,预测评价项目建成后各污染物对预测范围的环境影响,应用本项目的贡献浓度,叠加(减去)区域削减污染源及其他在建、拟建项目污染源环境影响,并叠加环境质量现状浓度,计算方法如下:

$$C_{\text{叠加}(x,y,t)} = C_{\text{本项目}(x,y,t)} - C_{\text{区域削减}(x,y,t)} + C_{\text{拟在建}(x,y,t)} + C_{\text{现状}(x,y,t)} \qquad (4-152)$$

式中:$C_{\text{叠加}(x,y,t)}$——在 $t$ 时刻,预测点 $(x,y)$ 叠加各污染源及现状浓度后的环境质量浓度,$\mu g/m^3$;

$C_{\text{本项目}(x,y,t)}$——在 $t$ 时刻,本项目对预测点 $(x,y)$ 的贡献浓度,$\mu g/m^3$;

$C_{\text{区域削减}(x,y,t)}$——在 $t$ 时刻,区域削减污染源对预测点 $(x,y)$ 的贡献浓度,$\mu g/m^3$;

$C_{\text{现状}(x,y,t)}$——在 $t$ 时刻,预测点 $(x,y)$ 的环境质量现状浓度,$\mu g/m^3$,各预测点环境质量现状浓度按前述方法计算;

$C_{\text{拟在建}(x,y,t)}$——在 $t$ 时刻,其他在建、拟建项目污染源对预测点 $(x,y)$ 的贡献浓度,$\mu g/m^3$。

其中,本项目预测的贡献浓度除新增污染源环境影响外,还应减去"以新带老"污染源的环境影响,计算方法如下:

$$C_{\text{本项目}(x,y,t)} = C_{\text{新增}(x,y,t)} - C_{\text{以新带老}(x,y,t)} \qquad (4-153)$$

式中:$C_{\text{新增}(x,y,t)}$——在 $t$ 时刻,本项目新增污染源对预测点 $(x,y)$ 的贡献浓度,$\mu g/m^3$;

$C_{\text{以新带老}(x,y,t)}$——在 $t$ 时刻,"以新带老"污染源对预测点 $(x,y)$ 的贡献浓度,$\mu g/m^3$。

（2）对于不达标区的环境影响评价,应在各预测点上叠加达标规划中达标年的目标浓度,分析达标规划年的保证率日平均质量浓度和年平均质量浓度的达标情况。叠加方法可以用达标规划方案中的污染源清单参与影响预测,也可直接用达标规划模拟的浓度场进行叠加计算。计算方法如下:

$$C_{\text{叠加}(x,y,t)} = C_{\text{本项目}(x,y,t)} - C_{\text{区域削减}(x,y,t)} + C_{\text{拟在建}(x,y,t)} + C_{\text{规划}(x,y,t)} \qquad (4-154)$$

式中:$C_{\text{规划}(x,y,t)}$——在 $t$ 时刻,预测点 $(x,y)$ 的达标规划年目标浓度,$\mu g/m^3$。

**2. 保证率日平均质量浓度**

对于保证率日平均质量浓度,首先按前述方法计算叠加后预测点上的日平均质量浓度,然后对该预测点所有日平均质量浓度从小到大进行排序,根据各污染物日平均质量浓度的保证率($p$),计算排在 $p$ 百分位数的第 $m$ 个序数,序数 $m$ 对应的日平均质量浓度即为保证率日平均浓度 $C_m$。其中序数 $m$ 计算方法如下:

$$m = 1+(n-1)\times p \tag{4-155}$$

式中:$p$——该污染物日平均质量浓度的保证率,按《环境空气质量评价技术规范(试行)》(HJ 663—2013)规定的对应污染物年评价中 24 h 平均百分位数取值,%;

　　　$n$——1 个日历年内单个预测点上的日平均质量浓度的所有数据个数,个;

　　　$m$——百分位数 $p$ 对应的序数(第 $m$ 个),向上取整数。

**3. 浓度超标范围**

以评价基准年为计算周期,统计各网格点的短期浓度或长期浓度的最大值,所有最大浓度超过环境质量标准的网格,即为该污染物浓度超标范围。超标网格的面积之和即为该污染物的浓度超标面积。

**4. 区域环境质量变化评价**

当无法获得不达标区规划达标年的区域污染源清单或预测浓度场时,也可评价区域环境质量的整体变化情况。按式(4-156)计算实施区域削减方案后预测范围的年平均质量浓度变化率 $k$。当 $k \leqslant -20\%$ 时,可判定项目建设后区域环境质量得到整体改善。

$$k = \left[ C_{\text{本项目}(a)} - C_{\text{区域削减}(a)} \right] / C_{\text{区域削减}(a)} \times 100\% \tag{4-156}$$

式中:　$k$——预测范围年平均质量浓度变化率,%;

　$C_{\text{本项目}(a)}$——本项目对所有网格点的年平均质量浓度贡献值的算术平均值,$\mu g/m^3$;

　$C_{\text{区域削减}(a)}$——区域削减污染源对所有网格点的年平均质量浓度贡献值的算术平均值,$\mu g/m^3$。

**5. 大气环境防护距离确定**

采用进一步预测模型模拟评价基准年内,本项目所有污染源(改建、扩建项目应包括全厂现有污染源)对厂界外主要污染物的短期贡献浓度分布。厂界外预测网格分辨率不应超过 50 m。

在底图上标注从厂界起所有超过环境质量短期浓度标准值的网格区域,以自厂界起至超标区域的最远垂直距离作为大气环境防护距离。

**6. 污染控制措施有效性分析与方案比选**

达标区建设项目选择大气污染治理设施、预防措施或多方案比选时,应综合考虑成本和治理效果,选择最佳可行技术方案,保证大气污染物能够达标排放,并使环境影响可以接受。

不达标区建设项目选择大气污染治理设施、预防措施或多方案比选时,应优先考虑治理效果,结合达标规划和替代源削减方案的实施情况,在只考虑环境因素的前提下选择最优技术方案,保证大气污染物达到最低排放强度和排放浓度,并使环境影响可以接受。

**7. 污染物排放量核算**

污染物排放量核算包括本项目的新增污染源及改建、扩建污染源(如有)。

根据最终确定的污染治理设施、预防措施及排污方案,确定本项目所有新增及改、扩建污染源大气排污节点、排放污染物、污染治理设施与预防措施及大气排放口基本情况。

本项目各排放口排放大气污染物的核算排放浓度、排放速率及污染物年排放量,应为通过环境影响评价,并且环境影响评价结论为可接受时对应的各项排放参数。

　　本项目大气污染物年排放量包括项目各有组织排放源和无组织排放源在正常排放条件下的预测排放量之和。污染物年排放量按式(4-157)计算：

$$E_{排放量} = \sum_{i=1}^{n}(M_{i有组织} \times H_{i有组织})/1\,000 + \sum_{j=1}^{m}(M_{j无组织} \times H_{j无组织})/1\,000 \qquad (4-157)$$

式中：$E_{年排放}$——项目年排放量,t/a;

　　　　$M_{i有组织}$——第 $i$ 个有组织排放源排放速率,kg/h;

　　　　$H_{i有组织}$——第 $i$ 个有组织排放源年有效排放小时数,h/a;

　　　　$M_{j无组织}$——第 $j$ 个无组织排放源排放速率,kg/h;

　　　　$H_{j无组织}$——第 $j$ 个无组织排放源全年有效排放小时数,h/a。

　　本项目各排放口非正常排放量核算,应结合非正常排放预测结果,优先提出相应的污染控制与减缓措施。当出现 1 h 平均质量浓度贡献值超过环境质量标准时,应提出减少污染排放直至停止生产的相应措施。明确列出发生非正常排放的污染源、非正常排放原因、排放污染物、非正常排放浓度与排放速率、单次持续时间、年发生频次及应对措施等。

　　**8. 评价结果表达**

　　① 基本信息底图:包含项目所在区域相关地理信息的底图,至少应包括评价范围内的环境功能区划、环境空气保护目标、项目位置、监测点位,以及图例、比例尺、基准年风频玫瑰图等要素。

　　② 项目基本信息图:在基本信息底图上标示项目边界、总平面布置、大气排放口位置等信息。

　　③ 达标评价结果表:列表给出各环境空气保护目标及网格最大浓度点主要污染物现状浓度、贡献浓度、叠加现状浓度后保证率日平均质量浓度和年平均质量浓度、占标率、是否达标等评价结果。

　　④ 网格浓度分布图:包括叠加现状浓度后主要污染物保证率日平均质量浓度分布图和年平均质量浓度分布图。网格浓度分布图的图例间距一般按相应标准值的 5%~100% 进行设置。如果某种污染物环境空气质量超标,还需在评价报告及浓度分布图上标示超标范围与超标面积,以及与环境空气保护目标的相对位置关系等。

　　⑤ 大气环境防护区域图:在项目基本信息图上沿出现超标的厂界外延按进一步预测模型模拟确定的大气环境防护距离所包括的范围,作为本项目的大气环境防护区域。大气环境防护区域应包含自厂界起连续的超标范围。

　　⑥ 污染治理设施、预防措施及方案比选结果表:列表对比不同污染控制措施及排放方案对环境的影响,评价不同方案的优劣。

　　⑦ 污染物排放量核算表:包括有组织及无组织排放量、大气污染物年排放量、非正常排放量等。

　　一级评价应包括上述各项内容。二级评价一般应包括基本信息底图、项目基本信息图及污染物排放量核算表。

　　**(六) 大气环境影响评价结论与建议**

　　**1. 大气环境影响评价结论**

　　(1)达标区域的建设项目环境影响评价,当同时满足以下条件时,则认为环境影响可以接受。

① 新增污染源正常排放下污染物短期浓度贡献值的最大浓度占标率≤100%;

② 新增污染源正常排放下污染物年均浓度贡献值的最大浓度占标率≤30%(其中一类区≤10%);

③ 项目环境影响符合环境功能区划。叠加现状浓度、区域削减污染源及在建、拟建项目的环境影响后,主要污染物的保证率日平均质量浓度和年平均质量浓度均符合环境质量标准;对于项目排放的主要污染物仅有短期浓度限值的,叠加后的短期浓度符合环境质量标准。

(2)不达标区域的建设项目环境影响评价,当同时满足以下条件时,则认为环境影响可以接受。

① 达标规划未包含的新增污染源建设项目,需另有替代源的削减方案;

② 新增污染源正常排放下污染物短期浓度贡献值的最大浓度占标率≤100%;

③ 新增污染源正常排放下污染物年均浓度贡献值的最大浓度占标率≤30%(其中一类区≤10%);

④ 项目环境影响符合环境功能区划或满足区域环境质量改善目标。现状浓度超标的污染物评价,叠加达标年目标浓度、区域削减污染源及在建、拟建项目的环境影响后,污染物的保证率日平均质量浓度和年平均质量浓度均符合环境质量标准或满足达标规划确定的区域环境质量改善目标,或计算的预测范围内年平均质量浓度变化率 $k \leqslant -20\%$;对于现状达标的污染物评价,叠加后污染物浓度符合环境质量标准;对于项目排放的主要污染物仅有短期浓度限值的,叠加后的短期浓度符合环境质量标准。

(3)区域规划的环境影响评价,当主要污染物的保证率日平均质量浓度和年平均质量浓度均符合环境质量标准,对于主要污染物仅有短期浓度限值的,叠加后的短期浓度符合环境质量标准时,则认为区域规划环境影响可以接受。

**2. 污染控制措施可行性及方案比选结果**

大气污染治理设施与预防措施必须保证污染源排放及控制措施均符合排放标准的有关规定,满足经济、技术可行性。

从项目选址选线、污染源的排放强度与排放方式、污染控制措施技术与经济可行性等方面,结合区域环境质量现状及区域削减方案、项目正常排放及非正常排放下大气环境影响预测结果,综合评价治理设施、预防措施及排放方案的优劣,并对存在的问题(如有)提出解决方案。经对解决方案进行进一步预测和评价比选后,给出大气污染控制措施可行性建议及最终的推荐方案。

**3. 大气环境防护距离**

根据大气环境防护距离计算结果,并结合厂区平面布置图,确定项目大气环境防护区域。若大气环境防护区域内存在长期居住的人群,应给出相应优化调整项目选址、布局或搬迁的建议。

项目大气环境防护区域之外,大气环境影响评价结论应符合前述规定的要求。

**4. 污染物排放量核算结果**

环境影响评价结论是环境影响可接受的,根据环境影响评价审批内容和排污许可证申请与核发所需表格要求,明确给出污染物排放量核算结果表。

评价项目完成后污染物排放总量控制指标能否满足环境管理要求,并明确总量控制指标的来源和替代源的削减方案。

# 第三节　声环境影响评价

## 一、环境声学基础

### (一) 量度声波的物理量

声音是由物体振动而产生的。物体振动引起周围媒质的质点位移,使媒质密度产生疏、密变化,这种变化的传播就是声波。它是弹性介质中传播的一种机械波。描述声波的物理量主要有声速($C$)、波长($\lambda$)、频率($f$)、倍频带、周期($T$)、声压($p$)、声强($I$)、声功率($W$)、声压级、声强级、声功率级、噪声级(分贝)、倍频带声压级和倍频带声功率级。

**1. 声速、波长、频率、倍频带和同期**

(1) 声速($C$)

声波在弹性媒质中的传播速度,即振动在媒质中的传递速度称为声速,单位为 m/s。

在任何媒质中,声速的大小只取决于媒质的弹性和密度,而与声源无关。比如常温下,在空气中的声速为 340 m/s;在钢板中的声速为 5 000 m/s 以上。在空气中声速($C$)与温度($t$)间的关系为

$$C = 331.4 + 0.607t \quad -30\ ℃ \leqslant t \leqslant 30\ ℃ \tag{4-158}$$

(2) 波长($\lambda$)

一声波相邻的两个压缩层(或稀疏层)之间的距离称为波长,单位为 m。

(3) 频率($f$)、倍频带和周期($T$)

频率($f$):每秒钟媒质质点振动的次数,单位为赫兹(Hz)。

声波的频率范围很宽,人耳能感觉到的声波频率在 20 Hz～20 000 Hz 范围内,称作可听声波;低于 20 Hz 的声波称为次声波;高于 20 000 Hz 的声波称为超声波。环境声学中研究的声波一般为可听声波。

可听声波的频率范围较宽,国际上统一按下述公式将可听声波划分为 10 个频带。

$$\frac{f_2}{f_1} = 2^n \tag{4-159}$$

式中:$f_1$——下线频率,Hz;

$f_2$——上线频率,Hz。

$n = 1$ 时就是倍频带。

倍频带中心频率 $f_o$ 可按下式进行计算。

$$f_o = \sqrt{f_1 \cdot f_2} \tag{4-160}$$

对于倍频带,实际使用时通常可用 8 个倍频带进行分析。倍频带中心频率和上下限频率见表 4-21。

周期($T$):波行经一个波长的距离所需要的时间,即质点每重复一次振动所需的时间就是周期,单位为秒(s)。

对正弦波来说,频率和周期互为倒数,即

$$T = 1/f \quad 或 \quad f = 1/T \tag{4-161}$$

频率(周期)、声速和波长三者之间的关系为

$$C = f\lambda \quad 或 \quad C = \lambda/T \tag{4-162}$$

表 4-21 倍频带中心频率和上下限频率 单位:Hz

| 下限频率($f_1$) | 中心频率($f_0$) | 上限频率($f_2$) |
|---|---|---|
| 22.3 | 31.5 | 44.5 |
| 44.6 | 63 | 89 |
| 89 | 125 | 177 |
| 177 | 250 | 354 |
| 354 | 500 | 707 |
| 707 | 1 000 | 1 414 |
| 1 414 | 2 000 | 2 828 |
| 2 828 | 4 000 | 5 656 |
| 5 656 | 8 000 | 11 312 |
| 11 312 | 16 000 | 22 624 |

**2. 声压、声强和声功率的概念**

(1) 声压($p$)

当有声波存在时,媒质中的压强超过静止压强,两个压强的差值称为声压。单位为 Pa, $1\ Pa = 1\ N/m^2$。

描述声压可以用瞬时声压和有效声压等。瞬时声压是指某瞬时媒质中内部压强受到声波作用后的改变量,即单位面积的压力变化。瞬时声压对时间取均方根值称为有效声压,用 $p_e$ 表示。通常所说(一般应用时)的声压即指有效声压。

$$p_e = \sqrt{\frac{1}{T}\int_0^T p^2(t)\,\mathrm{d}t} \qquad (4\text{-}163)$$

式中:$p_e$——某时段的有效声压,Pa;

$p(t)$——某时刻的瞬时声压,Pa;

$T$——取平均的时间间隔,s。

人耳能听到的最微弱声音的声压,声压值为 $2\times10^{-5}\,Pa$,称为人耳的听阈,如蚊子飞过的声音。使人耳产生疼痛感觉的声压,声压为 20 Pa,称为人耳的痛阈,如飞机发动机的噪声。

(2) 声强($I$)

指在单位时间内,声波通过垂直于声波传播方向单位面积的声能量,单位为 $W/m^2$。声压与声强有密切关系。在自由声场中,对于平面波来说,某处的声强与该处声压的平方成正比,即

$$I = \frac{p^2}{\rho c} \qquad (4\text{-}164)$$

式中:$p$——有效声压,Pa;

$\rho$——介质密度,$kg/m^3$;

$c$——声速,m/s。

常温时,$\rho c$ 为 408 N·s/m³。

（3）声功率($W$）

声源在单位时间内辐射的声能量称为声功率,单位为 W 或 μW。一台机器在运转时,其总功率只有极少的一部分转化为声功率。声功率与声强之间的关系为

$$W = IS \tag{4-165}$$

式中:$S$——声波垂直通过的面积,$m^2$。

**3. 声压级、声强级和声功率级及噪声级的计算**

（1）声压级、声功率级、声强级

① 声压级

声压从听阈到痛阈,即 $2×10^{-5} \sim 20$ Pa,声压的绝对值相差非常之大,达 100 万倍。典型环境的声压和声压级见表 4-22。因此,用声压的绝对值表示声音的强弱是很不方便的。再者,人对声音响度感觉是与声音的强度的对数成比例的。为了方便起见,引进了声压比或者能量比的对数来表示声音的大小,这就是声压级。

表 4-22　典型环境的声压和声压级

| 典型环境 | 声压/Pa | 声压级/dB | 典型环境 | 声压/Pa | 声压级/dB |
|---|---|---|---|---|---|
| 喷气式飞机喷气口附近 | 630 | 150 | 繁华街道上 | 0.063 | 70 |
| 喷气式飞机附近 | 200 | 140 | 普通说话 | 0.02 | 60 |
| 锻锤、铆钉操作位置 | 63 | 130 | 微电机附近 | 0.006 3 | 50 |
| 大型球磨机旁 | 20 | 120 | 安静房间 | 0.002 | 40 |
| 8-18 型鼓风机附近 | 6.3 | 110 | 轻声耳语 | 0.000 63 | 30 |
| 纺织车间 | 2 | 100 | 树叶落下的沙沙声 | 0.000 2 | 20 |
| 4-72 型风机附近 | 0.63 | 90 | 农村静夜 | 0.000 063 | 10 |
| 公共汽车内 | 0.2 | 80 | 人耳刚能听到 | 0.000 02 | 0 |

声压级的单位是分贝,记为 dB,分贝是一个相对单位,将有效声压($p$)与基准声压($p_0$)的比,取以 10 为底的对数,再乘以 20,就是声压级的分贝数。即

$$L_p = 20\lg \frac{p}{p_0} \tag{4-166}$$

式中:$L_p$——声压级,dB;

$p$——有效声压,Pa;

$p_0$——基准声压,即听阈,$p_0 = 2×10^{-5}$ Pa。

如测量得到的是某一中心频率倍频带上限和下限频率范围内的声压级,则可称为某中心频率倍频带的声压级,由可听声范围内各个中心频率倍频带的声压级经能量叠加(对数叠加)可得到总声压级。

② 声强级

$$L_I = 10\lg \frac{I}{I_0} \tag{4-167}$$

式中：$L_I$——声强级，dB；

$I$——声强，$W/m^2$；

$I_0$——基准声强，$I_0 = 10^{-12}$ $W/m^2$，$\rho_0 c_0 = 400$ $N \cdot s/m^3$。

根据公式 $I = \dfrac{p^2}{\rho c}$，有：

$$L_I = 10\lg \frac{I}{I_0} = 10\lg \frac{\dfrac{p^2}{\rho c}}{\dfrac{p_0^2}{\rho_0 c_0}} = L_p + 10\lg \frac{400}{\rho c} = L_p + \Delta L \qquad (4-168)$$

一般情况下：$\Delta L = 10\lg(400/\rho c)$ 很小，因此声压级可近似于声强级。

③ 声功率级

$$L_W = 10\lg \frac{W}{W_0} \qquad (4-169)$$

式中：$L_W$——声功率级，dB；

$W$——声功率，W；

$W_0$——基准声功率，$W_0 = 10^{-12}$ W。

根据公式 $I = \dfrac{W}{S}$，有：

$$L_I = 10\lg \left( \frac{W}{S} \frac{1}{I_0} \right) = 10\lg \left( \frac{W}{W_0} \frac{W_0}{I_0} \frac{1}{S} \right) = L_W - 10\lg S \qquad (4-170)$$

公式（4-170）的适用条件是自由声场或半自由声场，声源无指向性，其他声源的声音均可小到忽略。

自由声场指均匀各向同性的媒质中，边界影响可以忽略不计时的声场。在自由声场中，声波将声源的辐射特性向各个方向不受阻碍和干扰地传播。

半自由声场指声源位于广阔平坦的刚性反射面上，向下半个空间的辐射声波也全部反射到上半空间来的声场。

（2）噪声级（分贝）的计算

① 噪声级（分贝）的相加

如果已知两个声源在某一预测点单独产生的声压级（$L_{p_1}$，$L_{p_2}$），这两个声源合成的声压级（$L_{p_T}$）就要进行级（分贝）的相加。

公式法：根据声压级的定义，分贝相加一定要按能量（声功率或声压平方）相加，求合成的声压级（$L_{p_T}$），可按下列步骤计算。

1）因 $L_{p_1} = 20\lg \dfrac{p_1}{p_0}$ 和 $L_{p_2} = 20\lg \dfrac{p_2}{p_0}$，运用对数计算法则，计算得：

$$p_1 = p_0 \cdot 10^{L_{p_1}/20} \qquad (4-171)$$

$$p_2 = p_0 \cdot 10^{L_{p_2}/20} \qquad (4-172)$$

2）合成声压 $p_T$，按能量相加则 $(p_T)^2 = p_1^2 + p_2^2$

即

$$(P_T)^2 = P_0^2 (10^{L_{p_1}/10} + 10^{L_{p_2}/10}) \qquad (4-173)$$

或

$$(P_T/P_0)^2 = 10^{L_{P1}/10} + 10^{L_{P2}/10} \qquad (4-174)$$

3) 按声压级的定义合成的声压级

$$L_{p_T} = 20\lg\frac{p_T}{p_0} = 10\lg\frac{p_T^2}{p_0^2} \qquad (4-175)$$

即

$$L_{p_T} = 10\lg\ (10^{0.1L_{p_1}} + 10^{0.1L_{p_2}}) \qquad (4-176)$$

几个声压级相加的通用式为

$$L_{总} = 10\lg\left(\sum_{i=1}^{n} 10^{0.1L_{p_i}}\right) \qquad (4-177)$$

式中：$L_{总}$——几个声压级相加后的总声压级，dB；

$L_{p_i}$——某一个声压级，dB。

若上式的几个声压级均相同，即可简化为

$$L_{总} = L_p + 10\lg N \qquad (4-178)$$

式中：$L_p$——单个声压级，dB；

$N$——相同声压级的个数。

查表法。例如：$L_1 = 100$ dB，$L_2 = 98$ dB，求 $L_{1+2}$。先算出两个声音的分贝差，$L_1 - L_2 = 2$ dB，再查表 4-23 找出 2 dB 相对应的增值 $\Delta L = 2.1$ dB，然后加在分贝数大的 $L_1$ 上，得出 $L_1$ 与 $L_2$ 的和 $L_{1+2} = (100+2.1)$ dB = 102.1 dB，取整数为 102 dB。

表 4-23　分贝和的增值表　　　　单位：dB

| 声压级差$(L_1-L_2)$ | 0 | 1 | 2 | 3 | 4 | 5 | 6 | 7 | 8 | 9 | 10 |
|---|---|---|---|---|---|---|---|---|---|---|---|
| 增值 $\Delta L$ | 3.0 | 2.5 | 2.1 | 1.8 | 1.5 | 1.2 | 1.0 | 0.8 | 0.6 | 0.5 | 0.4 |

② 噪声级（分贝）的相减

如果已知两个声源在某一预测点产生的合成声压级（$L_{p_T}$）和其中一个声源在预测点单独产生的声压级 $L_{p_2}$，则另一个声源在此点单独产生的声压级 $L_{p_1}$ 可用下式计算：

$$L_{p_1} = 10\lg\ (10^{0.1L_{p_T}} - 10^{0.1L_{p_2}}) \qquad (4-179)$$

**4. 倍频带声压级和声功率级**

在一个倍频带（程）宽频率范围内声压级的累加称为倍频带声压级。

声波在某一中心频率倍频带上限和下限频率范围内的不同频率声波能量合成的声功率级成为倍频带声功率级。

**（二）环境噪声的评价量**

环境噪声的评价量主要有 A 计权声级、等效连续 A 声级、计权等效连续感觉噪声级。

**1. A 计权声级**

环境噪声的度量，不仅与噪声的物理量有关，还与人对声音的主观听觉有关。人耳对声音的感觉不仅和声压级大小有关，而且也和频率的高低有关。声压级相同而频率不同的声音，听起来不一样响，高频声音比低频声音响，这是人耳听觉特性所决定的。为了能用仪器直接测量出人的主观响度感觉，研究人员为测量噪声的仪器——声级计设计了一种特殊的滤波器,叫 A 计权网络。通过 A 计权网络测得的噪声值更接近人的听觉,这个测得的声压级称为 A 计权声级,简称 A 声级,记为 $L_A$。

声级也叫计权声级,指声级计上以分贝表示的读数,即声场内某一点的声级。声级计读数相当于全部可听声范围内按规定的频率计权的积分时间而测得的声压级。通常有 A、B、C 和 D 计权声级。其中 A 声级是模拟人耳对 55 dB 以下低强度噪声的频率特性而设计的,以 $L_{pA}$ 或 $L_A$ 表示,单位为 dB。由于 A 声级能较好地反映出人们对噪声吵闹的主观感觉,因此,它几乎已成为一切噪声评价的基本值。

设可听声范围内各个倍频带声压级为 $L_{p_i}$,则 A 声级为

$$L_A = 10\lg\left[\sum_{i=1}^{n} 10^{0.1(L_{p_i}+\Delta L_i)}\right] \qquad (4\text{-}180)$$

式中:$\Delta L_i$——第 $i$ 个倍频带的 A 计权网络修正值,dB;

　　　$N$——总倍频带数。

中心频率为 $63\sim1\,000$ Hz 范围内倍频带的 A 计权网络修正值见表 4-24。

表 4-24　计权网络修正值

| 频率/Hz | 63 | 125 | 250 | 500 | 1 000 | 2 000 | 4 000 | 8 000 | 16 000 |
|---|---|---|---|---|---|---|---|---|---|
| $\Delta L_i$/dB | -26.2 | -16.1 | -8.6 | -3.2 | 0 | 1.2 | 1.0 | -1.1 | -6.6 |

### 2. 等效连续 A 声级

A 声级用来评价稳态噪声具有明显的优点,但是在评价非稳态噪声时又有明显的不足。因此,人们提出了等效连续 A 声级(简称"等效声级"),即将某一段时间内连续暴露的不同 A 声级变化,用能量平均的方法以 A 声级表示该段时间内的噪声大小,可记为 $L_{Aeq,T}$ 单位为 dB(A)。

等效连续 A 声级的数学表示:

$$L_{eq} = 10\lg\left(\frac{1}{T}\int_0^T 10^{0.1L_A(t)}\,dt\right) \qquad (4\text{-}181)$$

式中:$L_{eq}$——在 $T$ 段时间内的等效连续 A 声级,dB(A);

　　　$L_{A(t)}$——$t$ 时刻的瞬时 A 声级,dB(A);

　　　$T$——连续取样的总时间,min。

进行实际噪声测量时采用的噪声测量方法,应根据噪声的实际情况而定。如果一日之内的声级变化较大,而每天的变化规律相同,则应选择有代表性的一天测量其等效连续 A 声级。若噪声级不但在日内变化,而且日间变化也较大,但却有周期性的变化规律,也可选择有代表性的一周测量其等效连续 A 声级。

由于噪声测量实际上是采取等间隔取样的,所以等效连续 A 声级又按下列公式计算:

$$L_{eq} = 10\lg\left(\frac{1}{N}\sum_{i=1}^{N} 10^{0.1L_i}\right) \qquad (4\text{-}182)$$

式中:$L_i$——等 $i$ 次读取的 A 声级,dB(A);

　　　$N$——取样总数。

### 3. 计权等效连续感觉噪声级

计权等效连续感觉噪声级是在等效感觉噪声级的基础上发展起来,用于评价航空噪声

的方法,其特点在于既考虑了在 24 h 内飞机通过某一固定点所产生的总噪声级,同时也考虑了不同时间内的飞机对周围环境所造成的影响。

一日计权等效连续感觉噪声级的计算公式如下:

$$WECPNL = \overline{EPNL} + 10lg\ (N_1 + 3N_2 + 10N_3) - 39.4 \tag{4-183}$$

式中:$\overline{EPNL}$——N 次飞行的有效感觉噪声级的能量平均值,dB;

$N_1$——7 时—19 时的飞行次数;

$N_2$——19 时—22 时的飞行次数;

$N_3$——22 时—7 时的飞行次数。

**(三) 环境噪声污染的特征**

**1. 声环境影响是种感觉性公害**

声环境影响是种感觉性公害,原因是它不仅取决于噪声强度的大小,而且取决于受影响人当时的行为状态,并与本人的生理(感觉)与心理(感觉)因素有关。不同的人,或同一人在不同的行为状态下对同一种噪声会有不同的反应。

**2. 声环境影响的局地性和分散性**

声环境影响的局地性和分散性表现在如下两个方面:其一,任何一个环境噪声源,由于距离发散衰减等因素只能影响一定的范围,超过一定距离的人群就不会受到该声源的影响;其二,环境的噪声源是分散的,可以认为噪声源是无处不在的,人群可受到不同地点的噪声影响。

**3. 声环境影响的暂时性**

声环境影响的暂时性表现在噪声源一旦停止发声,周围声环境即可恢复原来状态,其声环境影响可随即消除。

**(四) 环境噪声污染防治法规和标准**

**1. 中华人民共和国噪声污染防治法中相关术语的定义**

(1) 噪声

物理学中噪声指的是由不同频率和强度的声波无规则、杂乱组合的声音,以区别于乐音。环境科学中噪声指的是人们不需要的声音,它不仅包括杂乱无章不协调的声音,而且也包括影响他人工作、休息、睡眠、谈话和思考的乐音等声音。

(2) 环境噪声

严格地讲,环境噪声应当包括干扰人群正常活动的包括自然噪声在内的一切声音。按照《中华人民共和国环境噪声污染防治法》,在环境影响评价中环境噪声指的是工业生产、建筑施工、交通运输和社会生活中所产生的干扰周围生活环境的声音。

(3) 噪声污染

环境噪声污染是指所产生的环境噪声超过国家规定的环境噪声排放标准,并干扰他人正常生活、工作和学习的现象。

(4) 噪声敏感建筑物

噪声敏感建筑物是指医院、学校、机关、科研单位、住宅等需要保持安静的建筑物。

(5) 噪声敏感建筑物集中区域

噪声敏感建筑物集中区域是指医疗区、文教科研区和机关或者居民住宅为主的区域。

**2. 声环境质量标准**

有关的声环境质量标准主要有《声环境质量标准》(GB 3096—2008)、《机场周围飞机噪声环境标准》(GB 9660—1988)。有关的环境噪声排放标准主要有《工业企业厂界环境噪声排放标准》(GB 12348—2008)、《社会生活环境噪声排放标准》(GB 22337—2008)、《建筑施工场界环境噪声排放标准》(GB 12523—2011)、《铁路边界噪声限值及其测量方法》(GB 12525—90)。

(1)《声环境质量标准》(GB 3096—2008)

现行《声环境质量标准》(GB 3096—2008)规定了城市五类声环境功能区的环境噪声限值(见表 4-25)及测量方法,适用于声环境质量评价与管理。机场周围区域受飞机通过(起飞、降落、低空飞越)的噪声的影响,不适用于本标准。

按区域的使用功能特点和环境质量要求,声环境功能区分为以下五种类型:

0 类声环境功能区:指康复疗养区等特别需要安静的区域。

1 类声环境功能区:指以居民住宅、医疗卫生、文化教育、科研设计、行政办公为主要功能,需要保持安静的区域。

2 类声环境功能区:指以商业金融、集市贸易为主要功能,或者居住、商业、工业混杂,需要维护住宅安静的区域。

3 类声环境功能区:指以工业生产、仓储物流为主要功能,需要防止工业噪声对周围环境产生严重影响的区域。

4 类声环境功能区:指交通干线两侧一定距离之内,需要防止交通噪声对周围环境产生严重影响的区域,包括 4a 类和 4b 类两种类型。4a 类为高速公路、一级公路、二级公路、城市快速路、城市主干路、城市次干路、城市轨道交通(地面段)、内河航道两侧区域;4b 类为铁路干线两侧区域。

表 4-25　环境噪声限值

| 声环境功能区类别 | | 时　　段 | |
|---|---|---|---|
| | | 昼间/dB(A) | 夜间/dB(A) |
| 0 | | 50 | 40 |
| 1 | | 55 | 45 |
| 2 | | 60 | 50 |
| 3 | | 65 | 55 |
| 4 | 4a | 70 | 55 |
| | 4b | 70 | 60 |

表中 4b 类声环境功能区环境噪声限值,适用于 2011 年 1 月 1 日起环境影响评价文件通过审批的新建铁路(含新开廊道的增建铁路)干线建设项目两侧区域。

在下列情况下,铁路干线两侧区域不通过列车时的环境背景噪声限值,按昼间 70 dB(A)、夜间 55 dB(A)执行:穿越城区的既有铁路干线;对穿越城区的既有铁路干线进行改建、扩建的铁路建设项目。其中,既有铁路是指 2010 年 12 月 31 日前已建成运营的铁路或环境影响评价文件已通过审批的铁路建设项目。

各类声环境功能区夜间突发噪声,其最大声级超过环境噪声限值的幅度不得高于 15 dB(A)。

(2)《机场周围飞机噪声环境标准》(GB 9660—1988)

现行的《机场周围飞机噪声环境标准》(GB 9660—1988)规定了机场周围飞机噪声的环境标准,适用于机场周围受飞机通过所产生噪声影响的区域,见表 4-26。

标准采用一昼夜的计权等效连续感觉噪声级作为评价量,用 $L_{WECPN}$ 表示,单位为 dB。该标准是户外允许噪声级。

表 4-26    机场周围飞机噪声环境标准值和适用区域

| 适用区域 | 标准值/dB |
| --- | --- |
| 一类区域 | ≤70 |
| 二类区域 | ≤75 |

一类区域指特殊住宅区、居住区、文教区;二类区域指除一类区域以外的生活区。

(3)《工业企业厂界环境噪声排放标准》(GB 12348—2008)

现行的《工业企业厂界环境噪声排放标准》(GB 12348—2008)规定了工业企业和固定设备厂界环境噪声排放限值及其测量方法,适用于工业企业噪声排放的管理、评价及控制。机关、事业单位、团体等外环境排放噪声的单位也按该标准执行。排放限值见表 4-27~表 4-29。

表 4-27    工业企业厂界环境噪声排放限值

| 厂界外声环境功能区类别 | 时　　段 | |
| --- | --- | --- |
| | 昼间/dB(A) | 夜间/dB(A) |
| 0 | 50 | 40 |
| 1 | 55 | 45 |
| 2 | 60 | 50 |
| 3 | 65 | 55 |

表 4-28    结构传播固定设备室内噪声排放限值(等效声级)

| 噪声敏感建筑物所处声环境功能区类别 | A 类房间 | | B 类房间 | |
| --- | --- | --- | --- | --- |
| | 昼间/dB(A) | 夜间/dB(A) | 昼间/dB(A) | 夜间/dB(A) |
| 0 | 40 | 30 | 40 | 30 |
| 1 | 40 | 30 | 45 | 35 |
| 2、3、4 | 45 | 35 | 50 | 40 |

注:A 类房间是指以睡眠为主要目的,需要保持夜间安静的房间,包括住宅卧室、医院病房、宾馆客房等;B 类房间是指主要在昼间使用,需要保持思考与精神集中、正常讲话不被干扰的房间,包括学校教室、会议室、办公室、住宅中卧室以外的其他房间等。

表 4-29 结构传播固定设备室内噪声排放限值(倍频带声压级)

| 噪声敏感建筑物所处声环境功能区类别 | 时段 | 房间功能 | 室内噪声倍频带声压级限值/dB | | | | |
|---|---|---|---|---|---|---|---|
| | | | 31.5 | 63 | 125 | 250 | 500 |
| 0 | 昼间 | A、B类房间 | 76 | 59 | 48 | 39 | 34 |
| 0 | 夜间 | A、B类房间 | 69 | 51 | 39 | 30 | 24 |
| 1 | 昼间 | A类房间 | 76 | 59 | 48 | 39 | 34 |
| 1 | 昼间 | B类房间 | 79 | 63 | 52 | 44 | 38 |
| 1 | 夜间 | A类房间 | 69 | 51 | 39 | 30 | 24 |
| 1 | 夜间 | B类房间 | 72 | 55 | 43 | 35 | 29 |
| 2、3、4 | 昼间 | A类房间 | 79 | 63 | 52 | 44 | 38 |
| 2、3、4 | 昼间 | B类房间 | 82 | 67 | 56 | 49 | 43 |
| 2、3、4 | 夜间 | A类房间 | 72 | 55 | 43 | 35 | 29 |
| 2、3、4 | 夜间 | B类房间 | 76 | 59 | 48 | 39 | 34 |

夜间频发噪声的最大声级超过限值的幅度不得高于 10 dB(A);夜间偶发噪声的最大声级超过限值的幅度不得高于 15 dB(A);工业企业若位于未划分声环境功能区的区域,当厂界外有噪声敏感建筑物时,由当地县级以上人民政府参照《声环境质量标准》(GB3096—2008)和《声环境功能区划分技术规范》(GB/T 15190—2014)的规定确定厂界外区域的声环境质量要求,并执行相应的厂界环境噪声排放限值;当厂界与噪声敏感建筑物距离小于 1 m 时,厂界环境噪声应在噪声敏感建筑物的室内测量,并将表 4-27 中相应的限值减 10 dB(A)作为评价依据。

(4)《社会生活环境噪声排放标准》(GB 22337—2008)

现行的《社会生活环境噪声排放标准》(GB 22337—2008)规定了营业性文化娱乐场所、商业经营活动中使用的向环境排放噪声的设备、设施边界噪声排放限值和测量方法,适用于向环境排放噪声的设备、设施的管理、评价与控制。噪声排放限值见表 4-30 和表 4-31。

表 4-30 社会生活噪声排放源边界噪声排放限值

| 边界外声环境功能区类别 | 时 段 | |
|---|---|---|
| | 昼间/dB(A) | 夜间/dB(A) |
| 0 | 50 | 40 |
| 1 | 55 | 45 |
| 2 | 60 | 50 |
| 3 | 65 | 55 |
| 4 | 70 | 55 |

表 4-31　建筑施工场界噪声排放限值　　　　　　　　　　　单位:dB(A)

| 昼间 | 夜间 |
|---|---|
| 70 | 55 |

在社会生活噪声排放源边界处无法进行噪声测量或测量的结果不能如实反映其对噪声敏感建筑物的影响程度的情况下,噪声测量应在可能受影响的敏感建筑物窗外 1 m 处进行。

当社会生活噪声排放源边界与噪声敏感建筑物距离小于 1 m 时,应在噪声敏感建筑物的室内测量,并将表 4-30 中相应的限值减 10 dB(A)作为评价依据。

(5)《建筑施工场界环境噪声排放标准》(GB 12523—2011)

现行的《建筑施工场界环境噪声排放标准》(GB 12523—2011)规定了建筑施工场界环境噪声限值及测量方法。

该标准适用于周围有噪声敏感建筑物的建筑施工噪声排放的管理、评价及控制。市政、通信、交通、水利等其他类型的施工噪声排放可参照本标准执行。

该标准不适用于抢修、抢险施工过程中产生噪声的排放监管。

夜间噪声最大声级超过限值的幅度不得高于 15 dB(A)。

当场界距噪声敏感建筑物较近,其室外不满足测量条件时,可在噪声敏感建筑物室内测量,并将表 4-31 中相应的限值减 10 dB(A)作为评价依据。

(6)《铁路边界噪声限值及其测量方法》(GB 12525—90)

现行的《铁路边界噪声限值及其测量方法》(GB 12525—90)规定了城市铁路边界处铁路噪声的限值及其测量方法,适用于对城市铁路边界噪声的评价。铁路边界系指距铁路外轨轨道中心线 30 m 处。2008 年环保部对该标准进行了修改,修改方案自 2008 年 10 月 1 日起实施。

既有铁路边界铁路噪声按表 4-32 的规定执行。既有铁路是指 2010 年 12 月 31 日前已建成运营的铁路或环境影响评价文件已通过审批的铁路建设项目。

表 4-32　既有铁路边界铁路噪声限值

| 时段 | 噪声限值/dB(A) |
|---|---|
| 昼间 | 70 |
| 夜间 | 70 |

改扩建既有铁路,铁路边界铁路噪声按表 4-33 的规定执行。

表 4-33　新建铁路边界铁路噪声限值

| 时段 | 噪声限值/dB(A) |
|---|---|
| 昼间 | 70 |
| 夜间 | 60 |

新建铁路(含新开廊道的增建铁路)边界铁路噪声按表 4-30 的规定执行。新建铁路是指 2011 年 1 月 1 日起环境影响评价文件通过审批的铁路建设项目(不包括改扩建既有铁路

建设项目）。

昼间和夜间时段的划分按《中华人民共和国环境噪声污染防治法》的规定执行，或按铁路所在地人民政府根据环境噪声污染防治需要所做的规定执行。

## 二、噪声在传播过程中的衰减和反射效应

### （一）声源的分类及实际声源的近似

在声环境影响评价中，按实际噪声源的辐射特性及其和敏感点之间的距离，可将其分别视为点声源、线声源和面声源三种声源类型，不同类型声源应采用相应的预测公式进行计算。

点声源是指以球面波形式辐射声波的声源，辐射声波的声压幅值与声波传播距离（$r$）成反比。任何形状的声源，只要声波波长远远大于声源几何尺寸，该声源可视为点声源。在声环境影响评价中，声源中心到预测点之间的距离超过声源最大几何尺寸 2 倍时，可将该声源近似为点声源。

线声源是指以柱面波形式辐射声波的声源，辐射声波的声压幅值与声波传播距离的平方根（$\sqrt{r}$）成反比。

面声源是指以平面波形式辐射声波的声源，辐射声波的声压幅值不随传播距离改变（不考虑空气吸收）。

实际声源的近似：实际的室外声源组，可以用处于该组中部的等效点声源来描述。一般要求组内的声源具有大致相同的强度和离地面的高度；到接收点有相同的传播条件；从单一等效点声源到接收点间的距离 $r$ 超过声源的最大几何尺寸 $H_{max}$ 二倍（$r>2H_{max}$）。假若距离 $r$ 较小（$r \leqslant 2H_{max}$），或组内的各点声源传播条件不同时（例如加屏蔽），其总声源必须分为若干分量点声源。

一个线源或一个面源也可分为若干线的分区或若干面积分区，而每一个线或面的分区可用处于中心位置的点声源表示。

### （二）户外声传播衰减的计算

声源辐射的声波在传播过程中，其波阵面会随距离的增加而增大（点声源、线声源），声能量扩散，因而声压或声强随距离的增加而衰减。除此之外空气吸收、地面吸收、阻挡物的反射与屏障等因素的影响，也会使其产生衰减。

**1. 噪声户外传播声级衰减的基本模式**

在环境影响评价中，经常是根据靠近声源某一位置（参考位置）处的已知声级（如实测得到）来计算距声源较远处预测点的声级。在预测过程中遇到的声源往往是复杂的，需根据其空间分布形式作简化处理。噪声户外传播声级衰减计算的步骤如下：

计算预测点的倍频带声压级，根据各倍频带声压级合成计算出预测点的 A 声级。预测点的倍频带声压级按下式计算：

$$L_p(r) = L_p(r_0) - (A_{div} + A_{bar} + A_{atm} + A_{gr} + A_{exc})$$ （4-184）

式中：$A_{div}$——几何发散引起的衰减，dB（A）；

$A_{bar}$——空气吸收引起的衰减，dB（A）；

$A_{atm}$——遮挡物引起的衰减，dB（A）；

$A_{gr}$——地面效应引起的衰减，dB（A）；

$A_{exc}$——其他方面效应引起的衰减,dB(A)。

在倍频带声压级测试有困难时,可用 A 声级计算:

$$L_{pA}(r) = L_{pA}(r_0) - (A_{div} + A_{bar} + A_{atm} + A_{gr} + A_{exc}) \qquad (4-185)$$

式中:$L_{pA}(r_0)$——参考点 $r_0$ 处的 A 计权声压级,dB(A);

　　　　$A_{div}$——几何发散引起的 A 计权声衰减,dB(A);

　　　　$A_{bar}$——空气吸收引起的 A 计权声衰减,dB(A);

　　　　$A_{atm}$——遮挡物引起的 A 计权声衰减,dB(A);

　　　　$A_{gr}$——地面效应引起的 A 计权声衰减,dB(A);

　　　　$A_{exc}$——其他方面效应引起的 A 计权声衰减,dB(A)。

在只考虑几何发散衰减时,一般噪声衰减可用 A 声级计算方法计算;考虑其他衰减时,可选择对 A 声级影响最大的倍频带计算,一般可选中心频率为 500 Hz 倍频带估算。特殊噪声源(如窄频带噪声)应用倍频带声压级方法计算。

**2. 几何发散衰减**

(1) 点声源几何发散衰减

① 无指向性点声源

如果已知点声源的倍频带声功率级 $L_W$ 或 A 声功率级 $L_{WA}$,且声源处于自由空间,则离声源任一距离处的倍频带声压级或 A 声级可由下边公式求出:

$$L_p(r) = L_A - 20\lg r - 11 \qquad (4-186)$$

$$L_A(r) = L_{WA} - 20\lg r - 11 \qquad (4-187)$$

如果已知点声源处于半自由空间,则有等效式:

$$L_P(r) = L_A - 20\lg r - 8 \qquad (4-188)$$

$$L_A(r) = L_{WA} - 20\lg r - 8 \qquad (4-189)$$

如果已知点声源 $r_0$ 距离处的倍频带声压级 $[L_p(r_0)]$ 或 A 声级 $[L_A(r_0)]$,距离声源 $r$ 处的倍频带声压级 $[L_p(r)]$ 或 A 声级 $[L_A(r)]$ 可由下边公式求出。

$$L_p(r) = L_p(r_0) - 20\lg (r/r_0) \qquad (4-190)$$

$$L_A(r) = L_A(r_0) - 20\lg (r/r_0) \qquad (4-191)$$

式中:$L(r)$,$L(r_0)$——分别是 $r$,$r_0$ 的声级,dB;

　　　　$r$——点声源到受声点的距离,m。

上两式中第二项代表了点声源的几何发散衰减:

$$A_{div} = 20\lg \frac{r}{r_0} \qquad (4-192)$$

② 指向性点声源

声源在自由空间中辐射声波时,其强度分布的一个主要特性是指向性。例如,喇叭发声,其喇叭正前方声音大,而侧面或背面就小。对于自由空间的点声源,其在某一 $\theta$ 方向上距离 $r$ 处的倍频带声压级 $L_p(r)_\theta$:

$$L_p(r)_\theta = L_w - 20\lg (r) + D_{l\theta} - 11 \qquad (4-193)$$

式中:$D_{l\theta}$——$\theta$ 方向上的指向性指数,$D_{l\theta} = 10\lg R_\theta$;

　　$R_\theta$——指向性因素,$R_\theta = I_\theta/I$;

　　$I$——所有方向上的平均声强,W/m$^2$;

$I_{\theta}$——某一 $\theta$ 方向上的声强,$W/m^2$;

按公式(4-191)和(4-192)计算具有指向性点声源几何发散衰减时,公式中的 $L(r)$ 与 $L(r_0)$ 必须是在同一方向上的声压级。

(2)线声源几何衰减

① 无限长线声源的几何发散衰减的基本公式为

$$L(r) = L(r_0) - 10\lg\ (r/r_0) \tag{4-194}$$

如果已知 $r_0$ 处的 A 声级,则等效为

$$L_A(r) = L_A(r_0) - 10\lg\ (r/r_0) \tag{4-195}$$

式中:$r$、$r_0$——垂直于线状声源的距离,m。

上两式中第二项表示了无限长线声源的几何发散衰减:

$$A_{div} = 10\lg\frac{r}{r_0} \tag{4-196}$$

② 有限长线声源

如图 4-14 所示,设线声源长为 $l_0$,单位长度线声源辐射的声功率级为 $L_W$。

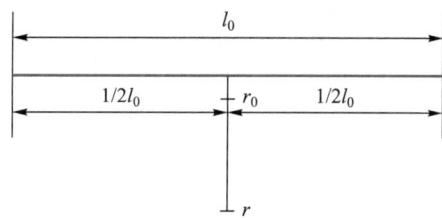

图 4-14 有限长线声源

在线声源垂直平分线上距声源 $r$ 处的声级为

$$L(r) = L_W + 10\lg\left[\frac{1}{r}\text{arctg}\left(\frac{l_0}{2r}\right)\right] - 8 \tag{4-197}$$

或

$$L(r) = L(r_0) + 10\lg\left[\frac{\dfrac{1}{r}\text{arctg}\left(\dfrac{L_0}{2r}\right)}{\dfrac{1}{r_0}\text{arctg}\left(\dfrac{L_0}{2r_0}\right)}\right] \tag{4-198}$$

当 $r>l_0$ 且 $r_0>l_0$ 时,式(4-197)和(4-198)近似简化为

$$L(r) = L(r_0) - 20\lg\ (r/r_0) \tag{4-199}$$

即在有限长线声源的远场,有限长线声源可当作点声源处理。

当 $r<l_0/3$ 且 $r_0<l_0/3$ 时,式(4-211)和(4-212)可近似简化为

$$L(r) = L(r_0) - 10\lg\ (r/r_0) \tag{4-200}$$

即在近场区,有限长线声源可当作无限长线声源处理。

当 $l_0/3<r<l_0$ ,且 $l_0/3<r_0<l_0$ 时,(4-197)和(4-198)式可作近似计算:

$$L(r) = L(r_0) - 15\lg\ (r/r_0) \tag{4-201}$$

（3）面声源的几何发散衰减

一个大型机器设备的振动表面,车间透声的墙壁,均可以认为是面声源。如果已知面声源单位面积的声功率为 $W$ ,各面积元噪声的位相是随机的,面声源可看作由无数点声源连续分布组合而成,其合成声级可按能量叠加法求出。

图4-15给出了长方形面声源中心轴线上的衰减特性曲线。假定面声源的宽度为 $a$ ,长度为 $b(b>a)$ , $d$ 为预测点到面声源的垂直距离。当 $d<a/\pi$ 时,几乎不衰减;当 $a/\pi<d<b/\pi$ ,距离加倍衰减3 dB左右,类似线声源衰减特性;当 $d>b/\pi$ 时,距离加倍衰减趋近于6 dB,类似点声源衰减特性。

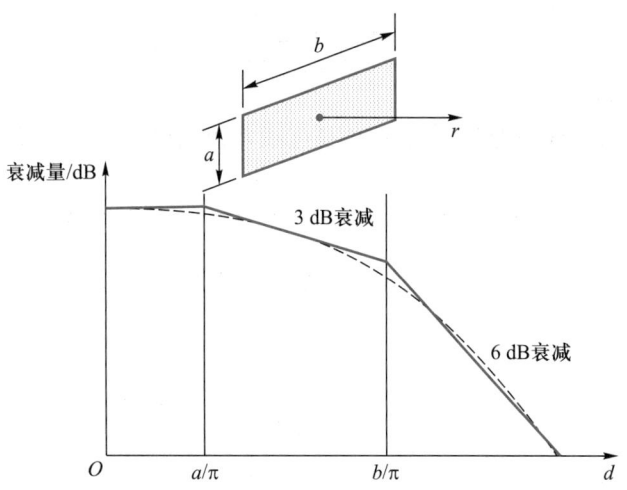

图4-15  长方形面声源中心轴线上的衰减特性

### 3. 空气吸收引起的衰减

大气吸收引起的衰减量按下式计算:

$$A_{\text{atm}} = \frac{a(r-r_0)}{1\ 000} \tag{4-202}$$

式中: $r$ ——预测点距声源的距离,m;

$r_0$ ——参考位置距离,m;

$a$ ——每1 000 m空气吸收系数,dB。

$a$ 为温度、湿度和声波频率的函数,预测计算中一般根据项目所处区域常年平均气温和湿度选择相应的空气吸收系数(见表4-34)。

### 4. 遮挡物引起的衰减

位于声源和预测点之间的实体障碍物,如围墙、建筑物、土坡或地堑等都起声屏障作用。声屏障的存在使声波不能直达某些预测点,从而引起声能量的较大衰减。在环境影响评价中,一般可将各种形式的屏障简化为具有一定高度的薄屏障。

表 4-34 倍频带噪声的大气吸收衰减系数 α

| 温度/℃ | 相对湿度/% | 大气吸收衰减系数 α | | | | | | | |
|---|---|---|---|---|---|---|---|---|---|
| | | 倍频带中心频率/Hz | | | | | | | |
| | | 63 | 125 | 250 | 500 | 1 000 | 2 000 | 4 000 | 8 000 |
| 10 | 70 | 0.1 | 0.4 | 1.0 | 1.9 | 3.7 | 9.7 | 32.8 | 117.0 |
| 20 | 70 | 0.1 | 0.3 | 1.1 | 2.8 | 5.0 | 9.0 | 22.9 | 76.6 |
| 30 | 70 | 0.1 | 0.3 | 1.0 | 3.1 | 7.4 | 12.7 | 23.1 | 59.3 |
| 15 | 20 | 0.3 | 0.6 | 1.2 | 2.7 | 8.2 | 28.2 | 28.8 | 202.0 |
| 15 | 50 | 0.1 | 0.5 | 1.2 | 2.2 | 4.2 | 10.8 | 36.2 | 129.0 |
| 15 | 80 | 0.1 | 0.3 | 1.1 | 2.4 | 4.1 | 8.3 | 23.7 | 82.8 |

如图 4-26 所示,$S,O,P$ 三点在同一平面内且垂直于地面。

定义 $\delta = SO + OP - SP$ 为声程差,$N = 2\delta/\lambda$ 为菲涅尔数,其中 $\lambda$ 为声波波长。

声屏障插入损失的计算方法很多,大多是半理论半经验的,有一定的局限性。因此在噪声预测中,需要根据实际情况作简化处理。

(1)薄屏障在点声源声场中引起的声衰减计算

如图 4-16、图 4-17 所示,推荐的计算方法是:

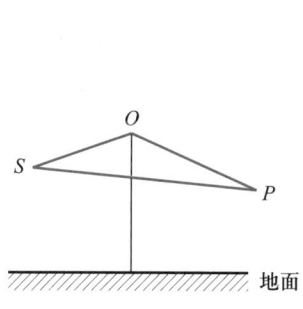

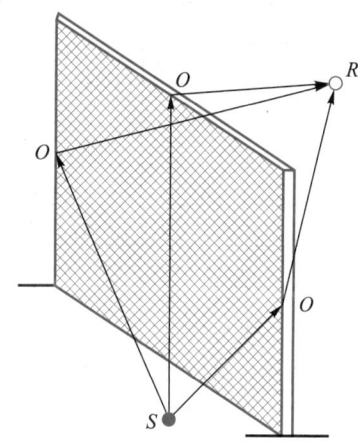

图 4-16 声屏障示意图　　　　图 4-17 在屏障上不同的声传播路径

首先,计算三个传播途径的声程差 $\delta_1,\delta_2,\delta_3$ 和相应的菲涅尔数 $N_1,N_2,N_3$。

然后,声屏障引起的衰减量按(4-203)式计算:

$$A_{\mathrm{octbar}} = -10\lg\left[\frac{1}{3+20N_1} + \frac{1}{3+20N_2} + \frac{1}{3+20N_3}\right] \tag{4-203}$$

当屏障很长(作无限长处理)时,则:

$$A_{\mathrm{octbar}} = -10\lg\left[\frac{1}{3+20N_1}\right] \tag{4-204}$$

（2）薄屏障在无限长线声源声场中引起的衰减计算

无限长薄屏障在无限长线声源声场中引起的衰减可以按下式计算：

$$A_{bar} = \begin{cases} 10\lg\left[\dfrac{3\pi\sqrt{(1-t^2)}}{4\arctan\sqrt{\dfrac{(1-t)}{(1+t)}}}\right] & t = \dfrac{40f\delta}{3c} \leqslant 1 \\[4mm] 10\lg\left[\dfrac{3\pi\sqrt{(t^2-1)}}{2\ln\left(t+\sqrt{t^2-1}\right)}\right] & t = \dfrac{40f\delta}{3c} > 1 \end{cases} \qquad (4-205)$$

式中：$f$——声波频率，Hz；

$\delta$——声程差，m；

$c$——声速，m/s。

有限长声屏障计算时，先由公式（4-205）计算。然后根据图 4-28 进行修正。修正后的值取决于遮蔽角 $\beta/\theta$。

图 4-18 中虚线表示：无限长屏障声衰减为 8.5 dB，若有限长声屏障对应的遮蔽角百分率为 92%，则有限长声屏障的声衰减为 6.6 dB。

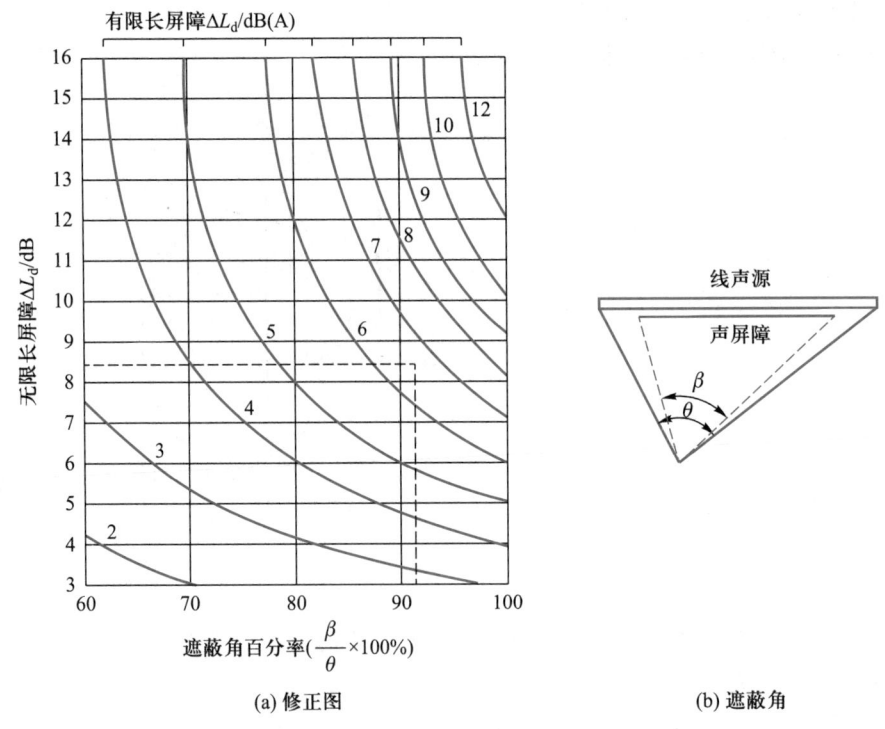

图 4-18　有限长声屏障噪声衰减量修正图

## 5. 地面效应引起的衰减

地面类型可分为：① 坚实地面，包括铺筑过的路面、水面、冰面及夯实地面；

② 疏松地面，包括被草或其他植物覆盖的地面，以及农田等适合于植物生长的地面；

③ 混合地面,由坚实地面和疏松地面组成。

声波越过疏松地面,或大部分为疏松地面的混合地面传播时,在预测点仅计算 A 声级前提下,地面效应衰减可用式(4-206)计算。

$$A_{gr} = 4.8 - (2h_m/d) \left[ 17 + (300/d) \right] \tag{4-206}$$

式中:$A_{gr}$——地面效应引起的衰减值,dB;

　　　$d$——声源到预测点的距离,m;

　　　$h_m$——传播路径的平均离地高度,m;

$h_m = F/d$,如图 4-19 所示 F 为面积。

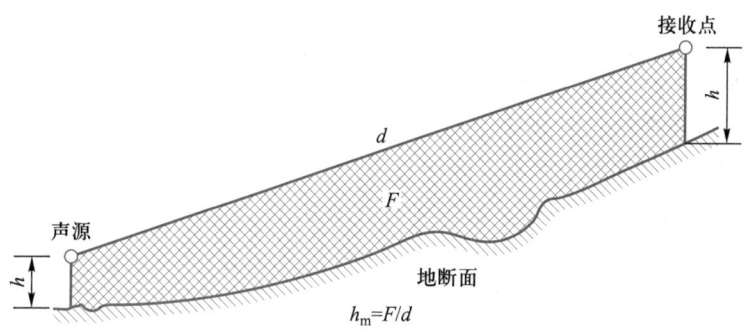

图 4-19 估计平均高度 $h_m$ 的方法

若 $A_{gr}$ 计算出负值,则 $A_{gr}$ 可用"0"代替。其他情况可参照《声学 户外声传播的衰减 第 2 部分 一般计算方法》(GB/T 17247.2)进行计算。

**6. 绿化林带噪声衰减计算**

绿化林带的附加衰减量与树种、林带结构和密度等因素有关。在声源附近的绿化林带,或在预测点附近的绿化林带,或两者均有的情况都可以使声波衰减,见图 4-20。但树和灌木的叶只产生少量的衰减,除非树叶足够密使其能阻断传播路线,即不能透过树叶看到一定距离外的某一预测点。

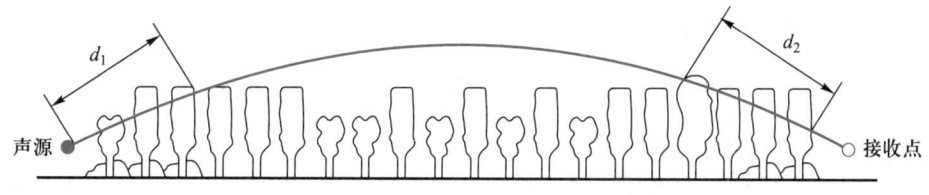

图 4-20 通过树和灌木时噪声衰减示意图

通过树叶传播造成的噪声衰减随通过树叶传播距离 $d_f$ 的增长而增加,其中 $d_f = d_1 + d_2$,为了计算 $d_1$ 和 $d_2$,可假设弯曲路径的半径为 5 km。

表 4-35 中的第一行给出了通过总长度为 10 m 到 20 m 之间的密叶时,由密叶引起的衰减量;第二行为通过总长度 20 m 到 200 m 之间密叶时的衰减系数;当通过密叶的路径长度大于 200 m 时,可使用 200 m 的衰减值。

表 4-35    倍频带噪声通过密叶传播时产生的衰减

| 项目 | 传播距离 $d_f/m$ | 倍频带中心频率/Hz | | | | | | | |
|---|---|---|---|---|---|---|---|---|---|
| | | 63 | 125 | 250 | 500 | 1 000 | 2 000 | 4 000 | 8 000 |
| 衰减/dB | $10 \leqslant d_f < 20$ | 0 | 0 | 1 | 1 | 1 | 1 | 2 | 3 |
| 衰减系数/ $(dB \cdot m^{-1})$ | $20 \leqslant d_f < 200$ | 0.02 | 0.03 | 0.04 | 0.05 | 0.06 | 0.08 | 0.09 | 0.12 |

**7. 反射体引起的修正**

如图 4-21 所示,当点声源与预测点处在反射体同侧附近时,到达预测点的声级是直达声与反射声叠加的结果,从而使预测点声级增高(增高量用 $\Delta L_r$ 表示)。

当满足下列条件时,需考虑反射体引起的声级增加:

(1) 反射体表面平整光滑,坚硬的。

(2) 反射体尺寸远远大于所有声波波长 $\lambda$。

(3) 入射角 $\theta < 85°$,$r_r - r_d \gg \lambda$,反射引起的增加量 $\Delta L_r$ 与 $r_r/r_d$ 有关,可按表 4-36 计算:

表 4-36    反射体修正量

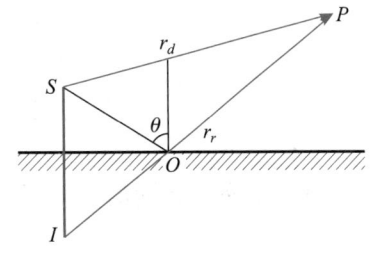

| $r_r/r_d$ | $\Delta L_r/dB$ |
|---|---|
| $\approx 1$ | 3 |
| $\approx 1.4$ | 2 |
| $\approx 2$ | 1 |
| $> 2.5$ | 0 |

图 4-21    反射体的影响

**8. 其他方面原因引起的衰减**

其他衰减包括通过工业场所的衰减,通过房屋群的衰减等。在声环境影响评价中,一般不考虑风、温度梯度及雾引起的附加衰减。

工业场所的衰减、房屋群的衰减等可参照《声学 户外声传播的衰减 第 2 部分 一般计算方法》(GB/T 17247.2)进行计算。

## 三、声环境影响评价的技术要求

**(一) 声环境影响评价的基本任务**

(1) 评价建设项目实施引起的声环境质量的变化和外界噪声对需要安静建设项目的影响程度。

(2) 提出合理可行的防治措施,把噪声污染降低到允许水平;从声环境影响角度评价建设项目实施的可行性。

(3) 为建设项目优化选址、选线、合理布局及城市规划提供科学依据。

**(二) 评价工作等级的划分**

**1. 声环境影响评价工作等级的划分依据**

(1) 建设项目所在区域的声环境功能区类别;

（2）建设项目建设前后所在区域的声环境质量变化程度；

（3）受建设项目影响人口的数量。

**2. 声环境影响评价工作等级划分的基本原则**

声环境影响评价工作等级一般分为三级，一级为详细评价，二级为一般性评价，三级为简要评价。

（1）一级评价：评价范围内有适用于《声环境质量标准》（GB 3096—2008）规定的 0 类声环境功能区域，以及对噪声有特别限制要求的保护区等敏感目标，或建设项目建设前后评价范围内敏感目标噪声级增高量达 5 dB(A) 以上［不含 5 dB(A)］，或受影响人口数量显著增多时，按一级评价进行工作。

（2）二级评价：建设项目所处的声环境功能区为《声环境质量标准》（GB 3096—2008）规定的 1 类、2 类地区，或建设项目建设前后评价范围内敏感目标噪声级增高量达 3~5 dB(A)［含 5 dB(A)］，或受噪声影响人口数量增加较多时，按二级评价进行工作。

（3）三级评价：建设项目所处的声环境功能区为《声环境质量标准》（GB 3096—2008）规定的 3 类、4 类地区，或建设项目建设前后评价范围内敏感目标噪声级增高量在 3 dB(A)以下（不含 3 dB(A)），且受影响人口数量变化不大时，按三级评价进行工作。

在确定评价工作等级时，如建设项目符合两个以上级别的划分原则，按较高级别的评价等级评价。

（三）评价范围的确定

声环境影响的评价范围一般根据评价工作等级确定。

**1. 对于以固定声源为主的建设项目（如工厂、港口、施工工地、铁路站场等）**

满足一级评价的要求，一般以建设项目边界向外 200 m 为评价范围；二级、三级评价范围可根据建设项目所在区域和相邻区域的声环境功能区类别及敏感目标等实际情况适当缩小。如依据建设项目声源计算得到的贡献值到 200 m 处，仍不能满足相应功能区标准值时，应将评价范围扩大到满足标准值的距离。

**2. 城市道路、公路、铁路、城市轨道交通地上线路和水运线路等建设项目**

满足一级评价的要求，一般以道路中心线外两侧 200 m 以内为评价范围；二级、三级评价范围可根据建设项目所在区域和相邻区域的声环境功能区类别及敏感目标等实际情况适当缩小。如依据建设项目声源计算得到的贡献值到 200 m 处，仍不能满足相应功能区标准值时，应将评价范围扩大到满足标准值的距离。

**3. 机场周围飞机噪声评价范围应根据飞行量计算到 $L_{WECPN}$ 为 70 dB 的区域。**

满足一级评价的要求，一般以主要航迹离跑道两端各 6~12 km、侧向各 1~2 km 的范围为评价范围；二级、三级评价范围可根据建设项目所处区域的声环境功能区类别及敏感目标等实际情况适当缩小。

（四）声环境影响评价工作基本要求

**1. 一级评价工作基本要求**

（1）在工程分析中，给出建设项目对环境有影响的主要声源的数量、位置和声源源强，并在标有比例尺的图中标识固定声源的具体位置或流动声源的路线、跑道等位置。在缺少声源源强的相关资料时，应通过类比测量取得，并给出类比测量的条件。

（2）评价范围内具有代表性的敏感目标的声环境质量现状需要实测。对实测结果进行评价,并分析现状声源的构成及其对敏感目标的影响。

(3)噪声预测应覆盖全部敏感目标,给出各敏感目标的预测值及厂界(或场界、边界)噪声值。固定声源评价、机场周围飞机噪声评价、流动声源经过城镇建成区和规划区路段的评价应绘制等声级线图,当敏感目标高于(含)三层建筑时,还应绘制垂直方向的等声级线图。给出建设项目建成后不同类别的声环境功能区内受影响的人口分布、噪声超标的范围和程度。

(4)当工程预测的不同代表性时段噪声级可能发生变化的建设项目,应分别预测其不同时段(如建设期,投产后的近期、中期、远期)的噪声级。

(5)对工程可行性研究和评价中提出的不同选址(选线)和建设布局方案,应根据不同方案噪声影响人口的数量和噪声影响的程度进行比选,并从声环境保护角度提出最终的推荐方案。

(6)针对建设项目的工程特点和所在区域的环境特征提出噪声防治措施,并进行经济、技术可行性论证,明确防治措施的最终降噪效果和达标分析。

**2. 二级评价工作基本要求**

(1)在工程分析中,给出建设项目对环境有影响的主要声源的数量、位置和声源源强,并在标有比例尺的图中标识固定声源的具体位置或流动声源的路线、跑道等位置。在缺少声源源强的相关资料时,应通过类比测量取得,并给出类比测量的条件。

(2)评价范围内具有代表性的敏感目标的声环境质量现状以实测为主,可适当利用评价范围内已有的声环境质量监测资料,并对声环境质量现状进行评价。

(3)噪声预测应覆盖全部敏感目标,给出各敏感目标的预测值及厂界(或场界、边界)噪声值,根据评价需要绘制等声级线图。给出建设项目建成后不同类别的声环境功能区内受影响的人口分布、噪声超标的范围和程度。

(4)当工程预测的不同代表性时段噪声级可能发生变化的建设项目,应分别预测其不同时段的噪声级。

(5)从声环境保护角度对工程可行性研究和评价中提出的不同选址(选线)和建设布局方案的环境合理性进行分析。

(6)针对建设项目的工程特点和所在区域的环境特征提出噪声防治措施,并进行经济、技术可行性论证,明确防治措施的最终降噪效果和达标分析。

**3. 三级评价工作基本要求**

(1)在工程分析中,给出建设项目对环境有影响的主要声源的数量、位置和声源源强,并在标有比例尺的图中标识固定声源的具体位置或流动声源的路线、跑道等位置。在缺少声源源强的相关资料时,应通过类比测量取得,并给出类比测量的条件。

(2)重点调查评价范围内主要敏感目标的声环境质量现状,可利用评价范围内已有的声环境质量监测资料,若无现状监测资料时应进行实测,并对声环境质量现状进行评价。

(3)噪声预测应给出建设项目建成后各敏感目标的预测值及厂界(或场界、边界)噪声值,分析敏感目标受影响的范围和程度。

(4)针对建设项目的工程特点和所在区域的环境特征提出噪声防治措施,并进行达标分析。

（五）声环境影响预测

**1. 基本要求**

（1）预测范围

噪声预测范围应与评价范围相同。

（2）预测点的确定原则

建设项目厂界（或场界、边界）和评价范围内的敏感目标应作为预测点。

（3）预测需要的基础资料

建设项目噪声预测应掌握的基础资料包括建设项目的声源资料和室外声波传播条件、气象参数及有关资料等。

① 声源资料

声源资料主要包括声源种类、数量、空间位置、噪声级、频率特性、发声持续时间和对敏感目标的作用时间段等。

② 影响声波传播的各种参量

影响声波传播的各类参量应通过资料收集和现场调查取得，各类参量如下：

1）建设项目所处区域的年平均风速和主导风向，年平均气温，年平均相对湿度。

2）声源和预测点间的地形、高差。

3）声源和预测点间障碍物（如建筑物、围墙等；若声源位于室内，还包括门、窗等）的位置及长、宽、高等数据。

4）声源和预测点间树林、灌木等的分布情况，地面覆盖情况（如草地、水面、水泥地面、土质地面等）。

**2. 预测步骤**

首先，建立坐标系，确定各声源坐标和预测点坐标，并根据声源性质及预测点与声源之间的距离等情况，把声源简化成点声源、线声源或面声源。

其次，根据已获得的声源源强的数据和各声源到预测点的声波传播条件资料，计算出噪声从各声源传播到预测点的声衰减量，由此计算出各声源单独作用在预测点时产生的 A 声级（$L_{Ai}$）或等效感觉噪声级（$L_{EPN}$）。

各噪声源在预测点处产生的噪声影响值 $L_{Aeq}$ 按下式计算：

$$L_{Aeq} = 10\lg\left(\frac{\sum_{i=1}^{n} t_i \cdot 10^{0.1L_{pAi}}}{T}\right) \quad (4-207)$$

式中：$T$——预测计算的时间段，s；

$t_i$——各声源持续发声的时间，s。

将噪声影响值与预测点处的噪声现状值叠加作为该预测点的值：

$$L_{eq} = 10\lg\left(10^{0.1L_{eq,a}} + 10^{0.1L_{eq,b}}\right) \quad (4-208)$$

式中：$L_{eq,a}$——预测点处噪声源所产生的噪声影响值，dB；

$L_{eq,b}$——预测点处噪声现状值，dB。

然后，按工作等级要求绘制等声级线图。计算各网格点上的噪声级，采用数学方法（如双三次拟合法，按距离加权平均法，或按距离加权最小二乘法）计算并绘制声级线图。

等声级线的间隔应不大于 5 dB（一般选 5 dB）。对于 $L_{eq}$，等声级线最低值应与相应功能区夜间标准值一致,最高值可为 75 dB;对于 $L_{\mathrm{WECPN}}$ 一般应有 70 dB、75 dB、80 dB、85 dB、90 dB 的等声级线。

（六）噪声预测模式

噪声预测模式与噪声源的类型有关,主要有:工业噪声预测模式、施工噪声预测模式、道路交通噪声预测模式、铁路噪声预测模式及机场噪声预测模式。

**1. 工业噪声预测模式**

（1）室外声源

首先,若已知声源的倍频带声功率级或某点的倍频带声压级,可计算单个声源在预测点的倍频带声压级,根据式（4-184）~（4-205）中给出的方法计算。然后,再由各倍频带声压级合成计算出预测点的 A 声级。

在不能取得声源的倍频带声压级或倍频带声功率级,可用 A 声功率级或某点的 A 声级近似计算。

（2）室内声源

如图 4-22 所示,室内声源可采用等效室外声源声功率级法进行预测。

首先,计算出某个室内声源靠近围护结构处产生的倍频带声压级:

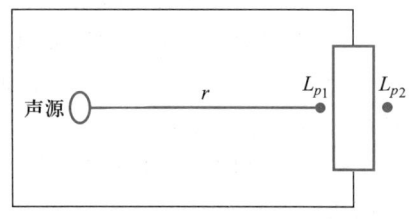

$$L_{p_1} = L_{\mathrm{W}} + 10\lg\left(\frac{Q}{4\pi r^2} + \frac{4}{R}\right) \quad (4\text{-}209)$$

图 4-22　室内声源等效为室外声源图例

式中:$Q$——指向性因数,通常对无指向性声源,当声源放在房间中心时,$Q=1$;当放在一面墙的中心时,$Q=2$;当放在两面墙夹角处时,$Q=4$;当放在三面墙夹角处时,$Q=8$。

$R$——房间常数,$R = S\bar{\alpha}/(1-\bar{\alpha})$,$S$ 为房间内表面面积,$\mathrm{m}^2$,$\bar{\alpha}$ 为平均吸声系数;

$r$——室内某个声源到靠近围护结构某点处的距离,$\mathrm{m}$。

然后,按式（4-210）计算出所有室内声源在围护结构处产生的 $i$ 倍频带叠加声压级

$$L_{p_1i}(\mathrm{T}) = 10\lg\left(\sum_{i=1}^{N} 10^{0.1L_{p_1ij}}\right) \quad (4\text{-}210)$$

式中:$L_{p_1i}(\mathrm{T})$——靠近围护结构处室内 $N$ 个声源 $i$ 倍频带的叠加声压级,dB;

$L_{p_1ij}$——室内 $j$ 声源 $i$ 倍频带的声压级,dB;

$N$——室内声源总数。

在室内近似为扩散声场时,可按式（4-211）计算出靠近室外围护结构处的声压级:

$$L_{p_2i}(\mathrm{T}) = L_{p_1i}(\mathrm{T}) - (\mathrm{TL}_i + 6) \quad (4\text{-}211)$$

式中:$L_{p_2i}(\mathrm{T})$——室外 $N$ 个声源 $i$ 倍频带的叠加声压级,dB;

$\mathrm{TL}_i$——围护结构 $i$ 倍频带的隔声量,dB。

按式（4-212）将室外声源的声压级和透过面积换算成等效的室外声源,计算出中心位置位于透声面积（$S$）处的等效声源的倍频带声功率级。

$$L_{\mathrm{W}} = L_{p_2}(\mathrm{T}) + 10\lg S \quad (4\text{-}212)$$

式中:$S$——透声面积,$\mathrm{m}^2$。

然后按室外声源预测方法计算预测点处的倍频带声压级,最后再由各倍频带声压级合成计算出预测点的 A 声级。

（3）计算总声压级

设第 $i$ 个室外声源在预测点产生的 A 声级为 $L_{\text{Ain},i}$,在 $T$ 时间内该声源工作时间为 $t_{\text{in},i}$;第 $j$ 个等效室外声源在预测点产生的 A 声级为 $L_{\text{Aout},j}$,在 $T$ 时间内该声源工作时间为 $t_{\text{out},j}$,则预测点的影响声级为

$$L_{\text{eq}(T)} = 10\lg\left(\frac{1}{T}\right)\left[\sum_{i=1}^{N} t_{\text{in},i}10^{0.1L_{\text{Ain},i}} + \sum_{j=1}^{M} t_{\text{out},j}10^{0.1L_{\text{Aout},j}}\right] \tag{4-213}$$

式中:$T$——计算等效声级的时间,s;

　　$N$——室外声源个数;

　　$M$——等效室外声源个数。

**2. 施工噪声预测模式**

施工过程发生的噪声与其他重要的噪声源不同,其一是噪声由许多不同种类的施工机械设备发出的;其二是这些设备的运作是间歇性的,因此所发噪声也是间歇性和短暂的;其三是法规规定施工应在白天进行,因此对睡眠干扰较少。在作施工噪声影响评价时应充分考虑上述特点。

预测和评价施工噪声影响的步骤如下:

（1）应用

表 4-37 确定各类工程在各个施工阶段场地上发出的等效声级($L_{\text{eq}}$)。

表 4-37　施工场地上的能量等效级(dB)的典型范围

| 工程类型 | 住房建设 | | 办公建筑、旅馆、学校、医院、公用建筑 | | 工业小区、停车场、宗教、娱乐、休息、商店、服务中心 | | 公共工程、道路与公路、下水道和管沟 | |
|---|---|---|---|---|---|---|---|---|
| 施工阶段 | I | II | I | II | I | II | I | II |
| 场地清理 | 83 | 83 | 84 | 84 | 84 | 83 | 84 | 84 |
| 开挖 | 88 | 75 | 89 | 79 | 89 | 71 | 88 | 78 |
| 基础 | 81 | 81 | 78 | 78 | 77 | 77 | 88 | 88 |
| 上层建筑 | 81 | 65 | 87 | 75 | 84 | 72 | 79 | 78 |
| 完工 | 88 | 72 | 89 | 75 | 89 | 74 | 72 | 84 |

注:I—所有重要的施工设备都在现场;II—只有极少数必需的设备在现场。

（2）用式(4-214)确定整个施工过程中场地上的 $L_{\text{eq}}$:

$$L_{\text{eq}} = 10\lg\frac{1}{T}\sum_{i=1}^{N} T_i(10)^{L_i/10} \tag{4-214}$$

式中:$L_i$——第 $i$ 阶段(表 4-37)的等效声级;

　　$T_i$——第 $i$ 阶段延续的总时间;

　　$T$——从开始阶段($i=1$)到施工结束($i=N$)的总延续时间;

$N$——施工阶段数。

（3）在离施工场地 $x$ 距离处的 $L_{eq}$ 的修正系数

$$\text{ADJ} = -20\lg\left(\frac{x}{0.328} + 250\right) + 48 \tag{4-215}$$

式中：$x$——离场地边界的距离，m。

则：

$$L_{eq(x)} = L_{eq} - \text{ADJ} \tag{4-216}$$

**3. 公路（道路）交通噪声预测模式**

（1）车型分类

车型分类（大、中、小型车）方法见表 4-38。

表 4-38   车型分类

| 车 型 | 总质量（GVM）/$t$ | 所属类别 |
|---|---|---|
| 小 | ≤3.5 | $M_1, M_2, N_1$ |
| 中 | 3.5～12 | $M_2, M_3, N_2$ |
| 大 | >12 | $N_3$ |

注：$M_1, M_2, M_3, N_1, N_2, N_3$ 为按《机动车辆分类》（GB/T 15089—1994）规定的汽车类别。摩托车、拖拉机等应另外归类。

（2）基本预测模式

① 第 $i$ 类车等效声级的预测模式

$$L_{eq}(h)_i = (\overline{L_{0E}})_i + 10\lg\left(\frac{N_i}{V_i T}\right) + 10\lg\left(\frac{7.5}{r}\right) + 10\lg\left(\frac{\varphi_1 + \varphi_2}{\pi}\right) + \Delta L - 16 \tag{4-217}$$

式中：$L_{eq}(h)_i$——第 $i$ 类车的小时等效声级，dB（A）；

$(\overline{L_{0E}})_i$——水平距离为 7.5 m 处的能量平均声级，dB（A）；

$V_i$——第 $i$ 类车速度；

$N_i$——昼间，夜间通过某预测点的第 $i$ 类车平均小时车流量，辆/h；

$r$——从车道中心线到预测点的距离，m；

$V_i$——第 $i$ 类车的平均车速，km/h；

$T$——计算等效声级的时间，h；

$\varphi_1$、$\varphi_2$——预测点到有限长路段两端的张角（rad 弧度），见图 4-23 所示。

其他因素引起的修正量 $\Delta L$ 包括由道路因素引起的修正量、声波传播途径引起的衰减和修正量两部分。其中，声波传播途径引起的衰减和修正量按式（4-184）～（4-205）中给出的方法计算。道路因素引起的修正量包括纵坡修正量和路面修正量。具体的修正量计算可参见相关环评导则。

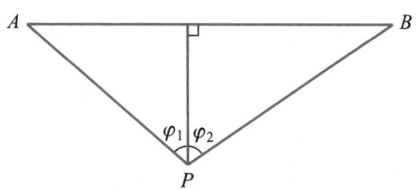

A、B 为路段；P 为预测点

图 4-23   有限路段的修正函数

② 总车流等效声级为

$$L_{eq}(T) = 10\lg\left(10^{0.1 L_{eq}(h)大} + 10^{0.1 L_{eq}(h)中} + 10^{0.1 L_{eq}(h)小}\right) \tag{4-218}$$

如某预测点受多条道路交通噪声影响(如高架桥周边预测点受桥上和桥下多条车道的影响,路边高层建筑预测点受地面多条车道的影响),应分别计算每条道路对该预测点的声级后,经叠加后得到影响值。

**4. 铁路噪声预测模式**

预测点铁路列车运行引起的等效声级 $L_{Aeq}$ 的预测计算模式为

$$L_{Aeq} = 10\lg\left[\frac{1}{T}\sum_{i=1}^{n} n_i t_{eq,i} 10^{0.1(L_{p0,i}+C_i)}\right] \tag{4-219}$$

式中:$T$——预测时段内的时间,s;

$n_i$——$T$ 时间内通过的第 $i$ 类列车列数,列;

$t_{eq,i}$——第 $i$ 类列车通过的等效时间,s;

$L_{p0,i}$——第 $i$ 类列车最大垂向指向性方向上的噪声辐射源强,列车中部通过时的声级,dB;

$C_i$——第 $i$ 类列车噪声修正量,dB。修正量 $\Delta L$ 包括车辆和线路条件引起的修正量、声波传播途径引起的衰减和修正量两部分。其中,声波传播途径引起的衰减和修正量按式(4-184)~(4-205)给出的方法计算。车辆和线路条件引起的修正量包括速度修正量、线路条件引起的声级修正、列车运行噪声垂向性修正三部分。具体的修正量计算可参见相关环评导则。

列车通过的等效时间 $t_{eq,i}$,按下式计算:

$$t_{eq,i} = \frac{l_i}{v_i}\left(1+0.8\frac{d}{l_i}\right) \tag{4-220}$$

式中:$l_i$——第 $i$ 类列车的列车长度,m;

$v_i$——第 $i$ 类列车的列车运行速度,m/s;

$d$——预测点到线路的水平距离,m。

**5. 机场噪声预测模式**

飞机噪声可用噪声距离特性曲线或噪声-功率-距离数据表达,预测时一般利用国际民航组织、其他有关组织或飞机生产厂提供的数据,在必要情况下应按有关规定进行实测。由于飞机噪声资料是在一定的飞行速度和设定功率下获取的,当实际预测情况和资料获取时的条件不一致,使用时应做必要修正。在飞机噪声特性确定,即经过必要的修正后(参见相关环评导则),计算各预测点的噪声需按如下步骤进行:

(1)飞行剖面的确定

在进行噪声预测时,首先应确定单架飞机的飞行剖面。典型的飞行剖面如图 4-24 所示。

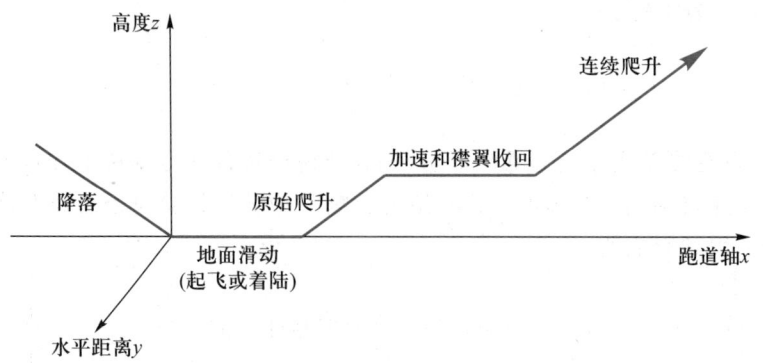

图 4-24    单架飞机的飞行剖面

（2）斜距确定

从网格预测点到飞行航线的垂直距离可由下式计算：

$$R = \sqrt{l^2 + h^2 \cos r} \tag{4-221}$$

式中：$R$——预测点到飞行航线的垂直距离，m；

　　　$L$——预测点到地面航迹的垂直距离，m；

　　　$h$——飞行高度，m；

　　　$r$——飞机的爬升角。

各种符号的具体意义见图 4-25。

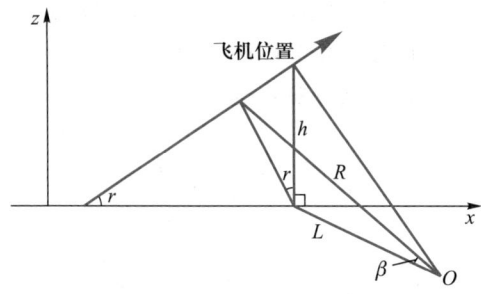

图 4-25    斜距确定中不同符号的具体意义

（3）查出各飞机飞行的等效感觉噪声级数据

根据飞机机型、起飞或降落、斜距，可以查出飞机飞过预测点时在预测点产生的等效感觉噪声级 $L_{EPN}$。查处一天当中所有飞行事件的 $L_{EPN}$。

（4）计算平均等效感觉噪声级

$$\overline{L_{EPN}} = 10\lg\left(\frac{1}{N_1 + N_2 + N_3}\sum_{i=1}^{N} 10^{0.1L_{EPNi}}\right) \tag{4-222}$$

式中：$N_1, N_2, N_3$——白天（7:00—19:00）、晚上（19:00—22:00）和夜间（22:00—次日 7:00）

　　　　　　　　　通过该点的飞行次数，$N = N_1 + N_2 + N_3$；

　　　$L_{EPNi}$——某次飞行对某预测点引起的有效感觉噪声级。

（5）计算出计权等效感觉噪声级

$$L_{\text{WECPN}} = \overline{L_{\text{EPN}}} + 10\lg(N_1 + 3N_2 + 10N_3) - 39.4 \qquad (4-223)$$

**（七）声环境影响评价**

**1. 评价方法和评价量**

根据噪声预测结果和环境噪声评价标准，评价建设项目在施工、运营期噪声的影响程度、影响范围，给出边界（厂界、场界）及敏感目标的达标分析。

进行边界噪声评价时，新建建设项目以工程噪声贡献值作为评价量；改扩建建设项目以工程噪声贡献值与受到现有工程影响的边界噪声值叠加后的预测值作为评价量。

进行敏感目标噪声环境影响评价时，以敏感目标所受的噪声贡献值与背景噪声值叠加后的预测值作为评价量。对于改扩建的公路、铁路等建设项目，如预测噪声贡献值时已包括了现有声源的影响，则以预测的噪声贡献值作为评价量。

**2. 评价内容**

（1）影响范围、影响程度分析

给出评价范围内不同声级范围覆盖的面积，主要建筑物类型、名称、数量及位置，影响的户数、人口数。

（2）噪声超标原因分析

分析建设项目边界（厂界、场界）及敏感目标噪声超标的原因，明确引起超标的主要声源。对于通过城镇建成区和规划区的路段，还应分析建设项目与敏感目标间的距离是否符合城市规划部门提出的噪声防护距离要求。

**（八）噪声污染防治对策措施**

**1. 规划防治对策**

从建设项目的选址（选线）、规划布局、总图布置（跑道方位布设）和设备布局等方面进行调整，提出降低噪声影响的建议。如根据"以人为本""闹静分开"和"合理布局"的原则，提出高噪声设备尽可能远离声环境保护目标、优化建设项目选址（选线）、调整规划用地布局等建议

**2. 噪声源控制措施**

噪声源控制措施主要包括：选用低噪声设备、低噪声工艺；采取声学控制措施，如对声源采用吸声、消声、隔声、减振等措施；改进工艺、设施结构和操作方法等；将声源设置于地下、半地下室内；优先选用低噪声车辆、低噪声基础设施、低噪声路面等。

**3. 噪声传播途径控制措施**

噪声传播途径控制措施主要包括：设置声屏障等措施，包括直立式、折板式、半封闭、全封闭等类型声屏障。声屏障的具体型式根据声环境保护目标处超标程度、噪声源与声环境保护目标的距离、敏感建筑物高度等因素综合考虑来确定；利用自然地形物（如利用位于声源和声环境保护目标之间的山丘、土坡、地堑、围墙等）降低噪声。

**4. 声环境保护目标自身防护措施**

声环境保护目标自身防护措施主要包括：声环境保护目标自身增设吸声、隔声等措施；优化调整建筑物平面布局、建筑物功能布局；声环境保护目标功能置换或拆迁。

**5. 管理措施**

管理措施主要包括：提出噪声管理方案（如合理制定施工方案、优化调度方案、优化飞

行程序等),制定噪声监测方案,提出工程设施、降噪设施的运行使用、维护保养等方面的管理要求,必要时提出跟踪评价要求等。

# 第四节　地下水环境影响评价

## 一、地下水中的污染物迁移转化

### (一)水文地质条件

**1.自然界水循环**

地球上的水,以气态、液态、和固态三种形态存在于大气圈、水圈、岩石圈及生物圈中。地球上水的总量约为 15 亿 $km^3$。其中绝大部分(约 13.7 亿 $km^3$)储存于海洋中,河流湖泊中的水约 75.12 万 $km^3$,地面以下 17 km 以内地下水的总量约为 841.7 万 $km^3$,其中约有 50%以上储存于地面以下 1 km 的范围内。

在太阳热能及重力作用下,地球上的水由水圈进入大气圈,经过岩石圈表层及生物圈再返回水圈,如此循环不已。水循环的上限可达地面以上 16 km 的高度,即大气的对流层,下限可达地面以下平均 2 km 左右的深度,即地壳中空隙比较发育的部分。

**2.地下水赋存条件**

地下水赋存于岩石空隙中,岩石空隙既是地下水的储容场所,又是地下水的运动通道。空隙的多少、大小、连通情况及分布规律,决定着地下水分布与运动的特点。

将空隙作为地下水的储容场所与运动通道研究时,可以分为三类,即松散岩类中的孔隙、坚硬岩石中的裂隙、易溶岩石中的溶穴与溶蚀裂隙。衡量岩石中空隙发育程度的指标是空隙度,对应以上三种空隙分别称孔隙率、裂隙率和岩溶率。

**3.含水层与隔水层**

含水层是指能够透过并给出相当数量水的岩层。含水层不但储存有水,而且水可以在其中运移。隔水层则是不能透过和给出水,或透过和给出水的数量很小的岩层。

划分含水层和隔水层的标志并不在于岩层是否含水,关键在于所含水的性质。空隙细小的岩层,所含的几乎全是结合水。而结合水在通常条件下是不能运动的,这类岩层起着阻隔水通过的作用,所以构成隔水层。空隙较大的岩层,则含有重力水,在重力作用下能透过和给出水,即构成含水层。

**4.蓄水构造**

由含水层和隔水层相互结合而形成的能够积蓄地下水的地质构造称蓄水构造。每个蓄水构造中地下水的补给、径流和排泄都是独立的。因此,蓄水构造也就是独立的水文地质单元。

不同的蓄水构造对含水层的埋藏、地下水补给和水质、水量都有较大影响,所以在水文地质调查工作中,首先要把工作重点放在查明蓄水构造上,才能进而查清水文地质条件。

**5.含水层的埋藏条件**

(1)包气带。地表以下地下水面以上的岩土层,其空隙未被水充满,空隙中仍包含着部分空气,该岩土层即称为包气带。包气带水泛指贮存在包气带中的水,包括通称为土壤水的吸着水、薄膜水、毛细水、气态水和过路的重力渗入水,以及由特定条件所形成的属于重力水状态的上层滞水。上层滞水接近地表,补给区和分布区一致,可受当地大气降水及地表水的入渗补给,并以蒸发的形式排泄。在雨季可获得补给并储存一定的水量;而在旱季则逐渐消失,甚至干涸,其动态变化显著。且由于自地表至上层滞水的补给途径很短,极易受污染。

有时也将包气带水称之为非饱和带水。包气带居于大气水、地表水和地下水相互转化、交替的地带,包气带水是水转化的重要环节,研究包气带水的形成及运动规律,对于剖析水的转化机制及掌握浅层地下水的补排、均衡和动态规律具有重要意义。研究包气带的厚度、结构、岩性、渗透性及污染物在包气带中的吸附与解吸、沉淀与溶解、机械过滤、化学反应等作用,对于研究污染物从地表转入地下水环境,评价预测建设工程对地下水的环境影响意义重大。

包气带是地表物质进入地下含水层的必经之路,因而是地下水环境评价工作的重点研究对象。

(2)包气带与饱水带。地下水自由水面以上部分为包气带,以下部分称作饱水带。在包气带中,岩石空隙没有充满液态水,近地表部分主要分布气态水及结合水,靠近下部接近饱水带部位,由于毛细力的作用,重力水从地下水面上升到一定高度(毛细上升高度),形成毛细水带。包气带中还有正在下渗的"过路"重力水以及被毛细力滞留在包气带上部的悬挂毛细水。

饱水带中岩石空隙全部充满液态水,有重力水也有结合水,是开发利用与保护的主要对象。根据埋藏条件分为潜水和承压水。

(3)潜水。饱水带中第一个具有自由水面的含水层中的水称作潜水。潜水没有隔水顶板,或只有局部的隔水顶板。潜水的水面为自由水面,称作潜水面。从潜水面到隔水底板的距离为潜水含水层厚度。潜水面到地面的距离为潜水埋藏深度。

由于潜水含水层上面一般不存在隔水层,直接与包气带相接,所以潜水在其全部分布范围内都可以通过包气带接受大气降水、地表水或灌溉回渗水的补给。潜水面不承压,在重力作用下,通常由位置高的地方向位置低的地方流动,形成径流。自然条件下潜水的排泄方式有两种:一种是向下游径流,以泉、渗流等形式泄出地表或流入地表水体,这便是径流排泄;另一种是通过包气带或植物蒸发进入大气,称为蒸发排泄。人类取用地下水时,人工开采便成为第三种排泄方式。不同岩石的极限蒸发深度,在环境影响评价工作中经常遇到。

潜水通过包气带与大气圈及地表水圈发生联系。所以,气象、水文因素的变动对其影响显著,丰水季节或丰水年,潜水接受的补给量大于排泄量,潜水面上升,含水层厚度加大,埋藏深度变小。干旱季节排泄量大于补给量,潜水面下降,含水层变薄,埋藏深度加大。因此,潜水的动态有明显的季节变化。潜水积极参与循环,其资源易于补给恢复。

潜水的水质变化很大,主要取决于气候、地形及岩性条件。湿润气候及切割强烈的地形,有利于潜水的径流排泄而不利于蒸发排泄,往往形成含盐量不高的淡水。干旱气候与低平地形下,潜水以蒸发排泄为主,常形成含盐量相对高的咸水。潜水容易受到污染,对潜水水源应注意加强环境保护。

一般情况下,潜水面不是水平的,而是一个向排泄区倾斜的曲面,起伏变化大体与地形一致,但常较地形起伏缓和。潜水面上各点的高程称作潜水位。相等水位点的连线称等水位线。等水位线的法线方向是地下水的流向。

(4)承压水。充满于两个隔水层之间的含水层中的水叫作承压水。承压含水层上、下部的隔水层分别称作隔水顶板和隔水底板。顶底板之间的距离为含水层厚度。

　　承压水受到隔水层的限制,它与大气圈、地表水圈的联系很弱。当顶底板隔水性能良好时,它主要通过含水层出露地表的补给区(该地段地下水已转变为潜水)获得补给,并通过范围有限的排泄区进行排泄。当顶底板为水平隔水层时,它还可以通过半隔水层,从上部或下部的含水层获得补给,或向上、下部含水层排泄。无论在哪种情况下,承压水参与水循环都不如潜水那样积极。因此,气候、水文因素的变化对承压水的影响较小,承压水动态比较稳定。

　　承压水和潜水一样,很大程度上来源于现代渗入水(大气降水、地表水)。但是,由于承压水的埋藏条件使其与外界的联系受到限制,一定条件下含水层中可以保留很古老的水,有时甚至是与沉积物同时沉积下来的水(如在海相沉积物中保留下当时的海水,在湖相沉积物中保留下当时的湖水等)。总的来说,承压水不象潜水那样容易补充恢复,但由于其含水层厚度一般较大,往往具有良好的多年调节性。

　　承压水的水质变化很大,从淡水直到含盐量高的卤水都有。承压水的补给、径流、排泄条件越好,参加水循环越积极,水质就越接近入渗的大气降水及地表水,形成含盐量较低的淡水。补给、径流、排泄条件越差,水循环越缓慢,水从岩层中溶出的盐分就越多,水的含盐量就越高。有的承压含水层与外界几乎不发生联系,保留着经过浓缩的古海水,含盐量可以达到每升数百克之多。

　　承压水一般不易受到污染。但是,一旦污染后很难使其净化,因此在开发利用时应注意水源的卫生保护。

　　**6. 地下水的补给、排泄与径流**

　　补给与排泄是含水层与外界发生联系的两个作用过程。补给与排泄方式及其强度,决定着含水层内部的径流及水量与水质的变化。这些变化在空间上的表现就是地下水的分布,在时间上的表现便是地下水的动态,而从补给与排泄的数量关系研究含水层水量及盐量的增减,便是地下水的均衡。

　　(1)地下水的补给

　　含水层自外界获得水量的作用过程称作补给。地下水的补给来源主要有:大气降水、地表水和灌溉回渗水。近年来,地下水的人工补给,已经成为一种不可忽视的补给来源。

　　大气降水的补给。大气降水通过岩层空隙渗入补给地下水。降雨初期,雨量较小时,先在包气带中形成结合水、悬挂毛细水,而不能进入含水层形成补给作用。随着雨量加大结合水和悬挂毛细水达到极限,在重力作用下继续下渗进入含水层,引起水位升高,形成补给作用。大气降水是地下水最普遍的补给来源。对一个独立流域来说,地表径流也是流域内的大气降水转化来的,因此,降水量的大小对一个地区地下水的补给来源起着控制作用。影响降水补给的因素主要有:降水强度、包气带岩性与厚度、地形坡度、植被发育情况等。其中最主要的是降水强度和包气带的岩性与厚度。

　　地表水的补给。地表水包括河流、湖泊、水库、海洋等,都可补给地下水。以河流为例进行分析,河流与地下水之间的补给,取决于河水位与地下水位的关系。河流补给地下水时,补给量的大小取决于下列因素:河床以下地层的透水性、河流与地下水有联系部分的长度及河床湿周(浸水周界),河水位与地下水位高差,以及河床过水时间的长短。

　　地表水对地下水的补给与大气降水不同:后者是面状补给,普遍而均匀,前者是线状(带状)补给,局限于地表水体的周边。地表水体附近的地下水,既接受降水补给,又接受地表水的补给,经开采后与地表水的水位差加大,可使地下水得到更多的(增加)补给量。因此,河流附近的地下水一般比较丰富。

潜水和承压含水层接受降水和地表水补给的条件不同。潜水在整个含水层分布面积上都能直接接受补给。承压水则仅在含水层出露于地表,或与地表连通处(在此处已转化为潜水)方能获得补给。因此,地质构造与地形的配合关系,对承压含水层的补给影响极大。

（2）地下水的排泄

含水层失去水量的过程称作排泄。在排泄过程中,含水层的水质也发生相应变化。地下水的排泄方式是多样的,可通过"泉"作点状排泄,通过向河水泄流作线状排泄,通过蒸发消耗作面状排泄。此外,一个含水层的水可向另一个含水层排泄。此时对后者来说,也是从前者获得补给。开发利用地下水或用井孔、渠道排除地下水,都属于地下水的人工排泄。

蒸发排泄仅消耗地下水量,盐分仍留在地下水中,故此种排泄方式会使地下水矿化度升高,水质发生变化。其他种类的排泄,均属于径流排泄,盐分随同水分一起排走,一般不引起水质变化。

（3）地下水的径流

地下水由补给区流向排泄区的过程称作径流。径流是连接补给与排泄的中间环节,通过径流,含水层中的水、盐由补给区输送到排泄区,径流的强弱影响着含水层的水量与水质。

除某些构造封闭的自流盆地及地势十分平坦地区的潜水外,地下水都处于不断的径流过程中。

地下水的径流方向是环评工作中应该注意的问题。最简单情况下,含水层中地下水自一个集中的补给区流向集中的排泄区,具有单一径流方向。地下水的径流方向总体上受地势控制,从上游流向下游。局部受地形控制从高处流向低处。控制地下水流动方向的根本因素是水位和水位差,在水头作用下地下水从高水位流向低水位。例如在山前冲洪积扇的水源地附近一定范围内,地下水的流向并不都是背向山区流向平原,而是向着取水构筑物(水井)流动,因为井水位低于周边地下水位。

（二）地下水的理化性质与水质污染

水量和水质是地下水的两大要素。研究地下水水量,主要是分析地下水的补给、径流和排泄过程,分析地下水运动的机理及其与外界的交换关系,使人们能在数量上研究并掌握地下水的运动规律。在自然界中地下水长期埋藏在岩石和土壤的空隙中,在与周围介质的相互作用下,不断溶解与它相接触的岩石和土壤中的盐类,从而成为地下水的化学成分。人类活动对地下水的化学成分有着特别重要的影响,工业三废和城市废水的排放、农药化肥的施用、矿业开发等都会改变地下水的化学成分,使地下水受到污染。地下水埋藏在地表以下,运动速度很小,污染物在地下水中的扩散很慢,更由于地下水系统的复杂性,地下水污染的发生、发展检测十分困难。研究表明,几乎所有含水层的污染都是在供水井受到污染时才被发现,而在这时,地下水污染已既成事实,采取防治措施为时已晚。为更有效地保护地下水环境,深入了解和研究地下水的化学成分及其形成、发展和运移过程,研究污染地下水的主要污染源及形成地下水污染的地质条件,对污染物的运移进行预测、预报是必要的。

**1. 地下水的物理、化学性质**

地下水的物理性质包括颜色、透明度、气味、味道、温度、密度、导电性和放射性等。

地下水中溶解的化学成分,常以离子、化合物、分子及游离气体状态存在。地下水中常见的化学成分有以下几种:

离子成分中阳离子有氢（H+）、钾（K+）、钠（Na+）、镁（$Mg^{2+}$）、钙（$Ca^{2+}$）、铵（$NH_4^+$）、二价铁（$Fe^{2+}$）、三价铁（$Fe^{3+}$）、锰（$Mn^{2+}$）等；阴离子有氢氧根（$OH^-$）、氯根（$Cl^-$）、硫酸根（$SO_4^{2-}$）、亚硝酸根（$NO_2^-$）、硝酸根（$NO_3^-$）、重碳酸根（$HCO_3^-$）、碳酸根（$CO_3^-$）、硅酸根（$SiO_3^{2-}$）及磷酸根（$PO_4^{3-}$）等。

以未离解的化合物分子状态存在的有三氧化二铁（$Fe_2O_3$）、三氧化二铝（$Al_2O_3$）及硅酸（$H_2SiO_3$）等。

溶解的气体有二氧化碳（$CO_2$）、氧（$O_2$）、氮（$N_2$）、甲烷（$CH_4$）、硫化氢（$H_2S$）及氡（Rn）等。

上述组分中以 $Cl^-$、$SO_4^{2-}$、$HCO_3^-$、$K^+$、$Na^+$、$Ca^{2+}$、$Mg^{2+}$ 最常见、含量最多。

地下水中可能出现各种微量元素。在不同地区由于基岩、土壤成分和地下水补给、径流关系的差异，微量元素的种类和数量分布不尽相同。在水中含量少于 10 mg/L 的元素称为微量元素或微量成分（个别情况下水中微量元素的含量可以高于此值）。地下水中的微量元素有溴（Br）、碘（I）、氟（F）、硼（B）、磷（P）、铅（Pb）、锌（Zn）、锂（Li）、铷（Rb）、锶（Sr）、钡（Ba）、砷（As）、钼（Mo）、铜（Cu）、钴（Co）、镍（Ni）、银（Ag）、铍（Be）、汞（Hg）、锑（Sb）、铋（Bi）、钨（W）、铬（Cr）等。这些微量元素在天然地下水中一般含量很小。大部分元素迁移性能弱，分布不广。一系列因素阻碍了微量元素在含水介质中的积累和迁移。水中的阴离子 $OH^-$ 和 $CO_3^{2-}$ 能与重金属离子形成难溶的化合物。黏土矿物和各种有机质对微量元素具有很大的吸附性。

**2. 地下水污染**

（1）污染源与污染物

地下水污染源可以按不同方法进行分类。按产生污染物的部门或活动，可将污染源分为工业污染源、生活污染源、农业污染源等。按污染源的空间分布特征可将其分为点状污染源、线状污染源和面状污染源。按污染物存在的状态又可将其分为固体的、液体的、气体的及可溶混和不可溶混的污染源。从不同的角度对污染源进行分类研究，便于掌握地下水污染物的特征、运动规律和采取相应的治理措施。

（2）形成地下水污染的地质条件

地下水的污染程度和发展范围，虽然主要受各种污染源的影响，但同时决定于地质条件。潜水埋藏浅，常与大气降水及各类地表水体直接发生联系，因此易于受到污染。承压水一般埋藏比较深，不易直接受到地表水体的影响。平原地区，地表常覆盖一定厚度能起隔水作用的黏土或亚黏土，形成防止地下水污染的保护层，保护层越厚对防止地下水污染越有利。地下水径流的强弱决定于水力坡度与含水层的渗透性能。含水层中，卵、砾石、粗砂层渗透性强，而中细砂层则较弱。一般山前冲洪积扇中上部物质颗粒较粗、水力坡度较大，中下部颗粒较细、水力坡度较小。地下水受污染后即向下游扩散，地下径流越强，扩散速度也越快，但如果及时隔断污染来源，则地下水的恢复也较快。相反，地下径流越弱，则受污染后扩散也越慢，但隔断污染源后恢复也较迟缓。

深部承压水虽然不易直接受到地表水体的污染，但承压水与潜水往往是过度的。例如山前潜水带常逐渐过渡到承压水带，因此潜水带若受到污染后，也会间接影响到承压水带。浅部的潜水与深部承压水一般不存在直接水力联系，在隔水层不厚的情况下，潜水可能受到承压水的顶托补给，但由于人工开采导致水动力条件发生变化，潜水越流下渗补给承压水，也会使承压水遭受污染。此外,不合理的井管结构,或由于混合开采,使潜水与承压水互相沟通也是导致承压水污染的原因之一。

在基岩裸露区或丘陵山区,浅部含水层的污染条件主要决定于风化带或构造裂隙带的发育程度,而深层水则主要决定于构造条件及含水层补给区的分布范围。在矿山附近要特别注意可作为供水水源的含水层,由于坑道掘进,导致含水层受到矿物成分的影响,致使水质变差。

在碳酸盐岩分布地区,由于岩溶作用的影响,透水的裂隙十分发育,岩溶水极易受到地表废水的污染。尤其是许多延伸极远而又蜿蜒曲折的溶洞,形成复杂的地下水暗河系统,这些暗河往往与地表的"天坑""地漏"(如"淄河十八漏")相沟通,地表污水极易由这些通道渗入地下。因此,将建设项目选址于岩溶岩分布区必须慎之又慎。

如上所述,由于地质条件的差异,虽然地表的污染条件相同,不同地区对地下水污染的影响程度却不尽相同。例如同一条受污染的河流,所经不同的地段,因地表保护层的情况不同,地下水的污染程度和扩散范围可以存在很大差异。所以研究和查明地质条件与水源污染的关系,对于建设项目合理选址和制定防治污染、保护环境的工程措施,具有重要意义。

## 二、地下水环境影响预测与评价

### (一)一般性原则

地下水环境影响评价应对建设项目在建设期、运营期和服务期满后对地下水水质可能造成的直接影响进行分析、预测和评估,提出预防、保护或者减轻不良影响的对策和措施,制定地下水环境影响跟踪监测计划,为建设项目地下水环境保护提供科学依据。根据建设项目对地下水环境影响的程度,结合《建设项目环境影响评价分类管理名录》,将建设项目分为四类(详见名录中的附录A),Ⅰ类、Ⅱ类、Ⅲ类建设项目的地下水环境影响评价应执行本标准,Ⅳ类建设项目不开展地下水环境影响评价。

地下水环境影响评价应按本标准划分的评价工作等级开展相应评价工作,基本任务包括:识别地下水环境影响,确定地下水环境影响评价工作等级;开展地下水环境现状调查,完成地下水环境现状监测与评价;预测和评价建设项目对地下水水质可能造成的直接影响,提出有针对性的地下水污染防控措施与对策,制定地下水环境影响跟踪监测计划和应急预案。

### (二)工作程序

地下水环境影响评价工作可划分为准备阶段、现状调查与评价阶段、影响预测与评价阶段和结论阶段。

准备阶段工作包括:搜集和分析有关国家和地方地下水环境保护的法律、法规、政策、标准及相关规划等资料;了解建设项目工程概况,进行初步工程分析,识别建设项目对地下水环境可能产生的直接影响;开展现场踏勘工作,识别地下水环境敏感程度;确定评价工作等级、评价范围、评价重点。

现状调查与评价阶段工作包括:开展现场调查、勘探、地下水监测、取样、分析、室内外试验和室内资料分析等工作,进行现状评价。

影响预测与评价阶段工作包括:进行地下水环境影响预测,依据国家、地方有关地下水环境的法规及标准,评价建设项目对地下水环境的直接影响。

结论阶段工作包括:综合分析各阶段成果,提出地下水环境保护措施与防控措施,制定地下水环境影响跟踪监测计划,完成地下水环境影响评价。

### （三）地下水环境影响识别

地下水环境影响的识别应在初步工程分析和确定地下水环境保护目标的基础上进行，根据建设项目建设期、运营期和服务期满后三个阶段的工程特征，识别其"正常状况"和"非正常状况"下的地下水环境影响。对于随着生产运行时间推移对地下水环境影响有可能加剧的建设项目，还应按运营期的变化特征分为初期、中期和后期分别进行环境影响识别。

识别内容包括：识别建设项目所属的行业类别；识别可能造成地下水污染的装置和设施（位置、规模、材质等）及建设项目在建设期、运营期、服务期满后可能的地下水污染途径；识别建设项目可能导致地下水污染的特征因子，特征因子应根据建设项目污废水成分、液体物料成分、固废浸出液成分等确定；识别建设项目的地下水环境敏感程度。

### （四）工作分级

评价工作等级的划分应依据建设项目行业分类和地下水环境敏感程度分级进行判定，可划分为一、二、三级。划分依据为建设项目所属的地下水环境影响评价项目类别；建设项目的地下水环境敏感程度，分为敏感、较敏感、不敏感，见表4-39。

表4-39　地下水环境敏感程度分级表

| 敏感程度 | 地下水环境敏感特征 |
| --- | --- |
| 敏感 | 集中式饮用水水源（包括已建成的在用、备用、应急水源，在建和规划的饮用水水源）准保护区；除集中式饮用水水源以外的国家或地方政府设定的与地下水环境相关的其他保护区，如热水、矿泉水、温泉等特殊地下水资源保护区 |
| 较敏感 | 集中式饮用水水源（包括已建成的在用、备用、应急水源，在建和规划的饮用水水源）准保护区以外的补给径流区；未划定准保护区的集中水式饮用水水源，其保护区以外的补给径流区；分散式饮用水水源地；特殊地下水资源（如矿泉水、温泉等）保护区以外的分布区等其他未列入上述敏感分级的环境敏感区[a] |
| 不敏感 | 上述地区之外的其他地区 |

注：a"环境敏感区"是指《建设项目环境影响评价分类管理名录》中所界定的涉及地下水的环境敏感区。

建设项目地下水环境影响评价工作等级划分见表4-40。

表4-40　评价工作等级分级表

| 环境敏感程度 | Ⅰ类项目 | Ⅱ类项目 | Ⅲ类项目 |
| --- | --- | --- | --- |
| 敏感 | 一 | 一 | 二 |
| 较敏感 | 一 | 二 | 三 |
| 不敏感 | 二 | 三 | 三 |

对于利用废弃盐岩矿井洞穴或人工专制盐岩洞穴、废弃矿井巷道加水幕系统、人工硬岩洞库加水幕系统、地质条件较好的含水层储油、枯竭的油气层储油等形式的地下储油库，危险废物填埋场应进行一级评价，不按表4-40划分评价工作等级。

当同一建设项目涉及两个或两个以上场地时，各场地应分别判定评价工作等级，并按相应等级开展评价工作。

线性工程根据所涉地下水环境敏感程度和主要站场位置(如输油站、泵站、加油站、机务段、服务站等)进行分段判定评价等级,并按相应等级分别开展评价工作。

**(五)工作要求**

地下水环境影响评价应充分利用已有资料和数据,当已有资料和数据不能满足评价要求时,应开展相应评价等级要求的补充调查,必要时进行勘察试验。

**1. 一级评价要求**

详细掌握调查评价区环境水文地质条件,主要包括含(隔)水层结构及分布特征、地下水补径排条件、地下水流场、地下水动态变化特征、各含水层之间及地表水与地下水之间的水力联系等,详细掌握调查评价区内地下水开发利用现状与规划。开展地下水环境现状监测,详细掌握调查评价区地下水环境质量现状和地下水动态监测信息,进行地下水环境现状评价。基本查清场地环境水文地质条件,有针对性地开展现场勘察试验,确定场地包气带特征及其防污性能。采用数值法进行地下水环境影响预测,对于不宜概化为等效多孔介质的地区,可根据自身特点选择适宜的预测方法。预测评价应结合相应环保措施,针对可能的污染情景,预测污染物运移趋势,评价建设项目对地下水环境保护目标的影响。根据预测评价结果和场地包气带特征及其防污性能,提出切实可行的地下水环境保护措施与地下水环境影响跟踪监测计划,制定应急预案。

**2. 二级评价要求**

基本掌握调查评价区的环境水文地质条件,主要包括含(隔)水层结构及其分布特征、地下水补径排条件、地下水流场等。了解调查评价区地下水开发利用现状与规划。开展地下水环境现状监测,基本掌握调查评价区地下水环境质量现状,进行地下水环境现状评价。根据场地环境水文地质条件的掌握情况,有针对性地补充必要的现场勘察试验。根据建设项目特征、水文地质条件及资料掌握情况,选择采用数值法或解析法进行影响预测,预测污染物运移趋势和对地下水环境保护目标的影响。提出切实可行的环境保护措施与地下水环境影响跟踪监测计划。

**3. 三级评价要求**

了解调查评价区和场地环境水文地质条件。基本掌握调查评价区的地下水补径排条件和地下水环境质量现状。采用解析法或类比分析法进行地下水影响分析与评价。提出切实可行的环境保护措施与地下水环境影响跟踪监测计划。

**(六)调查评价范围确定**

建设项目(除线性工程外)地下水环境影响现状调查评价范围可采用公式计算法、查表法和自定义法确定。线性工程应以工程边界两侧向外延伸 200 m 作为调查评价范围;穿越饮用水源准保护区时,调查评价范围应至少包含水源保护区。

**(七)地下水环境影响预测**

地下水环境影响预测时段应选取可能产生地下水污染的关键时段,至少包括污染发生后 100 d、1 000 d,服务年限或能反映特征因子迁移规律的其他重要的时间节点,并对正常状况和非正常状况的情景分别进行预测。

预测因子应包括:识别出的特征因子,按照重金属、持久性有机污染物和其他类别进行分类,并对每一类别中的各项因子采用标准指数法进行排序,分别取标准指数最大的因子作为预测因子;现有工程已经产生的且改扩建后将继续产生的特征因子,改扩建后新增加的特征因子;污染场地已查明的主要污染物;国家或地方要求控制的污染物。

地下水环境影响预测源强的确定应充分结合工程分析。正常状况下,预测源强应结合建设项目工程分析和相关设计规范确定,如《给水排水构筑物工程施工及验收规范》(GB 50141—2008)、《给水排水管道工程施工及验收规范》(GB 50268—2008)等。非正常状况下,预测源强可根据工艺设备或地下水环境保护措施因系统老化或腐蚀程度等设定。

建设项目地下水环境影响预测方法包括数学模型法和类比分析法。其中,数学模型法包括数值法、解析法等方法。预测方法的选取应根据建设项目工程特征、水文地质条件及资料掌握程度来确定,当数值方法不适用时,可用解析法或其他方法预测。一般情况下,一级评价应采用数值法,不宜概化为等效多孔介质的地区除外;二级评价中水文地质条件复杂且适宜采用数值法时,建议优先采用数值法;三级评价可采用解析法或类比分析法。

采用数值法预测前,应先进行参数识别和模型验证。采用解析模型预测污染物在含水层中的扩散时,一般应满足以下条件:① 污染物的排放对地下水流场没有明显的影响。② 评价区内含水层的基本参数(如渗透系数、有效孔隙度等)不变或变化很小。采用类比分析法时,应给出类比条件。类比分析对象与拟预测对象之间应满足以下要求:① 二者的环境水文地质条件、水动力场条件相似。② 二者的工程类型、规模及特征因子对地下水环境的影响具有相似性。地下水环境影响预测过程中,对于采用非本导则推荐模式进行预测评价时,须明确所采用模式适用条件,给出模型中的各参数物理意义及参数取值,并尽可能地采用本导则中的相关模式进行验证。

预测内容需给出特征因子不同时段的影响范围、程度,最大迁移距离;给出预测期内场地边界或地下水环境保护目标处特征因子随时间的变化规律;当建设项目场地天然包气带垂向渗透系数小于 $1×10^{-6}$ m/s 或厚度超过 100 m 时,须考虑包气带阻滞作用,预测特征因子在包气带中迁移。污染场地修复治理工程项目应给出污染物变化趋势或污染控制的范围。

（八）地下水环境影响评价

以地下水环境现状调查和地下水环境影响预测结果为依据,对建设项目各实施阶段(建设期、运营期及服务期满后)不同环节及不同污染防控措施下的地下水环境影响进行评价。地下水环境影响预测未包括环境质量现状值时,应叠加环境质量现状值后再进行评价。应评价建设项目对地下水水质的直接影响,重点评价建设项目对地下水环境保护目标的影响。

以下情况应得出可以满足标准要求的结论:

① 建设项目各个不同阶段,除场界内小范围以外地区,均能满足《地下水质量标准》(GB/T 14848—2017)或国家(业、地方)相关标准要求的;

② 在建设项目实施的某个阶段,有个别评价因子出现较大范围超标,但采取环保措施后,可满足《地下水质量标准》(GB/T 14848—2017)或国家(行业、地方)相关标准要求的。

以下情况应得出不能满足标准要求的结论:

① 新建项目排放的主要污染物,改扩建项目已经排放的及将要排放的主要污染物在评价范围内地下水中已经超标的;

② 环保措施在技术上不可行,或在经济上明显不合理的。

## 三、地下水环境保护措施与对策

### 1. 基本要求

地下水环境保护措施与对策应符合《中华人民共和国水污染防治法》和《中华人民共和国环境影响评价法》的相关规定,按照"源头控制、分区防控、污染监控、应急响应",重点突出饮用水水质安全的原则确定。

地下水环境环保对策措施建议应根据建设项目特点、调查评价区和场地环境水文地质条件,在建设项目可行性研究提出的污染防控对策的基础上,根据环境影响预测与评价结果,提出需要增加或完善的地下水环境保护措施和对策。改扩建项目应针对现有工程引起的地下水污染问题,提出"以新带老"的对策和措施,有效减轻污染程度或控制污染范围,防止地下水污染加剧。

**2. 建设项目污染防控对策**

(1) 源头控制措施

源头控制措施主要包括提出各类废物循环利用的具体方案,减少污染物的排放量;提出工艺、管道、设备、污水储存及处理构筑物应采取的污染控制措施,将污染物跑、冒、滴、漏降到最低限度。

(2) 分区防控措施

结合地下水环境影响评价结果,对工程设计或可行性研究报告提出的地下水污染防控方案提出优化调整的建议,给出不同分区的具体防渗技术要求。一般情况下,应以水平防渗为主,防控措施应满足以下要求:① 已颁布污染控制国家标准或防渗技术规范的行业,水平防渗技术要求按照相应标准或规范执行,如《生活垃圾填埋场污染控制标准》(GB 16889—2024)、《危险废物贮存污染控制标准》(GB 18597—2023)、《危险废物填埋污染控制标准》(GB 18598—2019)、《一般工业固体废物贮存和填埋污染控制标准》(GB 18599—2020)、《石油化工工程防渗技术规范》(GB/T 50934—2013)等;② 未颁布相关标准的行业,根据预测结果和场地包气带特征及其防污性能,提出防渗技术要求;或根据建设项目场地天然包气带防污性能、污染控制难易程度和污染物特性提出防渗技术要求。

# 第五节　土壤环境影响评价

## 一、土壤学基础

### (一) 基本概念

**1. 土壤**

土壤是指由矿物质、有机质、水、空气及生物有机体组成的地球陆地表面上能生长植物的疏松层。其主要功能包括:提供植物生长的场所和植物生长必需的养分;提供各种生物及微生物的生存空间,具有环境净化的作用;提供建筑物的基础和工程材料等。

**2. 土壤退化**

一般来讲,土壤退化是指在各种自然的,特别是人为的因素影响下所发生的导致土壤的农业生产能力或土地利用和环境调控潜力下降,即土壤质量及其可持续性暂时或永久性的下降,甚至完全丧失其物理的、化学的和生物学特征的过程。

土壤退化是一个非常复杂的问题,但引起其退化的原因是自然因素和人为因素共同作用的结果。自然因素包括破坏性自然灾害和异常的成土因素(如气候、母质、地形等),它是引起土壤自然退化过程的基础原因。人为因素即为人与自然相互作用的不和谐,是加剧土壤退化的根本原因。

**3. 土壤污染**

土壤中的污染物来源广、种类多，一般可分为无机污染物和有机污染物。无机污染物以重金属为主，如镉、汞、砷、铅、铬、铜、锌、镍，局部地区还有锰、钴、硒、钒、锑、铊、钼等。有机污染物种类繁多，包括苯、甲苯、二甲苯、乙苯、三氯乙烯等挥发性有机污染物，以及多环芳烃、多氯联苯、有机农药类等半挥发性有机污染物。

根据《中华人民共和国土壤污染防治法》，土壤污染是指"因人为因素导致某种物质进入陆地表层土壤，引起土壤化学、物理、生物等方面特性的改变，影响土壤功能和有效利用，危害公众健康或者破坏生态环境的现象。"我国的土壤污染是在经济社会发展过程中长期累积形成的，主要原因有四大类：① 工矿企业生产经营活动中排放的废气、废水、废渣是造成其周边土壤污染的主要原因。尾矿渣、危险废物等各类固体废物堆放等，导致其周边土壤污染。汽车尾气排放导致交通干线两侧土壤铅、锌等重金属和多环芳烃污染。② 农业生产活动是造成耕地土壤污染的重要原因。污水灌溉，化肥、农药、农膜等农业投入品的不合理使用和畜禽养殖等，导致耕地土壤污染。③ 生活垃圾、废旧家用电器、废旧电池、废旧灯管等随意丢弃，以及日常生活污水排放，造成土壤污染。④ 自然背景值高是一些区域和流域土壤重金属超标的原因。与大气和地表水相比，土壤污染具有隐蔽性、滞后性、累积性、不均匀性、难可逆性及艰巨性等特点。

**(二) 我国土壤环境保护工作历程**

**1. 土壤污染情况**

2014 年 4 月，环境保护部联合国土资源部发布了《全国土壤污染状况调查公报》，公报内容显示我国土壤环境状况总体不容乐观，部分地区土壤污染较重，耕地土壤环境质量堪忧，工矿业废弃地土壤环境问题突出。全国土壤总的超标率 16.1%，其中轻微、轻度、中度和重度污染点位比例分别为 11.2%、2.3%、1.5% 和 1.1%。污染类型以无机型为主，有机型次之，复合型污染比重较小，无机污染物超标点位占比高达 82.8%。从污染分布情况看，南方土壤污染重于北方；长江三角洲、珠江三角洲、东北老工业基地等部分区域土壤污染问题较为突出，西南、中南地区土壤重金属超标范围较大；镉、汞、砷、铅 4 种无机污染物含量分布呈现从西北到东南、从东北到西南方向逐渐升高的趋势。

**2. 土壤环境管理相关法律法规**

我国土壤污染治理与修复工作起步较晚，土壤污染防治的相关规定主要分散体现在环境污染防治、自然资源保护和农业类法律法规之中，如《中华人民共和国环境保护法》《中华人民共和国固体废物污染环境防治法》《中华人民共和国农业法》《中华人民共和国草原法》《中华人民共和国土地管理法》《中华人民共和国农产品质量安全法》等。由于这些规定缺乏系统性、针对性，难以满足土壤污染防治工作需要。

2004 年 6 月，国家环保总局印发了《关于切实做好企业搬迁过程中环境污染防治工作的通知》(环办 [2004] 47 号)，针对土地使用性质发生变化时由于遗留污染物或土壤污染造成的环境污染事故做出了具体要求，是首个由行业主管部门发布的、聚焦于土壤污染问题的行政文件。

2008 年 6 月，环境保护部印发了《关于加强土壤污染防治工作的意见》(环发 [2008] 48 号)，明确了 2010 和 2015 年土壤污染防治工作目标，突出了土壤污染防治的重点领域，并提出强化土壤污染防治工作的具体措施。

2012 年 11 月,环境保护部联合工业和信息化部、国土资源部、住房和城乡建设部发布了《关于保障工业企业场地再开发利用环境安全的通知》(环发[2012]140 号),针对工业企业场地作为城市建设用地被再次开发利用过程中的土壤和地下水安全隐患问题,以保障再开发过程环境安全和维护人民群众切身利益为原则,提出了九点具体要求。

2014 年 5 月,环境保护部印发了《关于加强工业企业关停、搬迁及原址场地再开发利用过程中污染防治工作的通知》(环发[2014]66 号),从防范工业企业关停搬迁过程中的偷排、偷倒、不规范拆迁等行为,防止加重场地污染,保障工业企业场地再开发利用环境安全的角度出发,对土地再开发过程的污染防治工作提出六点要求。同年,环境保护部制定并陆续发布了《场地环境调查技术导则》(HJ25.1—2014)、《场地环境监测技术导则》(HJ25.2—2014)、《污染场地风险评估技术导则》(HJ25.3—2014)、《污染场地土壤修复技术导则》(HJ25.4—2014)和《污染场地术语》(HJ682—2014)五项污染场地系列环保标准,旨在为各地开展场地环境状况调查、风险评估、修复治理提供技术指导和支持,为推进土壤和地下水污染防治法律法规体系建设提供了基础支撑。

为夯实我国土壤污染防治工作基础,全面提升我国土壤污染防治工作能力,2016 年《土壤污染防治行动计划》由国务院印发并实施,是党中央、国务院推进生态文明建设,系统开展土壤污染治理的重要战略部署。《土壤污染防治行动计划》坚持问题导向、底线思维、坚持突出重点、有限目标,坚持分类管理、综合施策,按照"预防为主、保护优先、风险管控"的总体要求,从十个方面确定了加强土壤污染防治、逐步改善土壤环境质量的具体措施,因此又被称为"土十条"。其具体内容包括:一是开展土壤污染调查,掌握土壤环境质量状况。二是推进土壤污染防治立法,建立健全法规标准体系。三是实施农用地分类管理,保障农业生产环境安全。四是实施建设用地准入管理,防范人居环境风险。五是强化未污染土壤保护,严控新增土壤污染。六是加强污染源监管,做好土壤污染预防工作。七是开展污染治理与修复,改善区域土壤环境质量。八是加大科技研发力度,推动环境保护产业发展。九是发挥政府主导作用,构建土壤环境治理体系。十是加强目标考核,严格责任追究。

根据"土十条"的相关精神,2016—2018 年,生态环境主管部门先后发布了《污染地块土壤环境管理办法(试行)》(环境保护部令 2016 第 42 号)、《农用地土壤环境管理办法(试行)》(环境保护部令 2017 第 46 号)和《工矿用地土壤环境管理办法(试行)》(生态环境部令 2018 第 3 号)三个规章,分别针对不同用地性质地块的土壤环境管理提出具体和细化的要求。对于从事工业和矿业生产经营活动的用地,尤其是属于土壤环境污染重点监管单位的用地,从土壤环境的污染防控和监督管理两个方面提出管理要求;对农用地土壤环境管理来讲,除了上述两方面内容外,还增加了调查监测与分类管理的具体要求;对于(疑似)污染地块的环境管理与其他类型地块有所不同,要在落实各方责任的基础上,从地块环境调查与风险评估、风险管控、治理修复与效果评估等全过程实施管理。总的来看,三个规章共同构成了一个较为完整的体系,充分体现了环境主管部门对土壤污染从源头预防到风险管控的全过程管理思路,对于推动落实土壤污染防治各项任务,打好净土保卫战具有重要意义。

2018 年 8 月 31 日,《中华人民共和国土壤污染防治法》由第十三届全国人民代表大会常务委员会第五次会议通过,自 2019 年 1 月 1 日起施行,弥补了我国土壤防治法律制度方面的缺失,明确了土壤污染防治法律责任,对改变我国土壤污染防治工作薄弱现状,规范土壤防治工作的作用巨大。《中华人民共和国土壤污染防治法》共分为七章九十九条,包括总则,规划、标准、普查和监测,预防和保护,风险管控和修复,保障和监督,法律责任,附则。该法的制定与施行,对保护和改善生态环境,防治土壤污染,保障公众健康,推动土壤资源永续利用,推进生态文明建设,促进经济社会可持续发展,具有重要的意义。

（三）土壤类型

土壤分类就是根据土壤的发生发展规律和自然性状,按照一定的分类标准,把自然界的土壤划分为不同的类别。中国的土壤分类是在借鉴国外土壤分类制的基础上不断发展和完善的,20世纪初期和中期分别借鉴了美国和苏联的分类制;在1958年和1979年两次全国土壤普查的基础上,于1992年完成《中国土壤分类系统》,代表了全国土壤普查的科学水平。《中国土壤分类与代码》(GB/T17296—2009)对我国土壤信息标识进行了进一步的规范,该标准采用线分法将土壤分类系统的分类单元划分为土纲、亚纲、土类、亚类、土属和土种六个层级。根据该标准统计,目前分为土纲12种、亚纲30种、土类60种,土壤类型的具体代码参见表4-41。

表4-41　中国土壤分类(土类)与代码表

| 序号 | 代码 | 土纲 | 代码 | 亚纲 | 代码 | 土类 |
|---|---|---|---|---|---|---|
| 1 | A | 铁铝土 | A1 | 湿热铁铝土 | A11 | 砖红壤 |
| 2 | | | | | A12 | 赤红壤 |
| 3 | | | | | A13 | 红壤 |
| 4 | | | A2 | 湿暖铁铝土 | A21 | 黄壤 |
| 5 | B | 淋溶土 | B1 | 湿暖淋溶土 | B11 | 黄棕壤 |
| 6 | | | | | B12 | 黄褐土 |
| 7 | | | B2 | 湿暖温淋溶土 | B21 | 棕壤 |
| 8 | | | B3 | 温湿淋溶土 | B31 | 暗棕壤 |
| 9 | | | | | B32 | 白浆土 |
| 10 | | | B4 | 湿寒温淋溶土 | B41 | 棕色针叶林土 |
| 11 | | | | | B42 | 灰化土 |
| 12 | C | 半淋溶土 | C1 | 半湿热半淋溶土 | C11 | 燥红土 |
| 13 | | | C2 | 半湿暖温半淋溶土 | C21 | 褐土 |
| 14 | | | C3 | 半湿温半淋溶土 | C31 | 灰褐土 |
| 15 | | | | | C32 | 黑土 |
| 16 | | | | | C33 | 灰色森林土 |
| 17 | D | 钙层土 | D1 | 半湿温钙层土 | D11 | 黑钙土 |
| 18 | | | D2 | 半干温钙层土 | D21 | 栗钙土 |
| 19 | | | D3 | 半干暖温钙层土 | D31 | 栗褐土 |
| 20 | | | | | D32 | 黑垆土 |

续表

| 序号 | 代码 | 土纲 | 代码 | 亚纲 | 代码 | 土类 |
|---|---|---|---|---|---|---|
| 21 | E | 干旱土 | E1 | 干温干旱土 | E11 | 棕钙土 |
| 22 | | | E2 | 干暖温干旱土 | E21 | 灰钙土 |
| 23 | F | 漠土 | F1 | 干温漠土 | F11 | 灰漠土 |
| 24 | | | | | F12 | 灰棕漠土 |
| 25 | | | F2 | 干暖温漠土 | F21 | 棕漠土 |
| 26 | G | 初育土 | G1 | 土质初育土 | G11 | 黄绵土 |
| 27 | | | | | G12 | 红黏土 |
| 28 | | | | | G13 | 新积土 |
| 29 | | | | | G14 | 龟裂土 |
| 30 | | | | | G15 | 风沙土 |
| 31 | | | G2 | 石质初育土 | G21 | 石灰（岩）土 |
| 32 | | | | | G22 | 火山灰土 |
| 33 | | | | | G23 | 紫色土 |
| 34 | | | | | G24 | 磷质石灰土 |
| 35 | | | | | G25 | 粗骨土 |
| 36 | | | | | G26 | 石质土 |
| 37 | H | 半水成土 | H1 | 暗半水成土 | H11 | 草甸土 |
| 38 | | | H2 | 淡水成土 | H21 | 潮土 |
| 39 | | | | | H22 | 砂浆黑土 |
| 40 | | | | | H23 | 林灌草甸土 |
| 41 | | | | | H24 | 山地草甸土 |
| 42 | J | 水成土 | J1 | 矿质水成土 | J11 | 沼泽土 |
| 43 | | | J2 | 有机质水成土 | J21 | 泥炭土 |
| 44 | K | 盐碱土 | K1 | 盐土 | K11 | 草甸盐土 |
| 45 | | | | | K12 | 滨海盐土 |
| 46 | | | | | K13 | 酸性硫酸盐盐土 |
| 47 | | | | | K14 | 漠境盐土 |
| 48 | | | | | K15 | 寒原盐土 |
| 49 | | | K2 | 碱土 | K20 | 碱土 |
| 50 | L | 人为土 | L1 | 人为水成土 | L11 | 水稻土 |
| 51 | | | L2 | 灌耕土 | L21 | 灌淤土 |
| 52 | | | | | L22 | 灌漠土 |

续表

| 序号 | 代码 | 土纲 | 代码 | 亚纲 | 代码 | 土类 |
|---|---|---|---|---|---|---|
| 53 | M | 高山土 | M1 | 湿寒高山土 | M11 | 草毡土 |
| 54 | | | | | M12 | 黑毡土 |
| 55 | | | M2 | 半湿寒高山土 | M21 | 寒钙土 |
| 56 | | | | | M22 | 冷钙土 |
| 57 | | | | | M23 | 冷棕钙土 |
| 58 | | | M3 | 干寒高山土 | M31 | 寒漠土 |
| 59 | | | | | M32 | 冷漠土 |
| 60 | | | M4 | 寒冻高山土 | M41 | 寒冻土 |

**（四）土壤退化的类型**

土壤潜育化是指土壤长期滞水，严重缺氧，产生较多还原物质，使高价铁、锰化合物转化为低价状态，使土壤变成蓝灰色或青灰色的现象。

土壤沼泽化是指土壤长期处于地下水浸泡下，土壤剖面中下部某些层次发生铁、锰还原而生成青灰色斑纹层或青泥层(也称潜育层)，或有机质层转化为腐泥层或泥炭层的现象或过程。

土壤潴育化过程是指土壤形成中的氧化还原过程，主要发生在直接受地下水浸润的土层中，由于地下水雨季升高、旱季下降，土层干湿交替引起土壤中铁锰物质处于还原和氧化交替的过程。潴育化过程是一种主要的成土过程，在土壤浸水时铁锰被还原迁移，土体水位下降时，铁锰氧化沉形成一个有锈纹锈斑、黑色铁锰结核的土层。

土壤沙漠化又称土壤荒漠化，是指干旱、半干旱、干旱的半湿润地区在自然和人为活动影响下造成的土地退化。荒漠化是一个复杂的土壤退化过程，不单纯是土壤的沙化，也是土壤生态与环境的退化，包括植被覆盖度降低、生物量减少和生物多样性下降等生态系统变化过程。

土壤酸化是指在自然或人为条件下土壤 pH 下降的过程，其对土壤性质的影响是多方面的，对土壤化学性质的影响尤为明显。土壤的自然酸化过程是相对缓慢的，是指盐基阳离子淋失，使土壤交换性阳离子变成以 $Al^{3+}$ 和 $H^+$ 为主的过程。在我国南方，土壤酸化已经成为限制农业生产和影响环境质量的主要因素之一。

土壤盐渍化包括盐化和碱化，水溶性盐分在土壤中的积累是影响盐渍土形成过程和性质的一个决定性因子。土壤盐化是指可溶盐类在土壤中的积累，特别是在土壤表层积累的过程；碱化则是土壤胶体被钠离子饱和的过程，也常称为钠质化过程。

**（五）土壤理化性质**

（1）土体构型

土体构型是指各土壤发生层有规律的组合、有序的排列状况，也称为土壤剖面构型，是土壤剖面最重要特征。土体构型分为 5 种类型，即薄层型、黏质垫层型、均质型、夹层型、砂姜黑土型。按障碍层出现的部位又分为16种构型。良好土体构型包括含有黏质垫层类型中的深位黏质垫层型、均质类型中的壤均质型、夹层类型中的蒙金型和砂姜黑土类型中的黑土垫层型4种。较好土体构型包括含有夹层类型中的蒙淤型、蒙银型、黏体型和黏质垫层类型中的浅位黏质垫层型4种。较差土体构型包括含有砂姜黑土类型中的黑土裸露型和薄层类型中的中层型2种。差的土体构型包括含有夹层类型中的夹黏型、夹砂型、砂体型和薄层类型中的薄层型4种。极差的土体构型包括含有薄层类型中的极薄层型和均质类型中的砂均质型2种。

（2）土壤结构

土壤中的固体颗粒很少以单粒存在，多是单个土粒在各种因素综合作用下相互黏合团聚，形成大小、形状和性质不同的团聚体，土壤结构是指土壤颗粒（包括团聚体）的排列与组合形式。在田间鉴别时，通常指那些不同形态和大小，且能彼此分开的结构体。土壤结构是成土过程或利用过程中由物理的、化学的和生物的多种因素综合作用而形成的，按形状可分为块状、片状和柱状三大类型；按其大小、发育程度和稳定性等，再分为团粒、团块、块状、棱块状、棱柱状、柱状和片状等结构。

块状结构体属于立方体型，其长、宽、高三轴大体近似，边面棱不甚明显，常细分为大块状（$d>10$ cm）、块状（$d=5\sim10$ cm）和碎块状（$d<10$ cm）。块状结构在土壤质地比较黏重、缺乏有机质的土壤中容易形成，特别是土壤过湿或过干耕作时最易形成。

核状结构体长宽高三轴大体近似，边面棱角明显，比块状结构体小，大的直径为$10\sim20$ mm或稍大，小的直径为$5\sim10$ mm。核状结构体一般多为石灰或铁质作为胶结剂，在结构面上有胶膜出现，故常聚水稳性，这类结构体在黏重而缺乏有机质的表面下层土壤较多。

棱柱状结构体和柱状结构体呈立柱状，棱角明显有定形的是棱柱状结构体，棱角不明显无定形的是拟状状结构体，其柱状横截面大小不等。柱状结构体常出现于半干旱地带的表下层，以碱土、碱化土表下层或黏重土心图层中最典型。

片状结构体呈扁平状，其厚度可小于1 cm，也可大于5 cm。这种结构体往往由于流水沉积作用或某些机械压力所导致，常出现于森林土壤的灰化层、碱化土壤的表层和耕地土壤的犁底层。此外，在雨后或灌溉后所形成的地表结壳或板结层也属于片状结构体。

团粒结构体是指土壤中近乎球状的小团聚体，其直径为$0.25\sim10$ mm，具有水稳定性，团粒内有毛管孔隙，团粒间有通气孔隙，具有团粒结构的土壤通透状况良好，有利于作物生长和养分的保蓄与供应。

（3）土壤质地

土壤机械组成是根据机械分析，计算土壤中各级土粒所占的质量百分数，又称土壤颗粒组成。土壤质地是根据土壤机械组成划分的土壤类型，一般分为砂土、壤土和黏土三组，根据各组质地中机械组成的组内变化范围，又可细分出若干质地名称，见表4-42；土壤质地是土壤的最基本物理性质之一，对土壤的各种性状，如土壤的通透性、保蓄性、耕性及养分含量等都有很大的影响，是评价土壤肥力和作物适宜性的重要依据，也是土壤污染物环境行为研究过程首要考察的因素之一。

表 4-42    中国土壤质地分类

| 质地组 | 质地名称 | 颗粒组成/% | | |
|---|---|---|---|---|
| | | 沙粒(0.05—1 mm) | 粗粉粒(0.01—0.05 mm) | 细黏土(<0.001 mm) |
| 砂土 | 极重砂土 | >80 | | |
| | 重砂土 | 70~80 | | |
| | 中砂土 | 60~70 | | |
| | 轻砂土 | 50~60 | | |
| 壤土 | 砂粉土 | ≥20 | ≥40 | <30 |
| | 粉土 | <20 | | |
| | 砂壤 | ≥20 | <40 | |
| | 壤土 | <20 | | |
| 黏土 | 轻黏土 | | | 30~35 |
| | 中黏土 | | | 35~40 |
| | 重黏土 | | | 40~60 |
| | 极重黏土 | | | >60 |

(4)阳离子交换量

土壤阳离子交换量是指土壤胶体所能吸附各种阳离子的总量,其数值以每千克土壤中含有各种阳离子的物质的量来表示,单位为 mol/kg。土壤的阳离子交换量的大小,基本上代表了土壤可能保持的养分数量,可以作为评价土壤保肥能力指标,是土壤缓冲性能的主要来源,是改良土壤和合理施肥的重要依据。影响土壤阳离子交换量的因素主要有土壤质地、土壤腐殖质、土壤无机胶体的种类和土壤酸碱反应。

土粒愈细,无机胶体数量愈多,交换量便愈高。故一般地说,黏土交换量大于壤土和砂土,黏土的保肥力也较高。土壤腐殖质含有大量—COOH、—OH 等官能团,当他们解离出 $H^+$ 时,使胶体带有大量负电荷,而且腐殖质分散度大,具有很大的吸附表面。所以腐殖质的阳离子交换量远远大于无机胶体。无机胶体因化学组成和结晶构造的不同,比面不同,交换量的大小也不相同。土壤反应对阳离子交换量的大小有明显影响。除氢氧化钠、氢氧化铝等两性胶体的带正点或负电是受反应条件的支配外,其他负电胶体带负电荷的多少,也受反应条件的影响。因为胶体表面—OH 群或—COOH 群的解离是在一定的 pH 条件下进行的。

(5)氧化还原电位

土壤氧化还原性是土壤溶液中的主要化学性质之一。氧化作用和还原作用在土壤化学反应和土壤生物化学反应中占重要地位,对物质的迁移和转化、养分的生物有效性、污染物质的毒性等具有深刻影响。土壤氧化还原能力用氧化还原电位($E_h$)表示,计算时常用能斯特公式,单位为 mV;可将其理解为物质(原子、离子、分子)提供或接受电子的趋向或能力。

影响土壤氧化还原电位的主要因素有土壤通气性、土壤水分状况、植物根系的代谢作用、土壤中易分解的有机质含量等。

（6）饱和导水率

土壤饱和导水率是土壤水分饱和时，单位水势梯度下、单位时间内通过单位面积的水量，它是土壤质地、容重、孔隙分布特征的函数，饱和导水率由于土壤质地、结构、容重、孔隙分布及有机质含量等的空间变量的影响其空间变异强烈，其中孔隙分布特征对土壤饱和导水率的影响最大。土壤饱和导水率是土壤重要的物理性质之一，它是计算土壤剖面中水的通量和设计灌溉、排水系统工程的一个重要土壤参数，也是水文模型中的重要参数，它的准确与否严重影响模型的精度。确定饱和导水率的三类方法主要为：按公式计算，实验室测定和田间现场测定。

（7）比重和容重

土壤比重是单位容积的固体土粒（不包括粒间孔隙）的干重与 4 ℃时同体积水重之比，在数值与土壤密度相等；土壤比重的大小主要取决于土壤中各种矿物的比重。土壤容重是单位容积土体（包括孔隙在内的原状土）的干重，单位为 $g/cm^3$ 或 $t/m^3$；相同容积的土壤容重小于比重，其大小受土粒排列、质地、结构、松紧状况的影响，也受到诸如降水和人为活动等环境因素影响。

（8）孔隙度

土壤是一个极其复杂的多孔体系，由固体土粒和粒间孔隙组成。土粒或团聚体之间及团聚体内部的空隙称为土壤孔隙，是容纳水分和空气的空间，是物质与能量交换的场所，也是植物根系伸展和土壤动物、微生物活动的地方。土壤孔隙的数量一般用孔隙度表示，其是单位容积土壤中孔隙容积占整个土体容积的百分数，一般采用土壤比重和容重的大小表示。

## 二、土壤环境预测与评价

（一）评价工作分级

土壤环境影响评价工作等级划分为一级、二级、三级，主要与项目敏感程度、项目类别和占地规模等有关，建设项目按生态影响型和污染影响型分别进行等级判定；同时涉及两种影响类型时，应分别判定评价工作等级，并按照相应等级分别开展评价工作。

当同一建设项目涉及两个或两个以上场地时，各场地应分别判定评价工作等级，并按照相应等级分别开展评价工作。线性工程重点针对主要站场位置（如输油站、泵站、阀室、加油站、维修场所等）分段判定评价等级，并按照相应等级分别开展评价工作。

**1. 生态影响型**

对生态影响型的建设项目来说，须通过对拟建项目所在地的干燥度及区域地下水位埋深进行调查后判定其敏感程度，通过对拟建项目所在地土壤中的含盐量进行测定后判断其敏感程度，根据土壤 pH 测定结果来判定土壤的酸化碱化敏感程度。生态影响型敏感程度分级具体参见表 4-43。

根据对建设项目敏感程度的判定结果，对照《环境影响评价技术导则 土壤环境（试行）》（HJ 964—2018）附录 A 的土壤环境影响评价项目类别信息，可通过表 4-44 来确定项目的土壤环境影响评价工作等级。

表 4-43　生态影响型敏感程度分级表

| 敏感程度 | 判别依据 | | |
|---|---|---|---|
| | 盐化 | 酸化 | 碱化 |
| 敏感 | 建设项目所在地干燥度[a]>2.5且常年地下水位平均埋深<1.5 m的地势平坦区域;或土壤含盐量>4 g/kg的区域 | pH≤4.5 | pH≥9.0 |
| 较敏感 | 建设项目所在地干燥度>2.5且常年地下水位平均埋深≥1.5 m的,或1.8<干燥度≤2.5且常年地下水位平均埋深<1.8 m的地势平坦区域;建设项目所在地干燥度>2.5或常年地下水位平均埋深<1.5 m的平原区;或2 g/kg<土壤含盐量≤4 g/kg的区域 | 4.5<pH≤5.5 | 8.5≤pH<9.0 |
| 不敏感 | 其他 | 5.5<pH<8.5 | |

注:a 是指采用 E601 观测的多年平均水面蒸发量与降水量的比值,即蒸降比值。

表 4-44　生态影响型评价工作等级划分表

| 敏感程度 | Ⅰ类 | Ⅱ类 | Ⅲ类 |
|---|---|---|---|
| 敏感 | 一级 | 二级 | 三级 |
| 较敏感 | 二级 | 二级 | 三级 |
| 不敏感 | 二级 | 三级 | — |

注:"—"表示可不开展土壤环境影响评价工作。

同一建设项目涉及两个或两个以上场地或地区的,应分别判定其敏感程度;产生两种或两种以上生态影响后果的,敏感程度应按照相对最高级别判定。

**2. 污染影响型**

污染影响型的土壤环境敏感程度是根据可能受建设项目影响范围内存在的土壤环境敏感目标情况来确定的。根据存在的敏感目标的重要性,确定建设项目的土壤环境敏感程度;通过识别建设项目周边的敏感目标情况来判定其敏感程度。将"建设项目周边存在耕地、园地、牧草地、饮用水水源地或居民区、学校、医院、疗养院、养老院等土壤环境敏感目标的"定为敏感,兼顾《建设项目环境影响评价分类管理名录》对环境敏感区的定义,考虑土壤环境影响的特点,将"建设项目周边存在其他土壤环境敏感目标的"定为较敏感,主要包括《建设项目环境影响评价分类管理名录》中与土壤环境相关的环境敏感区,"其他情况"为不敏感。

将建设项目占地规模分为大型($\geq 50$ hm$^2$)、中型($5\sim50$ hm$^2$)和小型($\leq 5$ hm$^2$),再根据对建设项目敏感程度的判定结果,对照《环境影响评价技术导则 土壤环境(试行)》(HJ 964—2018)附录 A 的土壤环境影响评价项目类别信息,可通过表 4-45 来确定项目的土壤环境影响评价工作等级。

表 4-45　污染影响型评价工作等级划分表

| 敏感程度 | I 类 | | | II 类 | | | III 类 | | |
|---|---|---|---|---|---|---|---|---|---|
| | 大 | 中 | 小 | 大 | 中 | 小 | 大 | 中 | 小 |
| 敏感 | 一级 | 一级 | 一级 | 二级 | 二级 | 二级 | 三级 | 三级 | 三级 |
| 较敏感 | 一级 | 一级 | 二级 | 二级 | 二级 | 三级 | 三级 | 三级 | — |
| 不敏感 | 一级 | 二级 | 二级 | 二级 | 三级 | 三级 | 三级 | — | — |

注："—"表示可不开展土壤环境影响评价工作。

**（二）基本要求**

根据影响识别结果与评价工作等级,结合当地土地利用规划确定影响预测的范围、时段、内容和方法。按照施工期、运营期和服务期满三个阶段,选择适宜的预测方法,预测评价建设项目在不同防控措施下的土壤环境影响,须给出预测因子的影响范围和程度,明确建设项目对土壤环境的影响结果。

土壤环境影响具有长期性和累积性的特点,在预测过程中应重点预测评价拟建项目占地范围外土壤环境敏感目标的累积影响,同时兼顾占地范围内的影响预测,还要考虑重点设施的事故风险情景。土壤环境影响分析可定性或半定量地说明建设项目对土壤环境产生的影响及其趋势。建设项目导致土壤潜育化、沼泽化、潴育化和土地沙漠化等影响的,可根据土壤环境特征,结合建设项目特点,分析土壤环境可能受到影响的范围和程度。

**（三）预测评价内容**

土壤环境影响预测的范围应与现状调查范围保持一致,预测因子按照影响识别结果归类,同一类型的影响因子可选择其中 1～2 项开展预测。污染影响型建设项目不可忽略特征因子的预测;可能造成土壤盐化、酸化、碱化影响的建设项目,分别选取土壤盐含量、pH 等作为预测因子。

在进行土壤环境影响识别的基础上,选择适当的预测时段和预测情景开展预测工作。对于一般工业项目,其影响主要发生在运营期;对于尾矿库、固废填埋场等项目,其影响在服务期满后仍然会持续一段时间。在污染识别时,需要关注建设项目用地范围内的隐蔽工程,考虑出现跑冒滴漏等风险情景下对土壤环境的影响。

**（四）预测评价方法**

对于土壤环境污染影响型建设项目,由于土壤污染具有隐蔽性、滞后性、累积性及不可逆性等特性。对于土壤环境污染大多发生在非法排污、跑冒滴漏及污染防治措施失控等状况下,正常的大气沉降累积影响对土壤环境影响较小。源强不确定的情况下,预测得出的结果也不可信;另外在不同土壤质地中、不同季节气候情况下,土壤污染的走向程度也不尽相同;预测得出的结论也不可信。因此建议在土壤环境影响评价中弱化土壤环境影响预测,对于入渗途径的土壤环境影响预测,可仅给出污染物迁移范围,无须量化。

按照《环境影响评价技术导则　土壤环境（试行）》（HJ 964—2018）的要求:评价工作等级为一级和二级的建设项目,可采用公式法预测,也可进行类比分析,污染影响型建设项目还应根据占地范围内的土体构型、土壤质地、饱和导水率等参数分析污染因子的影响深度;评价等级为三级的,可采用定性描述或类比分析进行预测。

**1. 面源公式**

当建设项目排放的、进入土壤环境的某种物质可以概化为面源形式的,可以采用如下公式进行预测。该方法可以预测大气沉降、地面漫流及盐、酸、碱类等物质进入土壤环境引起的土壤盐化、酸化、碱化等。

单位质量土壤中某种物质的增量可用下式计算:

$$\Delta S = n(I_s - L_s - R_s)/(\rho_b \times A \times D) \tag{4-224}$$

式中:$\Delta S$——单位质量表层土壤中某种物质的增量,g/kg;

表层土壤中游离酸或游离碱浓度增量,mmol/kg;

$I_s$——预测评价范围内单位年份表层土壤中某种物质的输入量,g;

预测评价范围内单位年份表层土壤中游离酸(碱)输入量,mmol;

$L_s$——预测评价范围内单位年份表层土壤中某种物质经淋溶排出的量,g;

预测评价范围内单位年份表层土壤中经淋溶排出的游离酸(碱)的量,mmol;

$R_s$——预测评价范围内单位年份表层土壤中某种物质经径流排出的量,g;

预测评价范围内单位年份表层土壤中经径流排出的游离酸(碱)的量,mmol;

$\rho_b$——表层土壤容重,kg/m³;

$A$——预测评价范围,m²;

$D$——表层土壤深度,一般取 0.2 m,可根据实际情况适当调整;

$n$——持续年份,a。

单位质量土壤中某种物质的预测值可以根据其增量叠加现状值进行计算,如下式:

$$S = S_b + \Delta S$$

式中:$S_b$——单位质量土壤中某种物质的现状值,g/kg;

$S$——单位质量土壤中某种物质的预测值,g/kg。

酸性物质或碱性物质排放后表层土壤 pH 预测值,可根据表层土壤游离酸或游离碱浓度的增量进行计算,如下式:

$$pH = pH_b \pm \Delta S/BC_{pH} \tag{4-225}$$

式中:$pH_b$——土壤 pH 现状值;

$BC_{pH}$——缓冲容量,mmol/(kg·pH);

$pH$——土壤 pH 预测值。

缓冲容量的测定方法:采集项目区土壤样品,样品加入不同量游离酸或游离碱后分别进行 pH 测定,绘制不同浓度游离酸或游离碱和 pH 之间的曲线,曲线斜率即为缓冲容量。

**2. 点源模型**

当建设项目排放的、进入土壤环境的某种污染物以点源形式垂直进入土壤环境的,应重点预测污染物可能影响到的深度,可采用一维非饱和溶质运移模型进行预测。

一维非饱和溶质垂向运移控制方程如下式:

$$\frac{\partial(\theta c)}{\partial t} = \frac{\partial}{\partial z}\left(\theta D \frac{\partial c}{\partial z}\right) - \frac{\partial}{\partial z}(qc) \tag{4-226}$$

式中:$c$——污染物介质中的浓度,mg/L;

$D$——弥散系数,m²/d;

$q$——渗流速率,m/d;

$z$——沿 z 轴的距离,m;

$t$——时间变量,d;

$\theta$——土壤含水率,%。

初始条件:$c(z,t)=0,t=0,L\leqslant z<0$

边界条件:

① 第一类 Dirichlet 边界条件。

适用于连续点源情景:$c(z,t)=c_0$　　$t>0,L\leqslant z<0$

适用于非连续点源情景:

$$c(z,t)=\begin{cases} c_0 & 0<t\leqslant t_0 \\ 0 & t>t_0 \end{cases}$$

② 第二类 Neumann 零梯度边界。

$$-\theta D\frac{\partial c}{\partial z}=0 \quad t>0,z=L$$

**3. 盐化综合评分**

土壤盐化评价采用综合评分法,具体公式如下:

$$S_a=\sum_{i=1}^{n} Wx_i\times Ix_i \tag{4-227}$$

式中:$n$——影响因素指标数目;

$Ix_i$——影响因素 $i$ 指标评分;

$Wx_i$——影响因素 $i$ 指标权重。

土壤盐化的影响因素和权重参见表 4-46 所示,计算得出土壤盐化综合评分值后,参见表 4-47 内容给出评价结果。

表 4-46　土壤盐化影响因素赋值表

| 影响因素 | 分值 | | | | 权重 |
|---|---|---|---|---|---|
| | 0 分 | 2 分 | 4 分 | 6 分 | |
| 地下水位埋深(GWD)/m | GWD≥2.5 | 1.5≤GWD<2.5 | 1.0≤GWD<1.5 | GWD<1.0 | 0.35 |
| 干燥度(蒸降比)(EPR) | EPR<1.2 | 1.2≤EPR<2.5 | 2.5≤EPR<6 | EPR≥6 | 0.25 |
| 土壤本底含盐量(SSC)/(g·kg$^{-1}$) | SSC<1 | 1≤SSC<2 | 2≤SSC<4 | SSC≥4 | 0.15 |
| 地下水溶解性总固体(TDS)/(g·L$^{-1}$) | TDS<1 | 1≤TDS<2 | 2≤TDS<5 | TDS≥5 | 0.15 |
| 土壤质地 | 黏土 | 砂土 | 壤土 | 砂壤、粉土、砂粉土 | 0.10 |

表 4-47　土壤盐化预测表

| 土壤盐化综合评分值(Sa) | Sa<1 | 1≤Sa<2 | 2≤Sa<3 | 3≤Sa<4.5 | Sa≥4.5 |
|---|---|---|---|---|---|
| 土壤盐化综合评分预测结果 | 未盐化 | 轻度盐化 | 中度盐化 | 重度盐化 | 极重度盐化 |

**(五) 预测评价结论**

建设项目土壤环境影响可接受,是指在不同阶段,建设项目占地范围及周边土壤敏感目标处的各项土壤污染物因子均能满足《土壤环境质量 农用地土壤污染风险管控标准（试行）》（GB 15618—2018）和《土壤环境质量 建设用地土壤污染风险管控标准（试行）》（GB 36600—2018）中的相关要求。

对于生态影响型建设项目，预测结果出现或加重土壤盐化、酸化、碱化等问题的；对于污染影响型建设项目，预测结果出现敏感目标或厂区点位、层位的评价因子出现超标的，须采取防控措施，确保土壤环境质量达标后，可在环评报告中作出土壤环境影响可接受的结论。

对于土壤盐化、酸化、碱化等对预测评价范围内土壤原有生态功能造成重大不可逆影响的生态影响型建设项目，以及采取防控措施后仍然出现土壤敏感目标或厂区点位、层位某些评价因子超标的污染型建设项目，须在环评报告中明确提出土壤环境影响不可接受的结论。

## 三、土壤环境保护措施与对策

### （一）基本要求

土壤环境保护措施与对策应包括：保护的对象和目标，措施的内容、设施的规模和工艺、实施部位和进度安排、实施的保证措施、预期效果的分析等，在此基础上估算（概算）环境保护投资，并编制环境保护措施布置图。

在建设项目可行性研究阶段提出的影响防控初步对策基础上，结合建设项目特点、调查评价范围内的土壤环境质量现状，根据环境影响预测与评价结果，提出合理、可行、操作性强的土壤环境影响防控措施，经过生态环境主管部门的批复后，环境影响报告中的防控措施可以作为建设项目后续设计和施工工作的依据。

改、扩建项目应针对现有工程引起的土壤环境影响问题提出"以新带老"措施，有效减轻影响程度或控制影响范围，防止土壤环境影响加剧，具体要求可参照《污染地块土壤环境管理办法（试行）》执行。涉及取土的建设项目，所取土壤应满足占地范围相对应的土壤环境相关标准要求，并说明其来源；弃土应按照《固体废物鉴别标准 通则》（GB 34330—2017）中的相关规定进行鉴别，并按固体废物相关规定进行转移、处理或处置，确保不产生二次污染。

### （二）源头防控

在土壤环境质量现状监测过程中，若监测结果存在部分点位超标或部分因子超标情况。根据《工矿用地土壤环境管理办法（试行）》中第八条规定"应参照污染地块土壤环境管理有关规定开展详细调查、风险评估、风险管控、治理与修复等活动"，应对土壤环境现状进行详查，确定污染范围与程度，优先经济有效的防治措施，并论证采取措施后土壤环境质量达标情况。

《中华人民共和国土壤污染防治法》中第九十一条处罚中包括"（三）转运污染土壤，未将运输时间、方式、线路和污染土壤数量、去向、最终处置措施等提前报所在地和接收地生态环境主管部门的"，因此土壤环境现状超标且需要对污染土壤进行转移的，应在环评报告中落实转运污染土壤的运输时间、方式、最终处置措施等内容。

土壤污染防治的第一原则是"预防为主"，环境影响评价过程所提出的保护措施应重点放在源头控制上。生态影响型建设项目应结合项目的生态影响特征，按照生态系统功能优化的理念，坚持高效适用的原则提出源头防控措施。污染影响型建设项目应针对关键污染源和污染物的迁移途径，提出源头控制措施，切断对土壤环境的影响源头，重点做好防渗措施,统筹考虑废水、废气和固体废物等诸多污染源的源头防控措施,同时还要兼顾各环境要素环境影响评价技术导则中的相关要求。

（三）过程防控

建设项目还可根据行业特点及占地范围内的土壤特性,按照相关技术要求采取过程阻断、污染物削减和分区防控措施等,减轻对土壤环境的影响程度。

涉及酸化、碱化影响的生态影响型建设项目,可采取相应措施调节土壤 pH,以减轻土壤酸化或碱化程度;涉及盐化影响的生态影响型建设项目,可采取排水排盐或降低地下水水位等措施,减轻土壤盐化程度。

对于污染影响型的工业项目,应考虑土壤渗透性、土层厚度、图层连续性等现场指标,结合污染源的分布和污染物特点,采取分区管控措施;在经济技术可行的基础上,尽可能阻止污染物进入土壤环境,降低土壤环境污染的风险。涉及大气沉降影响的,占地范围内应采取适合当地生态特点的绿化措施,以种植具有较强污染物吸附能力的植物为主;涉及地面漫流影响的,应根据建设项目所在地的地形特点优化总体功能布局,必要时采取地面硬化、设置围堰或围墙等阻隔措施,防止水污染物进入土壤环境;涉及入渗途径影响的,应根据相关标准规范要求,对产排污设备设施采取相应的防渗措施,避免污染物入渗进入土壤环境。

（四）跟踪监测

土壤环境跟踪监测措施包括制定跟踪监测计划、建立跟踪监测制度,便于企业和生态环境主管部门及时发现问题,采取相应的污染减缓措施。土壤环境跟踪监测计划应包括监测点位、监测指标、监测频次和执行标准,还应包括向社会公众公开的信息内容。根据土壤环境调查和预测结果,监测点位应重点布设在土壤环境重点影响区和敏感目标附近,尽可能与土壤环境现状监测点位重合,不要遗漏规划中的土壤环境敏感目标。为了将建设项目与其他排放源进行有效区分,土壤环境监测指标应选择建设项目特征因子。评价工作等级为一级的建设项目一般每 3 年开展 1 次监测工作,二级的建设项目每 5 年开展 1 次,三级的建设项目在必要的、重大时间节点开展跟踪监测。生态影响型建设项目应尽量在农作物收割后开展跟踪监测。跟踪监测原则上采用环境影响评价时的标准,标准更新时以新标准内容作为达标判定依据,不影响趋势分析的结论。

# 第六节　固体废物环境影响评价

## 一、固体废物产生量预测

### （一）固体废物的来源分析

固体废物存在各种不同的定义。通常意义上讲,固体废物是指在社会生产、流通、消费和生活等一系列活动中产生的,在一定时间和空间范围内一般不具有使用价值,无法利用而被丢弃的以固态和半固态形态存在的物质。固体废物的分类方式有很多种,按其来源可分为城市生活垃圾和工业固体废物;按其危险性可分为一般废物和危险废物;按其形态可分为固态废物、半固态废物和液态废物;按其组成可分为有机废物和无机废物。

固体废物有时也称作"放错地方的资源",是作为废物还是成为资源,受时间、地点、技术、经济等多种因素的制约。从时间上看,过去曾经被丢弃的很多废物今天变成了宝贵的资源,同样今天所谓的很多固体废物也会变成明天的资源。从空间上看,某一企业或某一过程的废物,会成为另一企业或另一过程的原料。而随着技术的发展、一次资源的日益紧缺、原材料价格的增长,原来由于技术原因和经济原因无法实现综合利用的废物,会逐步变得经济技术可行。

建设项目施工期和运营期都会产生固体废物。

施工期产生的固体废物和施工内容和场地条件有关,场地原有设施的拆除会产生建筑垃圾,土地平整会产生弃渣、弃土,厂房施工会产生废木材、废钢材、废灰渣等施工垃圾,设备安装会产生废焊条,施工人员的生活会产生生活垃圾。这些固体废物的产生量一般不大,大部分可回收利用或作为场地平整、路基材料等利用,排放量不大,对环境的影响也有限。

运营期固体废物的产生和行业类别、生产工艺、生产方式和生产过程等密切相关。运营期产生的固体废物一般都比较复杂,既有一般工业固体废物,也有危险废物,此外还有办公和员工产生的生活垃圾。

环境影响评价一般关注的是生活垃圾、工业固体废物和危险废物。

**1. 生活垃圾**

生活垃圾是指日常生活中或者为日常生活提供服务的活动中产生的固体废物及法律、行政法规规定视为生活垃圾的固体废物,主要包括餐厨垃圾、废纸、废塑料、废包装材料及废旧电器等。生活垃圾按可燃性分类可分为可燃性垃圾和不可燃性垃圾;按化学成分可分为有机垃圾和无机垃圾;按发热量可分为高热值垃圾和低热值垃圾。

建设项目施工期生活垃圾主要来源自施工人员的生活,主要有餐厨垃圾和废弃生活物品等;运营期生活垃圾主要来自企业员工的办公和生活,主要有餐厨垃圾和废弃办公用品等。

**2. 工业固体废物**

工业固体废物是指在工业生产活动中产生的固体废物,从行业上,工业固体废物产生量较大的有:矿山开采业、冶金行业、化工行业、电力行业、建材行业、医药行业等。

矿山开采业产生的固体废物主要包括尾矿、土岩剥离物和地下采矿废石等;冶金行业产生的固体废物主要包括炉渣、冶炼废渣和烧结尘泥等;化工行业产生的固体废物主要包括化工弃渣、废酸废碱、废催化剂和废有机物等;电力行业产生的固体废物主要包括粉煤灰、炉渣和烟尘等;建材行业产生的固体废物主要包括炉渣、窑灰等;医药行业产生的固体废物主要包括废药渣等。

从产生方式上分析,工业固体废物的产生可分为连续产生、定期批量产生、一次性产生和事故性排放等。连续产生是指固体废物在整个生产过程中不断地产生出来;定期批量产生是指固体废物在某一相对固定的时段内分批产生;一次性产生是指产品更新或设备检修时一次性排出固体废物;事故性排放是指因停水、停电或突发性事故使生产无法正常进行而使原料或产品成为废物。

**3. 危险废物**

危险废物是指列入《国家危险废物名录》或者根据国家规定的危险废物鉴别标准和鉴别方法认定的具有危险性的废物。危险废物具有毒害性、爆炸性、易燃性、腐蚀性、反应性、传染性、刺激性、放射性等一种或几种危险特性。目前列入《国家危险废物名录》的危险废物共有 46 大类。

生活垃圾中废电池、废日光灯、一些废日用化工产品(如废鞋油、废洗发水、过期药品等)属于危险废物。工业固体废物中危废种类繁多,产生危废较多的行业有化学原料及化学品制造业、采掘业、黑色金属冶炼及压延加工业、有色金属冶炼及压延加工业、石油加工及炼焦业、造纸及纸制品业等,废物包括有机溶剂废物、废矿物油、废乳化剂、含多氯联苯废物、含重金属废物、含氰废物、感光材料废物、表面处理废物等。

我国《危险废物鉴别标准》规定,凡列入《国家危险废物名录》的废物高于鉴别标准的属于危险废物,列入国家危险废物管理范围;低于鉴别标准的,不列入国家危险废物管理。

**(二)固体废物产生量预测**

**1. 生活垃圾产生量预测**

无论是施工期还是运营期,生活垃圾的产生量一般采用经验系数法进行计算。

具体计算公式如下:

$$W = K \times P \tag{4-228}$$

式中:$W$——日生活垃圾产生量,kg/d;

$P$——施工人员或企业员工人员数,人;

$K$——垃圾产生系数,即每人每天产生的垃圾量,一般取 0.8~1.0 kg/(d·人)。

**2. 工业固体废物产生量预测**

(1)类比法

类比法是用与拟建项目类型相同的运营项目的设计资料或实测数据计算拟建项目固体废物产量的方法。用类比法直接得出固体废物产生总量的情况很少,毕竟建设规模、产品方案、工艺路线等完全一样的企业少之又少。类比法通常的做法是通过运营项目的污染物产生量得出单位产品的经验产污系数。利用该系数计算拟建项目的污染物产生量,具体计算公式如下:

$$W = AD \times M \tag{4-229}$$

式中:$AD$——单位产品经验排污系数;

$M$——拟建项目产品产量,t。

$$AD = W_0 / M_0 \tag{4-230}$$

式中:$W_0$——类比运营项目的固体废物产生量,t;

$M_0$——类比运营项目的产品产量,t。

(2)物料衡算法

物料衡算法是计算污染物产生量最常规也是最基本的方法,其理论依据为质量守恒定律:在生产过程中进入生产系统的物料总量必然等于产品数量和物料流失量之和。其中的物料流失量即为污染物产生量。

(3)资料复用法

借鉴同类项目的环境影响评价报告书或者拟建项目可行性研究报告的数据,亦可确定固体废物产生量。该方法虽然简便,但准确性较差,必要时可通过专家咨询等方法校验。

## 二、固体废物环境影响

**(一)固体废物环境影响的特点**

固体废物特别是有害固体废物,如果处置处理不当,其中的有害物质会进入环境介质:大气、地表水、地下水和土壤,进而对人体产生危害。

**1. 对大气环境的影响**

固体废物在堆存和处置过程中会产生有害气体,如不妥善处理,会对大气环境造成不同程度的影响。例如,露天堆放的固体废物中的细微颗粒、粉尘等在有风的天气会形成扬尘,造成颗粒物污染。据研究表明,在 4 级以上风力的情况下,在粉煤灰或尾矿堆表层细微粉末将出现剥离,飘扬的高度可达 50 m 以上。此外,露天堆存或填埋处理的固体废物会产生有机废气,废气中含有氨气、硫化氢和甲硫醇等恶臭气体,会造成恶臭污染。固体废物在焚烧过程中会产生粉尘、酸性气体和二噁英等,也会对大气环境造成污染。

**2. 对水环境的影响**

固体废物对水环境的影响可分为直接影响和间接影响两种方式。直接影响是把水体当成废物的接纳处所,直接向水体倾倒废物,从而导致水体的污染;间接污染是固体废物经过自身分解和雨水淋溶产生的渗滤液进入水体,造成地表水或地下水的污染。

**3. 对土壤的影响**

固体废物对土壤的影响存在两个方面,一是对资源的占用,二是对土壤的污染。固体废物堆存需要占用土地,特别是城市生活垃圾的填埋处理,会占用大量土地资源;在固体废物堆放和处置过程中,产生的有毒有害物质渗入土壤,会改变土壤的性质和土壤的结构,破坏土壤的腐解能力,导致土壤污染,甚至造成寸草不生。

**（二）固体废物环境影响评价的内容和方法**

固体废物环境影响评价可分为两大主要类型,一类是一般工程项目产生的固体废物在产生、收集、储存、运输和处理处置过程中的环境影响评价,另一类是固体废物处理处置设施建设项目的环境影响评价。

**1. 一般工程项目产生的固体废物环境影响评价**

一般项目产生的固体废物可分为一般工业固体废物和危险废物两类。因此,对一般工程项目产生的固体废物环境影响评价首先要做的第一项工作就是污染源分析。根据工程分析的结果,识别项目产生的固体废物的名称、组分、状态、数量等,列出污染物排放清单,同时按一般工业固体废物和危险废物进行分类。在污染源分析的基础上,分析各类废物对环境空气、地表水环境、地下水环境、土壤环境、生态环境的影响。特别需要注意的是,固体废物的环境影响评价涉及固体废物的收集、运输和处置的全过程。

**2. 固体废物处理处置设施建设项目的环境影响评价**

固体废物的处理处置设施包括一般工业废物储存设施、一般工业废物处置设施、危险废物储存设施、危险废物处置设施、生活垃圾填埋场、生活垃圾焚烧厂、生活垃圾堆肥厂等。这些设施的环境影响评价,主要包括厂址选择、污染源分析、污染物环境影响预测和污染物控制措施等内容。

## 三、固体废物污染控制技术

固体废物污染控制遵循的基本原则为"减量化、资源化和无害化",即所谓的"三化原则"。"减量化"即通过实施清洁生产,从源头减少固体废物产生量;"资源化"即通过实施综合利用,变废为宝,实现废物的再循环利用;"无害化"即通过安全处置,使废物在严格的管理控制下,对环境的影响降到最低。常用的固体废物污染控制技术主要有以下几类。

（一）预处理方法

城市固体废物的种类复杂,大小、形状、状态、性质千差万别,一般需要进行预处理。常用的预处理技术有三种。

（1）压实:用物理的手段提高固体废物的聚集程度,减少其容积,以便于运输和后续处理,主要设备为压实机。

（2）破碎:用机械方法破坏固体废物内部的聚合力,减小颗粒尺寸,为后续处理提供合适的固相粒度。

（3）分选:根据固体废物不同的物质性质,在进行最终处理之前,分离出有价值的和有害的成分,实现"废物利用"。

（二）堆肥处理方法

堆肥法是利用自然界广泛分布的细菌、真菌和放线菌等微生物的新陈代谢,在适宜的水分、通气条件下,进行微生物的自身繁殖,从而将可生物降解的有机物向稳定的腐殖质转化。堆肥法的产物称为堆肥,是优质的土壤改良剂和农肥。

（三）卫生填埋方法

区别于传统的填埋法,卫生填埋法采用严格的污染控制措施,使整个填埋过程的污染和危害减少到最低限度。在填埋场的设计、施工、运行时最关键的问题是控制含大量有机酸、氨氮和重金属等污染物的渗滤液随意流出,做到统一收集后集中处理。

（四）一般物化处理方法

工业生产产生的某些含油、含酸、含碱或含重金属的废液,均不宜直接焚烧或填埋,要通过简单的物理化学处理。经处理后水溶液可以再回收利用,有机溶剂可以做焚烧的辅助燃料,浓缩物或沉淀物则可送去填埋或焚烧。因此,物理化学方法也是综合利用或预处理过程。

（五）安全填埋方法

安全填埋是一种把危险废物放置或储存在环境中,使其与环境隔绝的处置方法,也是对其在经过各种方式的处理之后所采取的最终处置措施。目的是隔断废物和环境的联系,使其不再对环境和人体健康造成危害。所以,是否能阻断废物和环境的联系便是填埋处置成功与否的关键。

一个完整的安全填埋场应包括废物接收与储存系统、分析监测系统、预处理系统、防渗系统、渗滤液集排水系统、雨水及地下水集排水系统、渗滤液处理系统、渗滤液监测系统、管理系统和公用工程等。

（六）焚烧处理方法

焚烧法是一种高温热处理技术,即以一定的过剩空气量与被处理的有机废物在焚烧炉内进行氧化分解反应,废物中的有毒有害物质在高温中氧化、热解而被破坏。焚烧处置的特点是可以实现无害化、减量化、资源化。焚烧的主要目的是尽可能焚毁废物,使被焚烧的物质变成无害和最大限度地减容,并尽量减少新的污染物质的产生,避免造成二次污染。焚烧不但可以处置城市垃圾和一般工业废物,而且可以用于处置危险废物。

（七）热解法

区别于焚烧,热解技术是在氧分压较低的条件下,利用热能将大分子量的有机物裂解为分子量相对较小的易于处理的化合物或燃料气体、油和炭黑等有机物质。

## 四、固体废物管理体系

### （一）固体废物管理制度

（1）分类管理制度。固体废物具有量多面广、成分复杂的特点。因此《中华人民共和国固体废物污染环境防治法》确立了对城市生活垃圾、工业固体废物和危险废物分别管理的原则，明确规定了主管部门和处置原则。

（2）工业固体废物申报登记制度。为了使环境保护主管部门掌握工业固体废物和危险废物的种类、产生量、流向及对环境的影响等情况，进而有效地防治工业固体废物和危险废物对环境的污染，《中华人民共和国固体废物污染环境防治法》要求实施工业固体废物和危险废物申报登记制度。

（3）固体废物污染环境影响评价制度及其防治设施的"三同时"制度。环境影响评价和"三同时"制度是我国环境保护的基本制度，《中华人民共和国固体废物污染环境防治法》进一步重申了这一制度。

（4）排污收费制度。固体废物是严禁不经任何处置排入环境当中的。《中华人民共和国固体废物污染环境防治法》规定，企业事业单位对其产生的不能利用或者暂时不利用的工业固体废物，必须按照国务院环境保护主管部门的规定建设储存或者处置的设施、场所。这样，任何单位都被禁止向环境排放固体废物。而固体废物排污费的交纳，则是对那些在按照规定和环境保护标准建成工业固体废物储存或者处置的设施、场所，或者经改造这些设施、场所达到环境保护标准之前产生的工业固体废物而言的。

（5）限期治理制度。《中华人民共和国固体废物污染环境防治法》规定，没有建设工业固体废物储存或者处置设施、场所，或者已建设但不符合环境保护规定的单位，必须限期建成或者改造。对于排放或处理不当的固体废物造成环境污染的企业和责任者，实行限期治理。如果限期内不能达到标准，就要采取经济手段以至停产。

（6）进口废物审批制度。国家环境保护总局与外经贸部、国家工商局、海关总署、国家商检局于 1996 年 4 月 1 日联合颁布了《废物进口环境保护管理暂行规定》及《国家限制进口的可用作原料的废物名录》。在《废物进口环境保护管理暂行规定》中，规定了废物进口的三级审批制度、风险评价制度和加工利用单位定点制度；在这一规定的补充规定中，又规定了废物进口的装运前检验制度。

（7）危险废物行政代执行制度。产生危险废物的单位，必须按照国家有关规定处置。不处置的，由所在地县以上地方人民政府环境保护行政主管部门责令限期改正。逾期不处置或者处置不符合国家有关规定的，由所在地县以上地方人民政府环境保护行政主管部门指定单位按照国家有关规定代为处置，处置费由产生危险废物的单位承担。行政代执行制度是一种行政强制执行措施，这一措施保证了危险废物能得到妥善、适当的处置。而处置费用由危险废物产生者承担，也符合我国"谁污染谁治理"的原则。

（8）危险废物经营单位许可证制度。从事收集、储存、处置危险废物经营活动的单位，必须向县级以上人民政府环境保护行政主管部门申请领取经营许可证。

（9）危险废物转移报告单制度。危险废物转移报告单制度的建立，是为了保证危险废物的运输安全，以及防止危险废物的非法转移和非法处置，保证危险废物的安全监控，防止危险废物污染事故的发生。

（二）固体废物污染控制标准

我国固体废物管理工作起步较晚,管理体系包括管理标准均在建设之中。在《中华人民共和国固体废物污染环境防治法》实施之前,国家及行业主管部门、地方人民政府颁布了一些有关固体废物的标准,如《含氯废物污染控制标准》(GB 12502—1990)、《含多氯联苯废物污染控制标准》(GB 13015—1991)等。《中华人民共和国固体废物污染环境防治法》实施后,根据所载明的要求,国家对旧标准进行整理、修订的基础上,陆续组织编写、制定了有关固体废物的各类标准。随着这些标准的制定、颁布和实施,我国将基本形成自己的法定的固体废物标准体系。

我国有关固体废物的国家标准基本由生态环境部和住房和城乡建设部在各自的管理范围内制定,住房和城乡建设部主要制定垃圾清扫、运输、处理处置的标准,生态环境部制定有关污染控制、环境保护、分类、监测方面的标准。我国的有关固体废物的标准主要分为固体废物分类标准、固体废物监测标准、固体废物污染控制标准和固体废物综合利用标准四类。

**1. 固体废物分类标准**

这类标准主要包括《国家危险废物名录》《危险废物鉴别标准》(GB 5085.1~7—2007)。建设部颁布的《生活垃圾产生源分类及其排放》(CJ/T 368—2011)中关于生活垃圾产生源分类及其产生源的部分也是此类标准。另外,《进口废物环境保护控制标准(试行)》(GB 16847.1~12—1996)也应归入这一类。

根据规定,"凡《国家危险废物名录》中所列废物类别高于鉴别标准的属危险废物,列入国家危险废物管理范围;低于鉴别标准的,不列入国家危险废物管理";"对需要制定危险废物鉴别标准的废物类别,在其鉴别标准颁布以前,仅作为危险废物登记使用"。

《国家危险废物名录》(2016)共涉及46大类别479种,并给出了"危险废物豁免管理清单"共16类。随着经济和科学技术的发展,《国家危险废物名录》将不定期修订。

目前已制定颁布的《危险废物鉴别标准》(GB 5085.1~7—2007)中包括腐蚀性鉴别、急性毒性初筛和浸出毒性鉴别三类,其浸出毒性鉴别以无机重金属为主,而有机的浸出毒性鉴别目前还没有定。

《生活垃圾产生源分类及其排放》(CJ/T 368—2011)规定了生活垃圾的分类原则和产生源的分类,即居民家庭、清扫保洁、园林绿化作业、商业服务网点、商务事务办公机构、医疗卫生机构、交通物流场站、工程施工现场、工业企业单位及其他共十类。

《进口废物环境保护控制标准(试行)》(GB 16487.1~12—1996)是根据《中华人民共和国固体废物污染环境防治法》和《废物进口环境保护管理暂行规定》的要求及为遏制"洋垃圾"入境而紧急制定的。这类标准的制定在国际上尚属首次,具有鲜明的中国特色。这一类标准根据《国际限制进口的可用作原料的废物名录》分为12个分标准,即骨废料、冶炼渣、木及木制品废料、废纸或纸板、纺织品废物、废钢铁、废有色金属、废电机、废电线电缆、废五金电器、供拆卸的船舶及其他浮动结构体、废塑料。根据《废物进口环境保护管理暂行规定》,国家商检部门依据这一标准对进口的可用作原料的废物进行商检,海关根据国家环境保护总局出具的进口废物审批证书和国家商检部门出具的检验合格证书放行,彻底堵住了"洋垃圾"的入境通道。这一标准根据进口废物中的夹带废物的种类制定了废物的进口标准,不符合这一标准的废物禁止进口。进口废物中的夹带废物分为三类,即严格禁止夹带的废物、严格限制夹带的废物和一般夹带废物。严格禁止的夹带废物主要包括浸出毒性和腐蚀性超过我国鉴别标准的废物、放射性废物等危害严重的废物,这类固体严禁在进口废物中夹带入境;严格限制夹带的废物主要包括虽然危害比较严重,但是在进口废物的收集、运输过程中难以避免的废物,如卫生间废物、厨房废物、废船舶中的生活垃圾、废油船中的油泥等,标准为这类废物的夹带量规定了严格的限制;一般夹带废物主要是在进口废物收集、运输过程中难以避免的危害性较小的废物,如废纸、废木料、渣土、废塑料、废玻璃及其他与进口废物种类不同的一般废物,标准为这类废物的夹带量制定了较严格但又合理的限制。

**2. 固体废物监测标准**

这类标准包括已经制定颁布的《固体废物浸出毒性测定方法》(GB/T 15555.1～12—1995)、《固体废物浸出毒性浸出方法》(GB 5086.1—1997)、《工业固体废物采样制样技术规范》(HJ/T 20—1998)。另外建设部制定颁布的《生活垃圾采样和物理分析方法》(CJ/T 313—2009)、《生活垃圾卫生填埋场环境监测技术要求》(GB/T 18772—2008)也属于这类标准。这类标准主要包括固体废物的样品采制、样品处理,以及样品分析方法的标准。

《固体废物浸出毒性测定方法》(GB/T 15555.1～12—1995)规定了固体废物浸出液中总汞、铜、锌、铅、镉、砷、六价铬、总铬、镍、氟化物及浸出液腐蚀性的测定方法;《固体废物浸出毒性浸出方法》(GB 5086.1—1997)规定了固体废物浸出液的制取方法。这一标准规定,固体废物浸出液采用100g固体废物样品在1L蒸馏水中震荡8h、静置16h的方法制取;《工业固体废物采样制样技术规范》(HJ/T 20—1998)规定了工业固体废物采样制样方案设计、采样技术、制样技术、样品保存和质量控制;《城市生活垃圾采样和物理分析方法》(CJ/T 3039—1995)规定了城市生活垃圾样品的采集、制备和物理成分、物理性质的分析方法;《生活垃圾卫生填埋场环境监测技术要求》(GB/T 18772—2008)规定了生活垃圾卫生填埋场大气污染物监测、填埋气体监测、渗沥液监测、填埋物外排水监测、地下水监测、噪声监测、填埋物监测、苍蝇密度监测、封场后的填埋场环境监测的内容和方法。

固体废物对环境的污染主要是通过渗滤液和散发气体等释放物进行的。因此对这些释放物的监测仍然应该遵照废水、废气的监测方法进行。浸出毒性的测定中没有制定标准测定方法的项目(如有机汞),暂时参照水质测定的国家标准。

**3. 固体废物污染控制标准**

这类标准是固体废物管理标准中最重要的标准,是环境影响评价、三同时、限期治理、排污收费等一系列管理制度的基础。

固体废物管理与废水、废气的最大区别在于固体废物没有与其形态相同的受纳体,其对环境的污染主要是通过其释放物(渗滤液、产生气体等)对水环境和环境空气的污染,即使对土壤的污染也是通过渗滤液进行的,而这一过程时间长,过程复杂,一旦形成污染将很难予以消除。如城市生活垃圾进入填埋场后,即使是在好氧条件下一般也要通过大约1年的时间才能基本达到稳定状态,而在厌氧条件下即使3年后仍不能达到稳定。如果不加处理直接在环境中完成这一过程,周围土壤和地下水将会受到极其严重的污染。如某城市垃圾厂周围地下水细菌总数达到10 000～25 000 个/mL,达到地下表质量Ⅲ标准的100～250倍;大肠菌群达到2 300～230 000 个/L,达到地下水质量Ⅲ标准的800～80 000倍。而工业固体废物,特别是危害废物对环境的污染更是严重而且难以消除。如我国锦州铁合金厂在20世纪50年代堆放的铬渣在其后数年内就对周围35 km$^2$范围的地下水造成严重危害,致使不能饮用。国家花费数千万元进行治理仍然难以到达理想效果。而美国著名的"拉夫运河"事件则因化学物质对周围地下水、空气和土壤的严重污染而让政府和公司赔偿 5 000 万美元,并将当地 2 000 户居民搬迁。因此,固体废物在严格意义上讲是不允许排放的。从这个角度上讲,固体废物的环境保护控制标准与废水、废气的标准是截然不同的,无法采用末端浓度控制的方法。我国固体废物控制标准采用处置控制的原则,在现有成熟处置技术的基础上,制定废物处置的最低技术要求,再辅以释放物控制,以达到固体废物污染环境防治的目的。

固体废物污染控制标准分为两大类,一是废物处置控制标准,即对某种特定废物的处置标准、要求。目前,这类标准有《含多氯联苯废物污染控制标准》(GB 13015—2017)。这一标准规定了不同水平的含多氯联苯废物的允许采用的处置方法。另外《生活垃圾产生源分类及其排放》(CJ/T 368—2011)中有关生活垃圾排放的内容应属于这一类。这一标准中规定了对生活垃圾产生源分类及其排放的管理要求。

另一类标准则是设施控制标准。目前已经颁布或正在制定的标准大多属于这类标准,如《生活垃圾填埋污染控制标准》(GB 16889—2008)、《生活垃圾焚烧污染控制标准》(GB 18485—2014)、《一般工业固体废物储存、处置场污染控制标准》(GB 18599—2001)、《危险废物填埋污染控制标准》(GB 18598—2001)、《危险废物焚烧污染控制标准》(GB 18484—2001)、《危险废物储存污染控制标准》(GB 18597—2023)。这些标准中都规定了各种处置设施的选址、设计与施工、入场、运行、封场的技术要求和释放物的排放标准以及监测要求。这些标准在制定完成并颁布后将成为固体废物管理的最基本的强制性标准。在这之后建成的处置设施如果达不到这些要求将不能运行,或被视为非法排放;在这之前建成的处置设施如果达不到这些要求将被要求限期整改,并收取排污证。

**4. 固体废物综合利用标准**

根据《中华人民共和国固体废物污染环境防治法》的"三化"原则,固体废物的资源化将是非常重要的。为大力推行固体废物的综合利用技术并避免在综合利用过程中产生二次污染,国家环境保护部制定了一系列有关固体废物综合利用的规范、标准,如《工业固体废物综合利用技术评价导则》(GB/T 32326—2015)等。

# 第七节　生态影响评价

## 一、生态影响识别

生态影响识别是为了鉴别项目和潜在的生态受体之间的关键联系,以保证影响评价采用的方法与项目和受影响的生态系统相关。方法是将项目和受到影响的环境分解为不同的组分,鉴别它们之间可能的相互作用。

（一）生态影响的主要类型

在生态影响评价中对所有潜在的相互作用都进行深入研究是不现实的。生态影响的主要类型见表 4-48。因而,有必要筛选潜在的应激者和生态受体,以确定哪些是可能存在相互作用的。筛选的重点是那些"有价值"或重要的生态系统组分。这些组分包括对于生态系统的生存力有关键作用的过程或功能,一般称为"重要生态系统组分"(VECs)。筛选的过程通常需要多次重复。

表 4-48 生态影响的主要类型

| 生态影响类别 | 实 例 |
|---|---|
| 直接影响 | 生境的丧失和破坏(如通过施工工程)<br>非生物或地点因子的改变(如土壤的流失、碾压和侵蚀)<br>个体的死亡(如由于交通事故、植被的破坏)<br>迁移中的个体的丧失(如生境的干扰和丧失后)<br>生境的破碎化(特征性生境移走,或障碍物的引入如道路)<br>干扰(由于建筑工地的噪声、交通和人类的出现) |
| 间接影响<br>(包括滞后效应) | 生境的面积和质量(整个环境承载力)的下降而导致个体和种群的死亡<br>生境的面积和质量的降低而导致的种群生存能力的降低<br>由于资源的可获得性或分布的变化,而引起的种群动态的变化<br>由于资源的减少而使竞争增加,导致物种组成或年龄结构的改变<br>由于非生物条件的变化而导致物种组成的改变<br>边缘效应增加导致物种和生境组成的改变(例如,生境破碎化的结果)<br>基因流动的减少可能增加应对随机事件脆弱性(例如,线性的基础建设导致的生境破碎化)<br>各种类型的开发导致的生境隔离,使得边缘效应增加,有时甚至是物种多样性减少<br>繁殖成功的减少(如由于干扰、生境丧失、破碎化、污染)可能导致种群生存能力的下降<br>滞后效应(例如,由于关键物种的消失使得捕食者和猎物关系的改变) |
| 关联影响<br>(直接和间接的) | 由于相连的或关联的作用或活动导致的生态影响<br>(例如,由于集中的采矿和道路建设的综合影响) |
| 累积影响<br>(时间和空间的拥挤效应) | 生境的蚕食(整个区域逐渐地丧失和破碎化)<br>生境的多样性的减少,如在景观尺度上(与其他组织层次上的生物多样性减少相联系)<br>随着时间的过去,生境不断丧失或破碎化,导致逐步的隔绝和基因流动的减少。由于遗传多样性的降低而导致对环境变化的恢复能力下降,灭绝风险升高<br>不可逆转的生物多样性的丢失(例如,独特种群单元的毁灭)<br>超过生存阈值(例如,由于不断的生境丧失,使区域的生态承载力下降) |
| 协同影响 | 由于在个体忍受限度内的各种污染物的综合的有毒影响,超出个体的忍受能力,可能降低个体的生存能力或影响整个种群的成功繁殖 |

（二）生态影响识别的主要方法

**1. 列表清单法**

列表清单法是 Little 等人于 1971 年提出的一种定性分析方法。该方法的特点是简单明了,针对性强。

（1）方法

列表清单法的基本做法是,将拟实施的开发建设活动的影响因素与可能受影响的环境因子分别列在同一张表格的行与列内。逐点进行分析,并逐条阐明影响的性质、强度等。由此分析开发建设活动的生态影响。

（2）应用

进行开发建设活动对生态因子的影响分析；进行生态保护措施的筛选；进行物种或栖息地重要性或优先度比选。

**2. 核查表法**

核查表法是在进行影响评价时，将应该考虑的因素与问题的简单地列表。核查表可能是从不同的案例中总结出来的，也可能来自通用的指南。例如，南非环境事务部（South African Department of Environmental Affairs）于 1992 年发行了一份"环境特征核查表"（表 4-49）。这份核查表"筛选了那些可能受到发展项目影响或者对项目有明显限制作用的环境特征"。核查表不是详尽无遗的，它仅简单地指出在大多数情况下应该考虑的主要"特征与联系"。

某一地点及其周围环境的生态学特征

表 4-49　生态影响及可能的后果

| "胁迫因子"或影响来源 | 可能的后果 |
| --- | --- |
| 植被覆盖被直接去除或破坏，如工程准备期的植被去除、破坏 | 植被覆盖丢失。暂时或永久地移走植物群和相关物种 |
| 土壤被移走，如出于工程建设需要或露天采矿前取走土壤 | 土壤-植物关联被破坏，这种破坏可能是不可逆转的。对植物群和动物群（尤其是菌根联系）产生深刻影响。保留下来的植物会经历演替或发展新的相关动物群 |
| 土壤结构改变，如冲蚀或巨型机器作业引起的碾压 | 保留下来的植物将是不同的，往往生产力较低 |
| 土壤碾压或引入坚硬的覆盖物造成的径流增加、水文学意义上土壤的崩溃，有时引致河道污染 | 地表覆盖被去除。土壤生物生存受到限制。水质、水生植物群和动物群可能会受到影响 |
| 土壤冲蚀（由去除植被覆盖引致）导致河道淤积 | 水质（如含氧量）和相关的植物群、动物群受到影响 |
| 土壤污染（在工程建筑与操作时可能发生） | 影响效果取决于污染物和受体的敏感性。可能会发生短期的或长期的、可逆的或不可逆的影响。可能对植被和相关的动物群产生深刻的影响 |
| 水文学变化（地下水位上升或下降） | 可以对植被组成和相关动物群组成造成影响。极端情况下，所有湿地会失去 |
| 水文学变化：河道改变、河道渠化、水体填塞发生改变 | 水生生态系统被改变或去除。对下游产生重大影响 |
| 引入线性设施，这可能会成为物种活动的障碍 | 降低遗传多样性与种群的变异性。也可降低整个区域的环境承载力 |
| 引入可能改变动物行为的设施（比如通过视觉或噪声干扰） | 例如，跨越河口的公路可能会影响需要"宽广的"（open-vista）生境进行集群的鸟类的集群行为 |

续表

| "胁迫因子"或影响来源 | 可能的后果 |
|---|---|
| 线形设施的使用,如公路上的交通运输 | 可以引起个体死亡率上升、种群大小和年龄结构发生变化。这也是引起阻隔影响(这种影响会影响当地的和区域内的生物多样性)的一个显著因素;使物种的行为模式改变,如公路可能妨碍鸟类的领域性行为,从而使繁殖鸟的密度下降 |
| 运营期破坏通道或"传统的"("traditional")游牧线路,减小了维持"传统的"管理方式的能力 | 由于"传统的"(traditional)管理方式的改变,导致隔离生境面积的变化,如灌丛侵蚀废弃的草地,或者因面积减小导致区域放牧压力增大而引发植物学变化 |
| 空气污染 | 可以产生广泛的影响,往往是慢性的、积累性的。会使生物繁育成功率降低,或者影响个体的活力、存活率。可以对土壤产生间接影响,如由于营养沉积导致营养富集 |
| 气候变化 | 影响是广泛的、变异性的,难以详述 |
| 用"糟糕的复制品"(poor replicas)替代当地的、有特色的"生境"(往往是不恰当的生态减缓的后果) | 降低生境多样性,比如在景观水平上生境多样性的降低(与其他水平的生物多样性降低相关联) |

某公路项目环境影响因子与影响程度识别

### 3. 矩阵法

矩阵法可以用于辨明在已确定的项目与生态组分之间可能存在的相互作用。Leopold 等(1971)建立"相互作用矩阵",将项目排列在一个轴上,将适合的环境因子排列在另一个轴上(Canter,1996)。对于每一个环境因子项或影响受体,要考虑每种行为及其产生影响的潜能。分别用符号"+"与"−"表示有益的和有害的影响,并用数字值来表示相互作用量的大小。

这种矩阵对于初步的影响筛选很有用,它可以为影响评价建立一个可靠的概念性框架。

## 二、生态影响评价工作的等级

### (一)划分评价工作等级的目的

设定评价工作等级的目的是便于"标准化"生态影响评价工作,使相同"类别"(级)的评价工作在现状调查、影响预测、成果表述及措施要求等方面达到基本相同的深度。评价工作等级是人为划定的,划定的依据主要考虑一定时期内生态学理论研究的进展、生态保护技术的进步、环境管理的要求、环评队伍的水平等因素,随着生态保护理论、实践和管理要求的进步,生态影响评价技术导则会不断修订,不同的评价工作等级的要求亦会随之调整。

### (二)划分评价工作等级的依据

《环境影响评价技术导则　生态影响》(HJ 19−2022)依据影响区域的生态敏感性和影响程度,将生态影响评价工作等级划分为一级、二级和三级。

涉及自然保护区、世界自然遗产、重要生境时，评价等级为一级；涉及国家公园、自然公园时，评价等级为二级；涉及生态保护红线时，评价等级不低于二级；根据 HJ 2.3 判断属于水文要素影响型且地表水评价等级不低于二级的建设项目，生态影响评价等级不低于二级；根据 HJ 610、HJ 964 判断地下水水位或土壤影响范围内分布有天然林、公益林、湿地等生态保护目标的建设项目，生态影响评价等级不低于二级；当工程占地规模大于 20 km² 时（包括永久和临时占用陆域和水域），评价等级不低于二级，改扩建项目的占地范围以新增占地（包括陆域和水域）确定。当评价等级判定同时符合上述多种情况时，应采用其中最高的评价等级。建设项目涉及经论证对保护生物多样性具有重要意义的区域时，可适当上调评价等级。

建设项目同时涉及陆生、水生生态影响时，可针对陆生生态、水生生态分别判定评价等级。在矿山开采可能导致矿区土地利用类型明显改变，或拦河闸坝建设可能明显改变水文情势等情况下，评价等级应上调一级。

线性工程可分段确定评价等级。线性工程地下穿越或地表跨越生态敏感区，在生态敏感区范围内无永久、临时占地时，评价等级可下调一级。涉海工程评价等级判定参照《海洋工程环境影响评价技术导则》（GB/T 19485—2014）。

符合生态环境分区管控要求且位于原厂界（或永久用地）范围内的污染影响类改扩建项目，位于已批准规划环评的产业园区内且符合规划环评要求、不涉及生态敏感区的污染影响类建设项目，可不确定评价等级，直接进行生态影响简单分析。

## 三、生态影响评价工作的范围

### （一）确定评价范围的依据

生态影响评价应能够充分体现生态完整性，涵盖评价项目全部活动的直接影响区域和间接影响区域。评价工作范围应依据评价项目对生态因子的影响方式、影响程度和生态因子之间的相互影响和相互依存关系确定。可综合考虑评价项目与项目区的气候过程、水文过程、生物过程等生物地球化学循环过程的相互作用关系，以评价项目影响区域所涉及的完整气候单元、水文单元、生态单元、地理单元界限为参照边界。

确定评价范围就是寻找出恰当的研究边界。生态影响评价必须将所有潜在胁迫因子和生态后果考虑在内。确定恰当的研究边界是一项复杂的任务，而且有必要随时根据新获取的信息对它们进行回顾与精炼。但无论是开展实地调查、文献检索还是遥感工作，在确定生态影响评价的恰当研究边界时都必须考虑一些特定的限制性因素。这些限制性因素包括以下一些方面。

建设项目导致的限制：与项目相关的活动，其在时间、空间上的规模和分布。

生态限制：生境、物种和物理因子的分布，生态关联与关系，关键特性的位置，变异程度，脆弱性，以及暴露于建设项目的可能性等。

技术限制：技术限制可以来源于我们预测、度量变化的能力，调查与抽样技术的有效性，是否有合适的模型等。

管理限制：社会的、经济的或者是政治的因素，比如，取得开发许可所需的时间、行政边界和研究工作可获得的经费等。

理想状态下确定生态研究的恰当边界需综合考虑这些限制性因素，且空间与时间因素都应考虑。在某种程度上,生态影响评价的范围是事先确定的了:在很大程度上依赖于建设项目的空间与时间界限、建设项目导致的胁迫因子的可能分布与规模。

### (二)关于评价范围的思考

生态影响评价技术导则明确了评价工作范围的确定原则,但没有规定具体的范围。之所以这样规定,主要是基于以下考虑:一是我国地域广阔,生态系统类型多样,项目复杂,难以给出一个具体的评价工作范围去要求不同地域和不同类型的项目;二是不同行业导则中均有规定评价工作范围。因此,不同项目的生态影响评价工作范围应依据相应的评价工作等级和具体行业导则要求,采用弹性与刚性相结合的方法确定。

## 四、生态影响预测

### (一)预测要求

一级、二级评价应根据现状评价内容选择以下全部或部分内容开展预测评价。

(1)采用图形叠置法分析工程占用的植被类型、面积及比例;通过引起地表沉陷或改变地表径流、地下水水位、土壤理化性质等方式对植被产生影响的,采用生态机理分析法、类比分析法等方法分析植物群落的物种组成、群落结构等变化情况。

(2)结合工程的影响方式预测分析重要物种的分布、种群数量、生境状况等变化情况;分析施工活动和运行产生的噪声、灯光等对重要物种的影响;涉及迁徙、洄游物种的,分析工程施工和运行对迁徙、洄游行为的阻隔影响;涉及国家重点保护野生动植物、极危、濒危物种的,可采用生境评价方法预测分析物种适宜生境的分布及面积变化、生境破碎化程度等,图示建设项目实施后的物种适宜生境分布情况。

(3)结合水文情势、水动力和冲淤、水质(包括水温)等影响预测结果,预测分析水生生境质量、连通性及产卵场、索饵场、越冬场等重要生境的变化情况,图示建设项目实施后的重要水生生境分布情况;结合生境变化预测分析鱼类等重要水生生物的种类组成、种群结构、资源时空分布等变化情况。

(4)采用图形叠置法分析工程占用的生态系统类型、面积及比例;结合生物量、生产力、生态系统功能等变化情况预测分析建设项目对生态系统的影响。

(5)结合工程施工和运行引入外来物种的主要途径、物种生物学特性及区域生态环境特点,分析建设项目实施可能导致外来物种造成生态危害的风险;结合物种、生境及生态系统变化情况,分析建设项目对所在区域生物多样性的影响;分析建设项目通过时间或空间的累积作用方式产生的生态影响,如生境丧失、退化及破碎化、生态系统退化、生物多样性下降等。

(6)涉及生态敏感区的,结合主要保护对象开展预测评价;涉及以自然景观、自然遗迹为主要保护对象的生态敏感区时,分析工程施工对景观、遗迹完整性的影响,结合工程建筑物、构筑物或其他设施的布局及设计,分析与景观、遗迹的协调性。

三级评价可采用图形叠置法、生态机理分析法、类比分析法等预测分析工程对土地利用、植被、野生动植物等的影响。

### (二)不同行业预测重点

不同行业应结合项目规模、影响方式、影响对象等确定评价重点。

(1)矿产资源开发项目应对开采造成的植物群落及植被覆盖度变化、重要物种的活动、分布及重要生境变化及生态系统结构和功能变化、生物多样性变化等开展重点预测与评价。

（2）水利水电项目应对河流、湖泊等水体天然状态改变引起的水生生境变化、鱼类等重要水生生物的分布及种类组成、种群结构变化，水库淹没、工程占地引起的植物群落、重要物种的活动、分布及重要生境变化，调水引起的生物入侵风险，以及生态系统结构和功能变化、生物多样性变化等开展重点预测与评价。

（3）公路、铁路、管线等线性工程应对植物群落及植被覆盖度变化、重要物种的活动、分布及重要生境变化、生境连通性及破碎化程度变化、生物多样性变化等开展重点预测与评价。

（4）农业、林业、渔业等建设项目应对土地利用类型或功能改变引起的重要物种的活动、分布及重要生境变化、生态系统结构和功能变化、生物多样性变化及生物入侵风险等开展重点预测与评价。

（5）涉海工程海洋生态影响评价应符合《海洋工程环境影响评价技术导则》（GB/T 19485—2014）的要求，对重要物种的活动、分布及重要生境变化、海洋生物资源变化、生物入侵风险及典型海洋生态系统的结构和功能变化、生物多样性变化等开展重点预测与评价。

（三）生态影响预测的方法

**1. 生态机理法**

生态机理法是根据建设项目的特点和受其影响的动、植物的生物学特征，依照生态学原理分析、预测工程生态影响的方法。生态机理分析法的工作步骤如下：

（1）调查环境背景现状和搜集工程组成和建设等有关资料；

（2）调查植物和动物分布，动物栖息地和迁徙路线；

（3）根据调查结果分别对植物或动物种群、群落和生态系统进行分析，描述其分布特点、结构特征和演化等级；

（4）识别有无珍稀濒危物种及重要经济、历史、景观和科研价值的物种；

（5）监测项目建成后该地区动物、植物生长环境的变化；

（6）根据项目建成后的环境（水、气、土和生命组分）变化，对照无开发项目条件下动物、植物或生态系统演替趋势，预测项目对动物和植物个体、种群和群落的影响，并预测生态系统演替方向；

（7）评价过程中有时要根据实际情况进行相应的生物模拟试验，如环境条件、生物习性模拟试验、生物毒理学试验、实地种植或放养试验等；或进行数学模拟，如种群增长模型的应用。

**2. 类比法**

类比法是一种比较常用的定性和半定量评价方法，一般有生态整体类比、生态因子类比和生态问题类比等。

（1）方法

根据已有的开发建设活动（项目、工程）对生态系统产生的影响来分析或预测拟进行的开发建设活动（项目、工程）可能产生的影响。选择好类比对象（类比项目）是进行类比分析或预测评价的基础，也是该法成败的关键。

类比对象的选择条件是：工程性质、工艺和规模与拟建项目基本相当，生态因子（地理、地质、气候、生物因素等)相似,项目建成已有一定时间,所产生的影响已基本全部显现。

类比对象确定后,则需选择和确定类比因子及指标,并对类比对象开展调查与评价,再分析拟建项目与类比对象的差异。根据类比对象与拟建项目的比较,做出类比分析结论。

(2)应用

进行生态影响识别和评价因子筛选;以原始生态系统作为参照,可评价目标生态系统的质量;进行生态影响的定性分析与评价;进行某一个或几个生态因子的影响评价;预测生态问题的发生与发展趋势及其危害;确定环保目标和寻求最有效、可行的生态保护措施。

**3. 模型法**

模型法的应用之一是能够预测生态系统的正常情况,并将预测值与观测值进行比较,推测生态系统在目前或未来的状态,或受污染或改变后的状态。在生态影响评价中应用的模型有概念性的和数值性的。

Walters(1993)介绍了如何应用适应性环境评价管理(AEAM)来对佛罗里达州的湿地水体进行辅助管理,这是一个研究相对成熟的生态系统。系统内主要的生态变化是生活在这里的涉禽种群数量急剧地减少:从能在河口红树林带成功繁殖的种群,转变成了在上游淡水湿地不能成功繁殖的种群。造成这种变化的原因是向这些湿地生态系统中大量排放污水。向河口地带重新供水是逆转涉禽种群减少的可行性方案,建立模型需要水文学家、生物学家、工程师和野生动物管理者们的共同合作。知道了该区域历史的水文模式,并能据此计算出历史水位的深度,那么模拟该区域基本的水文系统相对比较容易,结果也十分精确。工作小组应用水文模型重新建构一个排水前"目标"水文体系,并建立一些子模型,这些子模型能得到关于涉禽水生猎物的密度变化的现实结论。然而,不可能将这个简单的营养预测子模型应用于大尺度涉禽的分布或取食和繁殖成功率。因此设计一个实验程序要解决两个关键问题:系统中水分布大尺度变化的可能性(通过水文操纵管理);向系统内重新供水时,水在空间和时间上的广泛变化及涉禽对此的反应。这个实际例子说明在模拟复杂的生态系统反应会碰到许多的困难;也暗示在模拟和科学研究中的投资需要解决实际中重要的生态管理问题。对生态科学研究的高投入经常引起争论,认为它们只是在生态影响评价中的次要阶段,但是若忽略对生态反应预测的研究,则花费代价将会更高。在这个例子中,如果不了解鸟类的繁殖种群动态,在水文管理上大量投资也将是徒劳的;另一方面,由于缺乏对建模信息确定的或完整的了解,预测结果会同样不起作用。换句话说,利用可靠的信息建立一个模型,但是不能走得更远。

不同的模型侧重点不同且限制条件也不同。虽然在何种情况下应用哪种模型没有严格的规定,但是选择的模型对预测结果有显著的影响。模型的选择是基于假设条件的。因此数据和假设相匹配是非常重要的。Schroeder and Haire(1993)在报告中介绍了美国的鱼类和野生动物局提供了在群落水平生境模拟的指导标准。他们强调模型要满足以下要求:清楚的定义和可靠的输出;能用经验数据检验;提供信息来源;清楚的假设条件和限制条件;清楚的定义变量;模型行为的充分证据。

选择的模型和决策的标准相一致是非常重要的,在生态影响评价过程中应尽早选择使用的模型,以便根据模型选择参数和收集数据。理想情况下,需要进行敏感性分析以确定关键的参数。这些参数会显著影响模型的输出;另外还要进行匹配性检测。当存在一系列参数时,需要确定参数的分布型。如果输入参数的分布型未知,需要对它们进行估计。要看选择的模型和输入的参数是否能区别不同的生态决策产生的不同结果。如果不能区别不同决策的结果,就需要回到建模过程的开始阶段。

## 五、生态保护措施

### (一) 总体要求

应针对生态影响的对象、范围、时段、程度,提出避让、减缓、修复、补偿、管理、监测、科研等对策措施,分析措施的技术可行性、经济合理性、运行稳定性、生态保护和修复效果的可达性,选择技术先进、经济合理、便于实施、运行稳定、长期有效的措施,明确措施的内容、设施的规模及工艺、实施位置和时间、责任主体、实施保障、实施效果等,编制生态保护措施平面布置图、生态保护措施设计图,并估算(概算)生态保护投资。

优先采取避让方案,源头防止生态破坏,包括通过选址选线调整或局部方案优化避让生态敏感区,施工作业避让重要物种的繁殖期、越冬期、迁徙洄游期等关键活动期和特别保护期,取消或调整产生显著不利影响的工程内容和施工方式等。优先采用生态友好的工程建设技术、工艺及材料等。

坚持山水林田湖草沙一体化保护和系统治理的思路,提出生态保护对策措施。必要时开展专题研究和设计,确保生态保护措施有效。坚持尊重自然、顺应自然、保护自然的理念,采取自然的恢复措施或绿色修复工艺,避免生态保护措施自身的不利影响。不应采取违背自然规律的措施,切实保护生物多样性。

### (二) 生态保护措施

项目施工前应对工程占用区域可利用的表土进行剥离,单独堆存,加强表土堆存防护及管理,确保有效回用。施工过程中,采取绿色施工工艺,减少地表开挖,合理设计高陡边坡支挡、加固措施减少对脆弱生态的扰动。

项目建设造成地表植被破坏的,应提出生态修复措施,充分考虑自然生态条件,因地制宜,制定生态修复方案,优先使用原生表土和选用乡土物种,防止外来生物入侵,构建与周边生态环境相协调的植物群落,最终形成可自我维持的生态系统。生态修复的目标主要包括:恢复植被和土壤,保证一定的植被覆盖度和土壤肥力;维持物种种类和组成,保护生物多样性;实现生物群落的恢复,提高生态系统的生产力和自我维持力;维持生境的连通性等。生态修复应综合考虑物理(非生物)方法、生物方法和管理措施,结合项目施工工期、扰动范围,有条件的可提出"边施工、边修复"的措施要求。尽量减少对动植物的伤害和生境占用。项目建设对重点保护野生植物、特有植物、古树名木等造成不利影响的,应提出优化工程布置或设计、就地或迁地保护、加强观测等措施,具备移栽条件、长势较好的尽量全部移栽。项目建设对重点保护野生动物、特有动物及其生境造成不利影响的,应提出代化工程施工方案、运行方式,实施物种救护,划定生境保护区域,开展生境保护和修复,构建活动廊道或建设食源地等措施。采取增殖放流、人工繁育等措施恢复受损的重要生物资源。项目建设产生阻隔影响的,应提出减缓阻隔、恢复生境连通的措施,如野生动物通道、过鱼设施等。项目建设和运行噪声、灯光等对动物造成不利影响的,应提出优化工程施工方案、设计方案或降噪遮光等防护措施。矿山开采项目还应采取保护性开采技术或其他措施控制沉陷深度和保护地下水的生态功能。水利水电项目还应结合工程实施前后的水文情势变化情况、已批复的所在河流生态流量(水量)管理与调度方案等相关要求,确定合适的生态流量,具备调蓄能力且有生态需求的,应提出生态调度方案。涉及河流、湖泊或海域治理的,应尽量塑造近自然水域形态、底质、亲水岸线,尽量避免采取完全硬化措施。

### (三) 生态监测和环境管理

结合项目规模、生态影响特点及所在区域的生态敏感性,针对性地提出全生命周期、长期跟踪或常规的生态监测计划,提出必要的科技支撑方案。大中型水利水电项目、采掘类项目、新建 100 km 以上的高速公路及铁路项目、大型海上机场项目等应开展全生命周期生态监测;新建 50~100 km 的高速公路及铁路项目、新建码头项目、高等级航道项目、围填海项目及占用或穿(跨)越生态敏感区的其他项目应开展长期跟踪生态监测(施工期并延续至正式投运后 5~10 年),其他项目可根据情况开展常规生态监测。

生态监测计划应明确监测因子、方法、频次、点位等。开展全生命周期和长期跟踪生态监测的项目,其监测点位以代表性为原则,在生态敏感区可适当增加调查密度、频次。

施工期重点监测施工活动干扰下生态保护目标的受影响状况,如植物群落变化、重要物种的活动、分布变化、生境质量变化等。运行期重点监测对生态保护目标的实际影响、生态保护对策措施的有效性及生态修复效果等。有条件或有必要的,可开展生物多样性监测。明确施工期和运行期环境管理原则与技术要求。可提出开展施工期工程环境监理、环境影响后评价等环境管理和技术要求。

1. 如何确定水环境影响预测评价中的参数?
2. 高斯烟流模式有哪些基本假设?
3. 空气对声波吸收的影响因素有哪些?
4. 常用的固体废物污染控制技术有哪些?
5. 简述生物多样性在生态环境影响评价中的重要意义。

# 第五章  环境风险评价

## 第一节  概  述

### 一、环境风险评价概念

#### （一）风险的内涵与外延

**1. 风险的内涵**

风险是指一种危害或危险，以及发生某种事件或造成某些损失的可能性。风险具有两种基本特性：一是发生或出现人们不希望的后果（危害事件）；二是风险的某些方面具有不确定性或不肯定性。任何事件必须具备上述两个基本特征，才能称之为风险事件，二者缺一不可。

工业活动中的风险概念最早出现在 20 世纪 40 年代开始的核安全事故风险研究，以及随着化学品生产、运输和储存过程开展的事故风险研究，多见于安全系统工程过程。在环境保护领域较早出现环境污染事故风险的研究始于二十世纪六七十年代。美国从突发性环境污染事故的风险延伸到累积性环境污染事故的风险研究，直到建立了针对化学品在环境中迁移、转化、暴露评价和人体健康风险或生态风险的环境风险评价指南，特别是在生态风险评价方面，还开展了较多的累积风险研究。欧洲、日本等发达工业国家在环境污染事故风险评价的研究中也建立了有关风险评估的指南或方法，包括风险识别、风险评估和风险防范等。我国早在 1979 年颁布的《中华人民共和国环境保护法》中，就规定了企事业单位和新建、改扩建和技术改造建设项目建设中预防生产过程中突发环境事件事故的环境管理规定，在此后的《中华人民共和国水污染防治法》《中华人民共和国大气污染防治法》《中华人民共和国固体废物污染环境防治法》《中华人民共和国海洋环境保护法》及《建设项目环境保护管理条例》等法规中，均进一步规定了预防和处置突发环境事件的环境管理要求。而且，最先在建设项目环境影响评价技术文件行政管理层面把环境风险评价审查纳入管理范畴，并在 2004 年正式颁布《建设项目环境风险评价技术导则》（HJ 169—2004）。

风险的含义通常指的是某种不希望发生的事件出现的概率与其可能产生的不利后果的乘积，用来表征某事件发生的可能性程度或量度不利影响的水平，或人们从心理上可接受的水平。风险出现的直接表象应该是突破了某种极限（力或能级的控制范围）且产生了不利的后果，通常已经能用事故程度来衡量的事件。风险的出现源于事件的危险性。危险就是所对应的某种不希望发生的事件却随时面临着突破某种力或能级的控制极限的可能性。当这种可能性演变为已发生的事实时，称为出现了事故；当这种可能性尚未演变为已发生的事实时，称为尚属于安全。安全意味着对人类进行的某些社会生产、生活活动，在采取当前最可靠的操作或控制技术水平下,使事故发生的可能性处于最小或可控状态,一旦发生事故,所造成的不利后果或经济损失或人身伤亡降至最低水平。

现实生活中,由于人类认知水平的局限和事故发生的不可预测性,经常有些事件会演变为事故。但是,依赖于采取的一定的安全措施,人们仍要出于各种原因志愿(主动)或非志愿(被动)地去从事某些具有已知或未知危险性的社会活动和生产活动。这种甘愿承担风险的行为可简单理解为介于危险—安全—事故之间的主动或被动承担的风险。例如,乘坐飞机可能存在意外,但是人们还是愿意选择这种具有风险的交通工具;工业化生产过程中总是伴随有害物质泄漏的风险,但因要满足人类生活的必需品,所以还需要进行工业生产活动。这取决于对风险的认识和对社会一般的风险判定基准的接受程度。

在社会风险研究中,不同的风险率,反映的风险接受水平也不同。当以"死亡率/(人·年)"表示时,有下列参考标准:

① $10^{-3}$数量级表示操作危险很高,相当于由生病造成死亡的自然死亡率;

② $10^{-4}$数量级表示操作为中等程度危险,应采取预防措施;

③ $10^{-5}$数量级和游泳淹死的事故风险率相当,应引起关心;

④ $10^{-6}$数量级相当于地震和天灾的风险率,关心程度一般;

⑤ $10^{-7}$数量级相当于陨石坠落伤人,没有必要投资加以预防。

**2. 风险的外延**

各类意外的或不幸的事件发生,均源于对所发生事件风险的认识不足或防范不足。因此,当发生这类事件时,人们通常会有假如不这样做就好了、假如提前改变就好了等期望改变事件发生的渴望。除了不可抗力的自然灾害直接或次生的风险事件外,人类社会生活和生产活动中充满了发生危险的不利事件。通过人类对社会生活或生产活动中风险认识水平的提高,采取一定的有效的预防措施,可以起到避免或减轻、减缓风险影响的作用。

风险目前已经成为社会生活、生产活动过程中普遍熟知的名词,如职业风险、各类投资风险、生产中意外伤害风险、交通事故风险和环境污染事故风险等。为了抵御和防范风险的影响,购买各类保险已经成为涉及全社会成员日常生活的不可或缺的事项之一。社会保险(投资、交通或财产)产品为此提供了丰富的种类以供选择。其中,环境污染事故责任险属于近年来与生态环境安全风险密切相关的保险产品。

风险存在的范畴虽然广泛,但从风险发生的情形看,无外乎两个方面:累积性的和突发性的。因此,研究风险的学者也普遍认为应包括广义和狭义两个方面,针对特定的风险研究对象所界定风险的定义,也通常包括广义的风险类型和狭义的风险类型。风险相对的另一个名词是安全。简单理解,任何风险事件能够在可控下预防或阻止其发生的情形,就是安全。

在工业活动中,与风险研究最为相关并为此建立了较为完善的学科体系的是安全系统工程学。其以预防或减缓事故发生为研究对象,建立了基于"人-机"关系的事故预防控制理论体系。安全系统工程理论研究的是不可抗拒的自然力量破坏之外的"人—物—能量—信息"传递之间的失控规律,借此提出反制策略。安全系统工程研究的事故起因与协调关系通常如图5-1表达。

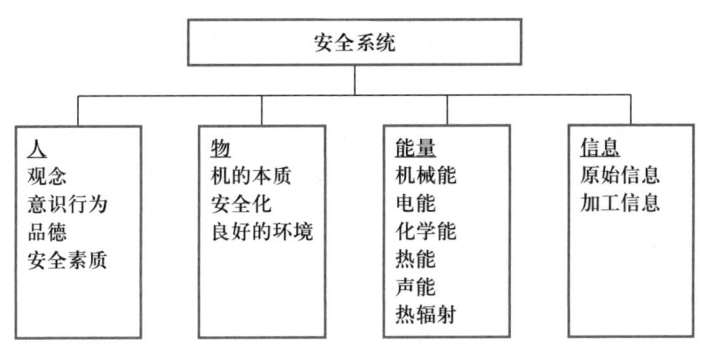

图 5-1　安全系统中的人—物—能量—信息关系

（二）环境风险

环境风险指突发性事故对环境造成的危害程度及可能性。

环境风险表征指突发性事故对环境（或健康）的危害程度，用风险值 $R$ 表示，其定义为环境污染事故发生概率 $P$ 与事故造成的环境（或健康）后果 $C$ 的乘积。

环境风险研究主要关注下列情形：一是突发事故的化学性风险，指有毒有害、易燃、易爆物质泄漏后进入环境介质引起的污染或危害；二是突发事故释放的能量对环境介质或敏感保护目标直接的伤害，或称物理性风险；三是自然灾害直接或伴随的次生环境危害，指地震、台风、龙卷风、洪水、自然灾害等引发的对环境介质或环境保护目标的物理和化学性风险。

针对人类生产活动中潜在的环境污染事故，可将环境风险评价划分为累积性和突发性两种类型。

累积污染事故型是指人类生产、生活活动排放的有毒有害物质在环境中长期累积，超过了一定的阈值水平，并产生了污染危害。常见种类有：点源或非点源的长期排放，使饮用水源保护区上游江河、湖泊、水库水质发生渐进性变化；来源于农业和工业雨水排放源的非点源污染；非突发泄漏事故的累积，如工业场地有害物质的长期渗漏，进入地下水，危及饮用水源保护区。

突发污染事故型主要指工业活动中因安全失效发生的事故，短时间内排放大量的有毒有害物质，继而引起次生环境污染事故。如未经处理直接排放的废气或污水大量进入环境中引发的环境污染事故，因火灾、爆炸或泄漏等突发事故引起化学品或有害物质进入到河流、地下水或空气等环境中产生的严重污染危害等。

一般环境风险类型按照影响要素划分包括社会风险、水环境风险、环境空气风险、土壤风险和生态风险等。目前国内开展较多且在环境管理中日常应用较多的是对突发性事故的环境风险评价。针对的是各类开发活动，且主要局限于按照环境影响评价法要求开展规划环境影响评价和建设项目环境影响评价中的专题环境风险评价工作，重点对大气、地表水和地下水等影响要素开展环境风险评价工作，在大气、地表水、地下水、土壤及危险废物等专项环境影响评价技术导则或规范中，也各自对突发环境事件的后果影响评价或风险评价提出了技术要求。而在此之外，基于环境风险管理要求，对已经运行企业的环境风险排查、专项环境风险评价或化工园区区域环境风险评价等工作正在不断增多。对累积性环境风险的研究在国内也处于起步阶段。

建设项目环境风险评价中的环境风险是指存在有毒有害和易燃易爆物质的生产、使用、储运（包括使用管线输运）等建设项目，对可能发生的突发性事故对环境造成的危害及可能性，并规定了对此类环境风险的评价程序和方法。《建设项目环境影响评价技术导则》（HJ 169—2018）中明确标准不适用于生态风险评价及核与辐射类建设项目的环境风险评价，也不包括累积型环境风险及人为破坏或自然灾害引发的环境风险，尽管由自然灾害引发的次生环境风险也正在引起评价者和环境管理者的注意。

### （三）环境风险评价定义

广义上讲，环境风险评价是指对单个或某个开发区域（规划区或工业园区）内的建设项目的建设行为所引发的或面临的灾害（包括自然灾害）对人体健康、社会经济发展、生态系统等所造成的风险及可能带来的损失进行评估，并以此进行管理和决策的过程。狭义上讲是指对有毒有害物质危害人体健康的可能程度进行分析、预测和评估，并提出降低环境风险的方案和决策。环境风险评价关注点是事故对单位周界外环境的影响。

#### 1. 内涵

环境风险评价的目的是分析和预测建设项目存在的潜在危险和有害因素，建设项目建设和运营期可能发生的突发性事件或事故（一般不包括人为破坏及自然灾害），引起有毒有害和易燃易爆等物质泄漏，所造成的人身安全与环境影响和损害程度，提出合理可行的防范与减缓措施及应急预案，以使建设项目事故率、损失和环境影响达到可接受水平。因此，对环境要素或环境保护目标的影响及后果评价是工作重点。

#### 2. 外延

（1）时间外延

环境风险评价是对事故发生可能性及其影响的预测，具有时效性，一般划分为事故发生前的风险预测评价、事故发生期间的实时风险评价和事故结束后的危害评价。项目建设前期开展的环境风险评价属于前者，且着重针对泄漏、火灾或爆炸等突发性事故的风险评价。

（2）应用外延

在社会生活和开发活动的各个领域，都存在基于风险的决策过程。环境管理决策中同样也需要风险评价的支持。因而在有毒有害物质和易燃易爆物质加工、运输和储存过程的规划、设计、建设和运营各个阶段，以及经济、资源与社会关系的平衡过程中，环境风险评价可以作为决策者使用的有力工具。

（3）范畴外延

环境风险评价范围和对象在不断扩大，不仅限于有毒有害物质和易燃易爆物质的突发性事故评价，在某个地区、行业、建设项目、现有设施或装置乃至区域或行业的发展规划、污染场地环境修复等方面也得到广泛应用。

### （四）建设项目环境风险评价与安全评价的区别与联系

环境风险评价与安全评价既有区别也有联系。它们的相同点是都要确定风险源、源强及最大可信事故概率。环境风险评价的危险识别、最大危险源、源强估算模式、事故概率主要借鉴了安全评价的技术方法、理论体系。该类体系中比较完善的基础方法是重大危险源识别、道化学（DOW）的危险性检查表法、基于压力容器计算的物料泄漏速率的各类物理或物理化学计算模型等。而应用事故树或故障树法,建立以对元件、事件缺陷或故障分析为基础的概率风险评价模型是安全评价的核心内容,据此可估算事故发生概率。安全评价的后果预测主要是辐射燃烧半径的计算和爆炸半径的计算,针对人员伤亡和财产损失进行后果估计。环境风险评价借鉴了安全评价中的危险源识别和划分、概率风险评价技术方法等。但因关注的是对周界外环境要素的后果影响评价,故对火灾发生后的燃烧辐射半径和爆炸半径一般不主张过多开展深入评价。

环境风险评价和安全评价的不同点是关注对象不同。安全评价更关心对界区内的设施故障或事故对界区内及附近的人员伤亡和财产损失的评价,评估造成的财产损失和人员伤亡的影响范围。环境风险评价则更关心泄漏物质向环境迁移过程中影响的后果和最大可接受水平。环境风险评价的适用范围明确为最大可信突发环境事件、后果计算关注事故对厂(场)界外环境质量和居民健康的影响。故环境风险评价和安全评价之间既有联系又有本质区别。源项分析可利用安全评价的结果,侧重筛选对外环境产生重大环境污染影响的源项,并评价其对社会公众和环境要素的影响后果。

(五)建设项目环境风险评价与健康风险评价、生态风险评价的关系

健康风险评价侧重基于暴露在有毒有害环境中,通过吸入吸食过程对人体健康产生不利影响程度进行风险评价,包括毒物试验、暴露途径、剂量效应与危害后果评价等内容,通常以小白鼠等进行动物毒性试验,获得半致死浓度($LC_{50}$)等毒性试验数据。

生态风险评价一般包括暴露评价、危害评价、受体分析过程,与健康风险评价不同的是针对有害物质在多介质迁移扩散过程中对整个生态系统的评价。

健康风险评价和生态风险评价中建立了包括理化特性、暴露途径、毒理机制等评价体系,涉及有害物质在单个环境介质或多个介质中暴露、迁移、转化、归宿途径的分析和剂量-效应评价。目前在建设项目的环境风险评价方面还没有做到这个深度,只是应用毒理学实验成果评估有毒有害物质达到有害水平的程度、迁移距离(出现范围)及针对受影响的环境保护目标提出风险防控和应急措施。

## 二、相关法律法规和部门规章

我国在环境污染累积风险评价研究方面还处于起步阶段,并已经开始对环境空气、水环境和土壤等要素污染防治行动计划中有所要求,但在累积环境风险管理方面的指南或规范还有待完善。针对突发性环境污染事故情景开展环境风险评价工作,更多应用在建设项目环境影响评价管理过程,对于重点开发或需保护的区域、重点行业的建设项目,特别是已经生产的企业,新、改、扩建有污染影响的建设项目,规定必须开展环境风险评价工作。

近年来采取了一系列生态环境风险排查、生态环境保护督察等执法管理工作,以及新颁布的《中华人民共和国长江保护法》和《中华人民共和国黄河保护法》等,强化了生态环境风险防范措施有效性评估与突发环境事件应急预案备案等降低环境风险的管理措施,将包含有重大环境风险源的企业或建设项目选址或通过搬迁进入工业园区集中管理,并通过园区规划的环境风险评价过程,落实相关的区域环境风险防范措施和制定区域环境应急预案,配套制定一些对近距离居民的搬迁计划,确保了重大危险源设施或企业与环境保护目标之间有足够的环境风险防控距离。对可能产生突发事故污染影响的建设项目或工业园区,在

2016 年底以前编制的环境影响评价技术文件中均要求设置环境风险评价专章。依据的是建设项目环境影响评价技术导则系列中的总纲和环境风险评价。在 2017 年 1 月 1 日根据新颁布的总纲要求,不再要求环境影响评价技术文件中必须设环境风险评价专章,环境风险评价内容与其他要素评价内容可分列工程分析、影响预测和措施等相关章节。

（一）法律法规

2015 年 1 月 1 日实施的修订后的《中华人民共和国环境保护法》第三十九条规定,国家建立、健全环境与健康监测、调查和风险评估制度。《中华人民共和国环境保护法》第四十七条规定,各级人民政府及其有关部门和企业事业单位,应当依照《中华人民共和国突发事件应对法》的规定,做好突发环境事件的风险控制、应急准备、应急处置和事后恢复等工作。县级以上人民政府应当建立环境污染公共监测预警机制,组织制定预警方案;环境受到污染,可能影响公众健康和环境安全时,依法及时公布预警信息,启动应急措施。2006 年国务院发布了《国家突发环境事件应急预案》,并于 2014 年以国办函〔2014〕119 号再次发布,其中规定了应急预案的分级和相关要求。2015 年环境保护部发布《企业事业单位突发环境事件应急预案备案管理办法(试行)》的通知"(环发〔2015〕4 号),要求企业事业单位应当按照国家有关规定制定突发环境事件应急预案,报环境保护主管部门和有关部门备案。在发生或者可能发生突发环境事件时,企业事业单位应当立即采取措施处理,及时通报可能受到危害的单位和居民,并向环境保护主管部门和有关部门报告。突发环境事件应急处置工作结束后,有关人民政府应当立即组织评估事件造成的环境影响和损失,并及时将评估结果向社会公布。

在《中华人民共和国大气污染防治法》《中华人民共和国水污染防治法》《中华人民共和国固体废物污染环境防治法》和《中华人民共和国海洋环境保护法》等专项法律中,也分别对预防和控制环境污染事故及处理、处置提出了专门规定。

（二）部门规章

国家环境保护行政管理部门相继发布了一系列部门规章,主要从环境风险排查、应急防范措施和预案等方面,强化了环境风险管理规定。这些部门规章对现有重大危险源识别及其应急设施的完善起到了较大的推动作用,也为开展建设项目或规划园区的环境风险评价提供了较强的指导作用。较早期发布的环境风险管理与评价文件有:"关于进一步加强环境影响评价管理工作的通知"(国家环保总局公告 2006 年第 51 号)、"关于加强环境应急管理工作的意见"(环发〔2009〕130 号)、"关于印发《突发环境事件应急预案管理暂行办法》的通知"(环发〔2010〕113 号)等。迄今仍有效的部门规章主要有:"关于进一步加强环境影响评价管理防范环境风险的通知"(环发〔2012〕77 号)、"关于切实加强风险防范严格环境影响评价管理的通知"(环发〔2012〕98 号)及"关于印发《企业事业单位突发环境事件应急预案备案管理(试行)办法》的通知"(环发〔2015〕4 号)等。

（三）技术导则或标准

在最新颁布的《建设项目环境影响评价技术导则　总纲》(HJ 2.1—2016)中,对有可能发生突发环境事件的建设项目,总纲中规定须在工程分析中对建设阶段和生产运营期间,可能发生突发性事件或事故,引起有毒有害、易燃易爆等物质泄漏,对环境及人身造成影响和损害的建设项目,应开展建设和生产运营过程的风险因素识别;存在较大潜在人群健康风险的建设项目,应开展影响人群健康的潜在环境风险因素识别。在环境保护措施可行性论证中给出环境风险防范的具体内容,在环境管理与监测计划的污染物排放管理中规定要包含环境风险防范措施,以及有人群健康风险的建设项目要制定环境跟踪监测计划。

开展建设项目环境风险评价技术工作主要依据《建设项目环境风险评价技术导则》(HJ 169—2018),在规划环境影响评价中也基本参照该导则。

国家环境保护标准主要有《突发环境事件应急监测技术规范》(HJ 589—2021)。

## 三、环境风险评价的作用

### (一)环境风险评价的一般性原则及基本术语

《建设项目环境风险评价技术导则》(HJ 169—2018)在一般性原则中规定:环境风险评价应以突发性事故导致的危险物质环境急性损害防控为目标,对建设项目的环境风险进行分析、预测和评估,提出环境风险预防、控制、减缓措施,明确环境风险监控及应急建议要求,为建设项目环境风险防控提供科学依据。

导则中对环境风险评价涉及的基本术语给出了最新定义,其中指出适用该标准的术语定义:危险物质是指具有易燃易爆、有毒有害等特性,会对环境造成危害的物质。风险源是指存在物质或能量意外释放,并可能产生环境危害的源。危险单元是由一个或多个风险源构成的具有相对独立功能的单元,事故状况下应可实现与其他功能单元的分割。最大可信事故是指基于经验统计分析,在一定可能性区间内发生的事故中,造成环境危害最严重的事故。环境风险潜势对建设项目潜在环境危害程度的概化分析表达,是基于建设项目涉及的物质和工艺系统危险性及其所在地环境敏感程度的综合表征。大气毒性终点浓度是指人员短期暴露可能会导致出现健康影响或死亡的大气污染物浓度,用于判断周边环境风险影响程度。

### (二)目的

环境风险评价过程包括风险识别、源项分析、后果计算、风险计算和评价、环境风险防范措施可行分析及突发环境事件应急预案分析六个方面内容。

环境风险评价的目的是分析和预测建设项目存在的潜在危险、有害因素及可能产生的后果,评价项目拟采用的事故防范应急措施的完善与可靠程度,提出进一步改进和完善的措施建议,使事故造成的环境风险降至最低限度。评价重点为生产工艺过程中涉及的有毒有害、易燃、易爆等危险化学品,风险源包括生产装置和储运设施等危险物质所在场所。

### (三)环境风险评价需回答的问题

**1. 项目选址及重大危险源区域布置的合理性和可行性**

根据重大危险源辨识及其区域分布分析和事故后果预测,从环境风险角度评价项目选址及总图布置的合理性和可行性,并给出优化调整的建议方案。

**2. 重大危险源的类别及其危险性主要分析结果**

给出项目涉及的重大危险源类别,主要单元危险性及其潜在的主要环境风险事故类型,发生事故时危险物质进入环境的途径,给出优化调整重大危险源存在量及危险性控制的建议。

**3. 环境敏感区及环境风险的制约性**

分析项目所在地评价范围内的环境敏感区及其特点,给出危害后果预测结果。对于释放的气态有害物质出现大气毒性终点浓度时,预测人员短期暴露可能会导致出现健康影响或死亡的大气污染物浓度,主要预测大气毒性终点浓度-1 和大气终点浓度-2 出现半径,用于判断周边环境风险影响程度;对于液态物质泄漏到水环境(包括地表水和地下水),通过扩散模型预测泄漏物质在河流、海域或地下水中扩散半径。根据对发生事故情景可能释放或泄漏的气体或液态有害物质的预测结果,确定环境危害程度和范围;对环境风险进行评价,确定风险值和风险可接受水平;给出所涉及范围内环境敏感目标分布情况及风险分析结果;分析项目建设存在的环境风险制约因素,提出优化调整缓解环境风险制约的建议。

**4. 环境风险防范措施和应急预案**

明确环境风险防范体系,从降低环境风险的角度评价风险防范措施的有效性,重点给出防止事故危险物质进入环境及进入环境后的控制、消解、监测等措施;给出风险应急响应程序、环境风险防范区在事故发生时对人员的撤离要求等;并对突发环境事件应急预案的优化提出建议。

# 第二节 评价工作等级判定及源项分析

开展环境风险评价的内容包括:首先需对建设项目进行重大危险源判别和评价工作等级判定,结合项目周边环境风险保护目标调查成果,确定环境风险因素、重大危险源类型和评价工作等级;开展风险源项分析工作,确定最大可信事故及其发生概率,为进行后果影响预测和分析提供基础。

对改扩建项目的现有工程,应进行环境风险回顾性评价,并查找风险防范措施、突发环境事件应急预案和风险管理等方面可能存在的问题,提出补充完善的整改措施。

## 一、评价工作等级及评价范围

### (一)判定依据

按照环境风险评价技术导则,根据建设项目的物质及工艺系统和所在地的环境敏感程度等因素,确定环境风险潜势,将环境风险评价工作划分为一、二和三级,风险潜势为Ⅳ及以上,进行一级评价;风险潜势为Ⅲ,进行二级评价;风险潜势为Ⅱ,进行三级评价;风险潜势为Ⅰ,可开展简单分析。简单分析是相对于详细评价工作内容而言,在描述危险物质、环境影响途径、环境危害后果、风险防范措施等方面给出定性的说明。环境风险评价工作等级划分具体按照表5-1确定。

表5-1 环境风险评价工作等级划分

| 环境风险潜势 | Ⅳ、Ⅳ+ | Ⅲ | Ⅱ | Ⅰ |
|---|---|---|---|---|
| 评价工作等级 | 一 | 二 | 三 | 简单分析 |

### (二)评价范围

目前环境风险评价技术导则只给出了大气环境风险评价范围,一级、二级评价范围距建设项目边界不低于5 km;三级评价范围距建设项目边界不低于3 km;油气、化学品输送管线项目一级、二级评价距管道中心线两侧一般均不低于200 m;三级评价距管道中心线两侧一般均不低于100 m。当大气毒性终点浓度预测到达距离超出评价范围时,应根据预测到达距离进一步调整评价范围。对于其他环境要素需根据相应要素的导则要求确定评价范围,如水环境风险评价范围不低于《环境影响评价技术导则 地面水环境》(HJ/T 2.3—2018)和《环境影响评价技术导则 地下水环境》(HJ610—2016)确定的评价范围,不要求对土壤和生态开展风险评价,因此也没有划定评价范围的要求。但由于土壤环境影响评价技术导则为首次发布,涉及泄漏物质对土壤的影响应根据《建设项目环境影响评价技术导则 土壤环境》(HJ964—2018)的相关规定开展评价工作,本章后文中对土壤和生态环境风险相关内容也不再赘述。

环境风险评价范围应根据环境敏感目标分布情况、事故后果预测可能对环境产生危害的范围等综合确定。对环境风险评价范围内的环境保护目标应全部进行调查,并按要素列表给出各保护目标与建设项目或危险源的方位、距离。项目周边所在区域,评价范围外存在需要特别关注的环境敏感目标,评价范围需延伸至所关心的目标。

(三)评价内容

环境风险评价基本内容包括风险调查、环境风险潜势初判、风险识别、风险事故情形分析、风险预测与评价、环境风险管理等。

基于风险调查,分析建设项目物质及工艺系统危险性和环境敏感性,进行风险潜势的判断,确定风险评价等级。

风险识别及风险事故情形分析应明确危险物质在生产系统中的主要分布,筛选具有代表性的风险事故情形,合理设定事故源项。

各环境要素按确定的评价工作等级分别开展预测评价,分析说明环境风险危害范围与程度,提出环境风险防范的基本要求。

不同的评价等级,评价的要求不同。一级评价应对事故影响进行定量预测,说明影响范围和程度,提出防范、减缓和应急措施。二级评价进行风险识别、源项分析和对事故影响进行简要分析,提出防范、减缓和应急措施。

大气环境风险预测。一级评价需选取最不利气象条件和事故发生地的最常见气象条件,选择适用的数值方法进行分析预测,给出风险事故情形下危险物质释放可能造成的大气环境影响范围与程度。对于存在极高大气环境风险的项目,应进一步开展关心点概率分析。二级评价需选取最不利气象条件,选择适用的数值方法进行分析预测,给出风险事故情形下危险物质释放可能造成的大气环境影响范围与程度。三级评价应定性分析说明大气环境影响后果。

地表水环境风险预测。一级、二级评价应选择适用的数值方法预测地表水环境风险,给出风险事故情形下可能造成的影响范围与程度;三级评价应定性分析说明地表水环境影响后果。

地下水环境风险预测。一级评价应优先选择适用的数值方法预测地下水环境风险,给出风险事故情形下可能造成的影响范围与程度;低于一级评价的,风险预测分析与评价要求参照《环境影响评价技术导则 地下水》(HJ 610—2016)执行。

提出环境风险管理对策,明确环境风险防范措施及突发环境事件应急预案编制要求。

综合环境风险评价过程,给出评价结论与建议。

## 二、源项分析

完整的源项分析类似环境影响评价中的工程分析,包括风险识别、物质危险性识别、重大危险源确定、同类事故资料统计调查及事故发生概率分析、有毒有害或易燃、易爆物质泄漏量估算等内容,目的是为判定评价工作等级、确定重大危险源和泄漏源强和后果影响预测评价提供基础。

（一）环境风险识别

**1. 风险识别**

风险识别是分析建设项目风险类型。根据有毒有害物质释放后引发的次生环境影响方式,将风险类型分为火灾、爆炸和泄漏三种。风险识别包括:① 生产设施风险识别;② 生产过程所涉及的物质风险识别。

生产设施风险识别的范围包括:主要生产装置、储运系统、公用工程系统、工程环保设施,以及辅助生产设施等。物质风险识别范围包括:主要原材料及辅助材料、燃料、中间产品、最终产品及生产过程排放的"三废"污染物、火灾和爆炸伴生/次生物等。危险物质指一种物质或若干物质的混合物,由于它的化学性质、物理性质或毒性,使其具有导致火灾、爆炸或中毒的危险。

按工艺流程和平面布置功能区划,结合物质危险性识别,以图表的方式给出危险单元划分结果及单元内危险物质的最大存在量。按生产工艺流程分析危险单元内潜在的风险源。按危险单元分析风险源的危险性、存在条件和转化为事故的触发因素。采用定性或定量分析方法筛选确定重点风险源。

受影响的环境要素识别应当根据有毒有害物质排放途径确定,危险物质向环境转移的途径识别,包括分析危险物质特性及可能的环境风险类型,识别危险物质影响环境的途径,分析可能影响的环境敏感目标。如大气环境、水环境、土壤、生态等,明确受影响的环境保护目标,目的是确定风险目标。在收集、分析建设项目工程资料、环境资料和事故资料的基础上,识别环境风险,包括物质危险性识别和生产过程危险性识别。

**2. 物质危险性识别**

按《建设项目环境风险评价技术导则》(HJ 169—2018)的附录 B 识别出的危险物质,以图表的方式给出其易燃易爆、有毒有害危险特性,明确危险物质的分布。对建设项目所涉及的原料、辅料、中间产品、产品及废物等物质,凡属于有毒有害物质、易燃易爆物质均需进行危险性识别。

（1）识别范围界定及重大危险源辨识

识别范围定为工程涉及原料、辅料、中间产品和最终产品、"三废"等物料、生产系统和储运系统。按照《建设项目环境风险评价技术导则》(HJ 169—2018)的附录 B 并参照《危险化学品重大危险源辨识》(GB 18218—2018)辨识项目存在的重大危险源。

（2）重大危险源涉及的单元潜在的风险识别和分析

风险类型为有毒有害物质释放至大气而造成的环境灾害。工作内容包括:项目所涉及的高度危害、易燃物质的理化性质和毒理学性质、危害性、用量、储量、运输量,并按危险性、毒性排序分析。

工艺装置各单元、子系统中危险物质的物料类型、相态、压力、温度、体积或质量,确定重点评价对象。

对已识别的单元、子系统或系统进行定性或定量分析,并说明其潜在严重事故因素,列出危害事故类型和泄漏方式,在定性分析基础上设定潜在事故类型等,筛选确定工程最大可信事故及其源项参数。

**3. 风险识别结果**

在风险识别的基础上,图示危险单元分布。给出建设项目环境风险识别汇总,包括危险单元、风险源、主要危险物质、环境风险类型、环境影响途径、可能受影响的环境敏感目标等,说明风险源的主要参数。

**(二)重大危险源的确定**

重大危险源指长期或临时地生产、加工、运输、使用或储存危险物质,且危险物质的数量等于或超过临界量的单元。

根据《建设项目环境风险评价技术导则》(HJ 169—2018)和《危险化学品重大危险源辨识》(GB 18218—2018)的规定,辨识危险性物质是否为重大危险源,需先判别该物质是否属于有毒有害或易燃易爆物质,其中易燃物质、爆炸性物质判别见表5-2,一些物质危险性识别结果见表5-3。

表5-2 易燃物质、爆炸性物质判别

| | |
|---|---|
| 易燃物质 | 易燃气体——危险性属于2.1项的气体(GB6944—2012) |
| | 极易燃液体——沸点≤35 ℃的且闪点<0 ℃的液体,或保存温度一直在其沸点以上的易燃液体 |
| | 高度易燃液体——闪点<23 ℃的液体(不包括极易燃液体);液态退敏爆炸品 |
| | 易燃液体——23 ℃≤闪点<61 ℃的液体 |
| | 易燃固体——危险性属于4.1项目包装为Ⅰ类的物质 |
| 爆炸性物质 | 在火焰影响下可以爆炸,或者对冲击、摩擦比硝基苯更为敏感的物质 |

表5-3 一些物质危险性识别表

| 序号 | 物质名称 | 相态 | 闪点/℃ | 沸点/℃ | 爆炸极限/%(v) 下限 | 爆炸极限/%(v) 上限 | 危险性类别 | 火灾危险性分类 |
|---|---|---|---|---|---|---|---|---|
| 1 | 氢 | 气 | | -252.8 | 4.1 | 74.1 | 第2.1类易燃气体 | 甲 |
| 2 | 乙烯 | 气 | -66.9 | -103.9 | 2.7 | 36 | 第2.1类易燃气体 | 甲A |
| 3 | 液化石油气 | 气 | -74 | | 5 | 33 | 第2.1类易燃气体 | 甲A |
| 4 | 异丁烯 | 气 | -77 | -6.9 | 1.8 | 8.8 | 第2.1类易燃气体 | 甲 |
| 5 | 二甲胺 | 气 | -17.8 | 6.9 | 2.8 | 14.4 | 第2.1类易燃气体 | 甲A |
| 6 | 一氧化碳 | 气 | <-50 | -191.4 | 12.5 | 74.2 | 第2.3类有毒气体 | 乙 |
| 7 | 硫化氢 | 气 | | -60.4 | 4 | 46 | 第2.3类有毒气体 | 甲 |
| 8 | 氯化氢 | 气 | | -85 | | | 第2.3类有毒气体 | 戊 |
| 9 | 液氯 | 液 | | -34.6 | | | 第2.3类有毒气体 | 甲A |
| 10 | 氨 | 气 | | -33.5 | 15.7 | 27.4 | 第2.3类有毒气体 | 乙 |
| 11 | 二氧化硫 | 气 | | -10 | | | 第2.3类有毒气体 | |

续表

| 序号 | 物质名称 | 相态 | 闪点/℃ | 沸点/℃ | 爆炸极限/%(v) 下限 | 爆炸极限/%(v) 上限 | 危险性类别 | 火灾危险性分类 |
|---|---|---|---|---|---|---|---|---|
| 12 | 汽油 | 液 | −50 | 40~200 | 1.3 | 6 | 第3.1类低闪点易燃液体 | 甲B |
| 13 | 原油 | 液 | −6.67~32.2 | 120~200 | 1.1 | 8.7 | 第3.2类中闪点易燃液体 | 甲B |
| 14 | 甲苯 | 液 | 4 | 110.6 | 7 | 1.2 | 第3.2类中闪点易燃液体 | 甲B |
| 15 | 醋酸甲酯 | 液 | −10 | 57.8 | 3.1 | 16 | 第3.2类中闪点易燃液体 | 甲B |
| 16 | 柴油 | 液 | 55 | 282 | | | 第3.3类高闪点易燃液体 | 乙B |
| 17 | 对二甲苯 | 液 | 27.2 | 138.37 | 1.1 | 7 | 第3.3类高闪点易燃液体 | 甲B |
| 18 | 二丁胺 | 液 | 39 | 159 | | | 第3.3类高闪点易燃液体 | 乙A |
| 19 | 硝基苯 | 液 | 87.8 | 210.9 | | 1.8 | 第6类毒害品 | 丙 |
| 20 | 苯酚 | 固 | 79 | 181.9 | 1.7 | 8.6 | 第6类毒害品 | 丙 |
| 21 | 氰化钾 | 固 | | 634.5 | | | 第6类毒害品 | 戊 |

**1. 危险化学品重大危险源的识别**

通常根据某种危险物质的存在量与其临界量比值大小判断危险源。

（1）单种危险物质

《建设项目环境风险评价技术导则》（HJ 169—2018）在附录B中列出了单种危险物质的临界量。

《危险化学品重大危险源辨识》（GB 18218—2018）规定了单种危险物质的临界量。

（2）多种（n种）物质同时存在或使用的场所

多种（n种）物质同时存在或使用的场所，根据计算判断是否应定为重大危险源。

《危险化学
品重大危
险源辨识》（GB
18218—2018）
的规定

**2. 系统生产过程危险性识别**

根据建设项目的生产特征，结合物质危险性识别，以图表形式给出功能单元划分结果，给出单元内存在危险物质的数量。

根据工艺特点，一般可划分为生产运行系统、公用工程系统、储存运输系统、生产辅助系统、环境保护系统、安全消防系统等。然后将每个系统划分为若干子系统。按生产、储存、运输、管道系统，确定危险源点的范围和危险源区域的分布。

根据危险物质泄漏、火灾、爆炸等突发性事故可能造成的环境风险类型，收集和准备建设项目工程资料，周边环境资料，国内外同行业、同类型事故统计分析及典型事故案例资料。对已建工程应收集环境管理制度，操作和维护手册，突发环境事件应急预案，应急培训、演练记录，历史突发环境事件及生产安全事故调查资料，设备失效统计数据等。

**3. 事故分析和事故引发的伴生/次生风险识别**

根据物质的危险性，系统生产过程危险性识别结果，分析各功能单元潜在的事故类型、发生事故的单元、危险物质向环境转移的可能途径和影响方式,列出潜在的一系列事故设定。

对燃烧、分解等产生的危险性物质应按照火灾、爆炸事故引发的伴生/次生危险进行风险识别、筛选。

对事故处理过程中产生的事故消防水、事故物料等造成的二次污染应进行泄漏物质风险识别、筛选。

**4. 受影响的环境因素识别**

按不同方位、距离列出受影响的周边社会关注区(如人口集中居住区、学校、医院等)、需特殊保护地区等的分布、人口密度,受影响的重要水环境和生态环境。

**5. 环境风险类型及危害分析**

环境风险类型包括危险物质泄漏,以及火灾、爆炸等引发的伴生/次生污染物排放。

根据物质及生产系统危险性识别结果,分析环境风险类型、危险物质向环境转移的可能途径和影响方式。

(三)风险事故情形分析

(1)风险事故情形设定内容

在风险识别的基础上,选择对环境影响较大并具有代表性的事故类型,设定风险事故情形。风险事故情形设定内容应包括环境风险类型、风险源、危险单元、危险物质和影响途径等。

(2)风险事故情形设定原则

① 同一种危险物质可能有多种环境风险类型。风险事故情形应包括危险物质泄漏,以及火灾、爆炸等引发的伴生/次生污染物排放情形。对不同环境要素产生影响的风险事故情形,应分别进行设定。

② 对于火灾、爆炸事故,需将事故中未完全燃烧的危险物质在高温下迅速挥发释放至大气,以及燃烧过程中产生的伴生/次生污染物对环境的影响作为风险事故情形设定的内容。

③ 设定的风险事故情形发生可能性应处于合理的区间,并与经济技术发展水平相适应。对发生频率小于 $10^{-6}$/年的事件是极小概率事件,可作为代表性事故情形中最大可信事故设定的参考。

④ 风险事故情形设定的不确定性与筛选。由于事故触发因素具有不确定性,因此事故情形的设定并不能包含全部可能的环境风险,但通过具有代表性的事故情形分析可为风险管理提供科学依据。事故情形的设定应在环境风险识别的基础上筛选,设定的事故情形应具有危险物质、环境危害、影响途径等方面的代表性。

(四)最大可信事故源项分析

源项分析是识别项目建设和运营过程中的危险源,确定最大可信事故和估算危险化学品泄漏量。最大可信事故指在所有概率不为零的事故中,对环境(或健康)危害最严重的重大事故。重大事故即指有毒有害物着火、爆炸和有毒有害物泄漏,造成严重人员伤亡和财产损失及对环境造成严重污染的事故。《建设项目环境风险评价技术导则》(HJ/T 169—2018)推荐了危险化学品泄漏量计算公式和最大可信事故概率确定方法。

确定最大可信事故的原则是:应根据合理的假定情景、污染物向环境转移的途径及对环境的影响最大等,设定最大可信事故;需分别对不同环境要素的后果影响进行分析;一般不包括极端情况;同类污染物存在于不同功能单元,对同一环境要素的影响,可只分析其中一个功能单元发生的最大可信事故。

**1. 最大可信事故概率确定方法**

事故概率可采用事故树和事件树、归纳统计法确定。对典型类型事故的概率也可按有关的推荐值确定。

事故(故障)树分析法是利用图解的形式将大的故障分解成各种小的故障,并对各种引起故障的原因进行分解。由于图的形状像树枝一样,越分越多,故形象地称为事故树,这是环境风险分析中常用的方法。

(1)事故树分析

事故树分析方法适合大型复杂系统的安全性和可靠性的分析,用以反映导致到达顶事件的某一特定危险状态的所有可能故障。顶事件可以是某一特定事故序列,也可以是风险定量分析中认为重要的某一状态。通过事故树的分析,能估算出某一特定事故(顶事件)的发生概率。

例如,环境风险可分解为:有毒原料的输送和储存,某个生产线上单元反应过程的控制和有毒物料的单元操作,有毒成品的储存和外运等。

(2)事件树分析

事件树分析是从初因事件出发,按照事件发展的时序,分成阶段,对后继事件逐步分析;每一过程都按照发生或不发生两种或多种可能的状态进行分析,用水平树状图表示其可能后果的一种分析方法,可直观分析全过程及其各种状态的发生概率。

如以泄漏事故发生为顶事件的事故树分析,可获得导致事故排放的故障原因事件及发生概率,而事故排放的源强或事故后果的各种可能性需要结合事件树做进一步分析。

(3)统计法

由于采用事故树需要有元件或系统单元长期的事故率统计数据库支持,再加上环境系统的复杂性,经常难以估计事故树中基本原因事件的发生概率。实际工作中一般采取收集与建设项目相同或本行业同类企业运行中的事故长期统计值,包括事故发生次数、事故原因、危险化学品种类、生产装置或储运设施类别及事故后果等,作为确定待评价项目事故发生概率的依据。但由于化学品事故统计数据不是单纯从环境风险评价工作角度进行的,往往存在记录时间不连续,及不完全属于环境污染事故类型等的差异,会给最终判定事故发生的可能性带来不确定性。因此,环境风险评价过程中源项分析获得的事故概率,是个相对估计值,而不是客观的计算值。有时为了保守起见往往偏严格取值。

目前针对一些行业事故已经积累了较长周期的发生次数统计数字,并每年进行累积频率分析,如国际油气协会(International Association of Oil &Gas Producers)发布的 *Risk Assessment Data Directory*(2010,3),报道了荷兰 TNO 紫皮书(*Guidelines for Quantitative*)及 *Reference Manual Bevi Risk Assessments*;美国运输部和欧洲油气管道运营部门每年发布的油气管道泄漏统计数据库资料、泄漏统计年报等。国内油气储运和石化行业也积累了一些事故统计资料。

在《建设项目环境风险评价技术导则》(HJ 169—2018)的附录 E 中,给出的泄漏频率推荐值,包括泄漏事故类型如容器、管道、泵体、压缩机、装卸臂和装卸软管的泄漏和破裂等事故情形的泄漏频率,在建设项目环境风险评价中可直接引用,其主要来源于国际油气协会发布的风险评价数据信息。

**2. 危险化学品事故泄漏量估算方法**

一般考虑容器、储罐、管道、泵类、阀门、反应釜、塔等的泄漏事故,并假定容器或储罐整体破裂、管道完全折断或部分裂口泄漏,泵体或压缩机泄漏、破裂及阀门泄漏等。

事故源项参数包括有毒有害物质名称、排放方式、排放速率、排放时间、排放量、排放源几何参数等。

事故源强设定采用计算法和经验估算法。计算法适用于以腐蚀或应力作用等引起的泄漏型为主的事故;经验估算法适用于以火灾爆炸或碰撞等突发事故为前提的危险物质释放。

《建设项目环境风险评价技术导则》(HJ/T 169—2018)推荐的估算方法有液体泄漏速率、气体泄漏速率、两相流泄漏速率和泄漏液体蒸发量的计算等。

(1)液体泄漏速率

液态泄漏速率 $Q_L$ 用伯努利方程计算(限制条件为液体在喷口内不应有急骤蒸发):

$$Q_L = C_d A \rho \sqrt{\frac{2(P-P_0)}{\rho} + 2gh} \qquad (5-1)$$

式中:$Q_L$——液体泄漏速率,kg/s;

$P$——容器内介质压力,Pa;

$P_0$——环境压力,Pa;

$\rho$——泄漏液体密度,kg/m$_3$;

$g$——重力加速度,9.81 m/s$_2$;

$h$——裂口之上液位高度,m;

$C_d$——液体泄漏系数,按表 F.1 选取;$A$——裂口面积,m$^2$;见表 5-4。

表 5-4 液体泄漏系数($C_d$)

| 雷诺数 Re | 裂口形状 | | |
|---|---|---|---|
| | 圆形(多边行) | 三角形 | 长方形 |
| >100 | 0.65 | 0.60 | 0.55 |
| ≤100 | 0.50 | 0.45 | 0.40 |

(2)气体泄漏

当下式成立时,气体流动属音速流动(临界流)

$$\frac{P_0}{P} \leqslant \left(\frac{2}{\gamma+1}\right)^{\frac{\gamma}{\gamma-1}} \qquad (5-2)$$

当下式成立时,气体流动属于亚音速流(次临界流):

$$\frac{P_0}{P} > \left(\frac{2}{\gamma+1}\right)^{\frac{\gamma}{\gamma-1}} \qquad (5-3)$$

式中：$P$——容器压力，Pa；

$P_0$——环境压力，Pa；

$\gamma$——气体的绝热指数（比热容比），即定压比热容 $C_p$ 与定容比热容 $C_V$ 之比；假定气体特性为理想气体，其泄漏速率 $Q_G$ 按下式计算：

$$Q_G = YC_d AP \sqrt{\frac{M\gamma}{RT_G}\left(\left(\frac{2}{\gamma+1}\right)^{\frac{\gamma+1}{\gamma-1}}\right)} \tag{5-4}$$

式中：$Q_G$——气体泄漏速率，kg/s

$P$——容器压力，Pa；

$C_d$——气体泄漏系数；当裂口形状为圆形时取 1.00，三角形时取 0.95，长方形时取 0.90；

$M$——物质的摩尔质量，kg/mol；

$R$——气体常数，J/（mol·K）；

$T_G$——气体温度，K；

$A$——裂口面积，$m^2$；

$Y$——流出系数，对于临界流 $Y=1.0$；对于次临界流还需另行计算。

（3）泄漏液体蒸发速率

泄漏液体的蒸发量分为闪蒸蒸发、热量蒸发和质量蒸发，其蒸发总量为这三种蒸发之和。

① 闪蒸蒸发估算

过热液体散蒸量 $Q_1$ 的估算可按下式估算：

$$Q_1 = F \cdot W_T / t_1 \tag{5-5}$$

式中：$Q_1$——闪蒸量，kg/s；

$W_T$——液体泄漏总量，kg；

$t_1$——闪蒸蒸发时间，s；

$F$——蒸发的液体占液体总量的比例，按下式计算：

$$F = C_p \frac{T_L - T_b}{H} \tag{5-6}$$

式中：$C_p$——液体的定压比热容，J/（kg·K）；

$T_L$——泄漏前液体的温度，K；

$T_b$——液体在常压下的沸点，K；

$H$——液体汽化热，J/kg。

② 热量蒸发

当液体闪蒸不完全，有一部分液体在地面形成液池，并吸收地面热量而汽化称为热量蒸发。热量蒸发的蒸发速度 $Q_2$ 按下式计算：

$$Q_2 = \frac{\lambda S \times (T_0 - T_b)}{H\sqrt{\pi\alpha t}} \tag{5-7}$$

式中：$Q_2$——热量蒸发速度，kg/s；

$T_0$——环境温度，K；

$T_b$——沸点，K；

$S$——液池面积，$m^2$；

$H$——液体汽化热，J/kg；

$\lambda$——表面热导率，W/(m·K)；

$\alpha$——表面热扩散率，$m^2/s$；

$t$——蒸发时间，s。

③ 质量蒸发

当热量蒸发结束后，转由液池表面气流运动使液体蒸发，称之为质量蒸发，其蒸发速度 $Q_3$ 按下式计算：

$$Q_3 = a \times p \times M / (R \times T_0) \times u^{(2-n)/(2+n)} \times r^{(4+n)/(2+n)} \qquad (5-8)$$

式中：$Q_3$——质量蒸发速度，kg/s；

$a,n$——由大气稳定度决定的液池蒸发模式参数，见表5-5；

$p$——液体表面蒸气压，Pa；

$R$——气体常数，J/(mol·K)；

$T_0$——环境温度，K；

$u$——风速，m/s；

$r$——液池半径，m。

表5-5 液池蒸发模式参数

| 稳定度条件 | $n$ | $a$ |
|---|---|---|
| 不稳定($A,B$) | 0.2 | $3.846 \times 10^{-3}$ |
| 中性($D$) | 0.25 | $4.685 \times 10^{-3}$ |
| 稳定($E,F$) | 0.3 | $5.285 \times 10^{-3}$ |

④ 液体蒸发总量的计算

液体蒸发总量按下式计算：

$$W_p = Q_1 t_1 + Q_2 t_2 + Q_3 t_3 \qquad (5-9)$$

式中：$W_p$——液体蒸发总量，kg；

$Q_1$——闪蒸液体蒸发速率，kg/s；

$Q_2$——热量蒸发速率，kg/s；

$Q_3$——质量蒸发速率，kg/s；

$t_1$——闪蒸蒸发时间，s；

$t_2$——热量蒸发时间，s；

$t_3$——从液体泄漏到全部清理完毕的时间，s。

（4）燃烧产物中有害物质排放量的计算

以火灾爆炸突发因素为前提的事故引起的物质泄漏量，未完全燃烧的危险物质在高温下迅速挥发释放至大气，燃烧物质燃烧过程中同时产生伴生和次生物质。火灾事故物质燃烧分解产物源强确定按燃烧分解反应估算。对火灾爆炸或碰撞等突发事故为前提的危险物质释放,一般采用经验估算法。

泄漏物质形成的液池面积以不超过泄漏单元的围堰(堤)内面积计。液池最大直径取决于泄漏点附近的地域构型、泄漏的连续性或瞬时性。有围堰时,以围堰最大等效半径为液池半径;无围堰时,设定液体瞬间扩散到最小厚度时,推算液池等效半径。

在进行原油或其产品燃烧产物排放量计算中,对燃烧产生的一氧化碳(CO)和二氧化硫($SO_2$)等应优先类比同类事故的实测排放数据,缺乏实测数据时,常采用环境统计中的公式:

(1)CO

$$G_{CO} = 2\,330qC \tag{5-10}$$

式中:$G_{CO}$——CO 的产生量,g/kg;

$C$——原油中碳的质量分数,%;

$q$——化学不完全燃烧值,%。

(2)$SO_2$

$$G_{SO_2} = 2 \times S \times \eta \times Q \tag{5-11}$$

式中:$G_{SO_2}$——$SO_2$的产生量,kg/s;

$S$——原油硫含量,%;

$\eta$——燃烧产生 $SO_2$ 率,%;

$Q$——原油燃烧速度,kg/s。

原油的沸点高于环境温度。因此,其燃烧速度可根据下式进行计算:

$$m_f = \frac{0.001H_c}{C_p(T_b - T_a) + H_v} \tag{5-12}$$

式中:$m_f$——液体单位表面积燃烧速度,kg/($m^2 \cdot s$);

$H_c$——液体燃烧热,J/(kg·K);

$C_p$——液体的定压比热容,J/(kg·K);

$T_b$——液体的沸点,K;

$T_a$——环境温度,K;

$H_v$——液体在常压沸点下的蒸发热(汽化热),J/kg。

对于直接泄漏排放的物料,常常采用按照储存设施或生产设施的存在量、压力和泄漏孔径的大小进行泄漏量的估算。例如船舶运输碰撞、触礁等事故,物质泄漏量按所在航道和港口区域事故统计最大泄漏量计。对无相似水域统计资料的事故,物质泄漏量按船的单舱载量比例计。管道运输事故物质泄漏量按管道截面 100%断裂估算泄漏量。应考虑截断阀启动前后的泄漏量。截断阀启动前,泄漏量按实际工况确定;截断阀启动后,泄漏量以管道泄压至与环境压力平衡所需要时间计。

**3. 泄漏时间的确定**

物质泄漏时间应结合工程实际情况考虑,在有正常的控制措施的条件下,一般可按控制阀关闭和抢维修结束作为泄漏时间估计值,一般工业生产设施通过装置或管道泄漏时间可按 5~30 min 计,储罐泄漏事故常常根据消防水量配置时间确定,最长可达 6 h。

# 第三节 环境风险后果影响预测分析方法

火灾、爆炸和泄漏三种风险类型发生后,其直接、次生和伴生的污染物均会以不同的形式进入大气环境、水环境、土壤环境和生态环境中,后果预测方法在大气环境风险影响后果计算和水环境影响后果计算方面比较成熟,因此,环境风险评价技术导则中只对大气环境和水环境风险评价提出了后果影响预测要求,在《建设项目环境影响评价技术导则 地表水环境》(HJ 2.3—2018)和《建设项目环境影响评价技术导则 地下水环境》(HJ 610—2016)中分别提出了对该类水环境的事故后果影响预测方法;对于泄漏物质对土壤或生态的后果影响,目前一般采用土壤背景值调查结果、生态学和毒理学实验结果进行定性或半定量的影响分析,其中在《建设项目环境影响评价技术导则 土壤环境(试行)》(HJ 964—2018)规定了泄漏物质入渗的土壤环境中的后果影响预测方法。

后果计算是在风险识别和源项分析的基础上,对最大可信事故造成的环境(或健康)危害和影响进行预测分析。对事故泄漏释放入环境的有毒有害物,因在水体中弥散、在大气中扩散,进而引发的环境污染、危害人群健康、影响生态环境的后果进行预测,确定影响范围和程度。

环境空气风险后果影响预测主要评价是否超过毒性终点浓度-1 和毒性终点浓度-2、最大浓度及出现距离,给出预测浓度分布图。

水环境风险后果影响预测主要给出在地表水体或地下水中泄漏物质或油膜的扩散半径、运动轨迹图、地下水迁移扩散浓度图等,预测到达环境敏感区的时间和距离等。

## 一、环境空气

基于最大可信事故源项,选取最不利气象条件。目前有些评价者正在尝试采用CALPUFF 模式,对计算网格和关心点进行毒物泄漏浓度分布计算,计算危险物质或扩散的污染物的毒性终点浓度-1 和毒性终点浓度-2 分布及到达的最大范围。计算范围设置为:远场格距 500 m×500 m,近场格距 200 m×200 m,浓度计算取样时间分别为 10 min 和 2 min。但由于事故发生后是在短时间内的扩散行为,对于气象资料取样时间的确定,在应用 CALPUFF 模式时还有不同的看法。因此,目前比较公认的还是依据环境风险评价导则推荐的预测模式。

有毒有害物质在大气中的扩散,可采用《建设项目环境风险评价技术导则》(HJ 169—2018)附录 G 中推荐的模型计算,包括 SLAB 和 AFTOX 两类预测模型,其中 SLAB 模型适用于平坦地形下重质气体排放的扩散模拟,AFTOX 模型适用于平坦地形下中性气体和轻质气体排放以及液池蒸发气体的扩散模拟。

SLAB 模型是对重质气体污染物的扩散、复杂地形条件下污染物的扩散所采用的重气体扩散模式,用于预测有毒有害物质在最不利气象条件下轴线最大浓度及出现地点。处理的排放类型包括地面水平挥发池、抬升水平喷射、烟囱或抬升垂直喷射及瞬时体源。SLAB模型可以在一次运行中模拟多组气象条件,但模型不适用于实时气象数据输入。

AFTOX 模型适用于平坦地形下中性气体和轻质气体排放及液池蒸发气体的扩散模拟。AFTOX 模型可模拟连续排放或瞬时排放,液体或气体,地面源或高架源,点源或面源的指定位置浓度、下风向最大浓度及其位置等。

模型选择时,需先计算理查德森数 $R_i$,并根据 $R_i$ 值判断为轻质气体还是重质气体,再选择采用的模型。

(一)理查德参数计算模式

**1. 理查德森数定义**

通常采用理查德森数($R_i$)作为标准进行判断,其用于判定烟团/烟羽是否为重质气体,取决于它相对空气的"过剩密度"和环境条件等因素[见《建设项目环境风险评价技术导则》(HJ/T 169—2018)附录 G]。

(1)$R_i$的概念公式

$$R_i = \frac{环境的湍流动能}{烟团的势能} \quad (5-13)$$

$R_i$ 是个流体动力学参数。根据不同的排放性质,理查德森数的计算公式不同。一般地,依据排放类型,理查德森数的计算分连续排放、瞬时排放两种形式:

① 连续排放:

$$R_i = \frac{\left[\frac{g(Q/\rho_{rel})}{D_{rel}} \times \left(\frac{\rho_{rel} - \rho_a}{\rho_a}\right)\right]^{\frac{1}{3}}}{U_r} \quad (5-14)$$

② 瞬时排放:

$$R_i = \frac{g(Q_t/\rho_{rel})^{\frac{1}{3}}}{U_r^2} \times \frac{(\rho_{rel} - \rho_a)}{\rho_a} \quad (5-15)$$

式中:$\rho_{rel}$——排放物质进入大气的初始密度,kg/m³;

$\quad$ $\rho_a$——环境空气密度,kg/m³;

$\quad$ $Q$——连续排放烟羽的排放速率,kg/s;

$\quad$ $Q_t$——瞬时排放的物质质量,kg;

$\quad$ $D_{rel}$——初始的烟团宽度,即源直径,m;

$\quad$ $U_r$——10 m 高处风速,m/s。

判定连续排放还是瞬时排放,可以通过对比排放时间 $T_d$ 和污染物到达最近的受体点(网格点或敏感点)的时间 $T$ 确定。

$$T = 2X/U_r$$

式中:$X$——事故发生地与计算点的距离,m;

$\quad$ $U_r$——10 m 高处风速,m/s。假设风速和风向在 $T$ 时间段内保持不变。

当 $T_d > T$ 时,可被认为是连续排放的;当 $T_d \leq T$ 时,可被认为是瞬时排放。

(2)判断标准

对于连续排放,$R_i \geq 1/6$ 为重质气体,$R_i < 1/6$ 为轻质气体;

对于瞬时排放,$R_i > 0.04$ 为重质气体,$R_i \leq 0.04$ 为轻质气体。

当 $R_i$ 处于临界值附近时,说明烟团/烟羽既不是典型的重质气体扩散,也不是典型的轻质气体扩散。可以进行敏感性分析,分别采用重质气体模型和轻质气体模型进行模拟,选取影响范围最大的结果。

**2. 地形条件**

当泄漏事故发生在丘陵、山地等时,应考虑地形对扩散的影响,选择适合的大气风险预测模型。选择其他技术成熟的风险扩散模型,应说明模型选择理由,分析其应用合理性。

**(二)预测参数**

**1. 地表粗糙度**

地表粗糙度一般由事故发生地周围 1 km 范围内占地面积最大的土地利用类型来确定。地表粗糙度取值可依据模型推荐值。

**2. 地形数据**

当考虑地形对扩散的影响时,所采用的地形原始数据分辨率一般不应小于 30 m。

**3. 事故泄漏释放时间**

一般压力容器、管道或装置在 30 min 内视为可控的释放时间。对于常压储存设施,例如各类石油及其产品储罐,依消防水配置量确定释放时间,最长可达 6 h 或更多,应结合项目工程设计资料并调查同类事故界定释放时间。

**(三)预测结果的分析**

**1. 有毒有害气体大气伤害浓度分布表达**

按照有毒有害物质致伤害阈值,通常仅预测最不利气象条件下的轴线最大浓度和出现距离,即可判断是否出现超过大于毒性终点浓度-1 或毒性终点浓度-2 浓度的预测值,分析说明该浓度范围内的环境保护目标情况(社会关注区、人口分布等)。

如果采用某一取样时段内的气象资料获得项目区周边网格点浓度分布,需图示大于毒性终点浓度-1 或毒性终点浓度-2 的包络线范围。

事故后果预测参考的临界限即危险物质危害阈值,需要根据毒理学资料选取。例如,根据资料,原油和石油气、CO 及 $SO_2$ 环境危害阈值见表 5-6～表 5-8。

表 5-6　石油气环境危害阈值

| 损　害　特　征 | 原油浓度限值/ $(mg \cdot m^{-3})$ | 石油气浓度限值/ $(mg \cdot m^{-3})$ |
|---|---|---|
| 半致死浓度[参照 120 号溶剂汽油 2 h(小鼠吸入)] | 103 000 | |
| IDLH 值(参照汽油馏分) | 4 500 | |
| GBZ2.1—2007 短时间接触容许浓度限值 (参照溶剂汽油 PC-TWA 值) | 300 | |
| 毒性终点浓度-1 | | 720 000 |
| 毒性终点浓度-2 | | 410 000 |

表 5-7　CO 环境危害阈值

| 损　害　特　征 | CO 浓度限值/ $(mg \cdot m^{-3})$ |
|---|---|
| 半致死浓度(大鼠吸入) | 2 069(4 h,大鼠吸入) |
| 对人致死浓度 | 16 250(1 h) |
| IDLH 值(修订浓度) | 1 400 |

续表

| 损 害 特 征 | CO 浓度限值/(mg·m$^{-3}$) |
|---|---|
| GBZ2.1—2007 短时间接触容许浓度限值 | 30(15 min) |
| 毒性终点浓度-1 | 380 |
| 毒性终点浓度-2 | 95 |

表 5-8　SO$_2$环境危害阈值

| 损 害 特 征 | SO$_2$浓度限值/(mg·m$^{-3}$) |
|---|---|
| 半致死浓度(大鼠吸入) | 6 600(1 h,大鼠吸入) |
| 对人致死浓度 | 14 286(5 min) |
| IDLH 值(修订浓度) | 270 |
| GBZ2.1—2007 短时间接触容许浓度限值 | 10(15 min) |
| 毒性终点浓度-1 | 79 |
| 毒性终点浓度-2 | 2 |

**2. 有毒有害气体大气伤害概率估算**

指暴露于有毒有害物质气团下、无任何防护的人员,因物质毒性而导致死亡的概率。可查表取值或用公式进行计算,估算方法为:

$$P_E = 0.5 \times \left[ 1 + erf\left( \frac{Y-5}{\sqrt{2}} \right) \right] \quad (Y \geq 5 \text{ 时}) \tag{5-16}$$

$$P_E = 0.5 \times \left[ 1 - erf\left( \frac{|Y-5|}{\sqrt{2}} \right) \right] \quad (Y < 5 \text{ 时}) \tag{5-17}$$

式中:$P_E$——人员吸入毒性物质而导致急性死亡的概率;

$Y$——中间量,量纲 1。可采用下式估算:

$$Y = A_t + B_t \ln[C^n \cdot t_e] \tag{5-18}$$

其中:$A_t$、$B_t$ 和 $n$——与毒物性质有关的参数;

$C$——接触的质量浓度,mg/m$^3$;

$t_e$——接触 $C$ 质量浓度的时间,min。

缺乏计算参数时,也可采用查表的方法直接选取,见表 5-9。

表 5-9　毒性计算中各 $Y$ 值所对应的死亡百分率

| 死亡率/% | 0 | 1 | 2 | 3 | 4 | 5 | 6 | 7 | 8 | 9 |
|---|---|---|---|---|---|---|---|---|---|---|
| 0 | | 2.67 | 2.95 | 3.12 | 3.25 | 3.36 | 3.45 | 3.52 | 3.59 | 3.66 |
| 10 | 3.72 | 3.77 | 3.82 | 3.87 | 3.92 | 3.96 | 4.01 | 4.05 | 4.08 | 4.12 |
| 20 | 4.16 | 4.19 | 4.23 | 4.26 | 4.29 | 4.33 | 4.26 | 4.39 | 4.42 | 4.45 |
| 30 | 4.48 | 4.50 | 4.53 | 4.56 | 4.59 | 4.61 | 4.64 | 4.67 | 4.69 | 4.72 |
| 40 | 4.75 | 4.77 | 4.80 | 4.82 | 4.85 | 4.87 | 4.90 | 4.92 | 4.95 | 4.97 |

续表

| 死亡率/% | 0 | 1 | 2 | 3 | 4 | 5 | 6 | 7 | 8 | 9 |
|---|---|---|---|---|---|---|---|---|---|---|
| 50 | 5.00 | 5.03 | 5.05 | 5.08 | 5.10 | 5.13 | 5.15 | 5.18 | 5.20 | 5.23 |
| 60 | 5.25 | 5.28 | 5.31 | 5.33 | 5.36 | 5.39 | 5.41 | 5.44 | 5.47 | 5.50 |
| 70 | 5.52 | 5.55 | 5.58 | 5.61 | 5.64 | 5.67 | 5.71 | 5.74 | 5.77 | 5.81 |
| 80 | 5.84 | 5.88 | 5.92 | 5.95 | 5.99 | 6.04 | 6.08 | 6.13 | 6.18 | 6.23 |
| 90 | 6.28 | 6.34 | 6.41 | 6.48 | 6.55 | 6.64 | 6.75 | 6.88 | 7.05 | 7.33 |
| 99 | 0.0 | 0.1 | 0.2 | 0.3 | 0.4 | 0.5 | 0.6 | 0.7 | 0.8 | 0.9 |
| | 7.33 | 7.37 | 7.41 | 7.46 | 7.51 | 7.58 | 7.58 | 7.65 | 7.88 | 8.09 |

## 二、水环境

### （一）水力联系及迁移转化途径分析的作用

**1. 水力联系分析**

水环境风险预防有两个重要的原则。一是控制有毒有害物质进入水环境的途径,包括事故直接导致的和事故处理处置过程间接导致的有毒有害物质进入水体的通道;二是泄漏物料一旦进入水体后,控制其进一步进入敏感水域的可能途径,即对于开敞水域,应分析有毒有害物质在该水域的迁移转化途径。

进行环境后果预测前,查清项目区域水系及地表河流(江)之间、地表水与地下水之间或地表河流(江)与湖泊、水库之间或地表河流(江)与海洋之间的水力联系已成为水环境风险评价的重要工作内容。

**2. 有毒有害物质在水体中的迁移转化途径分析**

对于有毒有害物质直接泄漏的情形,当物质的相对密度 $\rho \leqslant 1$ 时,需要分析其在水体中的溶解、吸附、挥发特性;当物质的相对密度 $\rho > 1$ 时,需要分析其在底泥层的吸附、溶解特性。

**3. 有毒有害物质进入水体的物理形态分析**

环境风险评价针对的事故类型为突发性泄漏的有毒有害物质,其具有短时间内排放数量大、浓度高等特点。在进入水体后,这些物质有些是水溶性的,有些虽然不溶于水但粒径很小可在水中呈分散状,有些则在水面形成一层油膜或漂浮在水表面。有毒有害物质的相对密度往往可反映其在水体中的物理形态。

### （二）地表河流环境风险后果预测方法

**1. 有毒有害物质进入河流的预测方法**

有毒有害物质进入河流有多种形态。一种是溶于水或随污水排放进入河流,例如各类含重金属的废液或高浓度有机废水。另一种是不溶于水但可分散在水体中的物质或漂浮在水体表面的物质,例如溢油。因此,预测方法差别较大,通常要考虑进入水体中有毒有害物质的相对密度。

一般包括瞬时源和有限时段源,特别是高浓度污水中有害有毒物质进入水体中,通过现有的水质模式几乎都可以直接或间接用于预测。

预测有毒有害物质在水体中的浓度分布,给出损害阈值范围内的环境保护目标情况、相应的影响时段。对于相对密度 $\rho > 1$ 的有毒有害物质,还应分析吸附在底泥中的有毒有害物质数量。

各类水质预测模式可参见相关地表水评价规范或文献。

(1)瞬时排放河流一维水质影响预测模式

适用有毒有害物质的相对密度 $\rho \leq 1$ 情形。在河流水体足以使泄漏的有毒有害物质迅速得到稀释(初始稀释浓度达到溶解度以下),泄漏点与环境保护目标的距离大于混合过程段长度时,水体中溶解态有毒有害物质的预测计算可采用河流一维水质影响预测模式。在泄漏点下游 $x$ 处,可预测有毒有害物质的峰值浓度(假设 $P = 0$,最大影响浓度值)。

(2)瞬时点源河流二维水质影响预测

适用有毒有害物质的相对密度 $\rho \leq 1$ 情形。可以采用有限差分法和有限元法进行数值求解的河流二维水质预测数值模式和河流二维水质预测解析模式。

(3)有毒有害物质泄漏到河流中的影响预测方法

适用相对密度 $\rho > 1$ 情形,需考虑与河流混合情况。

① 在有毒有害物质较为集中地泄漏到河床,并且它的溶解直接受到沉积薄层控制的情形,要计算扩散层的厚度;

② 分别计算在泄漏区域的下游侧,且与河流完全混合之前,有毒有害物质在水体中的浓度和在完全混合处的浓度;

③ 计算溶解有毒有害物质所需要的时间,指在经过初始溶解后,剩余部分将留在河床泥沙中,它们自然地释放和扩散返回到水体所需要的时间,可能大大超过初始溶解所需要的时间。

**2. 河流溢油扩散预测方法**

溢油一般相对密度比水小,油膜会漂浮在水体表面。河流溢油一般可以考虑表面浮油移动距离和时间,用于初期应急和控制前缘油膜不致影响到敏感的水体或用水点(水生生态保护区或取水口),故通常按照静止水体试验模型预测。

油膜在水体中的扩散采用 Fay 溢油扩散模型。该理论把油膜在水中的扩散分为三个阶段:重力扩散阶段、黏性扩散阶段和表面张力扩散阶段。各阶段油膜视为半径为 $R$ 的等效圆扩散,每一阶段的扩散尺度都是时间 $t$、溢油体积 $V$ 和水物理性质的函数。溢油在静止水体中的扩散距离预测模型三个阶段。

第一阶段(重力扩散阶段):

$$R_1 = 1.14(\Delta g V)^{\frac{1}{4}} \cdot t^{\frac{1}{2}} \tag{5-19}$$

第二阶段(黏性扩散阶段):

$$R_2 = 1.45\left(\frac{\Delta g V^2}{\gamma_w^{\frac{1}{2}}}\right)^{\frac{1}{6}} \cdot t^{\frac{1}{4}} \tag{5-20}$$

第三阶段(表面张力扩散阶段):

$$R_3 = 2.30\left(\frac{\sigma^2}{\rho_w^2 \gamma_w}\right)^{\frac{1}{4}} \cdot t^{\frac{3}{4}} \tag{5-21}$$

当油膜连续扩散,油膜厚度减到某一临界值时,在波浪和表面湍流的作用下,油膜被撕

裂成碎片,即进入碎片紊动阶段,并形成了连续油膜的最大面积 $A_{\max}$:

$$A_{\max} = 10^5 \times V^{3/4} \qquad (5-22)$$

在运动的水体中,油膜随着水流迁移,也随时间扩展。因此,溢油后油膜影响的距离为

$$S = ut + \frac{1}{2}L \qquad (5-23)$$

$$u = u_w + u_a \qquad (5-24)$$

式中:$R_1$、$R_2$、$R_3$——油膜扩散距离,m;

$$\Delta = 1 - \frac{\rho_0}{\rho_w} \qquad (5-25)$$

$\rho_0$——油的密度;

$\rho_w$——水的密度,取 1 000 kg/m³;

$g$——重力加速度,取 9.8 m/s²;

$V$——溢油量,m³;

$\gamma_w$——水的运动黏滞系数,取 $1.01 \times 10^{-6}$ m²/s;

$\sigma$——净表面张力系数,取 0.03 N/m;

$t$——时间,s;

$L$——油膜扩散长度,$L = 2R$,m;

$A_{\max}$——连续油膜的最大面积,m²;

$S$——油膜影响的距离,m;

$u$——油膜中心漂移速度,m/s;

$u_w$——河道水流速度,m/s;

$u_a$——风速,$u_a = 0.035 \times u_{10}$,$u_{10}$ 为当地水面以上 10 m 处的风速。

（三）地下水环境风险后果预测方法

污水中有毒有害物质或单纯的储存容器或管道中物料在正常运营期间有可能产生跑冒滴漏现象及发生设施断裂事故。当发生泄漏时,有毒有害物质通过土壤渗漏进入地下水,或通过被污染的补给水源途径污染地下水;泄漏物质也可下渗到包气带土体。有毒有害物质首先进入包气带。在包气带中污染物的运移以垂向为主,所发生的过程主要包括对流、弥散、吸附/解吸、生物降解及挥发等。当污染物穿透了包气带后就会到达地下水位面处。对于油类物质,由于比水轻,通常会聚集在地下水位面以上的毛细带中,并随着地下水的流向在毛细带中开始水平方向的扩展。在这个过程中,污染物会不断地向下溶解到地下水中。一旦污染物进入饱和地下水中,就会较快地在地下水体中迁移,从而危害地下水的质量。

按照评价等级判定,一级评价项目通常要采用三维扩散模式,二级评价项目至少应采用解析模式进行评价。详见《环境影响评价技术导则 地下水环境》(HJ 610—2016)。

根据项目特点及项目所在地区的环境特征,通过现场踏勘及水文地质勘查工作,查明项目所在地水文地质条件、地下水开发利用现状;对项目建成后可能造成的地下水环境污染及环境影响范围与程度,对非正常工况和事故状态进行分析论证,需综合评价范围内的地下水功能区划、补径排条件、村民饮用潜水井和与项目的关系、地下水水源地分布、水文地质特征等因素。对于线性工程,还应本着以点代线的原则,分析项目在发生事故断裂和跑冒滴漏的情景下对敏感点和水源地、居民分散饮用水井的影响。根据地下水环境影响评价与预测结

果提出地下水环境的保护措施与建议；从地下水环境保护的角度论证项目建设的可行性结论。

地下水影响评价根据项目特点及保护目标，确定地下水环境评价的重点。应包括项目正常工况下，定性分析浅层地下水的环境影响；非正常工况下，运用模式预测对浅层地下水的影响；在项目事故状态下，运用模式预测有毒有害物质泄漏对浅层地下水的影响。

**1. 预测内容及方法**

采用地下水动力学模式预测油类污染物在含水层中的扩散，并作以下条件假定：① 污染物进入地下水对渗流场没有明显的影响；② 预测区内地下水的运动是稳定流；③ 污染物在地下水中的运移按"活塞推挤"方式进行；④ 预测区内含水层的基本参数（如渗透系数、厚度、有效孔隙度等）不变。

在上述概化条件下，结合降水入渗条件、项目区水文地质条件和地下水动力特征，对管道或容器断裂泄漏情景下污染物的扩散速度进行预测，分析泄漏事故对敏感保护目标的环境影响。

**2. 预测模型**

根据《环境影响评价技术导则 地下水环境》(HJ 610—2016)附录 D(常用地下水评价预测模型)中 D.1.2.2 一维稳定流动二维水动力弥散问题所给出的解析法求解公式。

埋地设施发生腐蚀穿孔，造成有毒有害物质长期滴漏对地下水的影响采用"连续注入示踪剂——平面连续点源"公式：

$$c(x,y,t)=\frac{m_{\mathrm{t}}}{4\pi Mn\sqrt{D_{\mathrm{L}}D_{\mathrm{T}}}}\mathrm{e}^{\frac{xu}{2D_{\mathrm{L}}}}\left[2K_0(\beta)-W\left(\frac{u^2t}{4D_{\mathrm{L}}},\beta\right)\right] \tag{5-26}$$

$$\beta=\sqrt{\frac{u^2x^2}{4D_{\mathrm{L}}^2}+\frac{u^2y^2}{4D_{\mathrm{L}}D_{\mathrm{T}}}} \tag{5-27}$$

式中： $x,y$——计算点处的位置坐标；

$t$——时间，d；

$c(x,y,t)$——$t$ 时刻点 $x,y$ 处的示踪剂浓度，g/L；

$M$——承压含水层的厚度，m；

$m_{\mathrm{t}}$——单位时间注入示踪剂的质量，kg/d；

$u$——水流速度，m/d；

$n$——有效孔隙度，量纲为 1；

$D_{\mathrm{L}}$——纵向弥散系数，m²/d；

$D_{\mathrm{T}}$——横向 $y$ 方向的弥散系数，m²/d；

$K_0(\beta)$——第二类零阶修正贝塞尔函数；

$W\left(\dfrac{u^2t}{4D_{\mathrm{L}}},\beta\right)$——第一类越流系统井函数。

由于最大浓度出现在沿一维流动方向 $x$ 轴的方向，取 $y=0$ 进行评价计算。水动力弥散系数取平均值，则 $\overline{D}=\sqrt{D_{\mathrm{L}}D_{\mathrm{T}}}$。

假设发生泄漏，将污染物概化为瞬时点源，对地下水的影响预测采用"瞬时注入示踪剂平面瞬时点源"公式：

$$c(x,y,t)=\frac{m_{\mathrm{M}}/M}{4\pi nt\sqrt{D_{\mathrm{L}}D_{\mathrm{T}}}}\mathrm{e}^{-\left[\frac{(x-ut)^2}{4D_{\mathrm{L}}t}+\frac{y^2}{4D_{\mathrm{T}}t}\right]} \tag{5-28}$$

式中：$x,y$——计算点处的位置坐标；

$t$——时间，d；

$c(x,y,t)$——$t$ 时刻点 $x,y$ 处的示踪剂浓度，g/L；

$M$——承压含水层的厚度，m；

$m_{\mathrm{M}}$——长度为 $M$ 的线源瞬时注入的示踪剂质量，kg；

$u$——水流速度，m/d；

$n$——有效孔隙度，量纲为 1；

$D_{\mathrm{L}}$——纵向弥散系数，$\mathrm{m}^2/\mathrm{d}$；

$D_{\mathrm{T}}$——横向 $y$ 方向的弥散系数，$\mathrm{m}^2/\mathrm{d}$。

（四）海洋环境风险后果预测方法

**1. 有毒有害物质进入海洋扩散预测方法**

适合海洋水质扩散预测的方法，均可采用《海洋工程环境影响评价技术导则》（GB/T 19485—2014）推荐的模式。

**2. 溢油在海湾、河口的溢油扩散预测要求**

对于在海湾、河口发生油品泄漏的突发性事故情景，油品扩散影响预测可采用包括水动力学模型、油膜扩散模型、油品风化模型、岸线吸收模型、油品挥发模型等。开展海湾、河口溢油预测需要在潮流场验证基础上建立水流模型，然后再采用溢油预测模型进行溢油扩散预测。溢油预测主要考虑以下几个方面。

（1）调查并结合半岛区域所有排海口或排海管道（污水排放口、雨水和清洁废水排放口）设置情况，确定泄漏物质可能的入海通道。

（2）海洋溢油环境风险评价：对装置和码头、管道和储罐等设施进行实际在线量调查和事故点定位，对三级风险防控体系进行检查和假定溢油点类型，完善海洋溢油环境风险评价内容和评价环境风险防范措施和应急响应措施的有效性。

（3）调查并分析油码头、石化油品码头、化工品码头等及航道分布情况，收集区域内现有的码头和航道溢油预测结果，确定码头和航道溢油的影响范围和影响程度。

（4）收集评价海域现有项目已经完成的溢油预测结果，分析在不同海洋水文和潮流场条件下，溢油油膜扩散范围、扫海面积，对保护目标的影响程度。

（5）对潜在重大入海途径的陆源性排海口，充分收集已有的预测资料，分析泄漏物质进入海域的溢油扩散半径、扫海面积，出现的方位、距离，以及对海域风险保护目标的影响。当资料缺乏时，进行必要的补充预测。根据收集的海域潮流场和水文资料、气象资料，建立预测数值模型，补充新识别的泄漏物质进入海洋通道和溢油预测，评估溢油对海洋生态和海洋保护目标的影响。

**3. 溢油预测方法**

溢油预测方法包括潮流场模拟方法、溢油油膜漂移路径计算模型、油膜扩散范围计算模型。

（1）潮流场模拟方法

评价海域属于浅水海湾，其水平尺度远远大于其深度尺度，海水的垂向混合比较充分，拟采用深度平均二维化浅水潮波方程。即：

$$\frac{\partial \xi}{\partial t}+\frac{\partial}{\partial x}(Hu)+\frac{\partial}{\partial y}(Hv)=0 \tag{5-29}$$

$$\frac{\partial u}{\partial t}+u\frac{\partial u}{\partial x}+v\frac{\partial u}{\partial y}-fv+g\frac{\partial \xi}{\partial x}+g\frac{u\sqrt{u^2+v^2}}{HC^2}=0 \tag{5-30}$$

$$\frac{\partial v}{\partial t}+u\frac{\partial v}{\partial x}+v\frac{\partial v}{\partial y}-fu+g\frac{\partial \xi}{\partial y}+g\frac{v\sqrt{u^2+v^2}}{HC^2}=0 \tag{5-31}$$

式中:直角坐标系确定在平均海平面上,$u$、$v$ 分别为 $x$ 和 $y$ 方向上的深度平均速度分量;

$$H=\xi+h;$$

$\xi$——平均海平面以上的水位高度;

$h$——水深;

$C$——Chezy 系数,$C=\dfrac{(h+\xi)^{\frac{1}{6}}}{n}$,其中 $n$ 为 Manning 系数;

$f=z\omega\sin\varphi$,其中:$\omega$—地球自转角速度;$\varphi$—地理纬度;

$g$——重力加速度;

$t$——时间变量。

① 边界条件:边界条件分为闭边界和开边界。

闭边界即陆-水边界,规定垂直海岸的流速为零,即 $u_n=0$,$v_n=0$。

开边界即水-水边界,采用水位控制,即湾口边界上水位是通过观测获得的已知的时间函数,其形式为

$$\xi(t)=H_{M_2}\cos(\sigma_{M_2}t-g_{M_2}) \tag{5-32}$$

式中:$\xi(t)$——任意时刻的潮位;

$H_{M_2}$——$M_2$ 分潮的振幅;

$\sigma_{M_2}$——$M_2$ 分潮的角速度;

$g_{M_2}$——$M_2$ 分潮的迟角。

② 初始条件:在 $t=0$ 时,$\xi$,$u$,$v$ 为已知值,一般可以从静水起动,即 $\xi$,$u$,$v$ 等于零。

（2）溢油油膜漂移路径计算模型

首先计算表面流场和风场,然后进行矢量合成,得出油膜漂移方向和速度。

根据流场的模拟计算结果,在风场的处理上选择均匀常风场,风向为该海域的盛行风向。

假定海流和风同时作用于油膜质心,其漂移速度:

$$\vec{U}_{\text{oil}}=\vec{U}_{\text{water}}+\alpha D\,\vec{U}_{\text{air}} \tag{5-33}$$

式中:$\vec{U}_{\text{oil}}$——油膜质心的漂移速度,m/s;

$\vec{U}_{\text{water}}$——平均流速,m/s;

$\vec{U}_{\text{air}}$——海面以上 10 m 高处的风速,m/s;

$\alpha$——风漂流因子,3.15%;

$D$——风向转换矩阵。

当选取了时空不变的常风场时,风向转换矩 $D$ 阵等于 1,即油膜漂移方向不受风向转换

影响。

（3）油膜扩散范围计算模型

考虑到风和潮流的作用，油膜扩散长轴 $D_s$ 和短轴 $D_n$ 分别为

$$D_s = C_1 \Delta^{1/3} V^{1/3} (\Delta t)^{1/4} + C_2 (W_u)^{4/3} (\Delta t)^{3/4} \tag{5-34}$$

$$D_n = C_1 \Delta^{1/3} V^{1/3} (\Delta t)^{1/4} \tag{5-35}$$

长轴方向处于潮流和风所引起的海面流的合成方向上，其中 $C_1 = 1.1$，$C_2 = 0.03$，$\Delta = \dfrac{\rho_w - \rho_0}{\rho_0}$，$W_u$ 为风所引起的海面流和潮流的合成流所相当的海面风速。

油在海面上蒸发速率与油在海面上的面积、温度、海面风速、油膜厚度及油的种类等因素有关，其关系式可表示为：

$$DG = a \cdot \Delta t^b \tag{5-36}$$

式中：DG——单位面积油品蒸发量，$mg/cm^2$；

$\Delta t$——时间，h；

$a$、$b$——由实验求得的参数，其与油种、风速、温度及油膜厚度有关。

溢油的乳化动力学模型为：

$$\frac{dc}{dt} = R - kc \tag{5-37}$$

式中：$R$——乳化速率，$10^{-3}\ g \cdot dm^{-3} \cdot min^{-1}$；

$k$——凝聚速率常数；

$c$——油浓度。

当 $t$ 很小时，可以认为 $1 - e^{-kt}$ 近似等于 $kt$，则式（5-33）变为：

$$c = \frac{R}{k} (1 - e^{-kt}) \approx Rt \tag{5-38}$$

# 第四节 环境风险水平表征

结合各要素风险预测，分析说明建设项目环境风险的危害范围与程度。大气环境风险的影响范围和程度由大气毒性终点浓度确定，明确影响范围内的人口分布情况；地表水、地下水对照功能区质量标准浓度（或参考浓度）进行分析，明确对下游环境敏感目标的影响情况。目前新版导则不再要求关联风险值的风险表征内容，但环境风险评价后果分析的核心是风险评价，因此在环境风险研究中计算风险值还是必要的。本书仍保留风险表征的介绍内容。

## 一、风险值计算

环境风险可采用后果分析、概率分析等方法开展定性或定量评价，以避免急性损害为重点，确定环境风险防范的基本要求。

风险计算是后果评价，可综合分析确定最大可信事故危害程度。

通常用风险值评价事故后果，风险值定义为：

$$风险值\left[\frac{后果}{时间}\right] = 概率\left[\frac{事故数}{单位时间}\right] \times 危害程度\left[\frac{后果}{每次事故}\right] \qquad (5\text{-}39)$$

最大可信事故的风险值小于等于同行业可接受风险水平,则认为项目的风险水平可以接受,否则需采取减少事故的措施,使风险值达到可以接受的水平。

环境风险值按下式计算:

$$R = P \times C \qquad (5\text{-}40)$$

式中:$R$——某一最大可信事故的环境风险值;

　　$P$——最大可信事故概率(事故数/单位时间);

　　$C$——最大可信事故造成的危害程度(后果/事故)。

最大可信事故有毒有害物泄漏所致环境危害 $C$ 为各种类型危害总和。即:

$$C = \sum_{i=1}^{n} C_i \qquad (5\text{-}41)$$

式中:$C$——同一最大可信事故下 $n$ 种有毒有害物质所致的环境危害;

　　$C_i$——第 $i$ 种有毒有害物质所致的环境危害;

　　$n$——损害类型的数目。

## 二、环境风险可接受性评价方法

### (一)评价项目的最大可信事故

环境风险评价需要从各功能单元的最大可信事故风险中,选出危害最大的作为评价项目的最大可信事故,并以此作为风险可接受水平的分析基础。

$$R_{\max} = f(R_j) \qquad (5\text{-}42)$$

式中:$R_j$——各功能单元的最大可信事故风险;

　　$R_{\max}$——危害最大的最大可信事故风险。

### (二)风险可接受水平分析

从各最大可信事故风险值($R$)中,选出最大的作为评价项目的最大可信事故风险值($R_{\max}$)。

若 $R_{\max}$ 大于同行业可接受风险水平,则需要进一步加强环境风险防范与应急措施,以降低环境风险水平。

# 第五节　环境风险管理与防范措施

## 一、环境风险管理

环境风险管理是指,根据风险评价的结果,按照相关的法律法规,选用有效的控制技术,进行减缓风险的费用与效益分析,确定可接受的风险度和可接受的损害水平,提出减缓或控制环境风险的措施和决策,达到既要满足人类活动的基本需要,又不超出当前社会对环境风险的接受水平,以降低或消除风险,保护人群健康和生态系统安全。

环境风险管理包括以下三个方面的内容:

(1)提出减缓或控制环境风险的措施和决策。其实质就是采用技术的、经济的、法律的、教育的、政策的和行政的各种手段对人类的行动实施控制性的影响,使人们按生态规律、自然规律和经济规律办事。

（2）人类需要与环境相协调。人类需要必须与社会发展水平相协调,包括对自然资源、环境资源的合理利用。

（3）以环境风险制约人类的活动。环境风险的可接受性又与多种因素有关。因此,在制定人类活动方案时要考虑到各种可能产生的环境风险是可以预测的,也是可以控制的。控制措施有以下几种:① 减轻环境风险,通过优化生产工艺或提高生产设备安全性使环境风险降低;② 规避环境风险,如通过迁移厂址、迁出居民等措施使环境风险转移;③ 替代环境风险,通过改变生产原料或改变产品品种可以用另一种较小的环境风险替代原有的环境风险。

此外,对决策者还可以提出改革预防措施,加强应急对策,提高人员素质等。

对于上述提到的控制措施,可以在风险产生的全过程实施。

环境风险管理需根据环境风险识别、后果评价结果。为有效地控制环境风险,用最经济的方法来综合处理环境风险,以实现最佳的环境安全的管理方法。环境风险管理包括环境风险防范措施和环境应急预案两方面的内容。

环境风险防范措施主要有:选址、总图布置和建筑安全防范措施,危险化学品储运安全防范措施,工艺技术设计安全防范措施,自动控制设计安全防范措施,电气电讯安全防范措施,消防及火灾报警系统、紧急救援站或有毒气体防护站的设计等;应急预案是为了降低或减轻事故发生后对环境的危害程度应采取的响应程序及措施,如针对环境保护目标确定泄漏危险物质的毒性消除措施;事故泄漏后,外环境污染物的消除方案;规定应急预案的级别及分级响应程度;人员紧急撤离方案;应急环境监测等。

## 二、环境风险防范措施

在环境风险识别与评价的基础上,对项目拟采取的防范措施的充分性、有效性和可操作性进行分析论证;将防范措施的预期效果反馈给风险评价,以使识别出的环境风险能够降低并保持在可接受的程度。

### （一）环境风险防范措施分析论证

结合国家环境风险管理要求,通过对现有各级环境风险防范措施的现场调查、核实和分析,结合环境风险预测评价结果,提出区域和企业整体环境风险防范和减缓措施存在的问题和改进意见。

归纳区域的环境风险评价成果,提出有针对性的区域环境风险管理体系(包括环境风险保护目标、风险源项、泄漏物质进入环境的途径、影响后果、环境风险防范措施),对完善适合区域日常环境风险管理监控的环境风险管理和减缓措施提出建议。

环境风险防范措施分析论证包括充分性论证、有效性分析、可操作性分析和替代方案等内容。

**1. 充分性论证**

分析项目拟采取的风险防范措施,以及依托措施是否涵盖了所有识别出的重大环境风险。风险防范措施应包括(但不限于)以下内容:

事故预防措施:加工、储存、输送危险物料的设备、容器、管道的安全设计;防火、防爆措施;危险物质或污染物质的防泄漏、防溢出措施;工艺过程事故自诊断和连锁保护等。

事故预警措施:可燃气体和有毒气体的泄漏、危险物料的溢出报警系统;污染物排放监测系统;火灾爆炸报警系统等。

事故应急处置措施:事故报警、应急监测及通信系统;终止风险事故的措施,如消防系统、紧急停车系统、中止或减少事故泄放量的措施等;防止事故蔓延和扩大的措施,如危险物料的消除、转运及安全处置,在有毒有害物质泄漏风险较大的区域做地面防渗处理、设置安全距离,切断危险物质或污染物传入外环境的途径及设置暂存设施等。

事故终止后的处置措施:事故过程中产生的有毒有害物质的处理措施,如污染的消防废水的处理处置。

对外环境敏感目标的保护措施:如必要的撤离疏散通道、避难所的设置,重要生活饮用水取水口的隔离保护措施等。

**2. 有效性分析**

针对环境风险事故的污染物量、传播途径、影响范围及受害对象等,从设计能力、服务范围及控制效果等方面,分析风险防范措施能否有效地防范风险事故的影响。对重要或关键的防范措施,如全厂性水污染风险防范措施等,应通过计算、图示说明论证结果。环境风险的防范体系要完整。

**3. 可操作性分析**

针对风险防范措施的应急启动和执行程序,分析其能否满足风险防范和应急响应的要求。

**4. 替代方案**

经分析论证,建设项目拟采取的风险防范措施不能满足风险防范要求时,应提出替代方案或否定结论。

**（二）环境风险防范措施论证反馈**

环境风险防范措施的分析论证结果应及时反馈给源项分析及预测计算,对初始风险评价作修正,以确定在采取了风险防范措施后,识别出的重大环境风险已降低并保持在可接受的程度。

**（三）环境风险防范措施落实与检查**

对环境风险防范措施在设计、施工、资源配置等方面提出落实要求。设计应保证设施能满足防范风险的需求;施工应保证设施的安装质量符合工程验收规范、规程和检验评定标准;资源配置应能满足工程防范措施的正常运行。

# 第六节　突发环境事件应急预案

## 一、编制目的

在环境影响评价文件中,应从环境风险防范的角度,提出突发环境事件应急预案编制的原则要求。

应急预案的
基本要求

突发环境事件应急预案应当符合"企业自救、属地为主、分类管理、分级响应、区域联动"的原则,与所在地地方人民政府突发环境事件应急预案相衔接。

对于改扩建和技术改造项目,应当对依托企业现有突发环境事件应急预案的有效性进行评估,提出完善的意见和建议;对于新建项目,应当明确事故响应和报警条件,规定应急处置措施。

## 二、编制内容

通过对项目、企业或区域现有各级突发环境事件应急预案的分析,对建设项目编制突发环境事件应急预案提出要求和建议,或对企业已有突发环境事件应急预案提出完善意见,是建设项目环境影响评价中环境风险评价的内容之一。对于不依托现有企业的新建项目,往往需要评价者提出较完整的预案内容或要求。

突发环境事件应急预案编制内容需遵循已经发布的相关规范并结合本项目、本企业或本区域环境风险后果预测评价结果,有针对性地进行编制。一般需要包括以下内容:应急组织、应急措施、应急响应、应急监测、应急培训、应急撤离、应急演练、应急救援与应急联动等内容,突发环境事件应急预案编制完成后应及时向属地环境保护行政管理部门进行备案。突发环境事件应急预案编制应以通过评估或审批的环境风险评价报告为基础,编制内容中必须包含环境风险保护目标分布情况、泄漏物料可能进入环境途径的说明并附图表、物质危险性识别表,危险源,特别是重大危险源分布情况说明并附图表、各类物料、污水及雨排水管网、管沟分布图、泄漏物料三级防控设施及分布和走向布置图及环境应急物资库储备物资和设备清单表。

突发环境事件一旦发生,影响涉及的区域范围均比较大。所以要求在地方政府环境突发事件应急指挥中心的领导下统一协调应急联动。地方政府突发环境事件应急预案与企业突发环境事件应急预案实施联动救援。

## 三、构建三级防控体系

### (一) 三级防控体系内容

按照生产装置区和有毒有害物质储存区分别建立项目的三级防控体系是环境风险管理和突发环境事件应急预案体系的重要内容。核心目的是在突发性事故发生后能有效收集泄漏物料,并在事故后将事故水送入污水处理厂处理,有效控制在界区内,避免流失到环境中造成不利影响。

应急设施检查的重要内容就是分析各企业发生重大火灾、爆炸事故时,消防水及其携带的物料等是否能通过第一级、第二级防控系统进入第三级防控系统,依次进入事故水收集池和事故水罐储存,之后限流送污水处理厂处理。

**1. 装置区**

(1) 一级防控设施

装置区设置围堰作为一级防控措施,防止污染雨水和轻微事故泄漏造成的环境污染。

(2) 二级防控设施

企业厂区设置具有一定储存能力的事故缓冲池,如应急缓冲池等作为二级防控体系。

(3) 三级防控设施

企业污水及事故水提升泵和污水处理厂内现有的储存设施,即事故应急罐和事故应急池等作为三级防控体系。

**2. 储存区(罐区)**

库区内的每一个油罐组均应设有防火堤,防火堤构成了事故状态下水体污染的一级防控体系。

在雨水排水系统末端设置事故污水收集池,收集油库内发生较大生产事故时的事故污水,排水管网末端事故污水收集池构成二级防控体系。

排海闸门及终端事故池构成三级防控体系。

（二）三级防控体系控制要求及节点

正常情况下,罐区防火堤和装置区围堰与事故水收集池连接的出口切断阀处于常关状态。事故水收集池的进水切断阀和出水切断阀均处于关闭状态。平时保证事故水收集池处于空池、清净状态。正常情况下,排至厂外的清净雨水排放切断总阀处于常开状态。

当发生事故时,首先确保关闭排至厂外的清净雨水排放切断总阀,并开启罐区防火堤或装置区围堰进事故水收集池的出水切断阀。同时,必须马上通知事故水收集池单元迅速进入事故应急状态。

当事故水收集池单元接到生产装置区或罐区相关部门的事故报警后,必须迅速进入事故应急状态并做好监测、控制的应急准备:按序开启事故水收集池的进水切断阀,将携带泄漏物料的污染消防水导入事故水收集池,然后通过限流泵送至污水处理系统,以对污水处理系统不产生冲击,保证事故污水不外排。

事故水罐作为污水处理厂的末端事故缓冲设施,可降低重大事故泄漏物料和污染消防水对污水处理系统的冲击,防止重大事故泄漏物料和污染消防水造成的环境污染。因此,对企业三级防控措施检查和分析是环境风险评价的重点内容。

**1. 雨污分流**

库区排水系统应采取分流制。库区需建有雨水管道系统和含油污水管道系统。在非事故状态下须能实现雨污分流。污水回收进入处理厂,清洁雨水排入环境水体。

**2. 分区收集**

在各独立罐区内需设置含油污水管道收集系统,日常生产过程中产生的含油污水和小规模的事故污水应能收集到各罐区内部含油污水收集池内,已建设施应能实现对污水的分区收集。

**3. 终端纳污**

在雨水排水系统末端设置事故污水收集池,确保事故状态下的污水全部处于受控状态,防止对环境造成污染。

现有企业应建有雨水管道和含油污水管道排水系统;各罐区内部建有含油污水收集池、提升泵;雨水排水系统终端建有事故污水收集池、提升泵;区域内应建有含油污水处理厂和化工污水处理站。

环境应急
事故缓冲
设施能力
核定方法

（三）环境应急事故缓冲设施能力核定方法

根据《事故状态下水体污染的预防与控制技术要求》(Q/SY 1190—2009)中附录A及《化工建设项目环境保护设计规范》(GB 50483—2009),核实区域和相关企业事故缓冲设施总有效容积。

## 四、区域环境风险减缓措施与应急响应系统框架

国家要求高风险建设项目必须进入工业园区,已经建设的包含有重大危险源的企业也要通过逐步关停、搬迁等方式迁入专门划定的工业园区,目的是确保该类企业与环境保护目标和各类环境敏感区之间有足够的防护距离,并集中加强区域环境应急响应系统和应急响应中心平台的建设。

因此,对于化工园区等区域性环境风险管理的内容之一就是建立与之相适应的突发环境事件应急响应监控系统,需要开发数据实时采集、处理与监测系统,配置足够数量的监控摄像点、监测传感器等软件和硬件设施,并需要集成区域地理信息数据库、环境信息数据库和危险源分布数据库和环境模拟数据库等。图 5-2 所示的是针对国内某含硫气田预防硫化氢气体泄漏突发环境事件开发的区域环境风险应急响应系统。

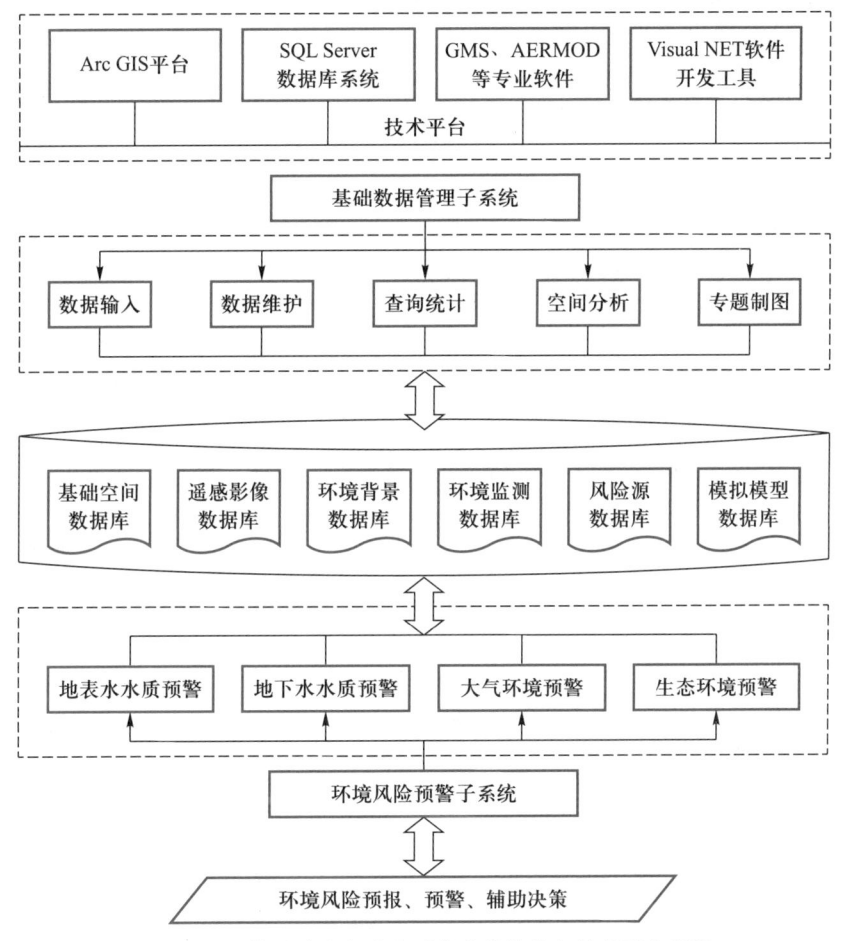

图 5-2 环境风险应急响应系统总体结构与技术平台框图

# 第七节 案例分析——某原油商业储备基地工程项目

详细内容参阅某原油商业储备基地工程项目环境风险评价。

某原油商业
储备基地工
程项目环境
风险评价

 思考题

1. 简述环境风险评价概念。
2. 简述环境风险分析内容。
3. 怎样选取环境风险后果预测中的大气扩散模式?
4. 说明环境风险表征公式的含义。
5. 简述环境应急三级防控的内容。

# 第六章　环境管理与减缓措施

本章内容主要是充分论证比选并最终确定(或规定)为确保拟评价项目的环境可行性需要采取的各项环境保护工程措施和对策,以及保证环境影响评价提出的各项环保措施和要求能得以落实,需要企业自行实施环境监管的内容及要求,包括项目应采取的环境保护工程措施比选分析论证(即减缓措施)和保障项目建设期、生产运行(或使用)期,以及服务期满后(退役)环保工程设施发挥应有作用需要企业自行开展环境保护监督管理的内容和要求。

## 第一节　环境保护对策措施

本节重点就项目可行性研究报告或设计对项目建设、运行及服务期满后(退役)各阶段产生的污染物排放或生态环境破坏等环境问题,拟采取的治理与恢复措施,以及从技术可靠性和先进性、经济合理性和环境可行性等方面对工程分析阶段提出的各项环境保护对策措施进行综合比选分析或论证,最终给出评价单位推荐或认定的环保对策、措施,并估算各项工程措施或落实其他环境保护对策建议所需的投资。环境保护对策措施还要包括环境影响评价改变或调整可研、设计中的能源、资源、原材料使用方案和生产工艺技术、路线、设备等设计方案的要求及建议、防治污染、减少环境损失、生态环境恢(修)复等措施、补偿不利影响的措施和改善环境的措施等方面。

总之,要依据项目所在地及其主要环境影响区环境功能区划及环境质量目标、主要污染物总量控制要求,结合环境质量现状评价、环境影响预测和评价的结论,对项目建设开发时序、开发强度、建设规模、产品结构、总体布局,以及需要采取的污染防治和生态保护工程措施进行充分的分析论证,提出合理的、可供选择的能够支撑项目建设环境可行结论的方案或替代方案。

### 一、对项目选址布局环境合理性和可行性的分析并提出修改方案

对建设项目可行性研究等拟选或拟定的厂址、布局,以及总图运输方案进行环境可行性分析论证。首先,分析建设项目与相关规划的相符性。建设项目选址(或选线)与现行国家、地方有关规划,以及相关的城乡规划、区域规划、流域规划、环境保护规划、环境功能区划、生态功能区划、生物多样性保护规划、各类保护区规划及土地利用规划等的相符性,并对不符合上述规划、区划要求的,对选址或选线提出调整或修改意见和方案。其次,重点从选址(选线)、厂区整体及各工段平面、立体布局、能源原材料输送流向等合法性、合理性、节约性、可行性进行充分的比较分析,提出优化方案和推荐意见。说明理由,论据要充分。优化选址布局应着重考虑以下问题。

① 建设项目的选址或选线应全面考虑拟建地区的自然环境和社会环境条件。根据环境现状调查所获关于选址或选线地区的地理、地形、地质、地貌、水文、气象、名胜古迹、城乡

规划、土地利用、工农业布局、自然保护区现状及其发展规划等信息资料和评价区大气、水体、土壤等基本环境要素质量现状调查与评价,以及环境影响预测评价结果等资料,依据国家相关法律法规标准规定,对拟选厂址、选线的方案进行利弊分析、比选优化,提出环评建议或推荐的环境可行最佳规划设计方案,做到论据充分、客观,为项目环评审批和设计决策提供科学依据或参考。

② 凡生产和排放有毒有害废水、废气、废渣(液)、恶臭、噪声、电磁辐射、放射性元素等物质或因素的建设项目,严禁在城市规划所确定的生活居住区、文教区、饮用水水源保护区、名胜古迹、风景游览区、温泉、疗养区和自然保护区等需特殊保护的界区内选址。铁路、公路等交通运输设施的选线,应选择能够减轻对沿途自然生态环境的破坏和污染的方案。

③ 排放有毒有害气体的建设项目应布置在生活区污染系数最小方位的上风侧;排放有毒有害废水的建设项目应布置在当地生活饮用水水源地的下游,并在必要的部位采取相应的防渗工程措施;废渣堆置场地应与生活居住区及自然水体保持规定的距离。

④ 产生有毒有害气体、粉尘、烟雾、恶臭、噪声等物质或因素的建设项目与周边生活居住区之间,应保持必要的卫生防护距离,并采取绿化、隔声等防护措施。

⑤ 建设项目的总图布置,在满足主体工程需要的前提下,宜将污染最大的设施布置在远离非污染设施的地段。然后合理地确定其余设施的相应位置,尽可能避免互相影响和污染。

⑥ 新建项目的行政管理和生活设施,应布置在靠近生活居住区的一侧,并作为建设项目的非扩建端。

⑦ 建设项目的主要废气排放筒、烟囱、火炬设施,有毒有害原料、成品的储存设施、装卸站等,宜布置在厂区常年主导风向的下风侧。

⑧ 建设项目应有绿化设计,其绿化覆盖率可根据建设项目的种类、所在地环境特征要求不同而异。城市内的建设项目应按当地有关绿化规划的要求执行。

## 二、对资源能源利用合理性的分析并提出完善方案

对项目可行性研究或设计拟采用的原材料、能源、资源方案及副产品、中间产品等(包括来源、运距、储存和运输方式、品质、组成及有害成分含量、加工或预处理方式或工艺、有效利用率、排弃率、可综合利用性、综合利用方案等)合理性、清洁性、循环性、可行性等进行比选分析。为此,必须认真调查区域内能源资源赋存和使用情况,了解当地政府对资源能源使用的政策和规划,积极使用清洁能源,按照节约优先、保护优先的原则,选择适宜的能源和资源利用方案。提出符合清洁生产和循环经济,以及节能减排要求的资源能源原材料使用方案。必要时提出能源、资源利用替代方案。

## 三、对生产工艺技术先进性的分析并提出改进方案

根据国内外同类产品生产技术状况、发展状况,针对项目所采用的工艺、技术、设备先进性和资源、能源利用的充分性,从污染物产生量、治理工艺、技术合理性、可靠性等方面全面论述拟建项目工艺的合理性、先进性。

在原材料能源资源利用方案分析的基础上,对可研、设计或环评工程分析提出的拟采用的主体生产工艺、技术路线先进性、合理性、可靠性特别是清洁性、循环性等进行全面深入的

分析评价,就是否需要改进或完善,以及如何改进和完善给出明确的评价意见,必要时提出相应的工艺技术替代方案和产品结构调整方案,并加以充分地说明。

就循环经济与清洁生产水平而言,可从能耗、物耗、水耗、污染物产生及排放等方面,与国家颁布的清洁生产标准或国内外同类产品先进水平相比较,对建设项目的原料、工艺、技术、设备、生产过程管理及产品的清洁生产水平进行综合分析评价。从企业、区域或行业等不同层次,分析和评价建设项目在资源利用、污染物排放和废物处置等方面与循环经济要求的符合性。

## 四、对污染控制措施可靠性的分析论证

结合环境要素评价,分别对各环境要素或各类污染源类型(如废气、废水、噪声、固体废物、辐射、振动等污染源)的污染控制方案进行分析论证。按照污染物达标排放和总量控制的原则,对项目设计拟采取(用)的污染集中或分散控制、污染源治理和废物处理或处置设施、规模、工艺技术等可靠性和先进性等进行论证和评价,提出推荐方案或提出新的合理、可行和更加有效的污染控制与治理替代方案。通过多方案优化比选,对各项污染源提出相应的污染控制方案(可根据具体情况分为回收利用、套用、混合或集中处理等),给出污染治理工艺流程图,并加以说明。还应逐项分析环评确认、推荐,或新提出的环境保护工程措施和要求的预期效果,如污染控制在什么水平,测算的排放速率、排放强度、排放量,是否能稳定实现达标排放,对法律和政策规定不允许排放的污染源是否能做到零排放等。总之,建设项目所采取的环境保护措施必须做到技术经济可行,设备先进可靠,符合相关行业的污染防治技术政策,符合行业清洁生产要求,确保污染物稳定达标排放,主要污染物排放能满足总量控制要求。

最好分要素或污染物特征,分正常、非正常和突发事故情况分析污染治理措施的技术经济性和环境可行性。

### (一)正常生产状况下的污染控制措施技术经济分析论证

按照设计生产(或运行)负荷和条件,分要素、逐项分析拟采取的污染防治和生态保护工程措施能否满足环境保护相关标准和总量控制或保护目标,充分分析论证其目标和指标可达性、可靠性、技术经济合理性等,提出相应的改进或完善措施、方案,并分析和说明其预期效果。要列表逐源分析并给出各污染源治理对策措施(包括污染物无害化治理或资源化再利用等措施),以及治理或再利用前后污染物的产生、排放情况、预期的净化率(处理率或者回收利用率等)和达标达量等情况一览表。

### (二)非正常生产状况下的污染控制措施技术经济分析论证

重点对试生产、开停车、检修等可能产生和排放较大强度污染物情况相应污染控制措施的可靠性等进行分析论证,提出完善和替代方案。同样,要列表分析并给出在试生产、开停车、检修等情况下,相应污染源可能的排放强度(物料或污染物排放量、排放特征等),以及需要采取的控制对策措施。

### (三)环境风险防范与应对措施可靠性合理性分析论证

环境风险是指突发性事故对环境(或健康)的危害程度。对可能存在环境风险的建设项目,在环境风险评价基础上,对项目可行性研究和设计拟采取的环境风险防范措施和应急处置措施可行性、安全有效性等进行充分论证分析,提出合理可行更加安全的对策措施建

议。同样,要列表分析并给出在各种环境风险发生的情况下,相应事故源或污染源物料或污染物可能的排放强度(排放量、排放速率、排放特征等),以及需要采取的控制对策措施。

在注重分析项目建设和生产,以及服务期满后可能存在的环境风险制约因素的基础上,有针对性地提出有效的防范控制对策措施。首先,应按照预防为主的原则,最大限度地防止突发事故的发生,从工程设施等硬件建设、运行维护上提出相应对策措施;其次,从管理制度、机制、规范和责任方面提出针对性的防范制度建设要求,强化安全生产规范的建设和实施,努力做到防患于未然;再次,针对可能出现的突发事故制定积极有效的污染事故处理应急处置方案。总体上,建设单位按照国家和地方关于应对突发事件相关法律法规政策规定,针对性地提出合理可行的防范、应急与减缓措施,制定应对突发环境事件预案。可结合建设项目工程特点和周边环境敏感程度等客观条件,对突发环境事件应对预案的编写内容提出基本要求,作为企业编制突发环境事件应急预案的基础依据。

环境风险防范措施和应急预案的主要内容应依据《建设项目环境风险评价技术导则》(HJ/T 169—2004)的规定。

**1. 环境风险防范措施主要内容**

关于选址、总图布置和建筑安全防范措施:厂址及周围居民区、环境保护目标设置卫生防护距离,厂区周围工矿企业、车站、码头、交通干道等设置安全防护距离和防火间距。厂区总平面布置符合防范事故要求,有应急救援设施及救援通道、应急疏散及避难所。

关于危险化学品贮运安全防范措施:对储存危险化学品数量构成危险源的储存地点、设施和储存量提出要求,与环境保护目标和生态敏感目标的距离符合国家有关规定。

关于工艺技术设计安全防范措施:自动监测、报警、紧急切断及紧急停车系统;防火、防爆、防中毒等事故处理系统;应急救援设施及救援通道;应急疏散通道及避难所。

关于自动控制设计安全防范措施:有可燃气体、有毒气体检测报警系统和在线分析系统设计方案。

关于电气、电讯安全防范措施:爆炸危险区域、腐蚀区域划分及防爆、防腐方案。

**2. 应急预案主要内容**

应急预案的主要内容一般包括应急计划区(即危险目标,如易产生突发事件或事故的装置区、贮罐区等),应急组织机构、人员、预案分级响应条件(如规定预案的级别及分级响应程序),应急救援保障(如应急设施、设备与器材等储备),报警、通信联络方式(如规定应急状态下的报警通信方式、通知方式和交通保障、管制),应急环境监测、抢险、救援及控制措施(如由专业队伍负责对事故现场进行侦察监测,对事故性质、参数与后果进行评估,为指挥部门提供决策依据)、应急检测、防护措施、清除泄漏措施和器材(如在事故现场、邻近区域、控制防火区域,控制和清除污染措施及相应设备),人员紧急撤离、疏散,应急剂量控制、撤离组织计划(如事故现场、工厂邻近区、受事故影响的区域,人员及公众对毒物应急剂量控制规定,撤离组织计划及救护,医疗救护与公众健康),事故应急救援关闭程序与恢复措施(如规定应急状态终止程序,事故现场善后处理、恢复措施,邻近区域解除事故警戒及善后恢复措施)、应急培训计划(应急计划制定后,平时安排人员培训与演练)、公众教育和信息(对工厂邻近地区开展公众教育、培训和发布有关信息)。

**(四) 其他情况的污染防治对策措施**

如必要的防渗措施。某些行业生产产品、所用原材料和生产方式不同,特别是石化行业生产过程所用有毒有害的物料或产品的存放、使用或管理不当出现泄漏,会对地下水环境造成污染。为防止污染地下水环境,可能需要在相关生产岗位或界区采取必要的防渗工程措施。因此,有必要对项目生产全过程进行分析,哪些环节、哪些工段有存储、输送、装卸等正常或事故排放、泄漏有可能污染地下水环境的各种物料、废弃物、污染物等,明确防渗工程的部位,有针对性地提出需要采取的防渗措施,并就防渗工程材料和施工技术要求等提出环评意见。

## 五、总量控制指标

### (一)一般规定

排放主要污染物的建设项目,在环境影响评价文件审批前,须取得主要污染物排放总量指标。建设项目环评文件应包含主要污染物总量控制内容,明确主要生产工艺、生产设施规模、资源能源消耗情况、污染治理设施建设和运行监管要求等,提出总量指标及替代削减方案,列出详细测算依据等,并附项目所在地环境保护主管部门出具的有关总量指标、替代削减方案的初审意见。

### (二)指标来源

建设项目主要污染物排放总量指标,应来源于本五年规划期前建成投运的企事业单位(城镇污水集中处理设施不受五年规划期限制)采取减排措施并稳定达到排放标准后形成的"可替代总量指标"。实行排污权交易的地区,建设项目可通过排污权交易获取总量指标。集中供热或企业内以新带老等建设项目的总量指标,可从拟替代关停的现有企业或设施可形成的削减量中预支,替代削减方案须在建设项目试生产前落实到位。"可替代总量指标"为企事业单位本五年规划期基准年排放量(须按总量减排核算规定校核)与采取减排措施后正常工况下年排放量的差值。

火电建设项目(含其他行业自备电厂)主要大气污染物排放总量指标应来源于本行业,热电联产机组供热部分、垃圾焚烧发电厂及生物质发电厂的总量指标可来源于其他行业。火电机组"可替代总量指标"原则上不得用于其他行业建设项目。造纸、印染等建设项目主要水污染物排放总量指标应来源于工业企业。农业源"可替代总量指标"不得用于工业类建设项目。

本五年规划期前已通过环评审批的建设项目,不再建设的,已核定的总量指标(通过排污权交易获取的除外)和替代削减方案不得再用于其他建设项目;重新报批或重新审核的,原核定的总量指标及替代削减方案可继续使用。

## 六、生态影响的防护恢复补偿和替代方案分析论证

对涉及影响生态环境的建设项目,应对项目可行性研究报告或设计提出的生态保护措施的生态可行性、合理性进行充分分析论证,提出生态环境综合防治措施,包括水土保持、防治沙化措施方案,植被恢复与绿化规划,土地复垦方案,特殊保护方案等。

### (一)生态保护措施的排序

一个项目的负面影响,不仅与其产生的不利影响的量有关系,还与缓解措施的有效性相关。

应按照避让、减缓、补偿和重建的次序提出生态影响防护与恢复的措施,所采取措施的效果应有利于修复和增强区域生态功能。

凡涉及不可替代、极具价值、极敏感、被破坏后很难恢复的敏感生态保护目标(如特殊

生态敏感区、珍稀濒危物种)时,必须提出可靠的避让措施或生境替代方案。

涉及采取措施后可恢复或修复的生态目标时,也应尽可能提出避让措施;否则,应制定恢复、修复和补偿措施。各项生态保护措施应按项目实施阶段分别提出,并提出实施时限和估算经费。

1978 年,美国环境质量(Council on Environmental Quality,CEQ)委员会使用的缓解定义表明缓解的相关措施应按顺序实施:

通过终止某一项活动或是活动的某一部分来避免影响;通过限制某项活动的程度和范围将此影响最小化;通过修复、复原或重建那些受影响的生态系统,来调整此影响;通过取代或提供可替代的资源、环境来补偿。表 6-1 展示了生态影响的缓解类型。

表 6-1　生态影响的缓解类型

| 类型 | 避让 | 减少,缓和,最小化 | 补偿 |
|---|---|---|---|
| 措施 | 敏感设计<br>以最小损害为标准而定点<br>避开关键区域(如被保护的生境)<br>避开关键时期(如繁殖季节)<br>终止产生影响的活动 | 辐射控制<br>噪声屏障<br>遮蔽物<br>油类吸附体<br>控制建设或运营期的通路<br>野生生物桥梁、隧道,"生态通道"<br>野生生物栅栏<br>营救(重新选址,迁移)<br>迁移动植物<br>转移生境<br>为生境复原而移走表层土<br>修复,复原,重建<br>生境的复原(树林,湿地,草地……)<br>草地的重新播种<br>受损的水体功能的重建(如高出水平面区域的恢复) | 提供生境的可替代区域<br>在替代地址创建一个新的生境<br>为"创新性的"管理提供资源 |

最好的缓解措施形式是通过设计来避免危害,这样潜在的生态危险在源头就能被消除。迄今为止,基于"最小损害标准"的选址和设计是最有效确保自然资源被完整保护的方法。如果将环境影响评价及时尽早地引入设计和计划过程中,并且作为一种交互过程来管理,那么在项目或计划的进展过程中建立防范措施将是可能的。而事后执行的缓解措施则是一种末端的治理手段。

(二)重要的生态保护措施

1. 替代方案

只有有效地考虑了替代方案,才能选出生态影响最小的方案。在项目环境影响评价中考虑替代方案仍存在不小的限制。在战略环境影响评价中考虑替代方案是比较现实的。战略环境影响评价可以系统地考虑替代方案,这常常是促进其立法的主要动力之一。

如果不考虑替代方案,那么避免负面生态影响的范围会明显减小,减缓很少能 100%成功。因此,从源头上避免负面影响才是最佳选择。如果没有对替代方案的正式要求,那么就很难根据生态限制优化选址和设计,使得我们不可能挑选出生态破坏最小的方案。

**2. 陆生植物保护措施**

就地保护:在公路建设项目中可以采取优化线路的方式避绕名木古树。

移植:可以把珍稀植物从水利水电工程的淹没区移植到业主营地或植物园中加以保护。

人工繁殖:在保护对象不可避免地受到工程破坏时,为了恢复其种群数量,可选择在生境条件类似的地方,采取人工繁殖的方式进行增殖。

**3. 陆生动物保护措施**

(1) 栖息地保护

在充分的现状调查的基础上,将保护对象的重要生境保护起来(如设立保护区),避免其受到工程建设和运营的干扰。

(2) 修建动物通道

野生生物的"廊道"在一定程度上可以减少或缓和障碍的影响。大型动物的通道已使用多年,而且效果明显。修筑野生动物通道时,仔细地根据动物的主要迁移路线选择"廊道"地点,会成功减少或缓和障碍的影响;但也有些动物非常敏感,它们需要时间去适应通道,尤其是如果它们附近有人类活动的干扰。加拿大修建野生动物桥梁(图 6-1)可以保证野生动物在繁忙的高速公路上方通过。另外还可为大型野生生物修建隧道或地下通道。同样为减少障碍对两栖动物的影响,在它们习惯性横越的路线上修筑隧道,并促进动物使用隧道。地下隧道与春季的迁移路线相一致,且尽可能接近繁殖区域时,效果最好。

图 6-1　加拿大班夫国家公园公路上方的野生动物通道(梁学功,2013)

**4. 水生生物保护措施**

**（1）栖息地保护（设立保护区）**

例如在水利水电工程中，统筹考虑干支流开发，有保有开，将部分河段和支流设为保护区和禁止开发区，用以保护重要的水生生物。

**（2）过鱼**

过鱼设施可以分为上行过鱼设施和下行过鱼设施两大类。为溯河产卵鱼类及河川洄游鱼类通过大坝设计的上行过鱼措施主要有：池型鱼道、丹尼尔式（Denil）鱼道、水渠式鱼道、升鱼机或鱼闸、集运鱼船。只有在欧洲、日本、新西兰和澳大利亚为降河产卵鱼类（鳗鲡）设计了特殊鱼道。上行过鱼设施（或鱼道）的一般原理是，通过开通一条水路（严格意义上的鱼道）或将鱼诱捕在一个水箱里然后运送到上游去（升鱼机或卡车运输），使集中在下游某一位点洄游鱼类进入上游。

上行鱼道设计的关键是鱼道入口及其引流的位置，这必须考虑到洄游期间河道的下泄水流和目标鱼类在大坝附近的行为活动，有些位点可能需要几个入口和鱼道。

为了使鱼类远离涡轮机而普遍采用的下行过鱼设施有栅栏、三角形支架，以及和表层过道相连接的天窗。诱鱼装置（用光、电、声音来吸收或排斥鱼）仍处于试验性阶段，还未得到大规模的应用。

**（3）人工增殖**

增殖放流的目标不一样，其内涵也有所差异。增殖放流作为增殖渔业的重要内容，以提高水域渔业产量为目的时，增殖放流还包括人工放养和移植驯化，是广义的增殖放流概念。

以保护增殖天然水域鱼类资源为目的时，采用人工手段，向某一鱼类栖息水域补充投放该鱼类的一定资源量，以保护、恢复和增殖其鱼类资源，增强鱼类种群自我生存和发展能力。

**5. 监测**

就生态影响评价来说，监测扮演着两个主要的角色。

首先，在生态影响评价的科学理论基础发展方面，监测的重要作用表现在以下几个方面：确定个体、种群、群落或生态系统的状态，并以此设立一个背景值；提高对"自然变异"的理解；检测生态系统或其成分的状态和分布的发展趋势；测量相对于背景值状态的偏差；为不同尺度上的评价提供一个框架；通过对生态影响评价预测结果的跟踪监测，提高预测未来能力。监测可以提供必要的信息，如果不进行监测，那么生态学影响预测的基础将受到严重的限制。

其次，在维护并提高生态影响评价程序的有效性方面，监测是非常重要的，因为它为以下活动提供了基础：评价影响预测的正确性；评价缓解措施的成功与否；查明与预测状态的差异；为执行补救措施提供稳定一致的基准；在当前缓解措施失败的情形下，决定何时执行其他应急措施；总体评价各种方法、程序和标准。

优良的监测程序必须具备可重复性和可控性。

**6. 公众咨询**

有效的早期公众咨询有助于避免代价高昂的耽搁，以及日后昂贵的公众质询，这一点已经得到了公认。通过公众咨询，可以在更大的范围、更长的时段内了解生态保护目标的数量、分布和活动规律等。以此为出发点,亦可更好地设计出保护措施。

从长远看,只有激发公众的兴趣和关注,才能保护大多数野生生物资源。为环境影响评价而开展的生态影响评价可以更大程度地提高公众对环境问题的兴趣和认识。对于某些生境和物种来说,环境影响评价已为透彻研究物种生境的需求提供了工具。

## 七、综合列出建设项目须采取的环境保护工程措施和要求

分别列出环评最终确认或推荐的各项污染源污染物控制或治理、生态环境影响修复对策措施、预期效果、所需投资估算(应列表说明)。最好能给出污染源及污染物清单。通过生产过程、排污过程、拟采用环保措施及效果的分析,给出不同情况下能够满足预测评价需要的各种污染源项(源种、源数)和源强。列出污染物产生、排放清单。一一对应地给出各源种(包括有组织排放源、无组织排放源;点源、面源;废气、废水、噪声、固废、辐射等源)、各具体源项及其源强(包括各污染物的产生量和排放量,注意浓度和强度即速率)清单。以及各具体源项采取的污染控制和治理工艺、技术、措施,预期的效果或效率,污染物排放的规律、特征、去向,各具体源项及其污染物排放应执行的标准以及达标水平。

# 第二节　环境保护监督管理与监测计划

企业自身环境监管和监测工作是保证企业建设、生产运营或服务期满后各阶段污染得到有效控制并实现稳定达标排放,项目实施对生态环境产生的破坏、改变得以及时修复或恢复,确保环境安全的重要前提和关键。如何能有效地进行内部监管、及时发现问题,特别是发现非正常或突发环境污染和破坏事故隐患并及时采取有效防范措施和正确的应对处置措施是企业环境监管的重要任务。实际上,做好企业自身监督管理和监测不仅非常必要,而且是企业必须履行的责任与义务。

## 一、环境保护监督管理

企业环境管理是保证各项环境保护工程设施及对策措施落实,保证企业环保设施正常运行,各项环保法规政策和标准严格履行的必要条件,也是把环境保护工作纳入生产管理体系中,做到与生产管理同步计划、同步考核、同步检验的"三同步"制度的重要保障。建设项目环境管理是指工程在建设期、运行(或使用)期,甚至是在建设项目服务期满后,应严格按照国家、地方政府的环境保护政策、法律和法规等进行环境管理工作,并接受地方环境保护主管部门的依法监督,促使项目实现环保工程措施与主体工程同时设计、同时施工和同时投产运行"三同时"和"清洁生产"的目标。对于生产企业来讲,环境管理的主要目的,一是尽可能减少污染物的排放;二是最大限度地发挥工程污染治理设施的作用,使污染物的治理在达标排放的基础上,取得最佳的治理效果;三是使项目建设、运行及服务期满后对生态环境的影响和破坏降低到最低程度。

开展和做好施工建设期、生产运营期和生产服务期满后的环境保护监督管理,以及突发环境事件的正确应对处置等工作,是企业保证有序、稳定安全生产的一项重要任务。因此,建立相应的机构,配置必要的人员和设备,明确机构人员的职责任务,制定相应的管理制度

和运行操作规范并认真落实和执行是实现和完成前述任务的必然前提。

（一）建立健全企业内部环境管理机构和制度

根据建设项目规模、特点等情况，提出适宜的环境管理机构设置、人员配备、管理职责等要求，给出全厂（矿）环境管理网络图，明确企业主要负责人、分管负责人，以及各生产车间岗位负责人和环保机构负责人等各自的环境保护职责，必要时提出年度责任考核等要求；提出施工建设和生产运行阶段，必要时可包括生产服务期满后（因各项生产设施服务期长短不一，有的可能是临时或短期存在，即使长期设施也都有设计使用寿命期，其退役拆除过程及拆除后的设施都有可能产生污染或被污染，其使用过的场地可能已被污染，被污染设施的处置处理和被污染场地环境的修复措施方案等是否合法、合规可行，是否会造成二次污染等）的主要环境监管工作内容及安排，应针对各项产生污染物或对生态环境扰动破坏的生产、建设等活动提出具体的防范措施和相应的监管要求；提出需要制定的相关制度规定，如各环保设施的运行与岗位操作制度、岗位责任制等要求。对改扩建企业还可对原有环保管理机构、人员、管理制度等提出进一步完善或改进意见。

（二）建设项目设计施工阶段的环境监管

建设单位或业主要认真研究并切实贯彻落实经合法批准的环境影响评价文件规定的各项环境保护措施和要求。实践中，不少企业在建设项目环境影响评价文件经批准后，根本不看审批文件的具体内容和要求，只知道项目已获批准，不知道对其建设和生产运行有哪些环境保护要求，或者仅按照批文提到的要求去落实，不认真了解环境影响评价文件文本（环境影响评价文件已经批准就具有法律效力）所列具体要求。往往造成环保工程设施不能按照环境影响评价文件和审批规定的要求建设，污染治理和生态保护工程措施短缺，或者是污染治理设施规模、工艺擅自改变等，根本达不到污染有效控制或治理的预期目标要求。不少项目在竣工验收时，因环境影响评价文件审批规定的环保要求没能落实，结果难以通过验收。有的项目因违法投入生产，污染治理达不到污染物排放标准，或建设和生产造成的生态环境破坏得不到修复，甚至造成污染事故，严重污染环境。因此，承担项目环境影响评价的机构（即评价单位）需要在环境监管这一节对建设单位在设计、施工阶段必须落实环境影响评价文件审批规定提出明确要求，以提示和指导建设单位在项目环境影响评价文件批准后应如何落实法定要求和履行环境保护义务。

《中华人民共和国环境影响评价法》第二十四条规定，建设项目的环境影响评价文件经批准后，建设项目的性质、规模、地点、采用的生产工艺或者防治污染、防止生态破坏的措施发生重大变动的，建设单位应当重新报批建设项目的环境影响评价文件。建设项目的环境影响评价文件自批准之日起超过五年，方决定该项目开工建设的，其环境影响评价文件应当报原审批部门重新审核。如果有上述情况，建设单位要按照规定重新开展环评或重新报请审核。

**1. 建设项目设计环境管理**

《建设项目环境保护管理条例》第十七条规定，建设项目的初步设计，应当按照环境保护设计规范的要求，编制环境保护篇章，并依据经批准的建设项目环境影响报告书或者环境影响报告表，在环境保护篇章中落实防治环境污染和生态破坏的措施，以及环境保护设施投资概算。在项目主体工程设计的同时，能够按照环境影响评价审批规定，做好项目环境保护工程设施的设计，并保证环保工程投资列入工程概算，是确保建设项目环保设施与主体工程实现"三同时"的关键一步。

例如,提请建设单位按照环境影响评价和相关技术规范要求,监督设计单位对各污染源排污装置或设施如排气筒、排污管道、排污口进行规范化设计,要求其针对不同类型的污染源排放设施(废水排放口、废气排放筒、噪声源等),选择合适的符合规范要求的位置和构筑形式进行设计,要求在实施建设和安装时设置明显的标牌;监督设计和施工单位在建设项目施工图设计和施工时确保给环境监测设施及采样留有足够的距离和合适的位置,保证监测设施能客观准确地实施采样分析。

国家法律严格禁止私设暗管或者采取其他规避监管的方式排放水污染物,所以在设计和施工中必须监督和审核是否有这种设计或施工行为。

**2. 建设项目施工环境管理**

为保证建设项目施工期的施工安装能落实环境影响评价文件审批规定的各项环保要求,环境影响评价单位应针对项目特点,对建设单位或其环境管理机构提出对施工、安装单位的施工、安装各项活动实施督查和监理要求,以此保证逐项、保质保量和按进度要求完成环保设施及环保工程的建设。在生产设施调试同时,做好环保工程设施的运行调试工作。施工期间还要注意,督促落实环保设施建设所需资金。将施工安装过程形成的档案资料及时整理归档,健全档案,方便查阅。施工期档案资料非常重要,特别方便在运营期间及今后实施技术改造和设备维修时准确了解历史情况,尤其是一些隐蔽工程,方便安全、高效开展工作。对一些重大工程,施工周期长、环境影响范围广的建设项目要提出开展施工环境监理要求。

施工期间,要对厂区输送物料的隐蔽工程设施,特别是地下管网、贮槽贮罐等设施分布、距离、使用的材质、输送的物料及性质(腐蚀、有毒、有害、易燃易爆等)情况逐一登记,因为储存或输运有毒有害、易燃易爆、腐蚀性物料的设施一旦破损必然会造成污染。因此,详细记录、标记等有利于在生产期间出现问题后,及时准确地发现问题和采取更换维修等措施,减少或杜绝造成环境安全危害,甚至因生产安全事故导致环境污染事件。

① 要求建设单位与施工单位签订的施工合同中必须有环境保护相关内容,且明确双方的环境保护法律责任和义务。

② 督促施工单位负责落实经环境保护行政主管部门审批的环境影响评价文件对施工建设活动本身产生的污染治理、生态环境破坏的修复要求。督促施工单位采取有效措施保护施工现场周围的环境,防止对自然环境造成不应有的破坏,防止和减轻粉尘、噪声、振动等对周围环境特别是生活环境的污染危害或扰民活动。

③ 重点监督施工建设过程严格落实环境影响评价规定的各项环保工程措施。督促推进环保设施施工进度,做到与主体工程同时竣工投产。对施工周期长、环境影响范围广的建设项目要提出开展施工环境监理要求。必要时,可要求建设单位委托有资质的专业环境监理机构对项目建设全过程开展环境监理工作。明确施工环境监理的重点部位和工程内容(如环保设施的能力、位置、容积与主体工程的协调性,可靠性等,施工材料的选用、使用是否符合要求,如防渗工程施工方式和材料使用情况等)。

a. 重点监理或检查厂区占地位置、厂内有关界区分布、设施布置是否为经过审批的环境影响评价文件确认的具体位置,特别是与附近敏感保护对象的环境安全防护距离等是否符合环评批准的要求。如不符合,必须及时提醒或要求责任单位纠正,对确实需要改变的,建设单位必须按规定报请批准,否则不得擅自改变相关建设内容。

　　b. 监理或检查施工过程有无擅自改变工艺、修改设计、变更规模与设施等情况。如有,了解是否经过负责审批环境影响评价文件的环境保护行政主管部门批准,督促积极办理变更审批手续;如未经过审批部门的批准,应严格按照环境影响评价要求落实。

　　监理和检查环保工程设施施工、设备安装质量,如环保设施的能力、位置与主体工程的协调性、匹配性,以及工程质量可靠性等,施工材料的选用、使用是否符合要求,如防渗工程施工方式和材料使用情况等。

　　监督施工单位规范建设(或设置)各污染源排污装置(排气筒、排污管道)、排污口,提出规范化建设,以及实施监测、监控和管理的要求。

　　监督施工单位根据不同类型的污染源排放设施(废水排放口、废气排放筒),按照技术规范要求,选择合适的位置、构筑形式实施建设和安装,并设置明显明确的标牌。

　　监督施工单位在建设项目施工图设计和施工时确保给环境监测设施及采样留有足够的距离和合适的位置,保证监测设施能客观准确地实施采样分析。

　　c. 建设项目竣工后,监理或考核施工单位施工活动扰动或破坏的生态环境修整和恢复情况;各项污染治理设施建设安装情况是否符合环评及规范要求;环保设施运行操作岗位人员是否安排和经过培训;是否具备投入试生产运行条件。

　　④ 定期向环保部门报告环保工程施工建设进度,以及产生问题的处理情况。

　　按照环评要求开展环境监理工作的建设项目,施工期结束后,建设单位在向负责审批的环境保护主管部门提出试生产申请时,需要同时提交环境监理报告。监理报告往往会作为批准试生产和批准正式投入生产运行的主要依据。因此,应提醒建设单位委托有资质的机构在施工期全过程实施监理,以确保建设项目的建设内容和环境保护工程措施,以及对策不折不扣地被落实和保证工程质量。按规定,承担环境监理工作的机构要对环境监理内容和结论负责。

　　(三) 建设项目试产和竣工验收阶段的环境监管

　　**1. 建设项目试生产(运行或运营)期的环境监管**

　　《建设项目环境保护管理条例》第十八条规定,建设项目的主体工程完工后,需要进行试生产的,其配套建设的环境保护设施必须与主体工程同时投入试运行。第十九条规定,建设项目试生产期间,建设单位应当对环境保护设施的运行情况和建设项目对环境的影响进行监测。《建设项目竣工环境保护验收管理办法》第七条规定,建设项目试生产前,建设单位应向有审批权的环境保护行政主管部门提出试生产申请。对国务院环境保护行政主管部门审批环境影响报告书(表)或环境影响登记表的非核设施建设项目,由建设项目所在地省、自治区、直辖市人民政府环境保护行政主管部门负责受理其试生产申请,并将其审查决定报送国务院环境保护行政主管部门备案。核设施建设项目试运行前,建设单位应向国务院环境保护行政主管部门报批首次装料阶段的环境影响报告书,经批准后,方可进行试运行。第八条规定,环境保护行政主管部门应自接到试生产申请之日起 30 日内,组织或委托下一级环境保护行政主管部门对申请试生产的建设项目环境保护设施及其他环境保护措施的落实情况进行现场检查,并做出审查决定。对环境保护设施已建成及其他环境保护措施已按规定要求落实的,同意试生产申请;对环境保护设施或其他环境保护措施未按规定建成或落实的,不予同意,并说明理由。逾期未做出决定的,视为同意。试生产申请经环境保护行政主管部门同意后,建设单位方可进行试生产。

因此,环境影响评价工作应对需要进行试生产的建设项目就试生产前应具备的条件、试生产申请时间等给以明确、清晰地告知:企业若进行试生产,需要做好哪些环保准备工作,如检查其需要配套建设的环境保护设施是否能与主体工程同时投入试运行,环保设施运行需要的外部条件如供电、供水、设施备品备件,试生产期间对环境保护设施运行情况和建设项目对环境的影响监测工作的安排是否合适或到位。

建设单位适时做好报请环保部门批准试生产的前期准备工作。根据排污许可制度相关规定,试生产(运行)经批准后,还需要按照排污许可证核发管理权限,向相应的环境保护行政主管部门申请办理临时排污许可证。

在获准试生产及允许临时排污的情况下,建设单位应按照相关规定做好试生产期间的各项环保工作,试生产过程中要严格落实环评文件及批复中提出的关于试生产期现场污染防治、生态环境保护和环境风险防范要求,参照生产过程中污染防治、生态环境保护和环境风险防范要求,采取措施。特别是严防非正常生产排污或突发事故排污的防范应对处置工作准备。试生产过程中应按规定缴纳试生产期排污费。

对环保部门不批准试生产运行的,要按照环评审批规定和环保部门的要求做好完善和整改工作,以满足试产许可条件。

对试生产三个月但不具备竣工验收条件的建设项目,建设单位需向同意其试生产的环保部门提出试生产延期申请。经批准延期的建设项目方可继续进行试生产。按规定,试生产期限最长不超过一年。

**2. 建设项目竣工验收期的环境监管**

建设项目竣工环境保护验收是指建设项目竣工后,环境保护行政主管部门根据《建设项目竣工环境保护验收管理办法》有关规定,依据环境保护验收监测或调查结果,并通过现场检查等手续,考核该建设项目是否达到环境保护要求的活动。作为被验收方的建设单位保证顺利通过验收,应在生产调试或试生产基础上,全面完善各项环保设施及保障正常稳定运行。环保部门验收的主要范围和内容一般包括:与建设项目有关的各项环境保护设施,如为防治污染和保护环境所建成或配备的工程、设备、装置和监测手段,各项生态保护设施;环境影响评价文件及审批规定应采取的其他各项环境保护措施。

竣工验收阶段环境管理工作的具体内容见表6-2。

表6-2　竣工验收阶段环境管理工作的具体内容

| | | 环境管理工作计划的具体内容 |
|---|---|---|
| 竣工验收阶段 | 自检准备阶段 | 检查施工项目是否按设计规定全部完工 |
| | | 向环保部门申请试运转 |
| | | 组织检查试车前的各项准备工作 |
| | | 检查操作技术文件和管理制度是否健全 |
| | | 整理技术文件资料档案 |
| | | 建立环保档案 |

续表

| | | 环境管理工作计划的具体内容 |
|---|---|---|
| 竣工验收阶段 | 预验收阶段 | 检查污染治理效果和各污染源污染物排放情况<br>对检查出来的问题,要提出解决或补救措施,落实投资,确保完成期限<br>邀请或委托有资质的环境监测机构按环评选定的监测点或断面,有重点地考核生产设施、环保设施运行情况,污染物产生、治理和排污情况,以及环境污染水平,并提交《建设项目环境保护竣工验收监测报告》,回答环保工程是否满足竣工验收要求和具备验收条件 |
| | 正式验收阶段 | 建设单位向主持验收的环境保护行政主管部门提交《建设项目环境保护设施竣工验收申请报告》并附《环境保护工程竣工验收监测报告》和《环境保护工程竣工验收报告》,申请正式竣工验收<br>建设单位向负责核发的环境保护行政主管部门申请办理《排污许可证》,转入日常环境保护监督管理 |

《建设项目竣工环境保护验收管理办法》(摘录)

有关验收申请和延期申请、验收时应提供的材料、验收应当具备的条件、验收范围等内容可参阅《建设项目竣工环境保护验收管理办法》(摘录)。

**(四) 建设项目生产运行或使用期的环境监管**

建设项目经过环境保护竣工验收及主体工程通过总体验收后,建设项目就转入正常生产运营或使用阶段,这是一个长期的过程。在此期间,企业应按照国家和地方法律法规政策标准等规定,履行好企业应尽的各项环境保护责任和义务。企业环境保护机构主要任务就是依照国家和地方相关规定,监督各车间岗位履行各自环境保护职责,通过实施各项环保制度规程,保证环境影响评价规定的环保措施和对策的有效实施,做到按照国家和地方规定的污染物排放标准和总量控制要求排放污染物。按照应急预案和应对突发事件的相关规定,对存在环境风险的生产设施或物料安全生产、使用环节,做好演练工作,遇到突发环境污染事件时积极应对和处置。按照国家和地方规定,缴纳排污费。

在日常生产情况下,按照制定的环境管理计划和岗位职责,以及岗位操作规范,对生产运营期各生产工序、各生产环节实施严格的自我环境监督管理。非正常生产状况如生产运行阶段的开车、停车、检修及无组织排放等情况下的污染物排放情况应作为环境监管的重点。在此期间,由于生产不正常,特别是新工艺、新技术的应用,或超过常规生产规模的新生产设施,由于缺乏生产操作经验,往往容易发生污染物产生和排放量超过预期的情况。此时,企业环境监管机构和人员,除了督促相应生产岗位工段按照环评要求采取相应的防范处理控制措施外,还必须结合实际制定更为严密的防范应对计划和措施,确保非正常生产情况下的环境安全。同样在试生产期间也容易发生因试生产不正常导致超量排污等情况。企业环境保护监管机构要事先做出防范预案。一旦发生有毒有害、易燃易爆或腐蚀性物料或者污染物的泄漏、排放,企业应能预先提醒生产工段或组织试生产的相关责任单位落实防范措施,确保试产期间的达标排污和环境安全。通过实行严格的督查、巡查制度,杜绝跑冒滴漏和超标超量排放污染物,保证各项环保设施的良好运行,使污染物排放降到最低限度。在工作实践中不断完善各项规章制度。

为减少和杜绝环境安全隐患,特别应在土建施工和设备安装期间详细登记厂区输送物料的隐蔽工程设施施工情况,如地下管网、贮槽贮罐等设施分布、距离、使用的材质。在生产运营期,必须记录维修更新改造这些设施设备的时间和内容。因为储存或输运有毒有害、易燃易爆、腐蚀性物料的设施一旦破损,设备、管道中的物料就会流失。若处置不及时或不当排入环境,必然会造成污染,酿成突发环境事件。因此,保持管道、贮槽贮罐完好无损是防止环境污染尤其是突发环境事件的关键。企业在生产运营期间,企业环境保护机构应将这些岗位和设施纳入重点监管内容,时刻高度重视。

按照环境监测相关要求,组织做好生产运营期的环境监测。关注企业厂区及周边区域环境状况,定期排查产生和排放有毒有害和有累积效应的重金属类污染物、化学污染物的车间、厂区附近水体、大气和土壤环境,必要时对地下水环境污染程度进行定期监测。

（五）开展环境影响后评价

《中华人民共和国环境影响评价法》规定,对环境有重大影响的规划实施后,编制机关应当及时组织环境影响的跟踪评价;在建设项目建设、运行过程中产生不符合经审批的环境影响评价文件的情形的,建设单位应当组织环境影响的后评价。即规划需要跟踪评价,项目需要后评价。

环境影响后评价是指拟定的开发建设规划或者具体的建设项目实施后,对规划或建设项目给环境实际造成和将可能进一步造成的影响进行跟踪评价,通过检查、分析、评估等对原环境影响评价结论的客观性及规定的环境保护对策措施的有效性进行验证性评价,并提出需补救、完善或者调整的方案、对策、措施。

对建设项目做出开展环境影响后评价的规定,是对我国环境影响评价制度的进一步深化和完善。因为虽然在项目开工建设前已进行了环境影响评价,根据对项目实施后可能产生的环境影响所作的分析、预测和评估,提出了相应的预防或减轻不良环境影响的对策和措施。但在项目开工建设后,可能因预测不够准确、客观情况发生变化等原因,使得项目在建设、运行过程中,产生与经审批部门审批的环境影响评价文件不相符合的情形。有些建设项目因其对环境影响的复杂性,事先很难预测和判断,如大型水利工程修建后的水生生物变化、土壤潜育化程度等。此外,有的建设项目实施后,可能产生连带影响,如水利工程移民后社会、环境的变化和环境承载力之间的关系等,也很难有一个准确、清晰的定量化预测。因此,对一些有重大环境影响的建设项目,进行环境影响后评价就十分必要。

《中华人民共和国环境影响评价法》规定,建设单位负有法定义务,在项目建设、运行过程中出现法律规定的情形时,组织开展后评价工作。凡是出现与环境影响评价文件记载的事项不一致,并直接关系到建设项目对环境的影响分析及环境影响评价结论的,都属于产生不符合经审批的环境影响评价文件的情形。例如,建设项目周围环境状况发生较大的变化,建设项目的环境保护措施发生变化,建设项目对环境的影响有较大改变等。

**1. 开展建设项目环境影响后评价的时间**

建设项目进行环境影响后评价的时间范围是"建设项目建设、运行过程中",也就是说,只要建设项目经批准开工建设后,直至项目完工,投入生产运行整个过程都可以进行环境影响后评价。即使在项目建设过程中出现问题的,也应当及时开展环境影响的后评价。

**2. 建设项目环境影响后评价的主要内容**

建设项目环境影响后评价是对原环境影响评价的验证和补充,也为项目环境管理反馈必要的信息。在实际工作中,建设项目环境影响的后评价主要包括两个方面:一方面是针对原环境影响评价的主要内容,即环境影响评价文件中所涉及的主要专题,如工程分析、大气环境、水环境、声环境、生态环境等进行后评价,并针对原环境影响评价中存在的主要问题,如重要错误和漏项等提出建议,对建设项目的环境可行性做出切合实际的评价;另一方面是评估建设项目环境保护措施的有效性,提出补救方案或措施。

建设项目环境影响的后评价,一般只对环境影响发生了变化的进行评价,不是再对项目进行全面的环境影响评价。对建设项目实施环境影响后评价的目的,是针对所产生的不符合经审批的环境影响评价文件的情形,相应采取新的预防或者减轻不良环境影响的对策和措施,以改进原定采取的环保措施;对建设项目的环境影响后评价及所采取的措施,应当报原环境影响评价文件审批部门和建设项目审批部门备案。

**3. 建设项目环境影响后评价的程序**

建设项目环境影响后评价一般应按照以下程序进行:由建设单位依法组织进行环境影响的后评价;环境影响评价机构完成后评价后,编制环境影响后评价文件(该文件具有法律效力);建设单位根据环境影响后评价文件,采取相应的改进措施,防止建设项目对环境造成污染和破坏;建设单位采取改进措施后,将该措施的内容、实施的效果等报原环境影响评价文件审批部门和建设项目审批部门备案。

除上述程序外,还有一项特别程序,即原审批环境影响评价文件的部门可以责成建设单位进行环境影响的后评价,采取改进措施。

## 二、环境监测要求

为及时掌握企业自身各污染源治理及污染物排放情况,确保稳定达到国家和地方污染物排放标准以满足总量控制要求,排污单位应开展自行监测工作,配置需要的监测设备和相应素质的人员,制定监测规范。《国家重点监控企业自行监测及信息公开办法(试行)》所称的企业自行监测,是指企业按照环境保护法律法规要求,为掌握本单位的污染物排放状况及其对周边环境质量的影响等情况,组织开展的环境监测活动。

评价单位应根据建设项目及建设单位环境自行监管的需要,提出需要配置检测机构、人员和设备的要求和建议。具体要求可依据国家和地方污染物排放标准及主要污染物总量控制要求,甚至项目特征污染物控制需要等。结合企业建设和生产运行过程污染源和污染物排放情况,有针对性地配置监测仪器设备,以便于企业监控其污染物产生和排放是否符合国家或地方污染物排放标准,是否符合总量控制要求。以及时了解和掌握生产或污染治理设施运行效果等,提供现实监测监控数据信息,以便对生产设施运行和环保设施运行存在的问题及时加以整改、调整和处理,确保企业能够稳定达到国家和地方规定的标准和要求。否则,企业可能会因此承担超标排污的经济甚至法律责任。《中华人民共和国刑法》第三百三十八条关于污染环境罪的规定:违反国家规定,排放、倾倒或者处置有放射性的废物、含传染病病原体的废物、有毒物质或者其他有害物质,严重污染环境的,处三年以下有期徒刑或者拘役,并处或者单处罚金;后果特别严重的,处三年以上七年以下有期徒刑,并处罚金。由此可知,超标排污是犯罪行为。2013 年 6 月最高人民法院、最高人民检察院公布《关于办理环境污染刑事案件适用法律若干问题的解释》,对《中华人民共和国刑法》第三百三十八条、三百三十九条规定的环境污染犯罪行为解释明确规定,对非法排放含重金属、持久性有机污染物等严重危害环境、损害人体健康的污染物超过国家污染物排放标准或者省、自治区、直辖市人民政府根据法律授权制定的污染物排放标准三倍以上的,就认定是严重污染环境罪,排污单位要承担刑事责任。因此,建设单位对自身排污状况的掌控尤为必要,需要有自己的监测机构、设备和人员来保证。

在实际工作中,企业可依托自有人员、场所、设备开展自行监测,也可委托其他检(监)测机构代其开展自行监测。但企业要对其自行监测结果及信息公开内容的真实性、准确性、完整性负责。

（一）关于监测机构与设备配置

可根据建设项目具体情况,提出适宜的监测机构设置要求,并根据监测工作需要(如监测项目、频次、点位数量等)详细列出应配备的人员、仪器设备等要求,并加以说明。

为保证环保设施的稳定、有效运行,按照企业自行监测(或污染源在线监测监控)相关规定,评价单位可对建设项目主要污染源及其排放口(排气筒)等,提出安装自动在线监测监控设施的要求。

（二）企业自行监测方案

按照相关规定,企业应当按照国家或地方污染物排放(控制)标准、环境影响评价报告书(表)及其批复、环境监测技术规范的要求,制定自行监测方案。因此,评价单位可根据建设项目建设、运行及服务期满后各时段的监测需求,给企业提出制定自行监测方案要求,并提出监测内容建议。

自行监测方案内容主要应包括企业基本情况、监测点位、监测频次、监测指标、执行排放标准及其限值、监测方法和仪器、监测质量控制、监测点位示意图、监测结果公开时限等。企业自行监测方案及其调整、变化情况应及时向社会公开,并报环境保护主管部门备案。

评价单位应根据建设项目建设运行及服务期满后各时段监测需要,对建设单位提出监督设计、施工、安装等环节以落实监测条件,尤其特别要求在建设项目施工图设计和施工时,确保给环境监测设施建设和安装留有足够的空间位置,保证监测设施能够客观准确、规范地实施采样分析。

（三）关于规范排污口建设的要求

按照环境监测管理规定和技术规范的要求,设计、建设、维护污染物排放口和监测点位,并安装统一的标识牌。规范排污口建设要求:在厂区"三废"及噪声排放点,设置明显标志。标志的设置应执行《环境保护图形标志——排放口(源)》(GB 15562.1—1995)及《环境保护图形标志——固体废物贮存(处置)场》(GB 15562.2—1995)中有关规定。

排放口图形标志

（四）企业环境污染自行监测与监控

企业自行监测应当遵守国家环境监测技术规范和方法。国家环境监测技术规范和方法中未作规定的,可以采用国际标准和国外先进标准。自行监测活动可以采用手工监测、自动监测或者手工监测与自动监测相结合的技术手段。环境保护主管部门对监测指标有自动监测要求的,企业应当安装相应的自动监测设备。

采用自动监测的,应全天连续监测;采用手工监测的,应当按相关要求频次开展监测。其中,国家或地方发布的规范性文件、规划、标准中对监测指标的监测频次有明确规定的,按规定执行。按照规定,手工监测的情况下,化学需氧量、氨氮需每日开展监测,废水中其他污染物每月至少开展一次监测;二氧化硫、氮氧化物每周至少开展一次监测,颗粒物每月至少开展一次监测,废气中其他污染物每季度至少开展一次监测;纳入年度减排计划且向水体集中直接排放污水的规模化畜禽养殖场(小区),每月至少开展一次监测;厂界噪声每季度至少开展一次监测;企业周边环境质量监测,按照环境影响评价报告书(表)及其批复要求执行。

以手工监测方式开展自行监测的,应当具备以下条件:① 具有固定的工作场所和必要的工作条件;② 具有与监测本单位排放污染物相适应的采样、分析等专业设备、设施;③ 具有两名以上持有省级环境保护主管部门组织培训的、与监测事项相符的培训证书的人员;④ 具有健全的环境监测工作和质量管理制度;⑤ 符合环境保护主管部门规定的其他条件。

以自动监测方式开展自行监测的,应当具备以下条件:① 按照环境监测技术规范和自动监控技术规范的要求安装自动监测设备,与环境保护主管部门联网,并通过环境保护主管部门验收;② 具有两名以上持有省级环境保护主管部门颁发的污染源自动监测数据有效性审核培训证书的人员,对自动监测设备进行日常运行维护;③ 具有健全的自动监测设备运行管理工作和质量管理制度;④ 符合环境保护主管部门规定的其他条件。

《中华人民共和国水污染防治法》第二十三条规定,重点排污单位应当安装水污染物排放自动监测设备,与环境保护主管部门的监控设备联网,并保证监测设备正常运行。排放工业废水的企业,应当对其所排放的工业废水进行监测,并保存原始监测记录。因此,除设置必要的监测室外,应根据相关规定,建设和配置污染源自动监测设备,逐步实现污染源连续自动在线监测监控。

如有必要或根据国家和当地环保部门的规定,还应建设污染源在线监测控制和中控系统。关于监测控制数据采集和传输方面,最好能明确提供具体的环保设施运行参数。如发电企业烟气脱硝设施,应配套建设分布式控制系统(DCS),并建立脱硝系统、主要设备运行状况的记录台账,记录脱硝设施运行和维护情况。DCS 主要参数包括:机组负荷,每组 SCR 脱硝反应器的进出口烟气流量、氮氧化物浓度、氧含量、烟气温度、压力、脱硝效率等烟气连续监测数据,SCR 脱硝反应器压差、氨流量、氨逃逸浓度、挡板(如有)反馈信号、稀释风机电流及流量、吹灰器运行信号,以及液氨储存与制备系统或尿素制氨系统主要设备运行参数,DCS 历史数据和曲线至少保存 1 年,并能保证多个参数同时调阅。

关于污染源在线监控装置建设与运行方面的要求,可根据生产性质和行业不同分别设定。如发电企业,在建设烟气脱硝设施时,要同步安装烟气自动在线监测系统,并与环保部门监控平台联网,实时传送监测数据。联网和传输的主要数据除包括氮氧化物排放浓度、烟气量、氧含量等在内的烟气参数外,还应包括机组负荷、每组脱硝反应器进口烟气温度、氨流量、稀释风机流量等脱硝设施运行参数。烟气自动在线监控系统设置应当符合《中华人民共和国计量法》和《污染源自动监控管理办法》有关规定。自动在线监控装置及传输系统由计量鉴定机构或其授权的单位执行强制检定、测试任务。

企业自行监测采用委托监测的,应委托经省级环境保护主管部门认定的社会检测机构或环境保护主管部门所属环境监测机构进行监测。

企业自行监测发现污染物排放超标的,应当及时采取防止或减轻污染的措施,分析原因,并向负责备案的环境保护主管部门报告。

**（五）监测数据信息管理**

要求企业建立监测记录台账、统计汇总报表、报告制度,有条件的要实行计算机自动化管理。自行监测记录包含监测各环节的原始记录、委托监测相关记录、自动监测设备运维记录,各类原始记录内容应完整并有相关人员签字,数据信息保存期要符合相关规定。

企业监测信息公开。可通过对外网站、报纸、广播、电视等便于公众知晓的方式将自行监测工作开展情况及监测结果向社会公众公开,公开内容应包括:① 基础信息:企业名称、法人代表、所属行业、地理位置、生产周期、联系方式、委托监测机构名称等。② 自行监测方案。③ 自行监测结果:全部监测点位、监测时间、污染物种类及浓度、标准限值、达标情况、超标倍数、污染物排放方式及排放去向。④ 未开展自行监测的原因。⑤ 污染源监测年度报告。

 思考题

1. 建设项目环境保护对策措施包括哪些方面?
2. 建设项目环境保护监督管理包括哪些方面?

# 第七章 公众参与

## 第一节 公众参与的意义和发展历程

### 一、公众参与的意义

公众参与是环境准入制度实施过程中必不可少的一项。随着环境问题的进一步加剧及公民环保意识的增强,公众参与逐步成为环境相关法规中的重要内容。公众参与环境准入制度也正是公共参与原则在环境领域的体现。公众参与环境准入制度有助于建设方及环境部门更全面地了解和认识在建项目的环境影响,揭示潜在的环境问题,更加科学和有针对性地解决环境问题。同时也有助于提高政府在公众心中的可信度,避免环境纠纷的产生,使公众、建设方及政府的利益达到最大化,有助于和谐社会的建设。

### 二、国外环境影响评价中公众参与情况

（一）美国

美国是世界上最早开展环境影响评价的国家。20 世纪 60 年代末,美国的《国家环境政策法》颁布实施。其中第二篇第五节第一条规定:环评中应征求相关机构、部门、地方政府的意见,环境影响报告书及相关机关的意见应当依照《情报自由法》的规定对外公开。然而,对于是否征求公众意见却没有进行明确规定。

为了弥补这一不足,美国环境影响评价的主管部门——环境质量委员会于 1978 年发布了环境影响评价实施细则,对公众参与的程序作了详细规定,包括参与阶段、参与范围、参与人员、参与效果及参与的限制等。如信息公开的时间一般为 45~90 天,公众可以查阅环评文件,并可提交关于项目的书面评论,开发建设单位和有关行政主管部门必须对公众意见做出反应;当有较大争议或公众要求召开听证会时,应举行听证;公众有权了解做出最后决策的理由,原则上有关行政主管部门应在公众参与后 30 天内告知决策结果及其依据;公众可以进一步质疑决策的合理性等。

（二）日本

日本的《环境影响评价法》第八条第一款规定:从环境保护的角度出发,如果有人对评价大纲有意见,可以在从文件公布之日起到文件审查结束之日后两周的期间内向业主提交其意见。

日本《环境影响评价法》也对公众的知情权和参与权做出了较为明确、具体的规定。例如,关于评价大纲的公布、公开复审和意见提交,该法第七条规定:为了征求意见,从环境保护的角度出发,关于环境影响评价所需考虑的事项和所要采用的调查、预测和评价方法,根据总理府规定,项目业主应当公布范围文件的有关内容,可以在范围文件公布之日后的一个

月内对评价大纲进行公开复审。

关于环境影响评价报告（EIS）草稿的公告、说明会及意见提交，该法第十六条规定，项目业主应当在向有关政府机构或长官提交相关材料后，公告环评报告书草案和其他有关材料，并且自公告之日起，接受公众为期一个月的公开审查；第十七条规定，在公开审查期间，项目业主应当在相关地区举行说明会以使公众了解环评草稿，并且至少在举行说明会一周前公告其时间、地点。如果项目业主因法定事由无法举行说明会，应当尽力使公众了解环评草稿的内容；凡对环评草稿有意见的人，均可以在从草稿公布之日起到公开审查结束之日后两周的期间内，以书面形式向项目业主提交意见。

关于听证会，一般只有当公众提出申请要求召开时，才启动听证会程序。申请人数没有限制，可以是一人。

（三）巴西

环境影响报告书要放置在项目所在地的公共图书馆和环境保护行政机构的图书馆。环境影响评价的审批机关要在收到项目环评审批的申请后，在当地报纸上发布有关消息，其后45天内，公众可申请召开听证会。在收到听证会申请后，环评审批机关要在当地广播和报纸上发布关于听证会内容、时间和地点的通知。

（四）澳大利亚

澳大利亚法律规定，所有环境影响评价均要求开展不同程度的公众参与。目前，多数情况下采用公众咨询的形式，而公众参与决策过程的情况比较少。

澳大利亚的环评制度中包括一个筛选过程，即通过初步评价确定是否有必要开展详细的环境影响评价。对于没有开展详细环评的工程，当公众提出质疑时，环境主管部门必须在3个月内做出解释。对于开展了详细环评的工程，环境主管部门审核环境影响报告书后，应在报请部长批示前将环评报告书向公众公开，并告知公众哪些公众意见被采纳了。

在新南威尔士，环境影响报告书完成后应该公示至少30天。公众意见要报给市政规划部门，后者在21天内确定有关主管部门在进行决策时应采纳哪些意见。公众可以申请召开听证会，但市政规划部门的部长有权决定是否召开。听证会的所有意见都要向公众公开。所有项目审批结束后，审批部门都要就在审批过程中如何考虑公众意见的情况写一份报告。

（五）国际组织

国际层面，联合国环境规划署在1987年提出的《环境影响评价的目标和原则》中明确提出："地方社团和他们的代表需要知道由开发建设活动带来的不利影响将怎样冲击和影响他们的生活质量……政治家也需要知道谁将被影响，通过什么途径及什么样的问题将被提出……"这也隐含地提出了环境影响评价制度中应当包含公众参与的内容，因为这些问题得以解决的唯一途径就是公众参与。

世界银行在20世纪80年代进行的贷款项目中并没有考虑到环境问题，也没有提出环境影响评价公众参与的要求，导致一些开发项目在促进受援国经济发展的同时也给这些国家和地区的环境带来了不利影响。庆幸的是，世界银行很快意识到了这一点。20世纪80年代中后期，环境影响评价公众参与制度作为世界银行的一项重要的环境保护政策予以实施。1989年10月，世界银行提出了正式的《环境影响评价工作运行指令》，该指令附件A中明确指出："世界银行借款方希望在项目设计和执行，特别是在制定环境影响评价时，充分考虑到受影响群体和非政府组织的意见。"世界银行有关文化财产的工作指令,农村发展及检测评价的指导原则也增加了有关公众参与的指示。

1993 年 3 月,亚洲开发银行规定:"银行要求借款人充分听取受影响群体和地方非政府组织的建议和意见,特别是在编制环境影响报告书的阶段。"一篇题为《关于环境影响评价有效性的国际研究》的文章对环境影响评价做出这样的概括:环境影响评价有八项指导原则,包括公众参与原则、透明性原则、可信性原则、综合性原则、成本效应原则、灵活性原则,实用性原则。可以看出,公众参与已经成为环境影响评价领域的一项重要指导原则。

## 三、我国公众参与的发展历程

环境影响评价制度作为一项极具特色的环境保护基本制度,在我国经过 40 多年的发展实践,已经初具规模,法律、法规逐步配套完善。但是遗憾的是,环境影响评价制度建立初期,公众参与制度并未被包含在内,相关的法律、法规也没有这方面的规定。我国最早接触环境影响评价制度得益于国际金融组织的促成。1991 年我国实施了一个由亚洲开发银行提供赠款的环境影响评价项目。该项目首次提出在中国的环境影响评价报告书(表)中,引入公众参与机制的问题。从此公众参与成为环境影响评价制度中的热点问题。在随后举行的一系列国际研讨会上,中外专家、学者和政府官员就中国的公众参与问题进行了深入的探讨,提出了许多建设性的意见。

1993 年发布的《关于加强国际金融组织贷款建设项目环境影响评价管理工作的通知》首次明确提出了公众参与的要求。随后 1996 年修订的《中华人民共和国水污染防治法》《中华人民共和国环境噪声污染防治法》等都规定将公众参与制度引入环境影响评价中来。2002 年颁布的环境影响评价领域的专项立法《中华人民共和国环境影响评价法》对于环境影响评价制度的公众参与作了详尽的规定。该法第五条规定:"国家鼓励有关单位、专家和公众以适当方式参与环境影响评价。"同时,第十一条和第二十一条分别对公众参与规划的环境影响评价和公众参与建设项目的环境影响评价做出了规定。

2006 年环境影响评价公众参与制度的规范性文件《环境影响评价公众参与暂行办法》诞生。该办法对于公众参与环境影响评价制度的具体范围、程序、方式、期限等均作出了详细的规定。这标志着我国的环境影响评价公众参与制度迈出了具有历史意义的一步。该办法自施行以来,环境影响评价公众参与全面开展,极大调动了公众保护环境的积极性和主动性,畅通了公众环境保护诉求表达渠道,维护了公众环境权益,得到社会广泛认可。随着经济社会发展,环境影响评价公众参与面临新的形势和要求。党的十九大报告提出,要保障广大人民群众知情权、参与权、表达权和监督权,构建政府为主导、企业为主体、社会组织和公众共同参与的环境治理体系。生态环境部对该暂行办法进行修订,2018 年 4 月 16 日正式发布《环境影响评价公众参与办法》,并于 2019 年 1 月 1 日起施行。

《建设项目环境影响评价技术导则  总纲》(HJ 2.1—2016)将公众参与和环境影响评价文件编制工作分离。建设项目公众参与的工作思路主要为:明确建设单位公众参与的主体责任,引导公众聚焦环境影响问题,重点关注可能受直接环境影响的公众意见,大幅度提升专家参与的程度和水平。督促建设单位高度重视公众关切,对公众反映突出的问题,应及时归纳整理并公开解释和答复。其呈现形式为:公众参与的开展情况单独编制成册,存档备查,建设单位报送的环境影响报告书应附具公众参与说明书,供环评审批决策参考。

规划环评的公众参与工作同样由规划编制单位开展,征求意见的对象以规划涉及的部门代表和专家为主,呈现方式为作为规划环境影响报告书的一个章节,该章节需说明公众参与的方式、内容及公众参与意见和建议的处理情况,重点说明不采纳的理由等。

# 第二节　公众参与的工作程序

## 一、公众的范围

按照目前国际推行的环评公众参与最佳实践模式,如国际影响评价协会的《公众参与国际最佳实践原则》、国际金融公司的《公众参与及信息披露良好实践手册》等,公众参与的范围应覆盖所有受建设项目影响和对其感兴趣的群体,统称为利益相关方。结合《中华人民共和国环境影响评价法》的相关要求,建设项目的利益相关方可划分为九类:

① 受建设项目直接影响的单位和个人;② 受建设项目间接影响的单位和个人;③ 关注建设项目的单位和个人;④ 有关专家;⑤ 建设项目的投资单位和个人;⑥ 建设项目的设计单位;⑦ 建设项目的环境影响评价单位;⑧ 环境行政主管部门;⑨ 其他相关行政主管部门。

上述分类提供了一个比较宽泛的公众参与视角。但在具体操作中,多数国家通常局限在受建设项目影响(含直接、间接、正面和负面影响)的群体。综合考虑我国的具体实践情况,公众参与以核心公众群为主,即应涵盖受建设项目直接影响的单位和个人、项目所在地的人大代表和政协委员、有关专家。

## 二、信息公开

（一）信息公开的时间和内容

**1. 第一次信息公开**

建设单位确定承担环境影响评价工作的环境影响评价机构后7日内需进行第一次信息公告,所含信息应包括:建设项目名称、建设项目业主单位名称和联系方式、环境影响评价单位名称和联系方式、环境影响评价工作程序、审批程序及各阶段工作初步安排、备选的公众参与方式。

**2. 第二次信息公开**

第二次信息公开时间为完成影响预测评价至报告书报送审批,或重新审核前确保能够完成公众意见调查、公众参与篇章编写和信息反馈等工作内容的合理时间,最迟于环境影响报告书报送审批或审核前10日。

第二次信息公开的内容包括:建设项目情况简述;建设项目对环境可能造成影响的概述;环境保护对策和措施的要点;环境影响报告书提出的环境影响评价结论的要点;公众查阅环境影响报告书简本的方式和期限,以及公众认为必要时向建设单位或者其委托的环境影响评价机构索取补充信息的方式和期限;征求公众意见的范围和主要事项;征求公众意见的具体形式;公众提出意见的起止时间。

**3. 环境影响报告书简本**

环境影响报告书简本应简短易懂,尽量采用便于公众理解的语言,避免生僻的专业用语和缩写,并尽量采用图表、图片或照片等直观形式。

**(二) 信息公开的方式**

**1. 信息公告的方式**

信息公告的范围应能涵盖所有受到直接和间接影响的公众所处的地域范围,并应采用便于公众获得的方式,保证信息准确、及时和有效地传递。常用的发布信息公告的方式有:在建设项目所在地的公共媒体(如报纸、广播、电视、公共网站等)上发布公告;公开免费发放包含有关公告信息的印刷品;其他便利公众知情的信息公告方式。

**2. 简本公开的方式**

环境影响报告书简本公开的方式应便于受到直接影响的公众获取,可以采用以下一种或多种方式进行公开:在特定场所提供环境影响报告书简本;制作包含环境影响报告书简本的专题网页;在公共网站或者专题网站上设置环境影响报告书简本的链接;其他便于公众获取环境影响报告书简本的方式。

## 三、公众意见调查内容

公众意见调查应包括以下内容:① 公众对建设项目所在地环境现状的看法;② 公众对建设项目的预期;③ 公众对减缓不利环境影响的环保措施的意见和建议;④ 根据建设项目的具体情况,必要时还应针对特定的问题进行补充调查。同时,应允许公众就其感兴趣的个别问题发表看法。

## 四、公众意见调查方法

按照《环境影响评价公众参与暂行办法》要求,公众意见调查方法归纳为问卷调查、座谈会、论证会和听证会四种主要形式。

**(一) 问卷调查**

问卷调查可分为书面问卷调查和网上问卷调查。书面问卷调查是征求核心公众代表意见的方法之一,适用于征求个人代表的意见;网上问卷调查主要适用于大范围征求公众主动提交的意见,或作为征求核心公众代表意见时的辅助方法。

调查问卷所设问题应简单明确、通俗易懂,避免容易产生歧义或误导的问题。对于可以简单回答"是"或"否"的问题,应进一步询问答案背后的原因。应给被咨询人足够的时间了解相关信息和填写问卷。

**(二) 座谈会**

座谈会是建设项目利益相关方之间沟通信息、交换意见的双向交流过程。座谈会讨论的内容应与公众意见调查的主要内容一致。

可按照核心公众群的地区分布情况和核心公众代表的数量来确定座谈会的召开次数和地点。座谈会主要参加人为受直接影响的单位和个人代表,可邀请相关领域的专家、关注项目的研究机构和民间环境保护组织中的专业人士出席会议。座谈会的主持人可由建设项目的投资单位或个人、建设项目的设计单位或环境影响评价单位等担任。上述单位还应派代表出席,在座谈会开始前介绍项目情况,并在会议期间回答参会代表关于建设项目相关情况的疑问。

### （三）论证会

论证会是针对某种具有争议性的问题而进行的讨论和/或辩论,并力争达成某种程度一致意见的过程。

论证会应设置明确的议题,围绕核心议题展开讨论。论证会的次数应根据需讨论议题的数量和深度来确定。论证会的参加人主要为相关领域的专家、关注项目的研究机构、民间环境保护组织中的专业人士和具有一定知识背景的受直接影响的单位和个人代表。建设项目的投资单位或个人、建设项目的设计单位和环境影响评价单位应派代表出席论证会,在论证开始前介绍项目情况,并在会议期间回答参会代表关于与论证议题相关的项目情况的疑问。

### （四）听证会

环境影响评价过程中的听证会是上述三种常规公众意见调查方法的补充,主要是针对某些特定环境问题公开倾听公众意见并回答公众的质疑,为有关的利益相关方提供公开和平等交流的机会。

出现下列某种或几种情况时,可考虑组织召开听证会:

① 建设项目位于环境敏感区,且原料、产品和生产过程中涉及有毒化学物质,并存在严重污染土壤、地下水、地表水或大气的潜在风险;

② 建设项目位于环境敏感区,且具有引起某种传染病传播和流行的潜在风险;

③ 建设单位或环境影响评价单位认为有必要针对有关环境问题进一步公开与公众进行直接交流;

④ 有关行政主管部门提出听证会要求。

## 五、公众意见的汇总分析和信息反馈

### （一）公众意见的收集

公众参与期间,应设专人负责收集和整理公众发来的传真、电子邮件和问卷调查表等,并记录有关信息。

上述传真、电子邮件打印件(应含电子邮件地址、时间等信息)、信函、调查问卷和会议纪要等,实施公众参与的单位应存档备查。

### （二）公众意见的统计分析

在进行统计分析前,应对有效的公众意见进行识别。环境影响评价中公众参与的有效意见包括与建设项目的环境影响评价范围、方法、数据、预测结果和结论、环保措施等有关的意见和建议。

某些具有建设性或意义重大的非有效公众意见和建议,如针对行政审批程序的建议、原有重大社会问题的披露等,公众参与的执行单位可将这些意见转交给相关部门。

识别出有效公众意见后,应根据具体情况进行分类统计,以便对公众意见进行归纳总结,提供采纳与否的判断依据。分类可包括:

① 年龄分布及各年龄段关注的问题;

② 性别分布及其关注的问题;

③ 不同文化程度人群比例及其所关注的问题;

④ 不同职业人群分布及其关注的问题;

⑤ 少数民族所占比例及其关注的问题;

⑥ 宗教人士和特殊人群所占比例及其意见;

⑦ 受建设项目不同影响的公众的意见;

⑧ 主要意见的分类统计结果。

本着侧重考虑直接受影响的公众意见和保护弱势群体的原则,在综合分析上述公众意见、国家或地方有关规定和政策、建设项目情况及社会文化经济条件等因素的基础上,应对各主要意见采纳与否,以及如何采纳做出说明。

（三）信息反馈

环境影响报告书报送环境保护行政主管部门审批或者重新审核前,应以适当方式将公众意见采纳与否的信息及时反馈给公众,这些方式包括:

① 信函;

② 在建设项目所在地的公共场所张贴布告;

③ 在建设项目所在地的公共媒体上公布被采纳的意见、未被采纳意见及不采纳的理由;

④ 在特定网站上公布被采纳的意见、未被采纳意见及不采纳的理由。

 思考题

**1.** 建设项目的利益相关方有哪些?

**2.** 公众意见调查有哪些途径?

# 第八章　规划环境影响评价

## 第一节　规划环境影响评价概述

### 一、规划环境影响评价的概念

#### （一）规划环境影响评价的含义

规划环境影响评价（简称规划环评）是目前我国应用最为广泛的一种战略环评,主要是对区域规划、部门性规划、产业性规划等的实施可能引起的环境影响和后果进行预测评价,并在不利情况下提出优化调整建议或替代方案的过程。

规划环境影响评价是指对规划实施后可能造成的环境影响进行分析、预测和评价,提出预防或者减轻不良环境影响的对策和措施,综合考虑所拟定的规划可能涉及的环境问题,预防规划实施后对各种环境要素及其所构成的生态系统可能造成的影响,协调经济增长、社会进步和环境保护的关系,为科学决策提供依据。

规划环评在规划形成初期就参与其中,并贯穿始终,作为政府决策部门必不可少的参考依据。规划环评从战略层次上重点论证规划中未来开发活动的布局、结构,以及资源配置可能对环境造成的影响,同时提出对环境影响最小的整体优化方案和综合防治对策,并从总量控制的角度提出规划中的可行项目和限制项目。规划环评为项目环境影响评价提供依据,属于战略环境评价的中间环节。

从国内外的实践经验与历史教训来看,对环境产生重大、深远、不可逆影响的,往往是政府制定和实施的有关产业发展、区域开发和资源开发规划等重大社会、经济决策。因此,为了从决策源头上保护环境,对规划进行环境影响评价是十分必要的。

#### （二）规划环境影响评价的发展

20世纪80年代初期,国外开始将环境影响评价扩展到政策、规划层次,规划环境影响评价体系逐渐形成。20世纪90年代起,规划环境影响评价开始得到广泛接受。世界环境与发展委员会、欧盟、世界银行、经济合作与发展组织等都制定了有关文件,推进了规划环境影响评价的发展。

我国在1973年第一次全国环保会议上引入了环评制度的概念,1979年《中华人民共和国环境保护法》正式确定了环境影响评价制度。我国的环境影响评价工作的重点一直是针对建设项目,有时涉及少量的区域开发,并没有把对环境有重大影响的规划纳入环境影响评价的范围。直到2003年,《中华人民共和国环境影响评价法》出台后,才规定对规划要进行环境影响评价。同年,《规划环境影响评价技术导则（试行）》(HJ/T 130—2003)发布。2014年,《规划环境影响评价技术导则　总纲》(HJ 130—2014)发布,《规划环境影响评价技术导则（试行）》(HJ/T 130—2003)废止。

2019 年,《规划环境影响评价技术导则　总纲》(HJ 130—2019)发布,《规划环境影响评价技术导则　总纲》(HJ/T 130—2014)废止。《规划环境影响评价技术导则　总纲》(HJ 130—2019)规定了开展规划环境影响评价的一般性原则、工作程序、内容、方法和要求,各综合规划、专项规划环境影响评价技术导则和技术规范等则根据本标准制(修)订。目前,已经制订的综合规划、专项规划环境影响评价技术导则和技术规范包括:

- 规划环境影响评价技术导则　产业园区(HJ 131—2021);
- 规划环境影响评价技术导则　流域综合规划(HJ 1218—2021);
- 规划环境影响评价技术导则　煤炭工业矿区总体规划(HJ 463—2009);
- 公路网规划环境影响评价技术要点(试行);
- 临空经济区规划环境影响评价技术要点(试行);
- 市级国土空间总体规划环境影响评价技术要点(试行)。

(三) 规划环境影响评价的目的及意义

**1. 目的**

规划环评作为连接宏观的、抽象的发展规划与具体的、可操作的项目之间的桥梁,是实施环境与发展综合决策的重要工具。以改善环境质量和保障生态安全为目标,论证规划方案的生态环境合理性和环境效益,提出规划优化调整建议;明确不良生态环境影响的减缓措施,提出生态环境保护建议和管控要求,为规划决策和规划实施过程中的生态环境管理提供依据。

**2. 意义**

(1) 从源头控制污染和生态破坏

国内外环境发展历史经验表明,因政府实施区域开发、产业发展和自然资源开发利用的政策和规划而造成的环境污染和生态破坏,比具体建设项目的影响更巨大和持久,范围更广泛,而且影响发生后更难处置。实施规划环评,从宏观角度对规划开发活动的可行性进行论证,可避免走"先污染、后治理,先破坏、后恢复"的老路,改变末端治理方式,从源头控制污染,促使有关部门在提出有关政策和规划时能够兼顾各方面的利益,考虑相关的环境影响,采取相应的对策措施,最大限度地减少对自然生态环境和资源的破坏。

(2) 为具体建设项目提供决策依据

规划环评可为规划中所包含的具体建设项目的审批提供依据,也可作为评价的基础和依据,减少单项工程环评的工作内容,缩短工作时间,提高工作效率。同时,规划环评也使单项工程的环评兼顾宏观特征,使其更具科学性、指导性。

(3) 提高各级领导干部的环保意识

《中华人民共和国环境影响评价法》要求政府及其有关部门在编制规划时应组织环评,否则将构成违法行为,要负相应的法律责任,这对提高各级政府尤其是各级领导干部的环保意识,在决策层中树立责任感并提升环境保护参与综合决策的力度,加大环境保护对综合决策的渗透力,无疑将起到巨大的推动作用。

## 二、规划环境影响评价的类型和特点

(一) 类型

规划环境影响评价分为专项规划环境影响评价和综合规划环境影响评价两类。

**1. 专项规划环境影响评价**

专项规划环境影响评价,一般指规划的范围或者领域相对较窄、内容比较专门的规划,包括工业、农业、畜牧业、林业、能源、水利、交通、城市建设、旅游、自然资源开发的有关专项规划。

专项规划可以分为指导性的专项规划和非指导性的专项规划。对专项规划中的非指导性规划,编写环境影响报告书;对于专项规划中的指导性规划,编写规划实施后的环境影响篇章或者说明。

**2. 综合规划环境影响评价**

不是所有的综合规划都开展环境影响评价,而是针对综合规划中的一部分,包括土地利用有关规划,区域、流域、海域建设和开发利用规划。

土地利用有关规划,区域、流域、海域的建设和开发利用规划要求编写规划实施后有关的环境影响的篇章或者说明。对于一些比较重要、实施后对环境影响比较大的规划,用“篇章”的形式;对于一些重要性较弱、实施后对环境影响相对较小的规划,可以用“说明”或者“专项说明”的形式。

**（二）特点**

规划环评通过对战略性决策引发的社会经济活动而产生的环境影响进行分析、预测和评价,提出相应的环境保护对策或替代方案,从决策源头上避免由于决策失误带来的环境影响,其评价对象的战略性决定了它具有以下特征:

**1. 高层次性**

规划环评的评价对象是规划,在决策层次上高于项目的环境影响评价,评价对象的战略性决定了其高层次性。

**2. 综合性**

规划是为实现系统的长远目标所选择的发展方向、所确定的行动方针及资源分配方案总纲。其评价对象、评价内容、评价方法等均具有综合性,如表 8-1 所示。

表 8-1　规划环评的综合性

| 项目 | 内　　容 |
|---|---|
| 评价对象 | 各种经济社会发展规划 |
| 评价范围 | 时间和空间范围相对长而广 |
| 评价内容 | 除规划所引发的环境因子的改变和环境效应外,也要考虑间接影响和累积影响 |
| 评价标准 | 除满足国家、地方环境标准外,更重要的是考虑可持续性和环境承载力的要求 |
| 评价方法 | 定量分析与定性分析结合,方法多样化 |
| 评价人员 | 涉及学科领域广,需要多学科综合、具备丰富的经验和专业技能 |
| 评价结论 | 往往是多目标、多方案的综合比较中遴选出的最优方案 |
| 评价审查 | 一般不仅由环保机构审查,还应进行多部门、多学科的审查 |

**3. 区域性**

环境问题具有空间分异的特征。规划的实施所带来的环境影响也是在一定范围内产生的。因此,评价要素、评价因子及评价标准和指标值等都应根据地域特点科学地选定。

**4. 不确定性**

与建设项目环评相比，规划环评的不确定性相当明显，具体表现在：质的不确定性，如影响性质、影响类型和影响因素的不确定性；量的不确定性，如影响程度、时空规律、发生概率等的不确定性。

**5. 长效性**

规划环评的评价对象是宏观的发展规划，它们给社会经济环境带来的影响必将具有累积性（众多项目的协同作用）、间接性（如流域开发带来的移民及社会结构的转变）、从属性（如能源政策带来能源结构的调整继而引发的环境效益）及滞后性（累积过程或其他因素的影响使得某些效应无法立即显现出来）等特点，这些影响对于整个社会经济环境复合大系统的作用时效可持续数十年甚至上百年。

**6. 可持续性**

可持续发展是开展规划环评的基本出发点和最终目标。规划环评对规划在未来可能产生的环境影响进行系统科学的评价，衡量规划的可持续性，并提出符合可持续发展要求的替代方案或减缓补救措施，为最终的规划决策和实施提供依据。所以规划环评更加注重对与可持续性密切相关的各类影响的评价，如累积性影响、环境风险、生态健康和生态安全、社会经济影响等。

## 三、规划环境影响评价的原则

规划环境影响评价的原则为：

（1）早期介入、过程互动

评价应在规划编制的早期阶段介入，在规划前期研究和方案编制、论证、审定等关键环节和过程中充分互动，不断优化规划方案，提高环境合理性。

（2）统筹衔接、分类指导

评价工作应突出不同类型、不同层级规划及其环境影响特点，充分衔接"三线一单"成果，分类指导规划所包含建设项目的布局和生态环境准入。

（3）客观评价、结论科学

依据现有知识水平和技术条件对规划实施可能产生的不良环境影响的范围和程度进行客观分析，评价方法应成熟可靠，数据资料应完整可信，结论建议应具体明确且具有可操作性。

## 四、规划环境影响评价的主要内容

规划环境影响评价的基本内容如下：

① 规划分析，包括规划概述和规划协调性分析。规划概述应明确可能对生态环境造成影响的规划内容；规划协调性分析应明确规划与相关法律、法规、政策的相符性，以及规划在空间布局、资源保护与利用、生态环境保护等方面的冲突和矛盾。

② 现状调查与评价，开展资源利用和生态环境现状调查、环境影响回顾性分析，明确评价区域资源利用水平和生态功能、环境质量现状、污染物排放状况，分析主要生态环境问题及成因，梳理规划实施的资源、生态、环境制约因素。

③ 环境影响识别与评价指标体系构建，识别规划实施可能产生的资源、生态、环境影响，初步判断影响的性质、范围和程度，确定评价重点，明确环境目标，建立评价的指标体系。

④ 环境影响预测与评价,主要针对环境影响识别出的资源、生态、环境要素,开展多情景的影响预测与评价,一般包括预测情景设置、规划实施生态环境压力分析,环境质量、生态功能的影响预测与评价,对环境敏感区和重点生态功能区的影响预测与评价,环境风险预测与评价,资源与环境承载力评估等内容。

《规划环境影响评价条例》第八条明确规定了对规划进行环境影响评价,应当分析、预测和评估的主要内容:

a. 规划实施可能对相关区域、流域、海域生态系统产生的整体影响;

b. 规划实施可能对环境和人群健康产生的长远影响;

c. 规划实施的经济效益、社会效益与环境效益之间,以及当前利益与长远利益之间的关系。

⑤ 规划方案综合论证和优化调整建议,以改善环境质量和保障生态安全为核心,综合环境影响预测与评价结果,论证规划目标、规模、布局、结构等规划内容的环境合理性,以及评价设定的环境目标的可达性,分析判定规划实施的重大资源、生态、环境制约的程度、范围、方式等,提出规划方案的优化调整建议并推荐环境可行的规划方案。如果规划方案优化调整后资源、生态、环境仍难以承载,不能满足资源利用上线和环境质量底线要求,应提出规划方案的重大调整建议。

⑥ 环境影响减缓对策和措施,针对评价推荐的规划方案实施后可能产生的不良环境影响,在充分评估规划方案中已明确的环境污染防治、生态保护、资源能源增效等相关措施的基础上,提出的环境保护方案和管控要求。

⑦ 规划所包含建设项目环评要求。

⑧ 环境影响跟踪评价计划。

⑨ 公众参与和会商意见处理,收集整理公众意见和会商意见,对于已采纳的,应在环境影响评价文件中明确说明修改的具体内容;对于未采纳的,应说明理由。

⑩ 评价结论,是对全部评价工作内容和成果的归纳总结,应文字简洁、观点鲜明、逻辑清晰、结论明确。

《规划环境影响评价条例》第十一条规定了环境影响篇章或者说明应当包括下列内容:

a. 规划实施对环境可能造成影响的分析、预测和评估。主要包括资源环境承载能力分析、不良环境影响的分析和预测,以及与相关规划的环境协调性分析。

b. 预防或者减轻不良环境影响的对策和措施。主要包括预防或者减轻不良环境影响的政策、管理或者技术等措施。

环境影响报告书除包括上述内容外,还应当包括环境影响评价结论。主要包括规划草案的环境合理性和可行性,预防或者减轻不良环境影响的对策和措施的合理性和有效性,以及规划草案的调整建议。

# 第二节 规 划 分 析

## 一、规划概述

在充分理解规划的基础上,介绍规划编制背景和定位,结合图、表梳理分析规划的空间范围和布局,规划不同阶段目标、发展规模、布局、结构(包括产业结构、能源结构、资源利用结构等）、建设时序,配套基础设施等可能对生态环境造成影响的规划内容,梳理规划的环境目标、环境污染治理要求、环保基础设施建设、生态保护与建设等方面的内容。如规划方案包含的具体建设项目有明确的规划内容,应说明其建设时段、内容、规模、选址等。

对于规划方案的初步筛选,具体包括:识别该规划所包含的主要经济活动,包括直接或间接影响的经济活动,分析可能受到这些经济活动影响的环境要素,简要分析规划方案对实现环境保护目标的影响。应当依照国家的环境保护政策、法规及其他有关规定,对所有的规划方案进行筛选。

初步筛选的方法主要有:专家咨询、类比分析、矩阵法、核查表法等。

## 二、规划方案环境影响识别

（一）概念

规划环境影响识别是在对规划的目标、指标、总体方案进行分析的基础上,识别规划目标、发展指标和规划方案实施可能对自然环境（介质）和社会环境产生的影响。

（二）内容

环境影响识别的内容包括对规划方案的影响因子识别、影响范围识别、时间跨度识别和影响性质识别 4 个部分。

**1. 影响因子识别**

影响因子识别包括影响类型识别和污染形式识别,确定大气、水和噪声等环境影响因子,以及 TSP、$SO_2$、COD 等污染物或水土流失、植被覆盖率减少等其他形式的生态影响。

**2. 影响范围识别**

影响范围包括规划实施区域及其以外的其他受影响区域。规划对于实施区域以外产生环境影响是通过经济系统和环境介质传输的,如跨界水域污染问题、酸雨问题等。

**3. 时间跨度识别**

一个规划被实施完毕后,受其影响而形成的思想观念、经济结构、经济布局等不能马上终止,而是作为原有规划的惯性继续作用于周围环境,甚至作用很长时间。具体的时间跨度应综合该规划层次性、有效期、实施区域的社会文化背景及人们的认可程度来确定。

**4. 影响性质识别**

确定区域规划开发带来的环境影响是长期的还是短期的、是可逆的还是不可逆的。

（三）方法

环境影响识别一般有核查表法、矩阵法、网络法、GIS 支持下的叠加图法、系统流图法、层次分析法、情景分析法等。

（四）步骤

规划方案环境影响识别的基本步骤如下:

① 对规划进行分析,利用传统的环境影响识别方法,如清单法或矩阵法对规划涉及的建设项目类型进行环境影响识别,确定主要环境影响。

② 对规划进行分析,确定影响规划决策的主要决策因子。主要决策因子的变化,将导致规划方案发生重大或显著的变化。

③ 在规划层次上,分析规避、减缓不利环境影响的机会,确定辅助决策因子。辅助决策因子的变化,将使规划方案导致的环境影响程度发生明显的改变。

④ 分析环境影响与决策因子的关系,确定规划层次需分析评价的环境议题和主要环境影响。

## 三、规划协调性分析与评价

### (一)概述

规划协调性分析与评价分别服务于规划环评中两大任务,即规划分析和规划方案综合论证,分别是这两部分的重要环节,其相互关系如图 8-1 所示。

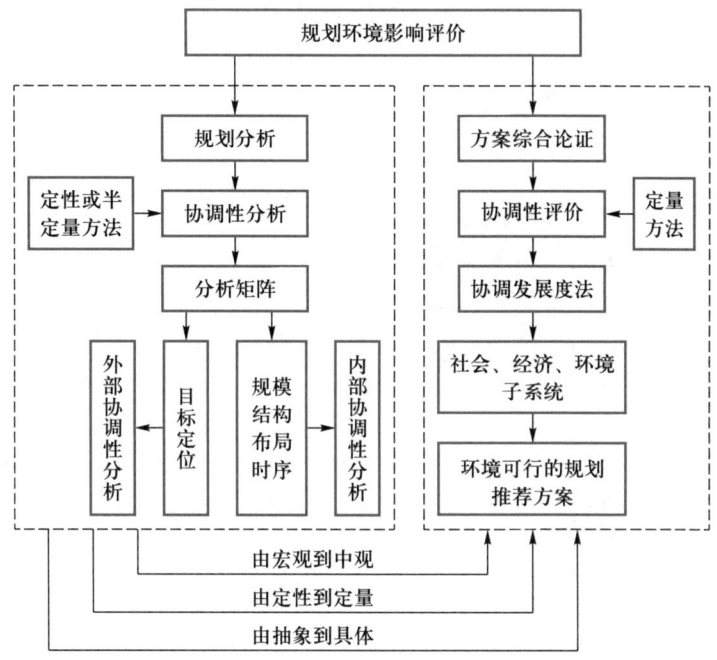

图 8-1 规划协调性分析与评价工作程序图

规划协调性分析主要是指,通过定性(或半定量)的方法来分析受评规划与其上层位和同层位相关政策、法规和规划,以及受评规划内部的环保专项规划和其他专项规划在目标定位、规模、结构、布局、建设时序等方面的协调性,重点识别和分析受评规划与相关环保法规和规划之间的冲突和矛盾,以此明确下一步评价工作的重点和主题。

协调性评价主要是指,通过定量的方法来评估各种规划替代方案对规划区域社会、经济、环境协调发展的影响程度,以此筛选出环境上更加合理的推荐方案并为规划方案综合论证提供定量依据。

实践中,协调性分析又可具体划分为外部和内部协调性分析。外部协调性分析主要分析受评规划与其上级或同级相关环保政策、法规、规划之间的相容性和潜在冲突;内部协调性分析主要分析受评规划内部环保或生态建设专项规划与其他专项规划之间的配合水平,重点关注规模、结构、布局、建设时序、综合利用、循环经济等方面的协调程度,以及缺失情况。

### (二)特征

规划环评中的协调性分析与评价是一个系统的、综合的有机整体,只有在协调性分析的基础上,才能合理地开展协调性评价,确定环境上更加合理的推荐方案。总体来说,协调性分析与评价是一个由宏观到中观、由定性到定量、由抽象到具体的有机过程。

在工作顺序上,先进行协调性分析,后进行协调性评价。在工作内容上,协调性分析用于识别规划矛盾和冲突的地方;协调性评价则针对协调性分析的结果,评价规划方案或替代方案的作用效果,即方案实施后矛盾冲突加剧还是缓和。在工作层面上,协调性分析主要是宏观层面,重点分析受评规划在目标定位、规模、结构、布局等方面的协调性;协调性评价则是结合规划替代方案来定量评估规划实施对区域社会、经济、环境协调发展的影响,是对规划环评中观层面的把握。在手段方法上,协调性分析主要是构建分析矩阵、清单或核查表,结合规划方案要点通过逻辑推理或专家咨询来查找潜在的矛盾或冲突;协调性评价则是利用定量化方法来评估规划实施对受评区域可持续发展的影响,特别是对各种资源和环境制约因素的影响。

### (三) 内容

规划协调性分析与评价包括:

筛选出与本规划相关的生态环境保护法律法规、环境经济政策、环境技术政策、资源利用和产业政策,分析本规划与其相关要求的符合性。

分析规划规模、布局、结构等规划内容与上层位规划、区域"三线一单"管控要求、战略或规划环评成果的符合性,识别并明确在空间布局,以及资源保护与利用、生态环境保护等方面的冲突和矛盾。

筛选出在评价范围内与本规划同层位的自然资源开发利用或生态环境保护相关规划,分析与同层位规划在关键资源利用和生态环境保护等方面的协调性,明确规划与同层位规划间的冲突和矛盾。

### (四) 方法

**1. 协调性分析方法**

通常采用二维相关矩阵方法来开展规划协调性分析,即以相关规划及其要点为行,以需重点分析的问题如规划目标定位、规模、结构、布局等为列,逐项分析规划方案要点的协调性和潜在矛盾,在此基础上形成规划冲突识别矩阵(表8-2)。

表 8-2 规划冲突识别矩阵

| 潜在冲突 | 规划类别 | 目标定位 | 规模 | 结构 | 布局 | 建设时序 |
|---|---|---|---|---|---|---|
| 外部冲突 | 上层位 | | | | | |
| | 同层位 | | | | | |
| 内部冲突 | 环保专项规划与其他专项规划 | | | | | |
| | 环保开发活动与其他开发活动 | | | | | |

**2. 协调性评价方法**

首先采用"目标—准则—指标"的框架模式(图8-2),构建评价指标体系的三个层次。

评价方法可参考协调发展度法。根据评价指标体系,假设 $X_1, X_2, \cdots, X_m$ 为生态环境系统的 $m$ 个指标, $Y_1, Y_2, \cdots, Y_n$ 为社会经济系统的 $n$ 个指标; $X_{i0}$、$Y_{j0}$ 为相应指标 $X_i$ 和 $Y_j$ 的标准

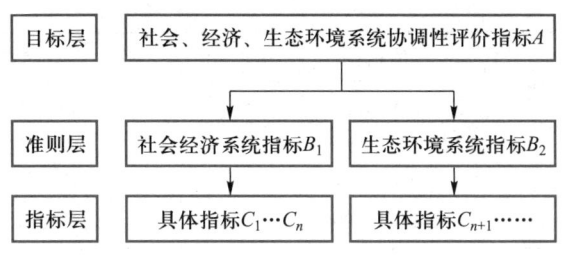

图 8-2 指标体系构建示意图

值,则综合环境效益函数和综合社会经济效益函数分别为:

$$f(X) = \sum_{i=1}^{m} a_i X_i \qquad (8-1)$$

$$g(Y) = \sum_{j=1}^{n} b_j Y_j \qquad (8-2)$$

式中:$a_i$、$b_j$——指标权重。

当 $f(X) > g(Y)$ 时,经济滞后于环境;当 $f(X) < g(Y)$ 时,环境滞后于经济;当 $f(X) = g(Y)$ 时,经济和环境同步发展。

$$C = \left\{ \frac{f(X) \cdot g(y)}{\left( \frac{f(X)+g(Y)}{2} \right)^2} \right\} \qquad (8-3)$$

$$T = A \cdot f(X) + B \cdot g(Y)$$

$$D = \sqrt{C \cdot T}$$

式中:$C$——协调度,度量系统或要素之间协调状况好坏的定量指标;

$A$、$B$——环境和社会经济指标的权重;

$T$——环境与社会经济发展水平的综合评价指数;

$D$——协调发展度,用于度量环境与经济协调发展水平的高低。按照协调发展度大小可以把环境与社会经济的协调发展状况划分为 3 大类 10 小类,具体见表 8-3。将计算结果进行对照,即可得到生态环境与社会经济协调发展的类型,进而分析原因,评价各备选方案的优劣,筛选环境可行的推荐方案。

表 8-3 环境与社会经济协调发展判别标准

| 类别 | $D$ 值范围 | 协调发展类型 |
|------|-----------|-------------|
| 协调发展类<br>(可接受区间) | 0.90~1.00 | 高度协调发展类 |
| | 0.80~0.89 | 较高协调发展类 |
| | 0.70~0.79 | 中度协调发展类 |
| | 0.60~0.69 | 初步协调发展类 |
| 过渡发展类<br>(过渡区间) | 0.50~0.59 | 勉强协调发展类 |
| | 0.40~0.49 | 濒临失调衰退类 |

续表

| 类别 | $D$ 值范围 | 协调发展类型 |
|---|---|---|
| 失调衰退类<br>（不可接受区间） | 0.30~0.39 | 轻度失调衰退类 |
| | 0.20~0.29 | 中度失调衰退类 |
| | 0.10~0.19 | 重度失调衰退类 |
| | 0.00~0.09 | 极度失调衰退类 |

# 第三节　资源环境承载力评价

## 一、承载力评价

### （一）概念

资源环境承载力是指某区域在一定的时期内,在确保资源合理开发利用和生态环境良性循环的条件下,资源环境能够承载的人口数量及相应的经济社会总量的能力。

### （二）特点

从可持续发展战略和促进经济与资源环境协调发展的高度看,对某个区域的资源环境承载力进行分析,即指在某个特定的时空条件下通过定性和定量相结合的方法来衡量区域资源环境系统对社会经济的承受能力。资源环境承载力是经济社会与资源环境系统之间的纽带,其特点主要表现在以下四个方面:

**1. 客观性与主观性并存**

客观性指资源环境承载力的高低极易因人类活动的作用而发生变化,即其变化结果是客观的;主观性指促成这种变化的外力及方向是由人类社会的主观意志所控制的,包括采用何种标准和量化方法去衡量等。客观性还表现在资源环境承载力是可测度的,而主观性则是指由于影响资源环境承载力的因素多样,不可避免地使其量化评价标准和计算方法带有一定的主观色彩。

**2. 确定性与变动性并存**

确定性指资源环境承载力在某个特定的时期、特定的区域及特定的活动强度和科技水平条件下,承载力的强弱是相对确定的;而变动性指在上述条件发生变化时资源环境承载力也将随之改变。因此在研究资源环境承载力时,要具体问题具体分析,充分考虑到地区特色、量化方法及指标体系等因素的结合。

**3. 层次性与综合性并存**

层次性指资源环境系统是具有多层次的有机系统,包括大气环境、水环境、土地资源、矿产资源、森林草场、交通环境等子系统,各个子系统相对独立,可以被单独研究。从另一个角度,资源环境承载力的最高层次也反映了其综合性。资源环境承载力的综合数值反映了高度浓缩的信息,便于人们从宏观层面上对社会经济活动的影响加以认识和指导。

**4. 动态性与可控性并存**

动态性指资源环境承载力会随着资源环境系统的功能变化而变化。变化主要来自两方面:一是资源环境系统自身的运动演变,二是人类对资源的利用及环境的开发。可调控性主要指资源环境承载力的变化会通过指标体系数值的变化来体现,人类可以通过研究资源环境承载力指标体系数值的变化来研究地区资源环境承载状态。

（三）意义

**1. 资源环境承载力是可持续发展的必然需求**

随着经济社会的不断发展,各个地方在追求经济发展的同时对各种资源的开发力度不断加大,没有充分考虑环境承载力,导致生态环境面临严峻的局面。我国环境地域性特点突出,气候条件和地理环境差异显著,水、土地和其他资源的空间分布存在明显差异。如水资源,地域分布非常不均衡,基本是南丰北少、东丰西少,不可避免地造成水资源与经济活动越来越不匹配。因此,必须根据各地环境承载能力、承载水平和环境要素特点,制定差别化产业发展和环境保护政策,形成合理的产业结构,实现经济发展与人口、资源、环境相协调。

**2. 资源环境承载力是对规划环评体系的完善**

目前环保体制在指导思想上比较重视对重点建设项目的管理,对区域整体开发及相关政府规划造成的区域结构性环境污染相对轻视。仅从企业角度考虑,忽视区域整体的资源环境承载力,可能对区域资源、生态、环境造成极大的甚至是灾难性的破坏。在战略环评中,环境承载力应作为区域或规划实施的准绳,并成为完善我国环评制度的一项主要指标。

将传统评价过程中受较多关注的对污染物进行预测评价的微观层次分析,转向以环境承载力评价为核心,在更高的宏观角度对规划方案进行综合评价,可以更全面地反映规划方案对环境承载力的影响,即规划的可持续发展能力,为决策者提供更全面的决策依据。

（四）内容

资源环境承载力分析的最终目的是从发展规模、产业结构、生产力布局等方面着手提出改善或提高规划区域环境承载力的建议,制定环境保护措施,以控制或减缓战略实施对环境的影响,引导经济社会可持续发展。

目前,对环境承载力科学性和普遍性的量化研究仍未有突破性进展。一般是针对某一具体区域进行环境承载力的量化研究。使用较多的评价方法是单要素环境承载力分析,主要包括土地资源承载力分析、水资源承载力分析、大气环境承载力分析、水环境承载力分析和生态环境承载力分析、能源承载力分析等。

**1. 土地资源承载力分析**

（1）概述

土地资源承载力是指在一定技术水平、投入强度下,一个国家或地区在不引起土地退化,或不对土地资源造成不可逆的负面影响,或不使环境遭到严重退化的前提下,能持续、稳定支持具备一定消费水平的最大人口数量,或具备一定强度的人类活动规模。

（2）影响因素

土地资源承载力的四要素为:生产条件、土地生产力、人的生活水平、被承载人口的限度。彼此之间的关系为:土地承载人口的限度与土地生产力成正比,与人的生活水平成反比。而土地生产力又由生产条件决定,因此"一定的生产条件"和"一定的生活水平"是计算土地资源承载力的关键。

（3）计算方法

土地资源承载力的计算先由"一定的生产条件"计算出土地生产潜力,再在土地生产潜力基础上根据"一定的生活水平"计算土地资源承载人口的数量,即土地资源承载力。

土地生产潜力计算主要有三种方法。第一种是根据环境因子潜力结构计算,第二种是根据植被潜力结构计算,第三种是采用系统动力学方法对人口容量进行动态定量计算。

**2. 水资源承载力分析**

(1) 概述

水资源承载力是指可供水资源量的极限值,表征水资源系统所能承受的社会、经济活动强度的能力阈值。随着时间和空间转换,水资源承载力与自然资源条件,以及资源开发配置紧密相关,反映社会经济活动与自然资源禀赋之间的相互影响与互动。水资源承载力分析的核心就是在比较可供水资源量与实际用水需求的基础上,通过水资源合理配置、节约用水、非常规水资源开发,以及相关基础设施建设等多方面措施,将经济活动强度及其影响规制在水资源系统承载能力范围之内,从而确保社会经济系统与水资源系统的可持续协调发展。

(2) 影响因素

影响水资源承载力大小的因素包括:① 水资源总量及水质:水资源总量是指流域水循环过程中可更新恢复的地表水与地下水资源总量。水资源总量的确定是水资源承载力研究的基础资料,是决定流域水资源承载力的关键因素之一。在水资源承载力研究中,水量与水质密不可分,两者必须同时考虑。水资源总量的确定包括:变化环境下的水资源总量、跨流域调水所引起的水资源总量的增减、各水利工程建筑物所增加的水资源总量及其控制地域范围与时间范围、丰水期与枯水期水资源总量与水质。② 生态环境需水:是指为了维系生态系统生物群落基本生存和一定生态环境质量(或生态建设要求)的最小水资源需求量和基本水质要求。生态环境需水量包括天然生态保护与人工生态建设所消耗的水量。生态环境需水不但要满足最小水资源量的需要,同时还应满足基本的水质要求。而水体流速与流量,流量与水质又有相互的联系,在生态需水总量计算中需综合考虑。③ 可供使用的水资源量:是指可以直接提取用于工业、农业及生活的水资源量。从水资源可持续发展的角度来说,可供使用的水资源量是指在一定的用水结构和开发利用深度下可被开发利用的最大水资源阈值,是水资源承载力计算的基线。可供使用的水资源量在数值上不易给定,因为该量一方面要保证不挤占生态环境用水,要从水资源总量中扣除地下水总量、地表水对地下水的补给量及蒸发量,另一方面该量与水资源的需求关系及相应的水资源配置、地区生产力水平、生产力发展水平、节水潜力、节水技术、社会消费水平及消费结构等因素相关。因为这些因素的变化影响了回水量及回水水质,从而对流域河道内水体产生了不同的影响,使可供使用的水资源量发生变化。④ 水体自净能力:污染物进入水体后,其浓度在流动过程中经过水中物理、化学与生物作用,使污染物浓度降低的现象。自净能力的大小是各种综合因素的结果,如流域生物群落、水体酸碱性、河床岩性与植被、水体污染程度等。对应不同的污染物,水体的自净能力是不同的,在研究时可针对不同的污染物用某一污染物的综合削减系数这一指标来衡量。

(3) 计算方法

水资源承载力计量模型分为目标综合分析、水资源循环转化、社会经济发展预测、"社会经济–水资源–生态与环境"互动关系、可持续发展综合评价、水资源承载力系统可承载判断 6 个模块。其中综合评价采用多级灰色关联评价。

① 目标函数。水资源承载力研究的是水资源所能支撑的"最大社会经济发展规模"。经济发展的最终目的是社会的发展,而人口是体现社会持续发展的一个重要指标,因此可将人口定为目标函数。表达式如下:

$$\max(P_{人口}) = f(\alpha, \beta, \mu, \mathrm{UL}, \rho, K, \cdots) \tag{8-4}$$

② 水资源循环转化模块。总水量平衡方程表达式如下:

$$\Delta V_{地下水} + \Delta V_{地表水} = (P + Q_{调入} + Q_{入}) - (E + W_{耗} + Q_{出}) \tag{8-5}$$

式中:$\Delta V_{地下水}$、$\Delta V_{地表水}$——地下水、地表水蓄水量的变化量;

$\qquad\qquad P$——降水量;

$\qquad Q_{调入}$、$Q_{入}$、$Q_{出}$——区外调水总量、入境水量和出境水量;

$\qquad\qquad E$——总蒸发量;

$\qquad\qquad W_{耗}$——总消耗水量。

可利用水资源量计算方程表达式如下:

$$Q_{可利用} = \alpha_1 Q_{自产} + \alpha_2 Q_{入} + \alpha_3 Q_{地下水} + Q_{再生水} + Q_{调入} \tag{8-6}$$

式中:$Q_{可利用}$、$Q_{自产}$、$Q_{地下水}$、$Q_{再生水}$——可利用水资源量、区域内自产水资源量、地下水资源量和区域内再生水可利用量;

$\qquad\quad \alpha_1$、$\alpha_2$、$\alpha_3$——区内自产水资源综合利用系数、入境水资源综合利用系数、地下水资源综合利用系数。

③ 社会经济发展预测模块:

$$\begin{cases} P_{人口}(t) = P_{人口}(t-1) \times (1 + K_{人口}) \\ P_{城镇} = P_{人口} \times \mathrm{UL} \\ \mathrm{GDP} = f(Y_{工业}, A_{农业}, K_{农业}, K_{工业}) \end{cases} \tag{8-7}$$

式中:$Y_{工业}$、$A_{农业}$——工业生产总值和农业灌溉面积;

$K_{工业}$、$K_{农业}$、$K_{人口}$——工业总产值增长率、农业灌溉面积增长率和人口增长率;

$\qquad\qquad \mathrm{UL}$——城市化水平。

④ "社会经济-水资源-生态与环境"互动关系模块。构建"社会经济-水资源-生态与环境"互动关系模块主要是为了体现城市化进程对水资源系统和生态与环境系统的影响,预测水资源系统和生态与环境系统的变化情况。即以社会经济发展作为驱动因子,基于社会经济发展与水资源、生态与环境之间的互动关系模型,来预测水资源与生态与环境系统的发展与变化。

社会经济需水量主要是生产、生活用水。社会经济-水量关系方程表达式如下:

$$\begin{cases} W_{工业} = Y_{工业} \times \rho_{工业} \\ W_{农业} = A_{农业} \times \rho_{农业} \\ W_{生活} = P_{城市} \times \rho_{生活城镇} + P_{农村} \times \rho_{生活农村} \\ W_{社会经济用水} = W_{工业} + W_{农业} + W_{生活} \end{cases} \tag{8-8}$$

式中:$W_{社会经济用水}$、$W_{工业}$、$W_{农业}$、$W_{生活}$——社会经济用水量、工业用水量、农业用水量和生活用水量;

$\rho_{工业}$、$\rho_{农业}$、$\rho_{城镇生活}$、$\rho_{农村生活}$——工业用水定额、农业灌溉用水定额和城镇、农村人均
用水量。

社会经济-生态与环境关系方程表达式如下,其中污染物排放量计算式为:

$$Q_{工业污水} = f(W_{工业})$$

$$Q_{生活污水} = f(W_{城镇生活}, W_{农村生活})$$

$$Q_{污水} = Q_{工业污水} + Q_{生活污水} \tag{8-9}$$

$$W_{污染物} = f(Q_{污水}, Q_{入}, \beta, C_{处理后}, C_{未处理}, \mu)$$

地下水开采量计算式为:

$$W_{地下水超采量} = W_{用水量} - W_{可利用量}; \Delta H = f(W_{地下水超采量}) \tag{8-10}$$

式中:    $\mu$——污染物综合消减率;

$W_{污染物}$、$Q_{污水}$——某污染物排放总量和污水排放量;

$\beta$——污水处理率;

$C_{处理后}$、$C_{未处理}$——污水中某污染物处理后和未处理时的浓度;

$\Delta H$——地下水降幅。

建立生态与环境-水量关系用于计算最小生态与环境需水量。生态与环境-水量关系
方程表达式如下:

$$W_{生态环境需水} = W_{城市河湖} + W_{地下水补给} + W_{污水稀释}$$

$$W_{地下水补给} = f(k_{目标}, k_m) \tag{8-11}$$

$$W_{污水稀释} = f(W_{污染物m}, C_{目标})$$

式中:$k_m$、$k_{目标}$——目前地下水开采系数和地下水开采系数控制目标值;

$W_{污染物m}$、$C_{目标}$——控制断面污染物总量和污染物浓度的目标值。

⑤ 可持续发展综合分析模块。可持续发展综合指标测度 $DD(T)$ 记为

$$DD(T) = S(T)^{\beta_1} \times W(T)^{\beta_2} \times E(T)^{\beta_3} \tag{8-12}$$

式中:$S(T)$——社会经济发展质量;

$W(T)$——水资源质量;

$E(T)$——生态与环境质量;

$\beta_1$、$\beta_2$、$\beta_3$——权重系数,各取 1/3;

$T$——时段,一般为年。

指标体系的选择根据水资源承载力的特性和研究区实际情况。$S(T)$、$W(T)$ 和 $E(T)$ 的
评价采用多级灰色关联评价法。

"社会经济-水资源-生态与环境"系统之间既相互促进又互相制约,只有在可承载范围
内,才表现为互相促进。$S(T)$ 维持在某个值时,社会经济发展才是在可承载条件下进行的。

⑥ 水资源承载力系统可承载判断模块。水资源可承载表达式如下:

$$I = W_{用水量} / Q_{可利用量} = (W_{社会经济用水} + W_{生态环境需水}) / Q_{可利用量} \leqslant 1.0 \tag{8-13}$$

生态与环境良性发展表达式如下:

$$S(T) \geqslant 0.60 \tag{8-14}$$

复合系统可持续发展表达式如下：

$$DD(T) \leqslant DD(T+1) \tag{8-15}$$

**3. 大气环境承载力分析**

（1）概述

在一定标准下，某一环境单元大气所能承纳的污染物最大排放量。

（2）影响因素

大气环境承载力不仅与环境系统本身的结构、运动状态有关，还与外界的输入输出有关。其决定因素主要有两类：一类是自然因素，包括污染物在大气中的输送、扩散、干湿沉积，以及各种化学清除与转化过程等；另一类是社会因素，包括污染源的布局、污染物的种类与排放方式、控制点的选取、环境目标值的确定等。

（3）计算方法

大气环境承载力的研究是一个较为复杂的问题，需要通过一定的模式（模型）来模拟气象条件及污染物扩散条件，以计算各污染物在一定条件下满足排放标准的容许排放量。模式可分为两类：气象模式和空气质量模式。

大气环境容量是确定污染物排放总量指标的依据，排放总量小于环境容量才能确保环境目标的实现。因此，大气环境容量的估算是大气环境影响评价工作的重要内容之一。大气环境容量估算可采用模拟法、线性规划法和 $A-P$ 值法等。

① 大气扩散烟团轨迹模型。该模型基本原理是将一定时间段内烟气的实际轨迹分成不同的折线，每段折线长度范围内，采用烟流模式的方法计算污染物浓度。这样的办法可以同时保留烟流模式和烟团模式的优点，又可以大大减少计算工作量，提高计算准确性。烟团扩散模型的特点是能够对污染源排放出的"烟团"在随时间、空间变化的非均匀性流场中的运动进行模拟，同时保持高斯模型结构简单、易于计算的特点。

② 区域大气污染物总量控制模型。区域大气污染物总量控制模型是由国家环境保护总局环境规划院承担的国家"九五"重点攻关课题，也是为了配合全国大气污染物总量控制制度实施而开发的。该模型软件内容有一组基础计算程序和适用于不同的情况的 5 组总量模型程序组。基础程序计算组可以选择各种不同的大气扩散参数、风速扩线指数和计算参数，确定大气污染物基础排放量和一些基础计算。其中有单源地面浓度计算、考虑混合层的单源地面浓度计算、考虑地形影响的单源地面浓度计算和颗粒物的地面浓度计算，计算区间和计算参数可以任意选择，并且能及时得出地面浓度和画出地面浓度曲线。

③ $A-P$ 值法。$A-P$ 值法为国家标准《制定地方大气污染物排放标准的技术方法》（GB/T 3840—1991）提出的总量控制区排放总量限值计算公式，是进行区域大气污染总量控制的一种简单易行的方法。它首先利用基于箱模型的 $A$ 值法计算出控制区的大气环境容量（某种污染物的允许排放总量）。然后，利用 $P$ 值法，在区域内所有污染源（包括源和面源）的排污量之和不超过上述容量的约束条件下，确定出各个点源的允许排放量，从而根据计算出的排放量限值及大气环境质量现状本底情况，确定出评价区域可容许的排放量。由于该法简单方便，适合中小城市进行大气环境容量研究，也是目前常用的方法。其计算公式如下：

a. 总量控制区污染物排放总量的限值表达式如下：

$$Q_{ak} = \sum_{i=1}^{n} Q_{aki} \qquad (8-16)$$

式中：$Q_{ak}$——总量控制区某种废气污染物年允许排放总量限值，$10^4$ t；

$Q_{aki}$——第 $i$ 功能区某种废气污染物年允许排放总量限值，$10^4$ t；

$n$——功能区总数；

$i$——功能区编号；

a——总量下标；

k——某种废气污染物下标。

$$Q_{aki} = A_{ki} \times \frac{S_i}{\sqrt{S}} \qquad (8-17)$$

式中：$S$——总量控制区面积，$km^2$；

$S_i$——第 $i$ 功能区面积，$km^2$；

$A_{ki}$——第 $i$ 功能区某种废气污染物排放总量控制系数，$10^4$ t/(a·km)。

由以上两式可以看出，控制区及功能区划分以后，总量限值的计算关键在于如何确定 $A_{ki}$ 值，根据国家标准规定，$A_{ki}$ 与污染物控制标准、地理位置有关。

各类功能区内某种污染物排放总量控制系数 $A_{ki}$ 表达式如下：

$$A_{ki} = A \times (C_{ki} - C_0) \qquad (8-18)$$

式中：$C_{ki}$——《环境空气质量标准》（GB 3095—2012）等国家和地方有关环境空气质量标准所规定的与第 $i$ 功能区类别相应的年日平均浓度限值，$mg/m^3$；

$C_0$——区域内本地浓度值，$mg/m^3$；

$A$——地域性总量控制系数，$10^4$ $km^2$/a。

b. 总量控制区内低架源（几何高度低于 30 m 的排气筒排放或无组织排放源）大气污染物年排放总量限值表达式如下：

$$Q_{bk} = \sum_{i=1}^{n} Q_{bki} \qquad (8-19)$$

式中：$Q_{bk}$——总量控制区内某种污染物低架源年允许排放总量限值，$10^4$ t；

$Q_{bki}$——第 $i$ 功能区低架源某种污染物年允许排放总量限值，$10^4$ t；

b——低架源排放总量下标；

$n$——功能区总数。

各功能区低架源污染物排放总量限值表达式如下：

$$Q_{bki} = \alpha \times Q_{aki} \qquad (8-20)$$

式中：$Q_{bki}$——第 $i$ 功能区低架源某种污染物年允许排放总量限值，$10^4$ t；

$Q_{aki}$——第 $i$ 功能区某种废气污染物年允许排放总量限值，$10^4$ t；

$\alpha$——低架源排放分担率。

c. 总量控制区内点源（几何高度大于等于 30 m 的排气筒）污染物排放率限值表达式如下：

$$Q_{\text{pki}} = P_{ki} \times H_e \times 10^{-6} \tag{8-21}$$

式中:$Q_{\text{pki}}$——第 $i$ 功能区某种污染物点源允许排放率限值,t/h;

　　　$P_{ki}$——第 $i$ 功能区内某种污染物点源排放控制系数,t/($\text{h} \cdot \text{m}^2$),计算方法见下式;

　　　$H_e$——排气筒有效高度,m。

点源排放控制系数表达式如下:

$$P_{ki} = \beta_{ki} \times \beta_k \times P \times C_{ki} \tag{8-22}$$

式中:$P_{ki}$——第 $i$ 功能区内某种污染物点源排放控制系数,t/($\text{h} \cdot \text{m}^2$);

　　　$\beta_{ki}$——第 $i$ 功能区某种污染物点源调整系数,近似等于 1;

　　　$\beta_k$——总量控制区某种污染物的点源调整系数,近似等于 1;

　　　$C_{ki}$——《环境空气质量标准》(GB 3095—2012)等国家和地方有关环境空气质量标准所规定的与第 $i$ 功能区类别相应的年平均浓度限值,$\text{mg/m}^3$;

　　　$P$——地理区域性点源排放控制系数。

在应用 $A$-$P$ 值法估算大气环境容量时,应关注背景值取值、总量控制区总面积的合理确定等问题。公式中背景值浓度为环境质量标准限值。

对区域大气环境影响评价时,大气环境容量的估算是为了了解区域可用大气环境容量或剩余容量。总量控制区总面积的合理确定直接影响着大气环境容量的估算结果。总量控制区总面积不应仅考虑集聚区规划面积,还应按集聚区的影响范围,合理确定覆盖集聚区规划范围、周边主要敏感区域及重点保护区域等。

④ 箱式模型。其原理与 $A$-$P$ 值法一致,是研究污染物排放量与环境质量之间关系的一种最简单的模型。在环境规划预测工作中,箱式模型用得较多。根据模型建立的方式可以分为白箱模型、黑箱模型和灰箱模型三类。白箱模型建立的前提是必须对所表述的要素或过程的规律有清楚的认识,对各有关因素也有深刻的了解,但由于问题的复杂性,其在实际工作中基本很少用到。黑箱模型是环境预测工作中应用较多的一类模型,反映了有关因素间的一种笼统的直接因果关系。但如果未来的变化超出一定的范围时,用这类模型的可靠性明显下降。灰箱模型在环境预测工作中属于应用最多,发展最快的一类模型,这类模型是介于白箱与黑箱之间的模型,其表示了大气中污染物的扩散和稀释降解过程及其影响因素间的关系。

**4. 水环境承载力分析**

(1)概述

水环境承载力是指在某一时期某种状态下,某一区域的水环境条件对该区域的经济发展和生活需求的支持能力,它是该区域水环境系统结构性的一种抽象表示方法。它具有时空分布上的不均衡性和客观性、变动性和可调性的特征。通常,水环境承载力也就是所说的水环境容量或者说是水环境(水体)纳污能力、水环境允许污染负荷量。

(2)影响因素

① 水环境质量标准:与水环境承载力密切相关的是水环境质量标准,该标准是为保护人类健康、社会物质财富和维持生态平衡,对一定空间和时间范围的水环境中有害物质和浓度所作的规定。显然,水环境对污染物的容纳能力是相对于水环境满足一定的水环境质量标准而言的。一般情况下执行的标准不同,其容纳污染物能力的大小也不同,在确定水环境承载力时,必须以相应的环境质量标准为依据。

　　② 水环境容量:环境容量是环境科学的基本理论问题之一,也是环境管理中重要的实际应用问题。在实践中,环境容量是环境目标管理的基本依据,是环境规划的主要约束条件,也是污染物总量控制的关键技术支持。它反映了水环境在自我维持、自我调节的能力和水环境功能可持续正常发挥条件下,水环境所能容纳污染物的量。水环境容量的差异,直接导致水环境承载力的不同。

　　③ 水环境自净能力:是指水体接纳污染物之后,因水环境物理的、化学的、物理化学的、生物化学的各种特性,使得污染物能被迁移、扩散、分解、沉降,或者在水体内迁移转化,使水体的水质得到部分甚至完全恢复的能力。水环境的这种自净能力是水环境具有自我维持、自我调节、抵抗各种压力与扰动能力的根本所在,是水环境承载力具有弹性力的内在原因。

　　④ 流域(区域)水资源量:由于自然地理条件的不同,水资源在数量上有其独特的时空分布规律,水资源的开发利用程度及方式也会影响社会生产可利用水资源的数量。在一定程度上,水资源量决定了流域(区域)水环境容纳污染物量的变化范围,同时又影响水环境承载力的大小。

　　⑤ 社会生产力水平:不同历史时期或同一历史时期的不同地区都具有不同的生产力水平,因所采取的生产工艺、污染治理措施不同,单位数量的污染物可能生产出不同数量或不同质量的工农业产品,相应地也就创造不同的社会产值,这也表明经济发展程度。因此在研究某一地区的水环境承载力时必须估测现状与未来的生产力水平。

　　⑥ 科学技术水平:科学技术是生产力,是承载能力中最具活力的因子。未来的基因工程、信息工程等高新技术对提高工农业生产水平具有不可低估的作用,为改善环境和提高水环境承载能力提供极大潜力。

　　⑦ 人类生活水平:人类是社会生产的主体,人类与水环境承载力具有互相影响的关系,不同阶段人类的生活水平不同,对水环境质量标准的要求不一样,也就导致水环境承载力不同。

　　⑧ 政策、法规、规划等因素:一方面这些因素会对水环境产生压力,影响水环境承载能力的大小;另一方面按政策、法规、规划采取一些污染防治措施,可减少对水环境的压力。

　　(3) 计算方法

　　以水资源作为出发点,运用供需平衡法来计算区域水资源所能持续支持的人口数量和经济规模。再以水环境作为出发点,通过计算区域水环境容量,推求出该区域所能支撑的人口数量和经济规模。建立"可利用水资源量-废水排放量-废水允许排放量"关系式,进行水环境承载力计算。

　　① 水资源承载力计算模型。水资源承载力目标函数表达式如下:

$$\max^1(GDP) = \frac{W_1}{K} = \frac{1}{K}$$

$$\begin{aligned}[a \times p \times F \times 10^{-1} + m \times p \times F \times 10^{-1} + W_{w1} - (p_t^c \times a_t^c \times 365 \times 10^{-3} + p_t^n \times a_t^n \times 365 \times 10^{-3}) - \\ p_n^a \times A \times 10^{-4} - W_{lmy} - (W_{hh} + W_{ld})] \times r_{md} \times (1 - \lambda_{md})\end{aligned} \tag{8-23}$$

式中:$\max^1(GDP)$——目标年水资源可支持的工业 GDP,亿元;

　　　　$W_1$——目标年工业废水排放量,$10^4$ t/a;

　　　　$K$——单位 GDP 废水排放量,$10^4$ t/亿元;

$a$——降雨入渗系数；

$p$——降雨量，mm/a；

$F$——区域面积，km$^2$；

$m$——降水入渗系数；

$r_{md}$——工业废水排放系数，%；

$\lambda_{md}$——工业废水处理率，%；

$W_{wl}$——外来水量，$10^4$ t/a；

$p_t^c$——第 $t$ 年城镇人口数量，万人；

$a_t^c$——第 $t$ 年城镇人均日生活需水量，L/(d·人)；

$p_t^n$——第 $t$ 年农村人口数量，万人；

$a_t^n$——第 $t$ 年农村人均日生活需水量，L/(d·人)；

$p_n^a$——农业用水净灌溉定额，m$^3$/(hm$^2$·a)；

$A$——目标年农业有效灌溉面积，hm$^2$；

$W_{lmy}$——林牧渔业需水量，$10^4$ t/a；

$W_{hh}$——河湖需水量，$10^4$ t/a；

$W_{ld}$——绿地需水量，$10^4$ t/a。

② 容量承载力计算模型。容量承载力目标函数表达式如下：

$$\max{}^2(GDP) = \frac{W_2}{K} = \frac{W_{zf} - 0.365 \times p_t^c \times a_t^c \times n \times (1 - \lambda_L)}{K} \tag{8-24}$$

式中：$\max{}^2(GDP)$——水环境容量可支撑的工业 GDP，亿元；

$W_2$——目标年工业废水允许排放量，万 t/年；

$K$——单位 GDP 废水排放量，万 t/亿元；

$W_{zf}$——目标年总废水排放量，万 t/年；

$\lambda_L$——城市生活污水处理率，%。

③ 水环境承载力计算方法。建立"可利用用水量-废水排放量-废水允许排放量"关系式：

若 $W_1 < W_2$，目标年可支撑的工业 GDP 选择 $\max{}^1(GDP)$；

若 $W_1 > W_2$，目标年可支撑的工业 GDP 选择 $\max{}^2(GDP)$。

**5. 生态环境承载力分析**

（1）概述

生态环境承载力是指在某一时期某种环境状态下，某区域生态环境对人类社会经济活动的支持能力，它是生态环境系统物质组成和结构的综合反映。生态环境系统的物质资源及其特定的抗干扰能力与恢复能力具有一定的限度，即一定组成和结构的生态环境系统对社会经济发展的支持能力有一个"阈值"。

（2）影响因素

生态环境承载力的大小取决于生态环境系统与社会经济系统两方面因素。在不同时间、不同区间、不同生态环境、不同社会经济状况下，生态环境承载力所体现的"阈值"的大小是不同的。

（3）计算方法

基于生态系统健康的生态承载力的数学表达式为

$$C_r = |M_r| = \sqrt{\sum_{i=1}^{n}(w_i \times E_{ir})^2 + \sum_{j=1}^{m}(w_j \times R_{jr})^2 + \sum_{k=1}^{p}(w_k \times H_{kr})^2} \tag{8-25}$$

式中：　$C_r$——$r$ 区域生态承载力；

　　　　$M_r$——生态承载力空间向量的模；

　　　　$E_{ir}$——$r$ 区域第 $i$ 个资源环境指标在空间坐标轴上的投影；

　　　　$R_{jr}$——$r$ 区域第 $j$ 个生态弹性力指标在空间坐标轴上的投影；

　　　　$H_{kr}$——$r$ 区域第 $k$ 个人类活动潜力指标在空间坐标轴上的投影；

$w_i$、$w_j$ 和 $w_k$——第 $i$、$j$、$k$ 个指标对应的权重。

为消除指标数据间量纲和量级的影响,将指标进行归一化处理,经式(8-25)可计算得到生态承载力指数,用来表征生态承载力水平。

**6. 能源承载力分析**

（1）概述

能源承载力为"在现状条件及包含规划期的一定时期内,提供一定的服务品质、生活水平和环境质量的条件下,城市能源系统满足城市能源负荷需求的能力及所能承受的能源系统在规模、强度和速度上的发展能力"。

（2）计算方法

能源承载力的量化可由能源需求弹性系数法与情景分析相结合的方法实现。

① 能源需求弹性系数法。规划各期的能源消耗量按照能源需求弹性系数法进行计算,以某一年能源消耗作为基准年,采用一定经济增长率下的能耗弹性系数法预测。预测公式如下：

$$Q = Q_0(1 + K \times N)^t \tag{8-26}$$

式中：$Q_0$——基准年能源消耗总量,万 t 标煤；

　　　$Q$——预测年能源消耗总量,万 t 标煤；

　　　$K$——经济增长率,%；

　　　$N$——能源弹性系数；

　　　$t$——起始年至规划年的年数。

能源弹性系数的表达式如下：

$$N = a_1 / a_2 \tag{8-27}$$

式中：$N$——能源弹性系数；

　　　$a_1$——能源年平均增长率；

　　　$a_2$——GDP 年平均增长率。

② 情景分析。情景分析法(scenario analysis)最早是赫尔曼·凯恩 20 世纪 50 年代在兰德公司引入计划工作的。其最基本观点是未来充满不确定性,但未来有部分内容是可以预测的,这是由不确定性的特征决定的。一般而言不确定性由客观和主观因素两部分构成:客观因素是指影响系统中本质上的不确定因素;主观因素指人们缺乏对影响系统的了解。前者可采用比较科学、系统的方法来把可预测的部分同不确定的部分分离出来,后者可加强对系统的了解和学习,以此达到降低未来不确定性的目的,从而预测未来的某些发展趋势,并

结合有关的数学模型对这些发展趋势进行定量的分析和评价,以此为基础提出控制不利发展趋势或促进有利发展趋势的措施和对策。利用情景分析方法能对规划区未来发展的可能性进行详细的描述和分析,根据这种描述和分析并结合其他评价方法,可得出规划区未来的发展对能源需求的定量结果,为整个区域的发展规划提供动态、全面的理论支持。

情景分析法首先需要创建一个根据环境现状,结合预期的或可能的发展趋势来估计未来变化的基础情景。在此基础上设计出多个可能的情景方案,这些方案代表对未来发展的各种不同假设。通常,规划评价可以确定评价区域未来对能源需求的三个不同情景,分别为:情景一,保持现有能源利用效率水平,即评价中所列出的预警性预测方案;情景二,考虑科技进步对经济的贡献,能源利用效率有所提升,即国内中等水平方案;情景三,考虑科技进步对经济的贡献,能源利用效率达到国内领先的清洁生产水平,即国内清洁生产水平方案。

## 二、总量控制

### （一）概念

总量控制是将某一控制区域作为一个完整的系统,采取一定的措施,将排入这一区域内的污染物总量控制在一定数量之内,以满足该区域的环境质量要求。污染物排放总量控制包含三方面的内容:排放总量、排放地域、排放时间。总量控制制度是指控制一定时间、区域内排放单位排放污染物总量的环境管理手段。时间可以是年、季度或月,区域可以是流域、省或城市、城市功能区。总量控制的实质是在环境质量要求与技术经济条件之间寻求最佳的结合点。

我国的总量控制可分为三个层次。宏观层次是指国家或地区、城市,为了在宏观上控制污染发展的趋势,对污染物排放总量规定具体指标要求的控制方式。中观层次是指污染治理的重点流域区域,以环境质量为目标,考虑污染物排放与环境容量的关系,确定排污总量并将污染负荷分解到源的控制方式。微观层次是针对具体污染源,从生产全过程控制污染物的产生、治理和排放以满足允许排放量的要求或达标排放要求的控制方式。

### （二）分类

按"总量"确定方法分类,总量控制一般分为三种类型:容量总量控制、目标总量控制和行业总量控制。

① 容量总量控制:是指把允许排放的污染物总量控制在受纳水体给定功能所确定的水质标准范围内,它的"总量"是基于受纳水体中的污染物不超过水质标准所允许的排放限额。

② 目标总量控制:是指把允许排放污染物总量控制在管理目标所规定的污染负荷削减率范围内,它的"总量"是基于源排放的污染物不超过人为规定的管理上能达到的允许限额。

③ 行业总量控制:是指从行业生产工艺着手,通过控制生产过程中的资源和能源的投入,以及控制污染物的产生,使排放的污染物总量限制在管理目标所规定的限额之内,它的"总量"是基于资源、能源的利用水平及"少废""无废"工艺的发展水平。

### （三）特点与功能

总量控制是一种宏观调控指标,政府通过分配排污总量并发放许可证,对企业的排污行为依法监督,超量排污则依法给予处罚,企业自主决策进行污染控制。政府还可以根据总量进行排污收费,组织进行污染集中控制,实行排污权交易和其他环境管理制度,从而更好地促进总量控制的实施。

**1. 特点**

① 总量控制可将污染物的排放指标化,从而把区域性的环境目标转变为总量指标分配到各个排污单位,使发展生产与环境效益结合起来。

② 总量控制着眼于生产的全过程,把生产工艺、污染源治理同排污结合起来,将污染物流失的责任落实到生产活动的各工序、工段、岗位和个人,把环境效益与企业及个人的经济效益联系起来,更能体现以防为主、防治结合的环保管理原则。

③ 总量控制是以改善区域环境质量为目标,实行总量控制更利于环保部门对所辖区域进行有效的宏观管理。

④ 总量控制不仅考虑污染物的排放浓度,而且考虑污染物载体的量,这对节约水资源、能源有重要意义,杜绝了实行浓度控制时,少数企业为达标排放少交排污费,不惜用清水对污水稀释的错误做法。

**2. 功能**

① 从根本上保证我国环境质量目标的实现,有效解决区域、流域重大污染问题。浓度控制虽然对局部环境改善做出贡献,但依然无法阻止全国环境总体状况的恶化。

② 支持我国经济增长方式的转变,促进产业结构的优化和技术进步。总量控制通过配合国家产业政策,对环境容量资源合理分配,促使产业结构的优化和高级化;对企业排污量进行严格限定、削减和依法监督,在企业外部形成硬性约束条件,从而促进企业的技术进步。

③ 支持政府职能的转变,适应计划经济向市场经济转变要求。市场经济主要依靠法律手段和经济手段维持运作,企业成为市场的主体,政府的干预只能通过宏观调控。政府将排污量分配到各点源并发放排污许可证后,对企业的排污行为依法监督,超量排污则依法严厉制裁,而对其他问题如怎样削减排污量控制污染等不多干预,由企业自决策。

④ 利于环境管理制度的落实和深化。总量控制是"老三项"环境管理制度的深化。实行总量控制有利于全面、足额征收超标排污费;将总量控制融于"环评"和"三同时"制度之中,有利于"以新带老",总量减少,做到"增产不增污"或"增产减污"。总量控制保证了"新五项"制度完整统一。"总量控制"为"集中处理"和"限期治理"提供决策依据;"排污许可证制度"是以"总量控制"为核心,是"总量控制"的程序化和制度化,两者相辅相成。

**(四) 分配原则和分配方法**

**1. 分配原则**

① 等比例分配原则:在承认各污染源排污现状的基础上,将总量控制系统内的允许排污总量等比例地分配到污染源,各污染源分担等比例排放责任。特点是简单易行,但不公平。在承认现状、简单方便这一点上,等比例分配原则仍可供参考。

② 费用最小分配原则:以治理费用作为目标函数,以环境目标值作为约束条件,使系统的污染治理投资费用总和最小,求得各污染源的允许排放负荷。特点是结果反映系统整体的经济合理性,即有很好的整体经济效益、社会效益和环境效益,但并不能反映出每个污染源的负荷分担都是合理的。

③ 按贡献率削减排放量分配原则:按各个污染源对总量控制区域内水质影响程度的大小,按污染物贡献率大小来削减污染负荷,对水质影响大的污染源要多削减。它体现每个排

污者平等共享水环境容量资源,同时也平等承担超过其允许负荷量的责任。

**2. 分配方法**

（1）等比例分配方法

① 一般等比例分配。所有参加排污总量分配的污染源,以现状排污为基础,按相同的削减比例分配允许排污量。

② 排污标准加权分配。考虑各行业排污情况的差异,以污水综合排污标准所列各行业污水排放标准为依据,按不同权分配各行业允许排放量。同行业按等比例分配。

③ 分区加权分配。将所有参加排污总量分配的污染源划分为若干控制区或控制单元,根据与区域或单元相应的水环境目标要求,确定出各区域或单元的削减权重,将排污总量按权重分配至各区,区域内仍按等比例分配方法将总量负荷指标分配到污染源。

（2）费用最小分配方法

已知目标削减总量,凡能做出各区域、各资源的各种削减方案的投资效益分析,或能给出削减的费用函数时,可按区域治理费用最小、污染物削减量最大的原则,进行数学优化规划和分配。

① 线性规划方法。当目标函数和约束方程为线性或可化为线性时,优化分配可采用线性规划方法求解。

② 非线性规划方法。当目标函数与约束方程为非线性时,或其中之一为非线性时,可采用非线性规划方法。

③ 整数规划方法。当各点源的允许排放量均取整数时,可采用整数规划法。

④ 动态规划方法。一个规划问题,只要能恰当地划出各个阶段并满足建模条件,都可以用动态规划法求解。

⑤ 组合规划法。当允许排放量的值域是一个有限点集时,可采用组合规划法。在一定条件下,可用快速排除法求解。

（3）按贡献率削减排放量的分配方法

① 使用浓度排放标准和等标污染负荷率 $\Phi$ 值控制标准,对各污染源进行基础平权,求得各污染源的基础允许排放量和基础削减量。

② 以各污染源的基础允许排放量为初值,使用按贡献率大小的分配原则,求解目标函数,得到各污染源的平权允许排放量和平权削减量。

# 第四节　规划环境影响评价技术方法

规划处于高于建设项目的宏观层次,具有一定的不确定性,所能提供的信息也比较宏观。因此与建设项目环境影响评价相比,规划环境影响评价具有更大的不确定性和复杂性。这就要求规划环境影响评价的技术方法更趋多样化,通常采用微观与宏观相结合、定量与定性相结合的评价方法以满足规划环境影响评价的需要。

## 一、规划环境影响评价的方法

规划环境影响评价与建设项目环境影响评价的评价范围、对象、层次等方面存在一定差别,但两者在程序、基本思路上有一定的相似性。因此,借鉴建设项目环境影响评价技术,并对其在规划环境影响评价中的不足加以改进,是一种事半功倍、行之有效的方法。

### (一) 核查表法

核查表法是指将可能受规划行为影响的环境因子和可能产生的影响性质列在一个清单中,然后对核查的环境影响给出定性或半定量的评价。核查表方法使用方便,容易被专业人士及公众接受。在评价早期阶段应用核查表法,可保证重大的影响没有被忽略。但建立一个系统而全面的核查表是一项烦琐且耗时的工作,同时由于核查表没有将"受体"与"源"相结合,并且无法清楚地显示影响的过程、影响程度及影响的综合效果。

### (二) 矩阵法

矩阵法是将规划目标指标及规划方案(拟议的经济活动)与环境因素作为矩阵的行和列,并在相对应位置填写用以表示行为与环境因素之间的因果关系的符号、数字或文字。矩阵法有简单矩阵、定量的分级矩阵、Phillip-Defillpi 改进矩阵、Welch-Lewis 三维矩阵等,可用于评价规划筛选、规划环境影响识别、积累环境影响评价等多个环节。优点包括可以直观地表示交叉或因果关系,矩阵的多维性尤其有利于描述规划环境影响评价中的各种复杂关系,简单实用,易于理解;缺点是不能处理间接影响和时间特征明显的影响。

### (三) 数学模型和模拟

#### 1. 原理

数学模型是用数学公式来描绘事物累积变化的过程(如河流污染、土壤侵蚀)。在建设项目环境影响评价和环境规划中采用的环境数学模型同样可运用于规划环境影响评价。数学模型可以用作设计规划决策的辅助工具,更多的是应用于情景分析与预测各种环境影响。模型法与构建专家系统相结合可更好地评估规划中的多个变化情景的环境效应。模型也适用于社会经济分析,包括宏观经济学模型,或者社区水平上的人口统计学模型。

用于规划影响评价时,将最优化分析与模拟(仿真)模型结合起来,能提供量化因果关系,主要用于选择最佳方案或者否定其他被选方案。最优化方法可以确定多个污染或其他影响源产生的累积影响,并能找出每一种影响源达到控制目标的最优水平。最优化方法的范围从简单的能用一组变量解出的代数式到复杂表达式,包括非线性函数、多层的优化、可能性和随机参数方程系列等。

#### 2. 方法特点

环境数学模型包括大气扩散模型、水文与水动力模型、水质模型、土壤侵蚀模型、沉积物迁移模型和物种栖息地模型等。

数学模型具有以下特点:较好地定量描述多个环境因子和环境影响的相互作用及其因果关系、充分反映环境扰动的空间位置和密度;可以分析空间累积效应及时间累积效应,具有较大的灵活性(适用于多种空间范围);可用来分析单个扰动及多个扰动的累积影响;分析物理、化学、生物等各方面的影响。

数学模型法的不足是:对基础数据要求较高;只能应用于人们了解比较充分的环境系统;只能应用于建模所限定的条件范围内。

### (四) 加权比较法

加权比较法是对包括替代方案在内的每一个战略方案的环境影响依据评价基准进行打分,如分值在 1~10 之间,分值越高表明该方案在这一环境因子方面越理想;同时,由于不同类型的环境影响产生不同程度的后果,而且对于人类社会经济环境系统的意义或重要性也不同,因此还必须根据各类环境因子的相对重要程度予以加权。这样分值与权重的乘积即为某一战略方案对于该评价因子的实际得分,所有评价因子的实际得分累计加和就是这一战略方案的最终得分。最终得分最高的战略方案即为最优方案。

**1. 特点分析及其适用范围**

在加权比较评价法中,分值和权重的确定是最为关键的两个环节,并且在很大程度上取决于主观经验。在分值和权重的确定可以通过专家调查法进行评定,以尽可能地降低其不可靠性;权重也可以通过层次分析法(AHP)予以确定。但是,由于加权法确定权值和分值时,都是由人根据经验确定的,而且各环境因子随规划时间的变化,其影响也在变化,因此其局限性也很明显。因此,有人提出各评价因子的权重应该是动态的,即为变全。这就是说,各评价因子之间的相对重要性并不是一成不变的,而是随着时间的变化而变化的。例如,丰水期的水污染因子的权重可以适当低于枯水期的情况;冬季逆温频度大时的大气污染因子的权重也可以适当大于其他时候。不仅如此,根据战略环境影响评价的最小限定原则,当某一环境因子极度恶化时,一方面其得分极低,另一方面该因子的权重可以设为极高,甚至设为 1,此时其他所有评价因子的权重均将为 0。这样,其他方面的环境影响再小,如果有一项评价因子极度恶化,该战略方案也不可能成为最优方案。

适用范围:由定义可知该方法多用于环境影响综合评价中的多方案比较,由于其直观地、清晰地表达出各方案的综合得分,并且对各方案的各个操作子系统优劣用得分的形式表达出来,因此可以看出该方法的适用性很强。

**2. 操作步骤**

(1)加权比较法的应用思路

应用加权比较法,是逐一考虑规划的环境影响因子,对其所代表的环境影响大小进行打分,并根据该因子在环境影响评价指标体系中的层次和权重,最后得分综合反映该评价指标所代表的最终环境影响。每个能源方案最终环境影响得分可通过下式求得:

$$E = \sum_{i=1}^{n} \left[ W_f \times W_s \times W_t \times \sum_{j=1}^{m} (W_j \times E_j) \right] \qquad (8-28)$$

式中:$E$——某一能源方案环境影响的最终得分;

$n$——评价因子的类别数;

$W_f$——$i$ 类别第一层次权重值;

$W_s$——$i$ 类别第二层次权重值;

$W_t$——$i$ 类别第三层次权重值;

$W_j$——$i$ 类别 $j$ 因子本身权重值;

$E_j$——$i$ 类别 $j$ 因子打分值;

$m$——$i$ 类别评价因子数。

(2)打分系统的建立

建立打分系统,首先求出预测时段内所有方案中每一个环境因子,如具体污染物或污染形式的年平均排放量、产生量或能够表示环境影响大小的其他平均数值等,并以此平均值作为评价基准,然后分别预测时段内各个方案的该因子所指示污染物或污染形式(如 $SO_2$、$CO_2$ 等),得负分,高出越多,得分越多;反之,如低于该基准,则得正分,低得越多,得分也越多。对于定性评价指标,其影响大小与造成该类影响的规模成正相关关系,规模越大,所致风险就越大,所造成损失越大,对人们心理影响也越大,打分方式同上。

（3）评价结果及分析

应用加权比较法,通过上述打分系统,评价各个方案的环境影响,评价结果得出不同方案环境影响的最终得分,从高到低依次排列,即为不同方案依据环境影响的优劣顺序。

（五）环境承载力分析法

**1. 定义及原理**

环境承载力指的是在某一时期、某种状态下、某一区域环境对人类社会经济活动的支持能力的阈值。环境所承载的是人类行动,承载力的大小可用人类行动的方向、强度、规模等来表示。承载能力分析基于许多环境和社会经济系统中存在固有的限制或阈值这一事实。承载能力分析能够识别有关环境资源和生态系统的阈值作为发展的限制,以及提供各种机制来监测剩余承载能力的容许使用量。

承载能力分析是从识别潜在限制因素开始的。根据各种限制因素的数值限制列出数学方程来描述资源或系统的承载能力。通过这种方法,可以根据限制因素的剩余能力来系统地评估一个规划施加于资源的允许总体影响。当一个拟议规划产生的累积影响超过一个环境资源、生态系统或人类社会的承载能力时,后果是重大的。

**2. 分析方法及步骤**

常用的环境承载力分析的方法和步骤如下：

① 建立环境承载力指标体系,一般选取的指标与承载力的大小成正比关系。

② 确定每一个指标的具体数值（通过现状调查或预测）。

③ 针对多个小区或同一区域的多个发展方案对指标进行归一化。$m$ 个小区的环境承载力分别为 $E_1, E_2, \cdots, E_m$,每个环境承载力由 $n$ 个指标组成 $E_j = \{E_{1j}, E_{2j}, \cdots, E_{nj}\}$,$j = 1, 2, \cdots, m$。

④ 第 $j$ 个小区的环境承载力大小用归一化后的矢量的模型来表示：

$$|E_j| = (E_{1j}^2 + E_{2j}^2 + \cdots + E_{nj}^2)^{0.6} \tag{8-29}$$

⑤ 根据承载力大小来对区域生产活动进行布局或选择环境承载力最大的发展方案作为优选方案。

**3. 特点分析及其适用范围**

承载力分析法的优点：在阈值的基础上对累积效应进行近似真实的度量,在对一个地区的环境承载力进行分析后,确定各环境因子的阈值,从而使预测和评价更具科学性;以系统观点表达影响和表达时间因素。但是,由于在社会领域,地区的承载能力由服务（包括人们期望的生态服务）水平来度量。这种方法的缺点也很明显,如几乎不可能准确度量承载能力;往往在确定很多的阈值时缺乏所需的相关地区的资料。

适用范围。承载力分析法适用于下列评价阶段：规划环境影响的预测与评价;累积环境影响评价。这种方法尤其适用于累积环境影响评价,因为环境的承载力可以作为一个阈值来评价累积影响显著性。在评价下列方面的累积影响时,承载力分析较为有效可行：基础设施或公共设施,空气和水体质量,野生生物数量,自然保护区域的休闲使用,土地利用等。

（六）空间分析技术

以地理信息系统为代表的空间分析技术已经成为规划环境影响的评价的重要技术工具。

**1. 地理信息系统(geographical information system,GIS)简介**

地理信息系统法的应用贯穿规划环评的始终,即筛选识别、现状调查、预测、评价、减缓措施与环境管理这些环节。

GIS是在计算机软硬件的支持之下,以空间数据为基础,储存、检索、处理、显示数据的属性信息和空间信息,并采用地理模型分析法,适时提供多种空间和动态的地理信息,为科学研究和决策服务而建立的计算机系统。GIS具有强大的数据库管理功能,同时又能将属性数据与空间数据有效地连接起来,建立各种地理对象的拓扑关系,实现对区域信息的查询、检索及有效管理,进行空间分析,并产生新的图形或信息。其最大特点在于它能够将自然过程和人类社会活动的各种信息与空间位置、空间分布及其空间关系通过数字化而有机地结合在一起。由于人类社会的一切生产和生活活动几乎全部发生在地球家园这个空间环境中,GIS为描述、分析和预测这些活动及其效应提供了最为有力的工具。

**2. 地理信息系统在规划环评中的应用**

(1) 方法的目的

GIS是其他战略环境影响评价方法的辅助手段。GIS具有编辑、加工和评价长时段、大地理区域数据的能力及卓越的建模和影响预测能力,可以将规划中的各种环境现状和规划成果在GIS中可视地表达,还可进行查询检索。其空间分析功能及其与模型(环境预测模型或决策分析模型)技术的结合可在多方案的环境影响预测中发挥重要作用。现在它们通常只应用于绘制数据信息地图,但它们也是颇有价值的分析工具。例如,它们能计算面积;计算距离(直线,有时也有网状的);从一个点识别所关注的区域;在特殊点周边构建缓冲区;在两点之间使用内插值绘制轮廓线;叠加以上的地图生成综合地图等。

(2) 方法的步骤

GIS可以将属性数据与地图数据相结合。地图数据(空间参考点)实质上是地图上的点或线,属性数据是图形特征的属性,因而GIS是存储地图数据的计算机绘图系统和存储属性数据的数据管理系统的结合。地图数据和属性数据之间的这种联系,能使属性数据的地图以相应速度和简易程度被展示、结合和分析。

GIS需要一个专门的计算机系统,编辑或购买地图数据和相关的属性数据,并分析这些数据,这些都需要专门的技能。

(3) 结果的表现形式

具有属性数据的地图,如缓冲区的设置,环境影响的范围和强度等。

(4) 优点

GIS对空间维的透彻分析,拓宽了时空分析范围,效应的累积可在不同的空间尺度得到分析;以GIS为核心的"3S"技术可以迅速提供高质量的空间数据;可视化;多学科整合优势;海量数据处理能力;强大的空间建模能力;可以与应用软件的无缝连接;GIS的地图生成功能;能够节省制图的费用;GIS的结果利于公众参与,其结果极易被用于公众参与,有时也可以互动的方式进行;信息容易更新,可以综合考虑过去、现在、未来的影响。

(5) 缺点

实施费用高;需要一定的专业技术;局限于具有空间属性的影响;不能对累积的过程进行分析,不能确认和分析累积的因果关系,不能区分累积的作用方式;很难量化影响;耗费时间。

## 二、新发展的技术方法

新发展的规划环境影响评价方法,如从定性到定量的综合集成方法、政策评估方法等都是针对规划实施后所带来的大空间范围、大时间尺度、多种行为交叉和累积的环境影响做出令人信服的评价。同时处于战略层次的决策规划理论和技术、系统科学、管理科学、系统优化技术和管理工程技术成为规划环评乃至战略环评分析方法和技术的重要来源。因此,新技术包括系统工程理论和优化技术、政策评估法等。规划环境影响评价中技术方法的适用阶段见表 8-4。

表 8-4 规划环境影响评价中技术方法的适用阶段

| 方法 | 规划环境影响评价 | | | |
|---|---|---|---|---|
| | 现状调查阶段 | 影响识别阶段 | 预测阶段 | 评价阶段 |
| 定义法 | | √ | | |
| 专业判断法 | √ | √ | √ | √ |
| 网络法 | | √ | | |
| 系统流程图法 | | √ | | |
| 对比、类比法 | | √ | √ | √ |
| 风险分析评价方法 | | √ | √ | √ |
| 收集资料法 | √ | | | |
| 现场调查和监测法 | √ | | | |
| 灰色系统分析法 | | √ | √ | √ |
| 层次分析法 | | √ | √ | √ |
| 数学模型法 | | √ | | √ |
| 投入产出法 | | | √ | √ |
| 生命周期法 | | √ | | |
| 叠图法+地理系统 | √ | √ | √ | √ |
| 生活质量评价 | | | | √ |
| 核查表法 | | √ | | √ |
| 矩阵法 | | √ | √ | √ |
| 规划相容性分析法 | | √ | | √ |
| 可持续发展能力评价法 | | | | √ |
| 承载力分析法 | | | | √ |
| 会议讨论 | √ | | | |
| 调查表 | √ | | | |
| 传媒 | √ | | | |

## 三、环境影响预测与评价的内容

### (一) 预测情景设置

结合规划所依托的资源环境和基础设施建设条件、区域生态功能维护和环境质量改善要求等,从规划规模、布局、结构、建设时序等方面,设置多种情景开展环境影响预测与评价。

**（二）规划实施生态环境压力分析**

依据环境现状评价和回顾性分析结果,考虑技术进步等因素,估算不同情景下水、土地、能源等规划实施支撑性资源的需求量和主要污染物（包括常规污染物和特征污染物）的产生量、排放量。

依据生态现状评价和回顾性分析结果,考虑生态系统演变规律及生态保护修复等因素,评估不同情景下主要生态因子（如生物量、植被覆盖度/率、重要生境面积等）的变化量。

**（三）影响预测与评价**

**1. 水环境影响预测与评价**

预测不同情景下规划实施导致的区域水资源、水文情势、海洋水文动力环境和冲淤环境、地下水补径排状况等的变化,分析主要污染物对地表水和地下水、近岸海域水环境质量的影响,明确影响的范围、程度,评价水环境质量的变化能否满足环境目标要求,绘制必要的预测与评价图件。

**2. 大气环境影响预测与评价**

预测不同情景下规划实施产生的大气污染物对环境空气质量的影响,明确影响范围、程度,评价大气环境质量的变化能否满足环境目标要求,绘制必要的预测与评价图件。

**3. 土壤环境影响预测与评价**

预测不同情景下规划实施的土壤环境风险,评价土壤环境的变化能否满足相应环境管控要求,绘制必要的预测与评价图件。

**4. 声环境影响预测与评价**

预测不同情景下规划实施对声环境质量的影响,明确影响范围、程度,评价声环境质量的变化能否满足相应的功能区目标,绘制必要的预测与评价图件。

**5. 生态影响预测与评价**

预测不同情景下规划实施对生态系统结构、功能的影响范围和程度,评价规划实施对生物多样性和生态系统完整性的影响,绘制必要的预测与评价图件。

**6. 环境敏感区影响预测与评价**

预测不同情景下规划实施对评价范围内生态保护红线、自然保护区等环境敏感区的影响,评价其是否符合相应的保护和管控要求,绘制必要的预测与评价图件。

**7. 人群健康风险分析**

对可能产生具有易生物蓄积、长期接触对人群和生物产生危害作用的无机和有机污染物、放射性污染物、微生物等的规划,根据上述特定污染物的环境影响范围,估算暴露人群数量和暴露水平,开展人群健康风险分析。

**8. 环境风险预测与评价**

对于涉及重大环境风险源的规划,应进行风险源及源强、风险源叠加、风险源与受体响应关系等方面的分析,开展环境风险评价。

**（四）资源与环境承载力评估**

资源与环境承载力分析。分析规划实施支撑性资源（水资源、土地资源、能源等）可利用（配置）上线和规划实施主要环境影响要素（大气、水等）污染物允许排放量,结合现状利用和排放量、区域削减量,分析各评价时段剩余可利用的资源量和剩余污染物允许排放量。

资源与环境承载状态评估。根据规划实施新增资源消耗量和污染物排放量,分析规划实施对各评价时段剩余可利用资源量和剩余污染物允许排放量的占用情况,评估资源与环境对规划实施的承载状态。

# 第五节 规划方案综合论证和优化调整建议

规划环评的目的主要是通过对区域规划方案和开发活动的环境影响评价,找出区域开发性质、规模和布局方面存在的不合理性,提出优化调整建议,帮助完善区域开发活动规划,以促进区域开发活动的可持续发展。

规划方案综合论证是指,以改善环境质量和保障生态安全为核心,综合环境影响预测与评价结果,论证规划目标、规模、布局、结构等规划内容的环境合理性,以及评价设定的环境目标的可达性,分析判定规划实施的重大资源、生态、环境制约的程度、范围、方式等。

## 一、规划方案综合论证

规划方案的综合论证包括环境合理性论证和环境效益论证两部分内容。前者从规划实施对资源、生态、环境综合影响的角度,论证规划内容的合理性;后者从规划实施对区域经济、社会与环境发挥的作用,以及协调当前利益与长远利益之间关系的角度,论证规划方案的合理性。

### (一)规划方案综合论证

规划方案综合论证主要内容包括:

① 基于区域环境保护目标及"三线一单"要求,结合规划协调性分析结论,论证规划目标与发展定位的环境合理性。

② 基于环境影响预测与评价和资源与环境承载力评估结论,结合资源利用上线和环境质量底线等要求,论证规划规模和建设时序的环境合理性。

③ 基于规划布局与生态保护红线、重点生态功能区、其他环境敏感区的空间位置关系和对以上区域的影响预测结果,结合环境风险评价的结论,论证规划布局的环境合理性。

④ 基于环境影响预测与评价和资源与环境承载力评估结论,结合区域环境管理和循环经济发展要求,以及规划重点产业的环境准入条件和清洁生产水平,论证规划用地结构、能源结构、产业结构的环境合理性。

⑤ 基于规划实施环境影响预测与评价结果,结合生态环境保护措施的经济技术可行性、有效性,论证环境目标的可达性。

### (二)规划方案的环境效益论证

分析规划实施在维护生态功能、改善环境质量、提高资源利用效率、减少温室气体排放、保障人居安全、优化区域空间格局和产业结构等方面的环境效益。

## 二、不同类型规划方案综合论证重点

规划方案的综合论证应针对不同类型和不同层级规划的环境影响特点,选择论证方向,突出重点。

① 对于资源能源消耗量大、污染物排放量高的行业规划,重点从流域和区域资源利用上线、环境质量底线对规划实施的约束、规划实施可能对环境质量的影响程度、环境风险、人群健康风险等方面,论述规划拟定的发展规模、布局(及选址)和产业结构的环境合理性。

② 对于土地利用的有关规划和区域、流域、海域的建设、开发利用规划,农业、畜牧业、林业、能源、水利、旅游、自然资源开发专项规划,重点从流域或区域生态保护红线、资源利用上线对规划实施的约束,以及规划实施对生态系统及环境敏感区、重点生态功能区结构、功能的影响和生态风险等角度,论述规划方案的环境合理性。

③ 对于公路、铁路、城市轨道交通、航运等交通类规划,重点从规划实施对生态系统结构、功能所造成的影响,规划布局与评价区域生态保护红线、重点生态功能区、其他环境敏感区的协调性等方面,论述规划布局(及选线、选址)的环境合理性。

④ 对于产业园区等规划,重点从区域资源利用上线、环境质量底线对规划实施的约束、规划及包括的交通运输实施可能对环境质量的影响程度,以及环境风险与人群健康风险等方面,综合论述规划规模、布局、结构、建设时序及规划环境基础设施、重大建设项目的环境合理性。

⑤ 对于城市规划、国民经济与社会发展规划等综合类规划,重点从区域资源利用上线、生态保护红线、环境质量底线对规划实施的约束,城市环境基础设施对规划实施的支撑能力、规划及相关交通运输实施对改善环境质量、优化城市生态格局、提高资源利用效率的作用等方面,综合论述规划方案的环境合理性。

## 三、规划方案的优化调整建议

根据规划方案的环境合理性和环境效益论证结果,对规划内容提出明确的、具有可操作性的优化调整建议,特别是出现以下情形时:

① 规划的主要目标、发展定位不符合上层位主体功能区规划、区域"三线一单"等要求。

② 规划空间布局和包含的具体建设项目选址、选线不符合生态保护红线、重点生态功能区,以及其他环境敏感区的保护要求。

③ 规划开发活动或包含的具体建设项目不满足区域生态环境准入清单要求、属于国家明令禁止的产业类型或不符合国家产业政策、环境保护政策。

④ 规划方案中配套的生态保护、污染防治和风险防控措施实施后,区域的资源、生态、环境承载力仍无法支撑规划实施,环境质量无法满足评价目标,或仍可能造成重大的生态破坏和环境污染,或仍存在显著的环境风险。

⑤ 规划方案中有依据现有科学水平和技术条件,无法或难以对其产生的不良环境影响的程度或范围作出科学、准确判断的内容。

将优化调整后的规划方案,作为评价推荐的规划方案。

## 四、环境影响减缓对策和措施

环境影响减缓对策和措施一般包括生态环境保护方案和管控要求。主要内容包括:

① 提出现有生态环境问题解决方案,规划区域整体性污染治理、生态修复与建设、生

态补偿等环境保护方案,以及与周边区域开展联防联控等预防和减缓环境影响的对策措施。

② 提出规划区域资源能源可持续开发利用、环境质量改善等目标、指标性管控要求。

③ 对于产业园区等规划,从空间布局约束、污染物排放管控、环境风险防控、资源开发利用等方面,以清单方式列出生态环境准入要求。

## 五、规划所包含建设项目环评要求

如规划方案中包含具体的建设项目,应针对建设项目所属行业特点及其环境影响特征,提出建设项目环境影响评价的重点内容和基本要求,并依据规划环评的主要评价结论提出建设项目的生态环境准入要求(包括选址或选线、规模、资源利用效率、污染物排放管控、环境风险防控和生态保护要求等)、污染防治措施建设要求等。

对符合规划环评环境管控要求和生态环境准入清单的具体建设项目,应将规划环评结论作为重要依据,其环评文件中选址选线、规模分析内容可适当简化。当规划环评资源、环境现状调查与评价结果仍具有时效性时,规划所包含的建设项目环评文件中现状调查与评价内容可适当简化。

# 第六节  生态环境分区管控

## 一、概述

### (一)概念

生态环境分区管控是以保障生态功能和改善环境质量为目标,实施分区域差异化精准管控的环境管理制度,是提升生态环境治理现代化水平的重要举措。实施生态环境分区管控,严守生态保护红线、环境质量底线、资源利用上线,科学指导各类开发保护建设活动,对于推动高质量发展,建设人与自然和谐共生的现代化具有重要意义。

### (二)历程

2015 年以来,习近平总书记多次强调要加快构建生态保护红线、环境质量底线和资源利用上线,推动形成绿色发展方式和生活方式。《中共中央关于党的百年奋斗重大成就和历史经验的决议》将推动划定生态保护红线、环境质量底线、资源利用上线作为生态文明建设取得的历史性成就。《中共中央  国务院关于深入打好污染防治攻坚战的意见》中明确了生态环境分区管控的有关要求,2022 年《政府工作报告》对加强生态环境分区管控作出部署安排。2023 年 11 月 7 日,中央全面深化改革委员会第三次会议审议通过了《中共中央  国务院关于全面推进美丽中国建设的意见》《中共中央办公厅 国务院办公厅关于加强生态环境分区管控的意见》。习近平总书记在主持会议时强调,建设美丽中国是全面建设社会主义现代化国家的重要目标,要锚定 2035 年美丽中国目标基本实现,持续深入推进污染防治攻坚,加快发展方式绿色转型,提升生态系统多样性、稳定性、持续性,守牢安全底线,健全保障体系,推动实现生态环境根本好转。

2016 年 7 月,环境保护部印发了《"十三五"环境影响评价改革实施方案》,提出以改善环境质量为核心,以全面提高环境影响评价有效性为主线,以创新体制机制为动力,以"生态保护红线、环境质量底线、资源利用上线和环境准入负面清单"为手段,强化空间、总量、准入环境管理,推进环境影响评价管理体系改革,真正发挥环境影响评价在源头预防上的关键作用。2016 年 10 月,为了更好地发挥环境影响评价制度从源头防范环境污染和生态破坏的作用,加快推进改善环境质量,环境保护部发布了《关于以改善环境质量为核心加强环境影响评价管理的通知》,要求强化"三线一单"(生态保护红线、环境质量底线、资源利用上线和生态环境准入清单)约束作用,建立"三挂钩"机制,"三管齐下"切实维护群众的环境权益。"三线一单"逐渐成为生态环境保护部门源头预防环境污染和生态破坏、宏观调控社会经济发展、加强环境管理等的重要抓手。

## 二、技术体系

环境保护部于 2017 年启动了"三线一单"试点工作,连云港市、济南市、鄂尔多斯市、承德市 4 个城市为第一批"三线一单"试点城市。2017 年 12 月长江经济带战略环评项目启动,长江经济带 11 省市和青海省同步开始省级"三线一单"编制工作。2017 年 12 月环境保护部印发了《"生态保护红线、环境质量底线、资源利用上线和环境准入负面清单"编制技术指南(试行)》,提出了建立生态保护红线、环境质量底线、资源利用上线和生态环境准入清单的一般性原则、内容、程序、方法和要求。在"三线一单"编制工作推进过程中,结合部分省(市)遇到的问题,生态环境部又相继印发了《"三线一单"编制技术要求(试行)》《"三线一单"成果数据规范(试行)》《生态环境准入清单编制要点(试行)》《"三线一单"岸线生态环境分类管控技术说明》《"三线一单"一问一答手册(第一辑)》《"三线一单"图件制图规范(试行修订版)》《近岸海域"三线一单"生态环境分区管控技术说明(试行)》等系列文件。"三线一单"以技术指南、技术要求、成果数据规范、制图规范、生态环境准入清单要点为核心的技术规范体系已基本建立,其与各环境要素技术规范自成体系又相互衔接,基本构成一个相对成熟完整的技术体系,为建立覆盖全国的"三线一单"生态环境分区管控体系提供了有力的技术支撑。截至 2021 年,我国已完成 31 个省(区、市)及新疆生产建设兵团"三线一单"省级成果发布,形成了一套生态环境管控单元、一份生态环境准入清单和一个成果数据管理平台,生态环境分区管控全面进入实施应用阶段。

"三线一单"生态环境分区管控是主动构建的空间化、集成化、信息化的国土空间生态环境防御网络,可以直接促进精细化管理和精准化治理,建立总量控制、结构优化和布局调整、效率准入的技术支撑体系,为高质量发展提供决策支撑。"三线一单"生态环境分区管控体系具有完整性、一致性、科学性等主要特征。

根据"三线一单"技术指南和有关技术规范要求,以"生态保护红线、环境质量底线、资源利用上线"相关资源环境要素管控为基本任务,突出"问题识别—质量目标—分区管控—清单落地"的逻辑关系,构建从"三线"管控分区到综合环境管控单元和生态环境准入清单编制的主线(见图 8-3)。"三线一单"生态环境分区管控的关键技术方法包括资源环境承载力分析、空间分析和优化调控等,实现生态环境管控措施的科学决策、空间落地和综合调控,支撑精细化的生态环境分区管控。

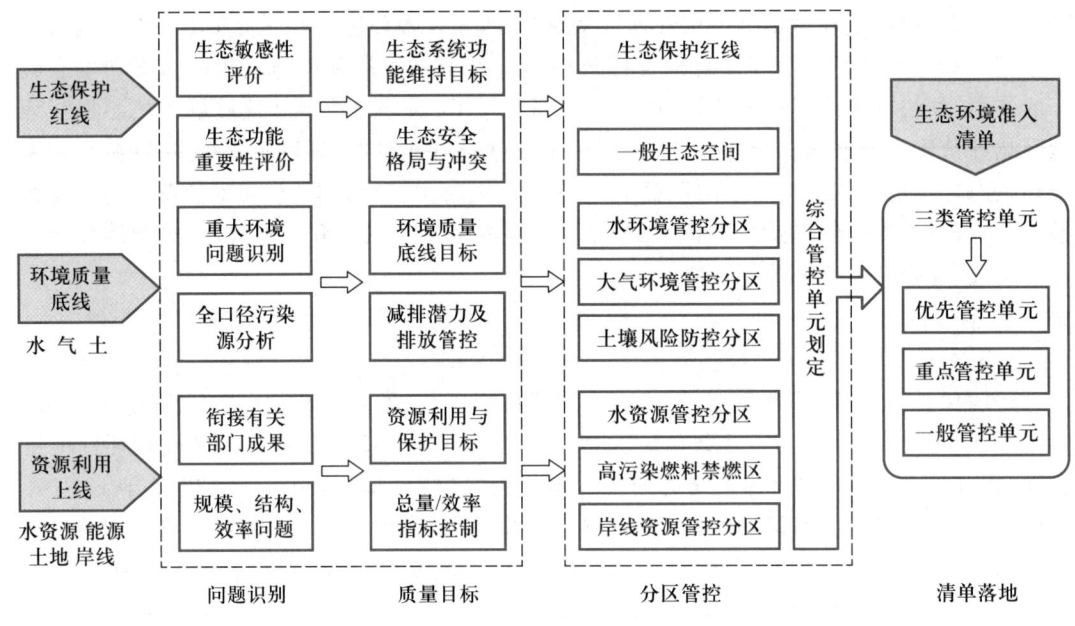

图 8-3    "三线一单"生态环境分区管控的总体技术框架

# 三、未来发展

2024 年 3 月 6 日,国务院发布《中共中央办公厅 国务院办公厅关于加强生态环境分区管控的意见》,从总体要求等方面对加强生态环境分区管控提出了相关要求。

## (一)总体要求

加强生态环境分区管控,要坚持以习近平新时代中国特色社会主义思想特别是习近平生态文明思想为指导,深入贯彻党的二十大精神,落实全国生态环境保护大会部署,完整、准确、全面贯彻新发展理念,加快构建新发展格局,协同推进降碳、减污、扩绿、增长,充分尊重自然规律和区域差异,全面落实主体功能区战略,充分衔接国土空间规划和用途管制,以高水平保护推动高质量发展、创造高品质生活,努力建设人与自然和谐共生的美丽中国。

**1. 生态优先,绿色发展**

坚持尊重自然、顺应自然、保护自然,守住自然生态安全边界和环境质量底线,落实自然生态安全责任,推进绿色低碳发展。

**2. 源头预防,系统保护**

健全生态环境源头预防体系,统筹山水林田湖草沙一体化保护和系统治理,加强生物多样性保护,强化多污染物协同控制和区域协同治理。

**3. 精准科学,依法管控**

聚焦区域性、流域性突出生态环境问题,精准科学施策,依法依规建立从问题识别到解决方案的分区分类管控策略。

**4. 明确责任,协调联动**

国家层面做好顶层设计,地方党委和政府落实主体责任,有关部门加强沟通协调,建立分工协作工作机制,提高政策统一性、规则一致性、执行协同性。

**5. 主要目标**

到 2025 年,生态环境分区管控制度基本建立,全域覆盖、精准科学的生态环境分区管控体系初步形成。到 2035 年,体系健全、机制顺畅、运行高效的生态环境分区管控制度全面建立,为生态环境根本好转、美丽中国目标基本实现提供有力支撑。

**(二)全面推进生态环境分区管控**

**1. 制定生态环境分区管控方案**

深入实施主体功能区战略,全面落实《全国国土空间规划纲要(2021—2035 年)》,制定以落实生态保护红线、环境质量底线、资源利用上线硬约束为重点,以生态环境管控单元为基础,以生态环境准入清单为手段,以信息平台为支撑的生态环境分区管控方案。坚持国家指导、省级统筹、市级落地的原则,分级编制发布本行政区域内生态环境分区管控方案。省级、市级生态环境分区管控方案由同级政府组织编制,充分做好与国土空间规划"一张图"系统的衔接,报上一级生态环境主管部门备案后发布实施。

**2. 确定生态环境管控单元**

基于生态环境结构、功能、质量等区域特征,通过环境评价,在大气、水、土壤、生态、声、海洋等各生态环境要素管理分区的基础上,落实"三区三线"划定成果,以生态保护红线为基础,把该保护的区域划出来,确定生态环境优先保护单元;以生态环境质量改善压力大、资源能源消耗强度高、污染物排放集中、生态破坏严重、环境风险高的区域为主体,把发展同保护矛盾突出的区域识别出来,确定生态环境重点管控单元;生态环境优先保护单元和生态环境重点管控单元以外的其他区域实施一般管控。

**3. 编制生态环境准入清单**

落实市场准入负面清单,根据生态环境功能定位和国土空间用途管制要求,聚焦解决突出生态环境问题,系统集成现有生态环境管理规定,精准编制差别化生态环境准入清单,提出管控污染物排放、防控环境风险、提高资源能源利用效率等要求。因地制宜实施"一单元一策略"的精细化管理,生态环境优先保护单元要加强生态系统保护和功能维护,生态环境重点管控单元要针对突出生态环境问题强化污染物排放管控和环境风险防控,其他区域要保持生态环境质量基本稳定。生态环境质量改善压力大、问题和风险突出的地方,要制定更为精准的管控要求。

**4. 加强生态环境分区管控信息共享**

推进国家和省级生态环境分区管控系统与其他业务系统的信息共享、业务协同,强化对数据管理、调整更新、实施应用、跟踪评估、监督管理的支撑作用。推进新一代信息技术、人工智能等与生态环境分区管控融合创新,完善在线政务服务和智慧决策功能,提升服务效能。

**5. 统筹开展定期调整与动态更新**

生态环境分区管控方案原则上保持稳定,每 5 年结合国民经济和社会发展规划、国土空间规划评估情况定期调整。5 年内确需更新的,按照"谁发布、谁更新"的原则,在充分衔接国民经济和社会发展规划、国土空间规划的基础上,开展动态更新,同时报上一级生态环境主管部门备案。因重大战略、生态环境保护目标等发生变化而更新的,应组织科学论证;生态保护红线、饮用水水源保护区、自然保护地等法定保护区域依法依规设立、调整或撤并以及法律法规有新规定的,相应进行同步更新。

### (三)助推经济社会高质量发展

**1. 服务国家重大战略**

通过生态环境分区管控,加强整体性保护和系统性治理,支撑优化重大生产力布局,服务国家重大基础设施建设,保障国家重大战略实施。落实长江经济带发展战略,推动长江全流域按单元精细化分区管控,加强沿江重化工业水污染防治和环境风险防控,防止重污染企业和项目向长江中上游转移。落实黄河流域生态保护和高质量发展战略,实施上中下游地区差异化分区管控,优化黄河中上游能源化工和新能源产业布局,促进中下游产业绿色低碳循环发展。强化生态环境分区管控在京津冀、长三角、粤港澳大湾区产业、能源和交通运输结构调整中的应用,建立陆岸海联动、区域一体化的生态环境管控机制,引导传统制造业绿色低碳转型升级及战略性新兴产业合理布局。

**2. 促进绿色低碳发展**

落实国家高耗能、高排放、低水平项目管理有关制度和政策要求,引导重点行业向环境容量大、市场需求旺盛、市场保障条件好的地区科学布局、有序转移。强化生态环境重点管控单元管理,推进石化化工、钢铁、建材等传统产业绿色低碳转型升级和清洁生产改造。完善产业园区环境基础设施建设,推动产业集聚发展和集中治污。衔接生态环境准入清单,引导人口密度较高的中心城区传统产业功能空间有序腾退。优化生态环境优先保护单元管理,鼓励探索生态产品价值实现模式和路径,提升生态碳汇能力。在保证生态系统多样性、稳定性、持续性的前提下,支持国家重大战略、重大基础设施、民生保障等项目建设。实施好沙漠、戈壁、荒漠地区大型风电和光伏基地建设。

**3. 支撑综合决策**

加强生态环境分区管控成果应用,为地方党委和政府提供决策支撑。把生态环境分区管控实施成效评估作为优化环境影响评价管理的重要依据。加强生态环境分区管控对企业投资的引导,在生态环境分区管控信息平台依法依规设置公共查阅权限,方便企业分析项目与生态环境分区管控要求的符合性,激发经营主体发展活力。

### (四)实施生态环境高水平保护

**1. 维护生态安全格局**

严格落实生态保护红线管控要求。以生态保护红线为重点,改善生态系统质量,提升生态系统稳定性和服务功能。强化生物多样性保护,健全生物多样性保护网络。加强监测预警,主动适应气候变化。对青藏高原生态屏障区、黄河重点生态区、长江重点生态区和东北森林带、北方防沙带、南方丘陵山地带、海岸带等重点区域,分单元识别突出环境问题,落实环境治理差异化管控要求。

**2. 推动环境质量改善**

强化生态环境分区管控实施,形成问题识别、精准溯源、分区施策的工作闭环,推动解决突出生态环境问题,防范结构性、布局性环境风险,为高质量发展腾出容量、拓展空间。深化流域水环境分区管控,统筹水资源、水环境、水生态治理,强化流域内水源涵养区、河湖水域及其缓冲带等重要水生态空间管理,加强农业面源污染防治。加强近岸海域生态环境分区管控,陆海统筹推进重点河口海湾管理。综合考虑大气区域传输规律和空间布局敏感性等,强化分区分类差异化协同管控。按照土壤污染程度和相关标准,实施农用地分类管理和建设用地准入管理。加强声环境管理,推动大型交通基础设施、工业集中区等与噪声敏感建筑物集中区域用地布局协调。探索开展地下水污染防治分区管控模式,统筹地上地下,制定差别化的生态环境准入和污染风险管控要求。

**3. 强化生态环境保护政策协同**

发挥生态环境分区管控在源头预防体系中的基础性作用,实现全域覆盖、跨部门协同、多要素综合的精细化管理。加强生态环境分区管控与国土空间规划的动态衔接,针对不同区域开发保护建设活动的特点,聚焦生态环境质量改善,实施分单元差异化的生态环境管理,生态环境主管部门和自然资源主管部门要选择典型地区开展试点、积累经验、完善机制,形成政策合力。开展生态环境分区管控减污降碳协同试点,研究落实以碳排放、污染物排放等为依据的差别化调控政策。强化生态环境保护相关政策与生态环境分区管控制度的协同,将生态环境分区管控要求纳入生态环境有关标准、政策等制定修订中。鼓励各地以产业园区、自由贸易试验区等为重点,开展生态环境分区管控与环境影响评价、排污许可、环境监测、执法监管等协调联动改革试点,探索构建全链条生态环境管理体系。

**(五)加强监督考核**

**1. 强化监督管理**

有关部门要按照职责分工,依托相关监管平台,充分利用大数据、卫星遥感、无人机等技术手段开展动态监控,对发现的突出问题和风险隐患开展现场检查并严格依法查处。对生态功能明显降低的生态环境优先保护单元、生态环境问题突出的生态环境重点管控单元及环境质量明显下降的其他区域,加强监管执法,依法依规推动限期整改。将生态环境分区管控制度落实中存在的突出问题纳入中央和省级生态环境保护督察。

**2. 完善考核评价**

将生态环境分区管控实施情况纳入污染防治攻坚战成效考核等,考核结果作为地方领导班子和有关领导干部综合考核评价、奖惩任免的重要参考。国务院生态环境主管部门会同有关部门对工作落实情况进行跟踪了解,工作成效作为"绿水青山就是金山银山"实践创新基地建设等的重要参考。

## 四、环境影响评价与生态环境分区管控衔接

2024年7月6日,生态环境部发布《生态环境分区管控管理暂行规定》,从环境影响评价与生态环境管控衔接的角度明确了生态环境分区管控在生态环境源头预防体系中的基础性作用。

规划环评编制时应落实生态环境分区管控要求,对于符合要求的,可简化相关法律法规、政策及产业发展等规划符合性和协调性分析内容;对不符合要求的,应对规划提出优化调整建议。生态环境主管部门组织开展规划环评审查时,应将规划与生态环境分区管控方案的符合性作为审查重点之一。

建设项目开展环评工作初期,应分析与生态环境分区管控要求的符合性,对不满足要求的,应进一步论证其生态环境可行性,优化调整项目建设内容或重新选址。建设项目环评审批部门开展审批时,应重点审查项目选址选线、生态影响、污染物排放、风险防范等与生态环境分区管控方案的符合性。

 思考题

1. 规划环境影响评价的概念。

2. 什么是累积环境影响评价。

3. 规划合理性评价包括哪些方面？

# 第九章 环境影响评价展望

环境影响评价既是一门科学,也是管理手段,发展至今仍有很多环节需要完善。碳排放环境影响评价、建设项目环境影响后评价、规划环境影响跟踪评价以及政策环境影响评价等工作技术导则或编写指南多为处于试行研究状态。本章对以上内容做简略介绍。

## 第一节 碳排放环境影响评价

气候变化是当今人类面临的重大全球性挑战。1997 年 12 月,《联合国气候变化框架公约》第三次缔约方大会在日本京都召开,149 个国家和地区的代表通过了旨在限制发达国家温室气体排放量以抑制全球变暖的《京都议定书》。

温室气体导致南极冰川迅速融化,海平面上升。根据联合国政府间气候变化专门委员会(Intergovernmental Panel on Climate Change,IPCC)第六次评估报告,到 2100 年,海平面将上升一米左右,世界上 2%生活在低洼地区的人口将失去家园,部分沿海城市将永久消失。同时全球气候变化给工业和农业均会带来严重危害。

积极应对气候变化是我国实现可持续发展的内在要求,是加强生态文明建设、实现美丽中国目标的重要抓手,是我国履行负责任大国责任、推动构建人类命运共同体的重大历史担当。习近平总书记在第七十五届联合国大会一般性辩论上宣布我国力争于 2030 年前二氧化碳排放达到峰值的目标与努力争取于 2060 年前实现碳中和的愿景,并在气候雄心峰会上进一步宣布国家自主贡献最新举措。

为坚决贯彻落实习近平总书记重大宣示,坚定不移实施积极应对气候变化国家战略,更好履行应对气候变化职责,加快补齐认知水平、政策工具、手段措施、基础能力等方面短板,促进应对气候变化与环境治理、生态保护修复等协同增效,生态环境部发布了《关于统筹和加强应对气候变化与生态环境保护相关工作的指导意见》,提出将应对气候变化要求纳入"三线一单"(生态保护红线、环境质量底线、资源利用上线和生态环境准入清单)生态环境分区管控体系,通过规划环评、项目环评推动区域、行业和企业落实煤炭消费削减替代、温室气体排放控制等政策要求,推动将气候变化影响纳入环境影响评价。此后,生态环境部加强高耗能、高排放建设项目生态环境源头防控工作,要求推进"两高"行业减污降碳协同控制,将碳排放影响评价纳入环境影响评价体系。

### 一、建设项目碳排放环境影响评价

实施碳排放环境影响评价,推动污染物和碳排放评价管理统筹融合,是促进应对气候变化与环境治理协同增效,实现固定污染源减污降碳源头管控的重要抓手和有效途径。为贯彻落实习近平总书记重要指示批示,加快实施积极应对气候变化国家战略,推动《关于统筹和加强应对气候变化与生态环境保护相关工作的指导意见》和《环境影响评价与排污许可领域协同推进碳减排工作方案》落地,生态环境部组织河北、吉林、浙江、山东、广东、重庆、陕西等省(直辖市)开展重点行业建设项目碳排放环境影响评价试点工作,试点行业为电力、钢铁、建材、有色、石化和化工等重点行业,主要开展建设项目二氧化碳($CO_2$)排放环境影响评价,鼓励开展以甲烷($CH_4$)、氧化亚氮($N_2O$)、氢氟碳化物(HFCs)、全氟碳化物(PFCs)、六氟化硫($SF_6$)、三氟化氮($NF_3$)等其他温室气体排放为主的建设项目环境影响评价。

**(一)试点工作任务**

**1. 建立方法体系**

根据试点地区重点行业碳排放特点,因地制宜开展建设项目碳排放环境影响评价技术体系建设。研究制定基于碳排放节点的建设项目能源活动、工艺过程碳排放量测算方法;加快摸清试点行业碳排放水平与减排潜力现状,建立试点行业碳排放水平评价标准和方法;研究构建减污降碳措施比选方法与评价标准。

**2. 测算碳排放水平**

开展建设项目全过程分析,识别碳排放节点,重点预测碳排放主要工序或节点排放水平。内容包括核算建设项目生产运行阶段能源活动与工艺过程以及因使用外购的电力和热力导致的二氧化碳产生量、排放量,碳排放绩效情况,以及碳减排潜力分析等。

**3. 提出碳减排措施**

根据碳排放水平测算结果,分别从能源利用、原料使用、工艺优化、节能降碳技术、运输方式等方面提出碳减排措施。在环境影响报告书中明确碳排放主要工序的生产工艺、生产设施规模、资源能源消耗及综合利用情况、能效标准、节能降耗技术、减污降碳协同技术、清洁运输方式等内容,提出能源消费替代要求、碳排放量削减方案。

**4. 完善环评管理要求**

地方生态环境部门应按照相关环境保护法律法规、标准、技术规范等要求审批试点建设项目环评文件,明确减污降碳措施、自行监测、管理台账要求,落实地方政府煤炭总量控制、碳排放量削减替代等要求。

**(二)碳排放环境影响评价工作程序**

在环境影响报告书中增加碳排放环境影响评价专章,按照环环评〔2021〕45号要求,分析建设项目碳排放是否满足相关政策要求,明确建设项目二氧化碳产生节点,开展碳减排及二氧化碳与污染物协同控制措施可行性论证,核算二氧化碳产生和排放量,分析建设项目二氧化碳排放水平,提出建设项目碳排放环境影响评价结论。建设项目碳排放环境影响评价工作程序如图9-1。

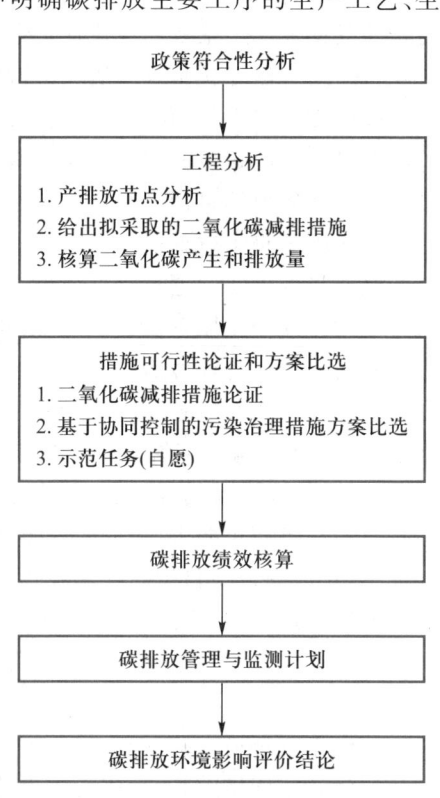

图9-1　建设项目碳排放环境影响评价工作程序图

### （三）碳排放环境影响评价工作内容

#### 1. 建设项目碳排放政策符合性分析

分析建设项目碳排放与国家、地方和行业碳达峰行动方案,生态环境分区管控方案和生态环境准入清单,相关法律、法规、政策,相关规划和规划环境影响评价等的相符性。

#### 2. 建设项目碳排放分析

（1）碳排放影响因素分析

全面分析建设项目二氧化碳产排节点,在工艺流程图中增加二氧化碳产生、排放情况（包括正常工况、开停工及维修等非正常工况）和排放形式。明确建设项目化石燃料燃烧源中的燃料种类、消费量、含碳量、低位发热量和燃烧效率等,涉及碳排放的工业生产环节原料、辅料及其他物料种类、使用量和含碳量,烧焦过程中的烧焦量、烧焦效率、残渣量及烧焦时间等,火炬燃烧环节火炬气流量、组成及碳氧化率等参数,以及净购入电力和热力量等数据。说明二氧化碳源头防控、过程控制、末端治理、回收利用等减排措施状况。

（2）二氧化碳源强核算

根据二氧化碳产生环节、产生方式和治理措施,可参照工业行业温室气体排放核算与报告要求中二氧化碳排放量核算方法或其他相关方法,开展钢铁、水泥和煤制合成气建设项目工艺过程生产运行阶段二氧化碳产生和排放量的核算。各地方还可结合行业特点,不断完善重点行业建设项目二氧化碳源强核算方法。此外,鼓励有条件的建设项目核算非正常工况及无组织二氧化碳产生和排放量。

改扩建及异地搬迁建设项目还应包括现有项目的二氧化碳产生量、排放量和碳减排潜力分析等内容。对改扩建项目的碳排放量的核算,应分别按现有、在建、改扩建项目实施后等几种情形汇总二氧化碳产生量、排放量及其变化量,核算改扩建项目建成后最终碳排放量,鼓励有条件的改扩建及异地搬迁建设项目核算非正常工况及无组织二氧化碳产生和排放量。

（3）产能置换和区域削减项目二氧化碳排放变化量核算

对于涉及产能置换、区域削减的建设项目,还应核算被置换项目及污染物减排量出让方碳排放量变化情况。

#### 3. 减污降碳措施及其可行性论证

（1）总体原则

在环境保护措施中增加碳排放控制措施内容,并从环境、技术等方面统筹开展减污降碳措施可行性论证和方案比选。

（2）碳减排措施可行性论证

给出建设项目拟采取的节能降耗措施。有条件的项目应明确拟采取的能源结构优化,工艺产品优化,碳捕集、利用与封存等措施,分析论证拟采取措施的技术可行性、经济合理性,其有效性判定应以同类或相同措施的实际运行效果为依据,没有实际运行经验的,可提供工程化实验数据。采用碳捕集和利用的,还应明确所捕集二氧化碳的利用去向。

（3）污染治理措施比选

在满足建设项目环境影响评价技术导则关于污染治理措施方案选择要求的前提下,在环境影响报告书环境保护措施论证及可行性分析章节,开展基于碳排放量最小的废气和废水污染治理设施和预防措施的多方案比选,即对于环境质量达标区,在保证污染物能够达标排放,并使环境影响可接受的前提下,优先选择碳排放量最小的污染防治措施方案。对于环境质量不达标区[环境质量细颗粒物($PM_{2.5}$)因子对应污染源因子二氧化硫($SO_2$)、氮氧化物($NO_x$)、颗粒物($PM$)和挥发性有机物($VOCs$),环境质量臭氧($O_3$)因子对应污染源因子$NO_x$和$VOCs$],在保证环境质量达标因子能够达标排放,并使环境影响可接受的前提下,优先选择碳排放量最小的针对达标因子的污染防治措施方案。

（4）示范任务

建设项目可在清洁能源开发、二氧化碳回收利用及减污降碳协同治理工艺技术等方面承担示范任务。

**4. 碳排放绩效水平核算**

（1）针对电力、钢铁、建材、有色、石化、化工等重点行业核算建设项目的二氧化碳排放绩效。

（2）改扩建、异地搬迁项目还应核算现有工程二氧化碳排放绩效,并核算建设项目整体二氧化碳排放绩效水平。

（3）按排放口明确建设项目和改扩建、异地搬迁项目的二氧化碳排放绩效水平。

**5. 碳排放管理与监测计划**

（1）编制建设项目二氧化碳排放清单,明确其排放的管理要求。

（2）提出建立碳排放量核算所需参数的相关监测和管理台账的要求,按照核算方法中所需参数,明确监测、记录信息和频率。

**6. 碳排放环境影响评价结论**

对建设项目碳排放政策符合性、碳排放情况、减污降碳措施及可行性、碳排放水平、碳排放管理与监测计划等内容进行概括总结。

## 二、规划环境影响评价中的碳排放评价

为贯彻落实《关于统筹和加强应对气候变化与生态环境保护相关工作的指导意见》（环综合〔2021〕4号）、《环境影响评价与排污许可领域协同推进碳减排工作方案》（环办环评函〔2021〕277号）要求,充分发挥规划环评效能,生态环境部选取具备条件的7个产业园区,在规划环评中开展碳排放评价试点工作。

（一）试点工作任务

**1. 探索规划环评中开展碳排放评价的技术方法**

以生态环境质量改善为核心,推进减污降碳协同增效,在《规划环境影响评价技术导则 产业园区》的基础上,结合产业园区规划环评中开展碳排放评价试点工作要点,采取定性与定量相结合的方式,探索开展不同行业、区域尺度上碳排放评价的技术方法,包括碳排放现状核算方法研究、碳排放评价指标体系构建、碳排放源识别与监控方法、低碳排放与污染物排放协同控制方法等方面。

**2. 完善将碳排放评价纳入规划环评的环境管理机制**

结合碳排放评价结果,进一步衔接区域"三线一单"生态环境分区管控要求、国土空间规划和行业发展规划内容,细化考虑气候变化因素的生态环境准入清单,为区域建设项目准入、企业排污许可证申领、执法检查等环境管理提供基础。

**3. 形成一批可复制、可推广的案例经验**

通过试点工作，重点从碳排放评价技术方法、减污降碳协同治理、考虑气候变化因素的规划优化调整方式和环境管理机制等方面总结经验，形成一批可复制、可推广的案例，为碳排放评价纳入环评体系提供工作基础。

**（二）产业园区规划环境影响评价中开展碳排放评价试点工作要点**

**1. 应结合园区产业特点和类型确定碳排放评价范围和评价因子**

涉及电力、钢铁、建材、有色、石化和化工等"两高"行业项目的园区可重点关注能源消耗、企业生产和废弃物处理等与污染物排放相关的碳排放；涉及大数据、云计算等高耗电的园区可重点关注调入电力的碳排放。重点以二氧化碳（$CO_2$）为主，根据园区主导产业能源消耗和工艺过程，可纳入甲烷（$CH_4$）、氧化亚氮（$N_2O$）、氢氟碳化物（HFCs）、全氟碳化物（PFCs）、六氟化硫（$SF_6$）与三氟化氮（$NF_3$）等其他温室气体评价。

**2. 在充分利用已有碳排放统计资料的基础上摸清园区碳排放底数并开展规划分析**

园区可根据碳排放清单、重点企业碳排放核查报告等现有资料分析碳排放现状；园区自行测算的，应按照国家有关指南，重点测算评价范围内的碳排放量。涉及电力、钢铁、建材、有色、石化和化工等"两高"行业项目的园区应重点评价主导产业碳排放水平，分析降碳潜力。分析规划实施后园区碳排放强度、结构等方面的变化，重点关注规划方案中产业发展、重点项目和涉及碳排放的配套基础设施等内容，分析与碳排放政策的符合性。

**3. 根据区域和行业"双碳"目标，设定合理且符合区域特点的碳排放评价指标**

立足园区现状碳排放水平和产业发展水平，从碳排放强度优化、资源利用效率提升等方面提出指标要求。

**4. 以减污降碳协同增效为出发点提出规划优化调整建议和管控措施**

重点关注园区内具有减污降碳协同效应的领域和环节，从规划产业结构、能源结构、运输结构、基础设施建设要求等方面对规划方案提出具有可操作性的优化调整建议和减污降碳协同管控措施建议。

# 第二节　建设项目环境影响后评价

## 一、概述

**（一）概念及内涵**

2016 年 1 月 1 日正式实施的《建设项目环境影响后评价管理办法（试行）》（环保部令第 37 号）明确指出，环境影响后评价是指，编制环境影响报告书的建设项目在通过环境保护设施竣工验收且稳定运行一定时期后，对其实际产生的环境影响以及污染防治、生态保护和风险防范措施的有效性进行跟踪监测和验证评价，并提出补救方案或者改进措施，提高环境影响评价有效性的方法与制度。

《建设项目环境影响后评价管理办法（试行）》建议下列建设项目运行过程中产生不符合经审批的环境影响报告书情形的，应当开展环境影响后评价：① 水利、水电、采掘、港口、铁路行业中实际环境影响程度和范围较大，且主要环境影响在项目建成运行一定时期后逐步显现的建设项目，以及其他行业中穿越重要生态环境敏感区的建设项目；② 冶金、石化和化工行业中有重大环境风险,建设地点敏感,且持续排放重金属或者持久性有机污染物的建设项目;③ 审批环境影响报告书的环境保护主管部门认为应当开展环境影响后评价的其他建设项目。

环境影响后评价具有五方面的内涵:① 反映建设项目对环境的实际影响;② 对环境影响报告进行事后验证,检验预防恢复措施的有效性,验证项目实施前一系列预测和决策的准确性和合理性;③ 评价目标的可持续性,提出预测和补救措施;④ 在不同时间点对项目进行新的评价;⑤ 信息反馈,为项目管理和环境管理提供服务。

**(二) 适用范围**

根据《中华人民共和国环境影响评价法》,环境影响跟踪评价的适用范围需满足两个条件:一是通过环境保护设施竣工验收且稳定运行一定时期的建设项目;二是运行过程中产生不符合经审批的环境影响报告书情形的建设项目。

**(三) 研究及实践进展**

**1. 国外研究进展**

从世界范围来看,环境影响后评价研究起源于 20 世纪 80 年代英国曼彻斯特大学环境影响评价中心。欧洲最高经济管理协调机构的经济委员会在 80 年代末期研究环境影响后评价案例,提出了环境影响后评价具体工作流程。

环境影响后评价是一种用于反映建设项目运营期环境管理能力的新型评价方式。联合国环境规划署在报告中对其的定义是:项目在获得建设许可后,在项目运营后所进行的环境影响研究工作,其作用是发现项目在建设过程中暴露出的环境问题,对此前环境影响评价的结果进行实际验证,并将相关信息及时反映给建设或运营单位。

目前国外环境影响后评价工作内容已不局限于环境影响评价的补救措施,而发展成为环境评价标准体系的重要组成部分,一般包括项目对周边环境影响情况的回顾以及项目环境后评价两部分内容。其中,回顾周边环境影响情况一般分为最高程度评价环境影响系统、中等程度评价环境影响评价过程的质量以及最低程度监测与评价项目的环境影响三部分。主要评价方法包括定量与定性结合的效益分析法、对比分析法、统计预测法以及逻辑框架法。

在西方发达国家中,美国于 20 世纪 70 年代末首先推出了环境审计工作,成为环境影响后评价工作的雏形。此外,美国环境保护工作委员会要求全国的高速公路建设项目在投入运营后必须对项目进行环境影响后评价。1999 年美国水利委员会重点对环境负效应较大的水利工程进行环境影响后评价,并采取了相应补救措施。日本于 1997 年颁布新的环境影响评价法,规定要对水利工程建设运营后的环境影响状况进行评价,并制定了相应的实施办法。荷兰 1986 年将环境影响分析评价列入项目后评价工作中。澳大利亚在 1982 年的发展规划中提出对环境影响评价进行全过程监督。

迄今为止,国外大多数学者仍在进行环境影响后评价的理论研究工作,在评价指标和评价方法方面涉猎不多:2004 年希腊学者克里斯托普洛斯的研究结果表明,环境影响后评价进行过程中可通过比较环境影响预测结果与现实评估结果,验证此前环境影响预测,逐渐提高环境影响评价水平,并提出定性分析与定量分析相结合的技术方法。捷克学者布兰尼斯等在 2006 年发出倡议,建议世界各国应端正工作态度,对本国环境发展状况进行系统认识,提出环境影响后评价从实施效果看是有效的,但是世界各国目前缺少统一的管理体系和制度。2009 年罗马尼亚学者尼库莱发现,在此之前环境影响后评价缺少对利益相关方的后评价内容,因此后期建议把调查利益相关方的满意度作为环境影响后评价的重要内容。

**2. 国内实践进展**

20 世纪末期,我国学者开始研究环境影响后评价相关理论。环境影响后评价的出现源于环境影响评价制度在实施过程中,环评人员和技术人员均发现存在一些缺陷,影响了制度的实施效果。因此实施环境影响后评价刻不容缓。

重庆市依据城市发展水平,针对建设项目环境影响后环评工作的主要目的、适用对象、启动时机及实施原则等组织相关技术人员进行了研究,并于 2011 年正式发布了我国第一个地方性环境影响后评价技术规范——《重庆市建设项目环境影响后评价技术导则》。

## 二、环境影响评价与环境影响后评价的比较

环境影响评价与环境影响后评价有较大差别(表 9-1):① 环境影响评价属于项目前期工作的决策阶段,而环境影响后评价是在项目投入运营生产的使用阶段,环境影响评价的结果应通过项目建设和运行过程中的现场监测和后评价来检验;② 环境影响评价直接作用于项目的可行性决策,而环境影响后评价则间接作用于项目的决策,是项目决策的信息反馈;③ 环境影响评价主要是对拟建项目可能的环境影响以及环境、经济、社会效益的协调统一性进行评价,而环境影响后评价是对项目的决策和项目实施的环境效果等进行评价。

表 9-1　环境影响评价与环境影响后评价内容对比

| 项目 | 环境影响评价 | 环境影响后评价 |
|---|---|---|
| 评价对象 | 按照《中华人民共和国环境影响评价法》,所有可能产生环境影响的建设项目,都需开展环境影响评价 | 按照《建设项目环境影响后评价管理办法(试行)》,不是所有项目都需要开展后评价,只有符合第三条建设项目运行过程中产生不符合经审批的环境影响报告书情形的,才需进行环境影响后评价 |
| 评价目的 | 对项目实施后的环境影响进行预测与分析,判断环境影响程度,提出环保措施,为项目前期工作的决策阶段服务,直接作用于项目的可行性决策 | 对项目建设的环境影响,尤其是累积性、持久性的影响进行回顾性评价与分析,提出补救措施。为项目投入运营生产后的运营阶段服务,间接作用于项目的决策,为同类型项目决策提供信息反馈 |
| 工作开展阶段 | 在项目立项阶段进行 | 在通过环境保护设施竣工验收且稳定运行一定时期后 |
| 评价时段 | 项目建设期及运营期 | 项目运营一段时间后 |
| 采用的手段和资料 | 资料收集、符合导则要求的环境监测手段 | 利用大量的有规律的数据收集与分析,并辅以必要的监测;例如利用跟踪监测数据、遥感影像等高新技术手段 |
| 评价内容 | 采用预测模型对项目建设及运营后的环境影响进行预测,提出环保措施 | 对项目运营一段时间后所显现出的实际环境问题进行回顾与分析,并与环境结论进行对照,查找项目存在的未遇见的环境问题,提出补救措施,并为环境管理提供技术反馈 |

续表

| 项目 | 环境影响评价 | 环境影响后评价 |
|------|------------|--------------|
| 承担评价工作的单位要求 | 环境影响报告书或者环境影响报告表,应当由具有相应环境影响评价资质的机构编制 | 可以委托环境影响评价机构、工程设计单位、大专院校和相关评估机构等编制环境影响后评价。原编制环境影响评价报告的机构,不得承担该建设项目环境影响后评价的编制工作 |
| 管理要求 | 经主管部门审批 | 不需要审批,报原审批环境影响报告书的主管部门备案,并接受监督检查 |

## 三、评价内容

建设项目环境影响后评价文件应当包括以下内容:

① 建设项目过程回顾。包括环境影响评价、环境保护措施落实、环境保护设施竣工验收、环境监测情况,以及公众意见收集调查情况等。

② 建设项目工程评价。包括项目地点、规模、生产工艺或者运行调度方式,环境污染或者生态影响的来源、影响方式、程度和范围等。

③ 区域环境变化评价。包括建设项目周围区域环境敏感目标变化、污染源或者其他影响源变化、环境质量现状和变化趋势分析等。

④ 环境保护措施有效性评估。包括环境影响报告书规定的污染防治、生态保护和风险防范措施是否适用、有效,能否达到国家或者地方相关法律、法规、标准的要求等。

⑤ 环境影响预测验证。包括主要环境要素的预测影响与实际影响差异,原环境影响报告书内容和结论有无重大漏项或者明显错误,持久性、累积性和不确定性环境影响的表现等。

⑥ 环境保护补救方案和改进措施。

⑦ 环境影响后评价结论。

## 四、技术方法

环境影响后评价有与环境影响评价相同的评价技术方法,也有更适用于后评价的技术方法。有些技术方法在前文已有介绍,在此仅介绍适合后评价的基本技术方法及主要技术方法。

### (一)基本技术方法

环境影响后评价的基本技术方法见表9-2。

表 9-2 环境影响后评价的基本技术方法

| 重点评价内容 | 技 术 方 法 |
|------------|-----------|
| 建设项目工程评价 | 资料收集法等 |
| 区域环境变化评价 | 资料收集法、现场勘查与监测、遥感调查法、环境质量指数法等 |
| 环境影响预测、评价及验证 | 对比分析法、数学模型法、生态损益评估技术方法、GIS 叠图法、回顾性分析法、综合指数法、累积影响评价法、景观生态学法等 |
| 环境保护措施有效性评估 | 列表清单法、理论计算对比法、相关性分析法等 |

（二）主要技术方法

**1. 对比分析法**

对比分析法是环境影响后评价的主要方法，包括前后对比、有无对比、预测值和实际值的验证对比等。

前后对比分析法是指将建设项目建设之前与项目完成之后的环境质量及生态环境状况变化进行对比，以度量工程对周边环境的影响，概念模型见图9-2。基本步骤是确定对比分析的对象和指标，收集工程建设之前和建设之后各项指标的数据，评价项目产生的影响，寻找其他影响因素并估算其作用。其优点是简单易行，缺点是可信度低，因为难以确定环境影响是由该项目引起的，还是与其他建设项目叠加造成的。

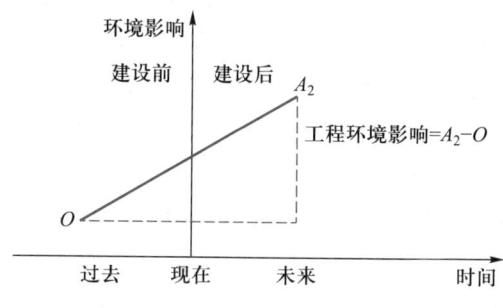

图 9-2　前后对比分析法概念模型

有无对比分析法是指修建后的实际环境质量及生态环境状况与若无工程可能的状况进行对比，以度量工程的真实影响，其概念模型见图9-3。

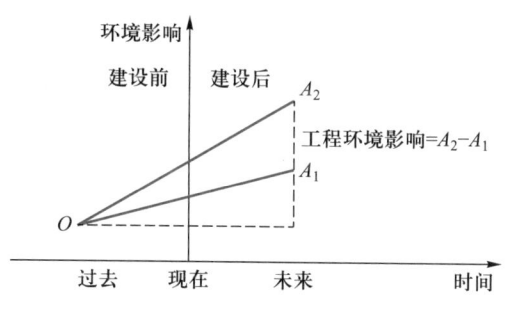

图 9-3　有无对比分析法概念模型

预测值和实际值的验证对比分析法是指将建设项目环境影响报告中的预测结果与运行后环境影响的实际结果进行比较，查找前后差异并进行原因分析，从而提出弥补措施。

**2. 遥感技术**

遥感技术是通过放在不同遥感平台上的传感器获得实时的、准确的资源与环境等信息。根据高度的不同，遥感平台可以分为航天、航空与地面3种。目前可应用于环境影响后评价的遥感影像主要有 landsat TM、ALOS、SPOT、IKONOS、Quick Bird 与 World View 卫星数据以及国内的环境一号卫星、气象卫星、资源一号 02C 卫星等。从环境影响后评价研究对遥感数据源的高时空分辨率需求出发,应用无人机是现阶段获取相关信息的相对较理想的方式,其具有数据采集成本低、地面分辨率高、对天气条件要求低等优势。

获取遥感影像数据后,主要通过目视解译、遥感影像分类与遥感定量反演等方法进行环境相关要素遥感信息的提取与反演。目视解译就是专业人员通过直接观察或借助辅助判读仪器在遥感影像上获得特定目标地物信息的过程。遥感影像分类是指根据遥感影像中地物的光谱特征、空间特征、时相特征等,对地物目标进行识别的过程。遥感定量反演是在模型知识的基础上,依据可测参数值去反推目标的状态参数。

**3. 生态损益评估技术方法**

生态系统代表人类从生态系统和生态过程中获取的利益,既包括生态系统的调节支持功能等无形的功能,也包括提供产品等有形的功能。许多学者将生态系统服务功能划分为不同功能分类,选定合适的核算方法计算生态系统服务功能的价值。

生态损益评估是对生态影响的经济评价,就是以生态经济学、环境经济学理论为基础,用货币形式表示项目对环境的正面影响和负面影响,在统一量纲下,实现工程对生态影响的综合评价。

生态损益评估分为 3 个阶段:① 生态系统服务功能评价阶段,首先对生态系统服务功能进行分类,然后根据生态系统服务功能可能受到开发活动影响的现实情况和影响特征,利用生态学、环境科学、林业科学、生物学等专业科学方法,分析生态服务功能受开发活动影响的变化情况;② 在开发活动影响下的生态系统服务功能价值评价阶段,以生态经济学、环境经济学和资源经济学方法为基础,选择多种生态系统服务功能价值核算的方法和参数,计算开发活动影响下生态效益及生态成本的经济价值变化量;③ 建设项目生态损益评价阶段,对生态效益和生态成本的各单项指标进行加和汇总,最终得到生态系统受开发项目影响的总变化量价值。

建设项目生态损益分析采用效益-成本比方法进行计算,评估方法模型如下:

$$K = \frac{EB}{EC} = \frac{\sum_{i=1}^{n} EB_i}{\sum_{j=1}^{m} EC_j} \tag{9-1}$$

式中:$K$——效益-成本比;当 $K>1$ 时,工程的生态效益值大于生态成本值,且 $K$ 值越大越好;当 $K \leqslant 1$ 时,工程的生态效益值小于等于生态成本值。

　　$EB$——建设项目总生态效益。

　　$EB_i$——第 $i$ 项生态系统服务功能产生的生态效益。

　　$EC$——建设项目总生态成本。

　　$EC_j$——第 $j$ 项生态系统服务功能产生的生态成本。

用建设项目产生的总生态效益减去总生态成本,即为建设项目生态损益净值。

$$EPL = EB - EC \tag{9-2}$$

式中:$EPL$——建设项目生态损益净值。

# 第三节 规划环境影响跟踪评价

## 一、概述

（一）概念

《规划环境影响评价技术导则 总纲》（HJ 130—2014）中对跟踪评价的定义为：对规划实施所产生的环境影响进行监测、分析、评价，用以验证规划环境影响评价的准确性和判定减缓措施的有效性，并提出改进措施的过程。

（二）适用范围

根据《中华人民共和国环境影响评价法》，环境影响跟踪评价的适用范围需满足两个条件：一是适用的对象为规划，不包括建设项目；二是适用于其实施对环境有重大影响的规划，而不是所有的规划。

环境影响跟踪评价的适用对象限于规划，是由规划本身的特点决定的。规划的实施一般都历时较长，因此不能像建设项目那样在规划完成后再进行后续评价，而需要在规划实施中及时对其环境影响进行跟踪评价。对于规划来讲，其后续评估机制不能只靠单次的后评价，而应根据实际需要进行一次或多次的跟踪评价。其中，对于"有重大环境影响的规划"的界定，从技术层面上看，应包括以下不良环境影响：

① 可能导致区域环境质量显著下降或造成环境功能区使用功能的重大损失；

② 规划直接环境影响不显著，但规划实施所诱导的间接环境影响和累积影响显著；

③ 与规划范围内或相邻区域内的其他规划在自然资源开发利用或者环境保护方面存在显著冲突；

④ 规划实施的影响区域跨越了省、自治区、直辖市行政区域，流域或海域，或者跨越国界；

⑤ 规划实施的影响区域内存在社会关注区，如存在文教区、疗养地、医院等区域，以及具有历史、科学、民族、文化意义的保护地；

⑥ 规划实施的影响区域内存在特别保护地区，如存在依国家或地方法律法规确定的，县以上人民政府划定的自然保护区、风景名胜区、水源保护区、森林公园、国家重大保护文物、历史文化保护地（区）、水土流失重点预防保护林、基本农田保护区等；

⑦ 规划实施的影响区域内存在生态敏感与脆弱区，如水土流失重点治理及重点监督区、天然湿地、珍稀动植物栖息地或特殊生境、天然林、热带雨林、红树林、珊瑚礁、产卵场、浴场等重要生态系统或自然资源。

（三）评价目标

跟踪评价不仅要对已实施规划进行回顾性评价，而且还要基于回顾性评价的结果，提出改进措施，以指导和调整规划尚未实施的部分，也就是对后续发展规划进行预测评价。

跟踪评价与一般规划环境影响评价的区别在于：跟踪评价是在一般的规划环境影响评价的基础上，进一步进行的回顾性评价和预测评价。因此跟踪评价的目标包括两个方面：一方面,验证规划环境影响评价的准确性和判定减缓措施的有效性。这一目标主要通过回顾性评价实现,即通过对规划实施的影响区域(尤其是环境敏感点)的环境质量进行监测,掌握规划实施影响区域的环境质量现状,并与原环境影响评价(即规划实施前编制的环境影响报告书)中预测的环境影响进行比较,以此评价原环境影响评价的预测结果和减缓措施的效应。另一方面,提高后续发展规划的环境影响预测的准确性和减缓措施的科学性。此目标通过预测评价实现,即基于回顾性评价的结论,根据目前的环境质量现状,重新预测和评估尚未实施的规划的环境影响,并调整原环境影响评价中减缓措施或提出新的减缓措施。

### (四)研究进展

跟踪评价与环境影响评价具有几乎同样长的历史,起初主要是为了评估环境影响评价报告书的质量。1978 年,Holling 提出了"适应性环境管理"的概念,可以看作跟踪评价的起源。从 20 世纪 80 年代初至现在,国外有许多与跟踪评价相关的文献,主要涉及跟踪评价的基本概念、作用和意义、方法学,以及如何评价环境影响报告书预测的准确性,评估环境影响评价质量的好坏、研究环境监察与环境管理的关系、建立跟踪评价的实施框架等。我国从20 世纪 90 年代初以来开展的相关研究,涵盖了环境影响后评价或环境影响回顾性评价的概念、目的、内容及工作程序等方面。

## 二、程序

与一般的规划环境影响评价不同(图 9-4),规划环境影响跟踪评价在规划实施一个阶段后介入,其评价目的与一般规划环境影响评价亦存在不同;同时,与环境影响后评价相比,规划环境影响跟踪评价并不是在规划实施完成后再对规划的实施过程、技术方法等进行评价,而是在规划实施某一个阶段对已实施规划做出回顾性评价,而对未实施部分则要进行预测性评价。因此,规划环境影响跟踪评价的工作程序既不同于一般的规划环境影响评价,又不完全等同于环境影响后评价,而是综合两者,形成自己的工作程序。

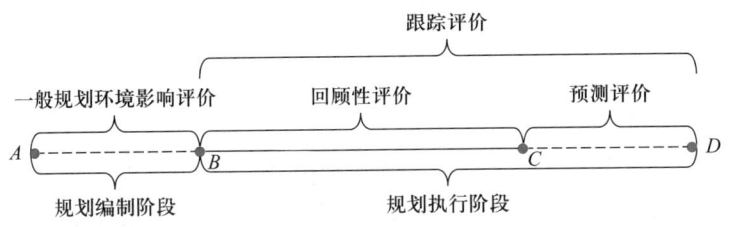

图 9-4　规划环境影响跟踪评价与一般规划环境影响评价关系示意图

规划环境影响跟踪评价的工作程序应包含三个关键步骤(图 9-5):一是判定规划是否应进行环境影响跟踪评价;二是对已实施部分的规划做出回顾性评价,其关键步骤在于做出相符性判断;三是对未实施部分的规划进行预测评价,关键步骤是基于回顾性评价的结论和环境质量现状对未实施部分的规划的环境影响重新预测,并调整原环境影响评价的减缓措施或提出新的减缓措施。

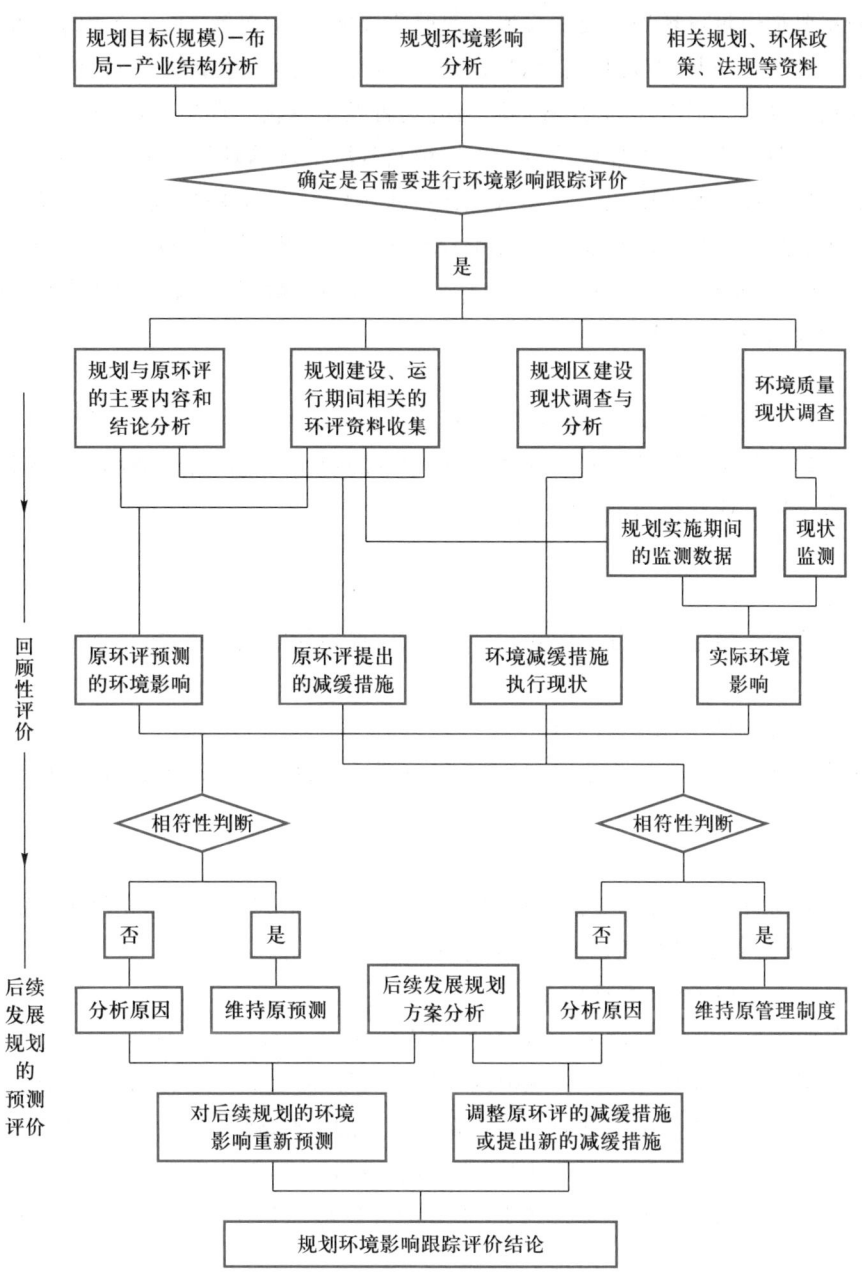

图 9-5 规划环境影响跟踪评价的工作程序示意图

（一）是否应进行规划环境影响跟踪评价的判定

是否应进行规划环境影响跟踪评价属于环境影响跟踪评价的适用范围的问题，可根据前文判定原则，通过对规划目标（规模）—布局—产业结构的分析，对规划的环境影响和周边区域的状况进行判定。

（二）相符性判断

相符性判断包括三方面内容：① 规划执行与原规划的相符性。规划执行与原规划的相符性判断主要是通过对规划实施阶段形成的产业规模、产业布局、主导产业的发展状况与原规划是否一致进行判断,这是判定规划的环境影响是否发生改变的基本点,为后续分析环境影响的变化提供基础资料。② 区域环境功能是否发生变化。环境功能是否改变主要通过对规划实施目前阶段区域的环境功能与规划编制阶段区域的环境功能进行对比,主要体现在区域执行的环境标准的变化上。③ 对原环境影响预测的准确性判断和减缓措施有效性的判断。主要是对规划实施目前阶段的环境质量现状监测结果与原环评中预测的环境质量变化进行比较,判断规划实施目前阶段所施行的环境治理措施、环境管理体系是否按原环评的要求建设,起到预期的作用。

（三） 对未实施部分规划的预测评价

重新预测并调整减缓措施是在相符性判断的基础上,通过对后续发展规划的方案分析,结合回顾性评价的结论和环境质量现状,对后续发展规划实施的环境影响重新预测,并调整原环评的减缓措施或提出新的减缓措施。

## 三、内容

跟踪评价主要包括两部分内容:一是对已实施规划的回顾性评价;二是对后续发展规划的预测评价。

（一） 已实施规划的回顾性评价

已实施规划的回顾性评价主要包括三个方面的回顾性分析,即规划、环境和环境影响评价的回顾性评价。

**1. 规划**

对于规划的分析,主要集中在目标－规模、产业结构(包括主导产业)和产业布局三个方面。因此,对于规划的回顾性分析也主要集中于这三个方面。

（1） 目标－规模的回顾性评价

在资料收集和分析的基础上,通过对区域规划中设置的产业目标和产业规模与目前区域建设中已形成的产业目标和产业规模的对比,分析两者之间的差异,做出产业目标和产业规模是否符合原规划的情况的判断。如存在不一致的情况,则要对这种变化情况进行分析,并说明这种变化对环境的影响。产业目标和规模往往与产业结构(如是否为主导产业)和布局(如占地规模和位置)相结合。因此,对其的分析可合并到产业结构和产业布局的分析之中。

（2） 产业结构的回顾性评价

产业结构是一个区域产业发展水平、发展潜力的重要指示因子,其主要表现形式为主导产业的发展状况。因此,对于产业结构的回顾性评价,主要是对原区域规划中的主导产业和目前现状发展形成的主导产业进行对比,根据主导产业类型、规模等的变化,做出主导产业是否按原规划执行的判断,并进一步分析其变化的原因及其所引起的环境变化。

（3） 产业布局的回顾性评价

产业布局的合理与否是评价一个规划质量的重要因素,也直接关系着规划是否能够按计划执行。产业布局回顾性评价的中心内容，即对原区域规划中的产业布局和目前现状发展形成的产业布局进行对比，根据各种产业的占地规模和地理位置，做出主导产业是否按原规划执行的判断，并进一步分析其变化的原因及其所引起的环境变化。

**2. 环境**

一般的规划环境影响评价对于环境的关注，主要集中在环境质量的变化上。而对于区域规划环境影响评价来讲，不仅要关注环境质量，还要从区域环境承载力的角度考察区域环境的变化。因此，对于区域规划的回顾性评价，在环境部分主要集中在环境质量与环境承载力两个方面。

（1）环境质量的回顾性评价

对于环境质量的评价方法已较为成熟，即选取规划实施期间区域各关注点的监测数据，通过对各点监测数据之间的比较，分析规划实施期间的环境质量变化情况，从而判断规划实施对于环境质量的影响，并可初步预测未来环境质量的变化趋势。

（2）环境承载力的回顾性评价

对于一个区域来讲，环境承载力是衡量其环境质量的重要指标。对于区域规划的环境承载力的回顾性评价，即对区域内未实施规划时的环境承载力（一般由原环评中得到）和目前区域的环境承载力进行对比，分析环境承载力的变化，并进一步分析引起这种变化的因素。

**3. 环境影响评价的回顾性评价**

对于环境影响评价的回顾性评价，主要是环境影响预测的准确性和提出的减缓措施的有效性两个方面。

（1）环境影响预测的准确性评价

环境影响预测的结果是环境影响报告书的核心，是得出环境影响评价结论的重要依据。因此，对于环境影响预测的准确性评价非常重要。准确性评价首先需要对原环境影响评价的预测结论有清晰的认识，并根据目前企业的排污情况、区域环境质量状况对原环境影响评价的预测结论做出准确性判断。事实上，规划实施过程中，大部分不可能完全按照原规划执行。因此，原环境影响评价的预测结论也因没有现状而无法比较。跟踪评价的重点不是为了评价原环境影响预测的准确性，而是实现对规划环境影响的动态跟踪，其目的是保证规划的实施对环境的影响最小，而不是指出原环境影响报告书的错误。

（2）减缓措施有效性的评价

减缓措施是为了保证规划实施产生的环境影响能够为环境所接受而提出的一些具体的技术、管理措施。这些措施是否按照原环境影响评价的要求执行，其执行是否有效，关系到规划能否在环境友好的情况下实施。对于减缓措施的评价，主要有两步：第一，原环境影响评价中提出的减缓措施是否如期执行；第二，这些减缓措施是否起到了预期的作用。当然，由于规划的执行很难保证与原规划一致，对于减缓措施的有效性评价也存在着与预测准确性评价一样的问题。

（二）后续发展规划的预测评价

预测评价与一般的区域环境影响评价和规划环境影响评价的预测方法、内容类似。因此，这里只对其内容给出提纲，具体包括以下内容：① 后续发展规划方案分析；② 后续发展规划的协同性分析；③ 后续发展规划的区域环境承载力分析；④ 后续发展规划的环境影响预测和评价；⑤ 后续发展规划的污染防治措施；⑥ 公众参与。

# 第四节　政策环境影响评价概述及进展

2014 年修订后的《中华人民共和国环境保护法》第十四条明确规定："国务院有关部门和省、自治区、直辖市人民政府组织制定经济、技术政策，应当充分考虑对环境的影响，听取有关方面和专家的意见"，这一规定为政策环境影响评价打开了窗口。在此之后，《重大行政决策程序暂行条例》(2019 年)和《中央和国家机关有关部门生态环境保护责任清单》(2020 年)相继纳入了政策环境影响评价相关要求。但我国现行的《环境影响评价法》尚没有政策环境影响评价的规定，政策环境影响评价在实际管理中应用较少，相关工作以理论研究和试点实践为主。

2014 年起，环境保护部评估中心组织开展了新型城镇化和经济发展转型政策的环境影响评价试点研究，总结提出了基于"预警+保障"的政策环境影响评价模式。2020 年生态环境部发布《经济、技术政策生态环境影响分析技术指南(试行)》，明确经济、技术政策生态环境影响分析的适用范围，提出以政策分析、生态环境影响初步识别、生态环境影响分析、保障措施及制度分析、分析结论与建议为核心的技术流程。

2021 年，生态环境部在全国范围内启动了政策环境影响评价试点工作，项目涉及国家级、省级和市县级等不同层级的政策，政策内容涉及行业政策、区域性政策、经济技术政策等。试点项目结合政策具体情况，在分析评估方法、技术路径和工作机制等多方面进行了充分探索。例如，稀土发展政策环境影响评价创新性地开展了行业问题及制度归因研究、制度建设的优先性分析等，探索了以制度为核心的政策环评模式。该模式主要是针对决策层次较高的行政法规，一般认为决策的层次越高，空间指向性越模糊，越难准确预测其实施后的具体影响，此时政策环境影响评价应侧重于制度评价。污水资源化利用政策环境影响评价专门就《经济、技术政策生态环境影响分析技术指南(试行)》的技术流程与国际政策环评的技术流程进行了比较研究，提出以政策制定流程为主线，基于政策全过程的生态环境影响评估框架(图 9-6)，建议政策环境评价的主要任务应包括政策问题筛选、环境影响识别、

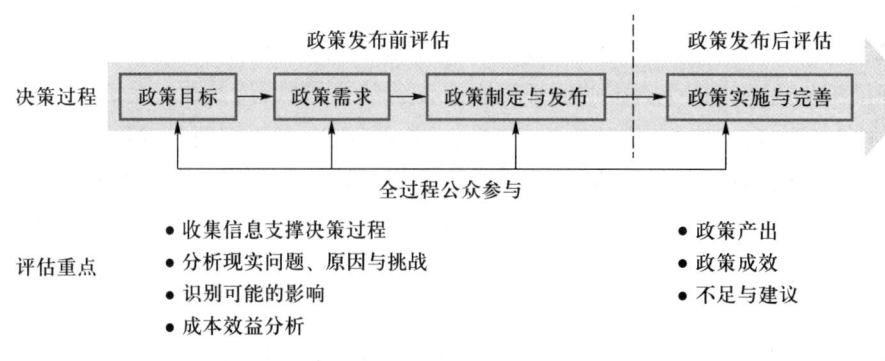

图 9-6　基于政策全过程的生态环境影响评估框架及重点任务

成本效益分析、环境影响评价等:① 全面系统地分析问题,明确政策目标和诉求。② 采用简单有效的环境影响识别方法,以支持早期阶段的决策。③ 运用成本效益分析方法,定量评价政策预期效益和经济成本,促进更好决策。④ 运用量化成效评价方法,促进政策实施和优化。⑤ 鼓励全过程、多领域的公众参与。

**思考题**

1. 在碳排放环境影响评价中,如何协调"碳达峰、碳中和"目标与区域经济发展需求之间的矛盾?请结合评价方法提出具体建议。

2. 环境影响后评价中发现原环评预测结果与实际监测数据存在显著偏差,可能由哪些因素导致?应如何通过环境影响后评价制度改进这一问题?

# 参 考 文 献

[1] 国家环境保护部环境工程评估中心.建设项目环境影响评价培训教材[M].北京:中国环境科学出版社,2011.

[2] 贾生元.生态影响评价理论与技术[M].北京:中国环境出版社,2013.

[3] 左建.地质地貌学[M].北京:中国水利水电出版社,2001.

[4] 马太玲,张江山.环境影响评价[M].武汉:华中科技大学出版社,2009.

[5] 刘奎,申满对.炼油项目环境影响评价中的硫平衡[J].石油化工设计,2007,24(3):61-64.

[6] 金怀立.分段土石方平衡法在公路环评中的应用[J].山西建筑,2008,34(22):271-272.

[7] 李锦,余淑苑,刘国红,等.工业企业卫生防护近距离标准的研究进展[J].中国卫生事业管理,2009,11:779-780.

[8] Treweek J.生态影响评价[M].国家环境保护总局环境工程评估中心,译.北京:中国环境科学出版社,2006.

[9] 徐盛荣.哈尔滨市大气环境容量测算方法[J].北方环境,2005,30(1):81-83.

[10] 王华东.环境影响评价[M].北京:高等教育出版社,1989.

[11] 胡二邦.环境风险评价实用技术、方法和案例[M].北京:中国环境科学出版社,2009.

[12] 李金惠,李颖.环境风险评价内涵与外延研究[J].安全与环境学报,2012,12(1):119-125.

[13] 国家环境保护总局.建设项目环境风险评价技术导则(HJ/T 169—2004)[S].北京:中国环境科学出版社,2004.

[14] 国家环境保护部.环境影响评价技术导则　地下水环境(HJ 610—2016)[S].北京:中国环境科学出版社,2011.

[15] 国家环境保护部.环境影响评价技术导则　总纲(HJ 2.1—2011)[S].北京:中国环境科学出版社,2011.

[16] 国家环境保护部.环境影响评价技术导则　生态影响(HJ 19—2011)[S].北京:中国环境科学出版社,2011.

[17] 国家环境保护总局.建设项目竣工环境保护验收管理办法[Z].2001.12.11.

[18] 国家环境保护部.关于印发《国家重点监控企业自行监测及信息公开办法(试行)》和《国家重点监控企业污染源监督性监测及信息公开办法(试行)》的通知[Z].2013.7.30.

[19] 国家环境保护部.燃煤火电企业环境守法导则[Z].2013.3.20.

[20] 侯正伟.开发建设环境保护[M].北京:中国环境科学出版社,2003.

[21] Department of Environment Affairs.Checklist of Environmental Characteristics.Guideline Document 5[Z].1992.

[22] Beanlands G E,Buinker P N.An ecological framework for environmental impact assessment in Canada[J].Atmospheric Environment,1983,17(11):2376-2377.

[23] Walters C J.Dynamic models and large scale field experiments in environmental impact as-

sessment and management[J].Australian Journal of Ecology,1993(18):53-61.

[24] Schroeder R L,Haire S L.Guidelines for the development of community-level habitat evaluation models[Z].Biological Report,1993,8.

[25] US Council on Environmental Quality.US CEQ National Environmental Policy Act-Final Regulations[N].Federal Register,1978,43(230):55978-56007.

[26] Hollick M.The role of quantitative decision-making methods in environmental impact assessment[J].Journal of Environmental Management,1981(12):65-78.

[27] 张慧远.我国环境功能区划框架体系的初步构想[J].环境保护,2009(412):7-10.

[28] 张敬惠,袁彦.循环经济评价体系的建构及分析[J].生态经济,2007(12):50-53.

[29] 任勇,周国梅,李华友.我国循环经济的内涵、战略重点和政策体系[C]//北京绿色奥运环境保护技术与发展研讨会,2005.

[30] 陈凯麒.环境影响后评价理论、技术与实践[M].北京:中国环境出版社,2014.

[31] 张立艳,孙志威.在规划环评指标体系中应用低碳指标的探讨[J].绿色科技,2011,5:16-20.

[32] 李德华.城市规划原理[M].北京:中国建筑工业出版社,2001.

[33] 商均明.危险废物填埋场环境影响后评价方法研究与实践[D].北京:清华大学,2015.

[34] 姜华,刘春红,韩振宇,等.建设项目环境影响后评价研究[J].环境保护,2012,04:25-26.

[35] Pilavachi P A,Dalamage T,Valdalbero D R D,et al.Ex-post evaluation of European energy models[J].Energy Policys,2008,5:1726-1735.

[36] NECE.Post project analysis in environmental impact assessment[M].New York:UN,1990.

[37] Bixon M,Jortner J.The dynamics of predissociating high Rydberg states of NO[J].Journal of Chemical Physics,1996,105(4):1363-1382.

[38] Isacc K T,Awuahb E,Emmanuel F.Post-project analysis:The use of a network diagram for environmental evaluation of the Barekese Dam,Kumasi,Ghana[J].Environmental Modeling and Assessment,2006,11:235-242.

[39] Branis M,Christopoulos S.Mandated monitoring of post-projects impacts in the Czech EIA [J].Environmental Impact Assessment Review,2004,25:227-238.

[40] Frank T A.Post-project reviews as a key project management competence[J].Technovation,2008,28:633-643.

[41] Nicole D,Inshik S,Joseph S.Perceived stakeholder influences and organizations' use of environmental audits[J].Accounting,Organizations and Society,2009,34:170-187.

[42] 辛侨.建设项目后评价研究[J].广州工业大学学报,2007,7:15.

[43] 范例,胡志峰.重庆市建设项目环境影响后评价管理办法研究[J].环境科学与管理,2011,10:18-19.

[44] 黄爱兵,包存宽,蒋大和,等.环境影响跟踪评价实践与理论研究进展[J].四川环境,2010,29(1):91-96.

[45] Morrison-Saunders A,Arts J.Learning from experience:emerging trends in environmental impact assessment follow-up[J].Impact Assessment and Project Appraisal,2005,23(3):170-174.

## 郑重声明

高等教育出版社依法对本书享有专有出版权。任何未经许可的复制、销售行为均违反《中华人民共和国著作权法》，其行为人将承担相应的民事责任和行政责任；构成犯罪的，将被依法追究刑事责任。为了维护市场秩序，保护读者的合法权益，避免读者误用盗版书造成不良后果，我社将配合行政执法部门和司法机关对违法犯罪的单位和个人进行严厉打击。社会各界人士如发现上述侵权行为，希望及时举报，我社将奖励举报有功人员。

反盗版举报电话 （010）58581999　58582371

反盗版举报邮箱 dd@hep.com.cn

通信地址　北京市西城区德外大街 4 号
　　　　　高等教育出版社知识产权与法律事务部

邮政编码　100120

读者意见反馈

为收集对教材的意见建议，进一步完善教材编写并做好服务工作，读者可将对本教材的意见建议通过如下渠道反馈至我社。

咨询电话　400-810-0598

反馈邮箱　hepsci@pub.hep.cn

通信地址　北京市朝阳区惠新东街 4 号富盛大厦 1 座
　　　　　高等教育出版社理科事业部

邮政编码　100029

防伪查询说明

用户购书后刮开封底防伪涂层，使用手机微信等软件扫描二维码，会跳转至防伪查询网页，获得所购图书详细信息。

防伪客服电话 （010）58582300

数字课程账号使用说明

一、注册/登录

访问 https://abooks.hep.com.cn，点击"注册/登录"，在注册页面可以通过邮箱注册或者短信验证码两种方式进行注册。已注册的用户直接输入用户名加密码或者手机号加验证码的方式登录。

二、课程绑定

登录之后，点击页面右上角的个人头像展开子菜单，进入"个人中心"，点击"绑定防伪码"按钮，输入图书封底防伪码（20 位密码，刮开涂层可见），完成课程绑定。

三、访问课程

在"个人中心"→"我的图书"中选择本书，开始学习。